概率与统计

主编　缪铨生

第3版

华东师范大学出版社

上海

图书在版编目(CIP)数据

概率与统计/缪铨生主编.—3版.上海:华东师范大学出版社,2000.5
ISBN 978-7-5617-0450-9

Ⅰ.概… Ⅱ.缪… Ⅲ.①概率论—高等学校:师范学校—教材 ②数理统计—高等学校:师范学校—教材 Ⅳ.021

中国版本图书馆 CIP 数据核字(2000)第 09254 号

概率与统计(第3版)

主　　编　缪铨生
项目编辑　朱建宝
文字编辑　王植鑫
封面设计　卢晓红
版式设计　蒋　克

出版发行　华东师范大学出版社
社　　址　上海市中山北路 3663 号　邮编 200062
网　　址　www.ecnupress.com.cn
电　　话　021-60821666　行政传真 021-62572105
客服电话　021-62865537　门市(邮购)电话 021-62869887
地　　址　上海市中山北路 3663 号华东师范大学校内先锋路口
网　　店　http://hdsdcbs.tmall.com

印 刷 者　上海商务联西印刷有限公司
开　　本　787×1092　16 开
印　　张　24.5
字　　数　504 千字
版　　次　2007 年 6 月第三版
印　　次　2022 年 1 月第十四次
印　　数　37 301—38 400
书　　号　ISBN 978-7-5617-0450-9/N·019
定　　价　48.00 元

出 版 人　王　焰

目录

引言

第1章 事件与概率

第2章 随机变量及其分布

第3章　多维随机变量及其分布

第4章　随机变量的数字特征

第5章　大数定律和中心极限定理

第6章　马尔可夫链

第7章 统计量及其分布

第8章 参 数 估 计

第9章 参数假设检验

第10章 非参数假设检验

引言

我们观察自然界发生的现象不外乎有两类,一类现象称为决定性现象. 这类现象的特点是:在一组条件下,其结果完全被决定,或者完全被肯定,或者完全被否定,不存在其他的可能性. 例如,使两个带同性电荷的小球相靠近,则两小球相互排斥. 这里,"使两个带同性电荷的小球相靠近"是一组条件,一旦这组条件实现,那么"两小球相互排斥"这一结果就完全被肯定. 所以"使两个带同性电荷的小球相靠近,则两小球互相排斥"这一现象是决定性现象. 该决定性现象,在试验中必然发生,故这种决定性现象常称为必然现象. 又如,使"两个带同性电荷的小球相靠近(条件),则两小球互相吸引(结果)"完全被否定,所以这一现象也是决定性现象. 该决定性现象,在试验中必然不发生,故这种决定性现象常称为不可能现象. 显然,必然现象和不可能现象互为相反面,必然现象的反面就是不可能现象,反之,不可能现象的反面就是必然现象. 由上可见,决定性现象(必然现象或不可能现象)实际上就是事前可以预言结果的现象. 通常我们对某个现象可以"未卜先知",应当说指的是决定性现象.

还有一类现象称为非决定性现象. 这类现象的特点是:条件不能完全决定结果,每次观察所发生的结果可能是不同的. 例如,"向桌上任意抛掷一枚硬币,落下后某一面向上"这一现象是非决定性现象. 因为条件"向桌上任意抛掷一枚硬币"不能完全决定结果"某一面向上",落下后它可能"正面向上",也可能"反面向上". 又如,"从一副扑克牌中任选两张,所得两张牌的花色"是非决定性现象. 因为任选的两张扑克牌花色可能是"黑桃、黑桃","黑桃、方块",……"梅花、梅花"等等. 由此可见,非决定性现象实际上就是事前不能预言结果的现象,这类现象只有事后才能确切知道它所发生的结果. 在概率论中,把非决定性现象称为**随机现象**. 值得注意的是,随机现象不能理解为杂乱无章的现象. 通常说某种现象是随机的,有两方面的意思:第一,对这种现象进行观察,其结果不是唯一的,可能会发生这种结果,也可能会发生那种结果,究竟出现哪一种结果,事前是不能预言的,只有事后才能得知;第二,在一次观察中,这种现象发生哪一种结果常带有偶然性,但通过对这种现象的大量观察,我们会发现这种现象的各种可能结果在数量上呈现出一定的规律性. 例如,考察"掷一枚硬币,落下后某一面向上"这个随机现象,我们将硬币向桌上抛掷一次观察它所发生的结果,可能是"正面向上",也可能是"反面向上". 若试验结果是"正面向上",这是偶然的.然而我们如果大量重复进行抛掷硬币的试验,可以发现,即使各次试验结果没有什么规律性,但"正面向上的次数"与"反面向上的次数"各接近于总试验次数的一半,这就是所述随机现象内部存在的统计规律性.又如,我们研究"存放在容器里的占有一定体积的气体的分子运动速度"这个随机现象,由于气体分子间的相互碰撞,气体分子运动的速度时刻都在发生变化,某时刻气体分子运动的速度取某值是带有偶然性的.然而通过大量重复的观察,我们发现气体分子运动的速度在数量上遵从一定的规律,即气体分子运动速度的绝对值服从麦克斯韦(Maxwell)分布,它就是"存放在容器里的占有一定体积的气体的分子运动速度"这个随机现象内部存在的统计规律性.

概率论与数理统计的任务就是要揭示随机现象内部存在的统计规律性.概率论的特点是根据问题提出相应的数学模型,然后去研究它们的性质、特征和规律性;数理统计则是以概率论的理论为基础,利用对随机现象的观察所获得的数据资料,来研究数学模型.

概率论与数理统计的发展历史悠久.14世纪,随着商业贸易日益发展,航海事业日新月异,出现了海上保险事业.到16世纪时,人寿保险事业及水灾、火灾等保险事业也相继出现,它们都向数学提出了新的要求,需要应用数学来分析和研究随机现象中蕴涵的规律,估计事故发生的可能性大小,这就促进了数学家们对概率与数理统计的研究.因此可以说,概率论与数理统计的兴起是由保险事业的发展而产生的.但最初激发数学家们思考概率与数理统计问题的由头却来自掷骰子游戏.

17世纪中叶,欧洲贵族们盛行掷骰子游戏,当时法国有一位热衷于掷骰子游戏的贵族德·梅耳(De Mere),他在掷骰子游戏中遇到了一些使他苦恼的问题.譬如,他发现掷一枚骰子4次至少出现一次六点是有利的,而掷一双骰子24次至少出现一次双六是不利的.他找不到解释的原因,于是他把遇到的问题向当时的法国数学家帕斯卡(Pascal)请教.帕斯卡接受了这些问题,并把它提交给另一位法国数学家费马(Fermat).他们频繁地通信,开始了概率论和组合论的研究.他们的通信被从荷兰来到巴黎的荷兰科学家惠更斯(Huygens)获悉.他独立地研究了这些问题,结果写成了《论掷骰子游戏中的计算》,时间是1657年.这是迄今被认为有关概率论最早的论著.因此可以说早期概率与数理统计的真正创立者是帕斯卡、费马和惠更斯.这一时期(17~18世纪初)称为组合概率时期,计算各种古典概率.

18世纪初,伯努利(Bernoulli)发现了大数定律,这是概率论中一个重要结果.从18世纪初到19世纪,母函数、特征函数引入概率论的研究中,成功地解决了许多问题,特别是对中心极限定理的研究,在这方面棣莫弗(De Moivre)、拉普拉斯(Laplace)、李雅普诺夫(Ляпунов)等都有出色的工作,这时期也称作分析概率时期.

1900年皮尔逊(Pearson)发表了著名的χ^2统计量,用于检验经验分布与某个理论分布是否相符.从20世纪初到20世纪中叶(1900~1940),概率论主要的研究工作一方面是极限理论的发展,随机过程理论的建立;另一方面是系统地研究概率的基本概念.有许多人在这方面作过努力,特别是柯尔莫哥洛夫(Колмогоров)于1933年在苏联科学院院报上发表了"概率的公理化结构"的论文,为理论概率奠定了严格的逻辑基础.在这一时期,完成了概率论与数理统计的分家,1930年创办的《数理统计年刊》(Annals of Mathematical Statistics)可看成是这一分家的标志.

从1940年开始,概率论有了自己的研究方法,重点是研究过程的样本函数的性质,即研究过程随时间变化的轨道性质.在这期间,一方面逐渐地出现了理论概率与应用概率分家的趋势.术语"应用概率"大约首次出现于美国数学会1955年的会议上,这次会议以"应用概率"为标题发表了一组文章;另一方面也出现了蒙特卡罗(Monte Carlo)方法,其思想早在18世纪法国学者布丰(Buffon)用投针游戏估计 π 值时就已形成,但真正定名的却是在1946年.当时美国两位学者冯·诺伊曼(von Neumann)和乌拉姆(Ulam)首先用数学程序在计算机上模拟中子连锁反应,并用概率统计的方法研究反应后的结果,他们把第一个这样的程序命名为"蒙特卡罗程序".自此兴起了蒙特卡罗方法,它是一种建立在概率统计基础上的计算方法,在核物理、表面物理、电子学、生物学、高分子化学等学科的研究中有着重要的应用.

现在,概率论与数理统计已成为最重要和最活跃的数学学科之一.它既有严密的数学基础,又与各学科联系紧密.在自然科学、社会科学、管理科学、技术科学和工农业生产等各个学科和领域中都得到了广泛的应用.

第1章 事件与概率

§1.1 随机事件及其概率

1.1.1 事件的概念

1.1.1.1 随机试验

为了研究随机现象内部存在的数量规律性,必须对所述随机现象进行观察或试验.今后我们把对随机现象所进行的观察或试验统称为试验.例如,为了研究"向桌上抛掷一枚硬币,落下后出现某一面向上",必须做"向桌上抛掷一枚硬币"的试验;又如,为了考察"从一副扑克牌中任摸两张所出现的花色",必须做"从一副扑克牌中任摸两张牌"的试验.这类试验有两个特点:一是在相同条件下可以重复进行;二是每次试验出现什么结果事前不能确定,试验的可能结果是多种的.我们称这种试验为**随机试验**,以下所说的试验都是指随机试验.

对于一个试验,总有一个试验目的.根据这个目的,将会得到试验可能出现的各种结果.例如,抛掷一枚硬币,目的是要考察它哪一面向上.考察的结果只有两种可能:一是"正面向上";二是"反面向上".又如,从一副扑克牌中任摸一张,目的是要考察它是什么花色.考察的结果只有四种可能:"黑桃"、"红心"、"方块"、"梅花".今后,凡谈及试验的结果时,都是指某一确定的试验目的而言的.

1.1.1.2 事件的直观意义

若某件事情在一次试验中一定发生,称这件事情为**必然事件**.例如,"在一副扑克牌中任摸 14 张,其中有两张花色是不同的"这件事件就是必然事件.

若某件事情在一次试验中一定不发生,称这件事情为**不可能事件**,例如,"在一副扑克牌中任摸 14 张,其中没有两张花色是不同的"是不可能事件.

从必然事件和不可能事件的意义可以看到,必然现象的结果是必然事件,不可能现象的结果是不可能事件,必然事件与不可能事件互为相反面.必然事件和不可能事件都是事前可以预言的事情.

若某件事情在一次试验中可能发生也可能不发生,称这件事情为**随机事件**,简称为**事件**. 例如,"掷一硬币,出现正面向上"、"从一副扑克牌中任摸两张,所得花色是相同的"都是事件.

根据事件的意义容易明白,试验的每一个可能结果是事件,因为这种事件不可能再分解为更为简单的事件,所以我们特别称这种事件为**基本事件**. 而一般的事件是由若干个基本事件复合而成的. 例如,考察在 0、1、2、3、4、5 六个数字中任取一个的试验,可能发生的结果有六种:"取得一个数是 0","取得一个数是 1",……,"取得一个数是 5",这些都是基本事件. 而事件"取得一个奇数"是由"取得一个数是 1"、"取得一个数是 3"及"取得一个数是 5"三个基本事件复合而成的.

从上述事件的构成来看,在一次试验中,一个事件"发生",当且仅当它所含的一个基本事件发生,一个事件"不发生",当且仅当它所含的所有基本事件都不发生. 这里,需要注意的是,一个事件是否称为基本事件是相对于试验的目的来说的. 例如,一射手打靶,如果考察命中的环数,那末"命中 0 环","命中 1 环",……,"命中 10 环"都是基本事件,共有 11 个;如果考察命中还是不命中,那末此时只有两个基本事件了,即"命中"、"不命中". 又如,测量人的体重,如果关心的是重量,那末一般说来,区间$(0, \infty)$中的任一实数都可以是一个基本事件,这时,基本事件有无穷个;但如果测量体重的目的是为了举重比赛中分等级的话,这时就只有"52 公斤","56 公斤","60 公斤",……以及"110 公斤以上"等 10 个基本事件了.

通常,用符号 Ω 表示必然事件,用符号 $\varnothing$ 表示不可能事件,用符号 $A, B, C, \cdots$ 及带下标的 $A_0, A_1, \cdots$ 表示事件,用符号 ω 及带下标的 $\omega_0, \omega_1, \cdots$ 表示基本事件.

必然事件、不可能事件不是事件(即随机事件),但为便于讨论问题起见,我们也把它们算作事件.

1.1.2 事件的集合论定义

20 世纪 30 年代初,冯·米泽斯(von Mises)开始用集合论的观点来研究事件. 由于这个概念的引进,使得以后概率论的研究走上了严格化的道路. 下面我们介绍事件的集合论定义.

1.1.2.1 样本空间

称试验的每一种可能结果即基本事件为**样本点**,因样本点就是基本事件,故样本点仍记为 ω 或带下标的 $\omega_0, \omega_1, \cdots$. 样本点的全体称为**样本空间**. 因任一次试验必然出现样本空间中的某一样本点,故样本空间作为一个事件是必然事件,仍以 Ω 表示.

例 1.1 掷一枚硬币,考察出现向上的面,试验的可能结果有两个:"正面向上"和"反面向上". 样本点有两个,样本空间是

$$\Omega = \{\text{"正面向上"}, \text{"反面向上"}\}.$$

如采用记号

$$\omega_1 = \text{"正面向上"}, \quad \omega_2 = \text{"反面向上"},$$

则
$$\Omega = \{\omega_1, \omega_2\}.$$

例1.2 任意抛一枚骰子两次,观察前后两次出现的点数,试验的可能结果共有 36 个:

$$\omega_{ij} = (i, j), \quad i, j = 1, 2, \cdots, 6,$$

样本空间

$$\Omega = \{\omega_{ij} : 1 \leqslant i, j \leqslant 6\}.$$

例1.3 观察某电话交换台在上午 9 点钟内所接到的呼唤次数,试验的可能结果是:$0, 1, 2, \cdots, i, \cdots$;样本点是 $\omega_i = \text{"接到 } i \text{ 次呼唤"}$,$i = 0, 1, 2, \cdots$,样本空间 $\Omega = \{\omega_0, \omega_1, \omega_2, \cdots\}$.

例1.4 在单位正方形($0 \leqslant x \leqslant 1, 0 \leqslant y \leqslant 1$)内均匀地投针,观察针落点的坐标.样本点是 (x, y),$0 < x, y < 1$;样本空间 $\Omega = \{(x, y) : 0 < x, y < 1\}$,它含有无限不可列个样本点.

1.1.2.2 事件的集合论定义

前面已提出,事件是由若干个基本事件复合而成,而基本事件就是样本点,所以事件是由若干个样本点组成的,故事件可看作是样本空间 Ω 的子集.

我们把不包括任何样本点的空集也看作是一事件,因为一次试验必然要出现一个样本点,空集是不可能发生的,所以把空集作为一个事件就是一个不可能事件,仍用 $\varnothing$ 表示.

有了上面事件的集合论定义,容易理解,所谓在一次试验中事件 A 发生,当且仅当试验中出现的样本点 $\omega \in A$;所谓在一次试验中事件 A 不发生,当且仅当试验中出现的样本点 $\omega \overline{\in} A$.

为便于比较事件的直观意义与集合论定义,现把各符号的两种解释列表如下.

表1.1

符 号	集合论解释	概率论解释
Ω	空间	必然事件、样本空间
$\varnothing$	空集	不可能事件
ω	点(元素)	基本事件、样本点
A	Ω 的子集 A	事件 A
$\omega \in A$	ω 是 A 中的点	事件 A 发生
$\omega \overline{\in} A$	ω 不是 A 中的点	事件 A 不发生

对于初学概率的人来说,善于对事件作出概率论解释尤为重要,对事件直观意义的理解将有助于学习概率论.

一个试验与一个样本空间相联系,反过来,一个样本空间又是许多同类型的试验模型的抽象化.例如,对只含有两个样本点的样本空间 $\Omega = \{\omega_1, \omega_2\}$ 来说,用于气象预报中,$\omega_1 =$ "晴天",$\omega_2 =$ "非晴天";用于人口普查中,$\omega_1 =$ "男性",$\omega_2 =$ "女性";用于产品质量检查中,$\omega_1 =$ "合格品",$\omega_2 =$ "不合格品"等等.

在今后的讨论中都假定样本空间是给定的,并且是在同一样本空间下,讨论事件的种种性质及其概率.

1.1.3 事件的关系与运算

我们用事件的集合论定义来引进事件间的关系与运算,然后根据事件的集合论定义与直观意义的对应关系,作出它们的概率论解释.在此基础上再研究事件间的简单性质,这些将有助于把复杂事件分解成简单事件,对今后复杂事件的概率计算是极其有益的.

1.1.3.1 事件间的关系

(1) 事件的包含 若 A 是 B 的子集即 $A \subset B$,称**事件 B 包含事件 A**.因 $A \subset B \Leftrightarrow$ "若 $\omega \in A$,则 $\omega \in B$",所以 $A \subset B$ 表示事件 A 发生必然导致事件 B 发生.例如,在 1,2,$\cdots$,9 这九个数中任取一数(以下简称取数试验),记 $A =$ "取得数 2",$B =$ "取得偶数",显然 $A \subset B$,即 A 的发生必导致 B 的发生.

如以平面上某一矩形表示样本空间 Ω,矩形内的每一点表示样本点,用画在 Ω 内的两个小圆形表示事件 A 和 B,关系 $A \subset B$ 可用如图 1.1 中的几何图形来表示,它称为文氏图(Venn 图).

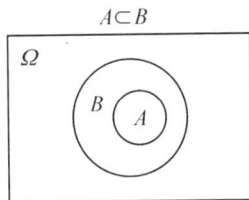

(2) 事件的相等 若 $A \subset B$ 且 $B \subset A$,则称**事件 A 与事件 B 相等**,记为 $A = B$,它表示若 A 发生 B 必然发生,反之 B 发生 A 也必然发生.如在上例取数试验中,令 $A =$ "取得 2 或 4 或 6 或 8 诸数",而 $B =$ "取得偶数",显然 $A = B$.

图 1.1

(3) 事件的对立(逆) A 的补集 $\overline{A} = \Omega - A$ 称为**事件 A 的对立事件或逆事件**.因 $\omega \in \overline{A} \Rightarrow \omega \in A$,$\omega \in A \Rightarrow \omega \in \overline{A}$,由此可知,$\overline{A}$ 发生则 A 不发生,反之,若 A 发生则 $\overline{A}$ 不发生,所以 $\overline{A}$ 表示与 A 性质相反的事件.如取数试验中,令 $A =$ "取得偶数",则与之相反的事件 $\overline{A} =$ "取得奇数".

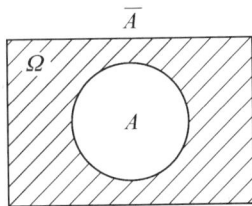

$\overline{A}$ 的几何图形如图 1.2,图中的阴影部分是事件 $\overline{A}$.

图 1.2

1.1.3.2　事件间的运算

（1）**事件的和（并）**　A 与 B 的和集 $A \cup B$ 称为**事件 A 与事件 B 的和**. 因 $\omega \in A \cup B \Leftrightarrow \omega \in A$ 或 $\omega \in B$，所以事件 $A \cup B$ 发生 $\Leftrightarrow A$ 发生或 B 发生 $\Leftrightarrow A$、B 中至少有一个发生. 故事件 $A \cup B$ 发生表示 A、B 中至少有一个发生. 例如在取数试验中，令 $A=$"取得 1 或 3"，$B=$"取得 2 或 6 或 8"，则 $A \cup B=$"取得 1 或 2 或 3 或 6 或 8". $A \cup B$ 对应图 1.3 中的阴影部分.

类似的 A_1，A_2，$\cdots$，A_n 的和集 $A_1 \cup A_2 \cup \cdots \cup A_n$（简记为 $\bigcup\limits_{i=1}^{n} A_i$）称为事件 A_1，A_2，$\cdots$，A_n 的和，事件 $\bigcup\limits_{i=1}^{n} A_i$ 发生表示 A_1，A_2，$\cdots$，A_n 中至少有一个发生. 同样，可列个事件和 $\bigcup\limits_{i=1}^{\infty} A_i$ 发生，表示 A_1，A_2，$\cdots$，A_n，$\cdots$ 中至少有一个发生.

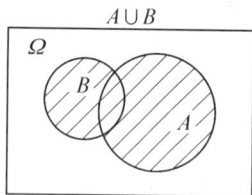

图 1.3

（2）**事件的交（积）**　A 与 B 的交集 $A \cap B$（或记为 AB）称为**事件 A 与事件 B 的交**. 因 $\omega \in A \cap B \Leftrightarrow \omega \in A$ 且 $\omega \in B$，所以事件 $A \cap B$ 发生 $\Leftrightarrow A$ 发生且 B 发生 $\Leftrightarrow A$、B 同时发生，故事件 $A \cap B$ 发生表示 A、B 同时发生. 例如在取数试验中，令 $A=$"取得奇数"，$B=$"取得 1 或 2 或 3"，则 $A \cap B=$"取得 1 或 3". $A \cap B$ 对应图 1.4 中的阴影部分.

类似的 A_1，A_2，$\cdots$，A_n 的交集 $A_1 \cap A_2 \cap \cdots \cap A_n$（简记为 $\bigcap\limits_{i=1}^{n} A_i$ 或 $A_1 A_2 \cdots A_n$）称为事件 A_1，A_2，$\cdots$，A_n 的交. $\bigcap\limits_{i=1}^{n} A_i$ 发生表示 A_1，A_2，$\cdots$，A_n 同时发生，同样，可列个事件交 $\bigcap\limits_{i=1}^{\infty} A_i$ 发生，表示 A_1，A_2，$\cdots$，A_n，$\cdots$ 同时发生.

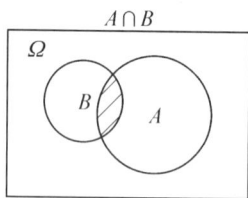

图 1.4

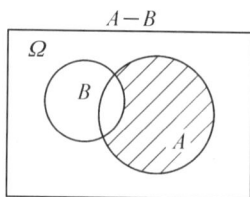

图 1.5

（3）**事件的差**　A 与 B 的差集 $A-B$ 称为**事件 A 与事件 B 的差**. 因 $\omega \in A-B \Leftrightarrow$"$\omega \in A$ 但 $\omega \bar{\in} B$"，所以，$A-B$ 发生 $\Leftrightarrow A$ 发生但 B 不发生，故事件 $A-B$ 发生表示 A 发生但 B 不发生. 例如在取数试验中，$A=$"取得 1 或 3 或 5 或 8"，$B=$"取得 2 或 3 或 5"，则 $A-B=$"取得 1 或 8". 图 1.5 中的阴影部分表示了 $A-B$.

（4）**事件的互不相容（互斥）**　若 A 与 B 的交集是空集即 $AB=\varnothing$，则称**事件 A 与事件 B 互不相容**. 因 $AB=\varnothing$，所以若 $\omega \in A$，则 $\omega \bar{\in} B$，反之若 $\omega \in B$ 则

$\omega \in A$，这表示互不相容的两事件 A、B 不会同时发生. 例如在取数试验中，令 $A=$"取得偶数"，$B=$"取得 1 或 3"，则 A、B 互不相容. 易见，A 与它的对立事件 $\overline{A}$ 是互不相容的. 图 1.6 表示了 A 与 B 互不相容.

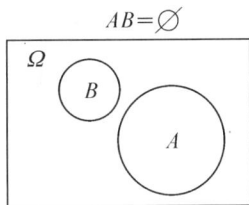

$AB=\varnothing$

图 1.6

事件的关系与运算的两种解释可列表对照如下.

表 1.2

符　　号	集合论解释	概率论解释
$A \subset B$	A 是 B 的子集	事件 A 发生必导致事件 B 发生
$A=B$	集合 A 与 B 相等	两事件 A 与 B 相等
$\overline{A}$	A 的补集	A 的对立事件
$A \cup B$	A 与 B 的和集	事件 A 与 B 中至少有一个发生
AB	A 与 B 的交集	事件 A 与 B 同时发生
$A-B$	A 与 B 的差集	事件 A 发生但事件 B 不发生
$AB=\varnothing$	A 与 B 没有公共点	事件 A 与 B 互不相容

例 1.5　设 A、B、C 为三个事件，那么

(1) 因 A 发生而 B 与 C 不发生 $\Leftrightarrow \omega \in A,\ \omega \in B,\ \omega \in C \Leftrightarrow \omega \in A-B-C$；另一方面 $\omega \in A,\ \omega \in B,\ \omega \in C \Leftrightarrow \omega \in A,\ \omega \in \overline{B},\ \omega \in \overline{C} \Leftrightarrow \omega \in A\overline{B}\overline{C}$. 故"$A$ 发生，B 与 C 不发生"的事件可表示为 $A-B-C$ 或 $A\overline{B}\overline{C}$.

进行类似的分析可得以下的结论：

(2) "A、B、C 同时发生"的事件是 ABC.

(3) "A、B、C 同时不发生"的事件是 $\overline{A}\,\overline{B}\,\overline{C}$（请注意不是 $\overline{ABC}$）.

(4) "A 与 B 发生而 C 不发生"的事件是 $AB-C$ 或 $AB\overline{C}$.

(5) "A、B、C 中至少有一个发生"的事件是 $A \cup B \cup C$ 或 $A\overline{B}\,\overline{C} \cup \overline{A}B\overline{C} \cup \overline{A}\,\overline{B}C \cup AB\overline{C} \cup A\overline{B}C \cup \overline{A}BC \cup ABC$. 这两种表示的区别在于前者 A、B、C 三个事件可能是相容的，而后者 $A\overline{B}\,\overline{C}$、$\overline{A}B\overline{C}$、$\overline{A}\,\overline{B}C$、$AB\overline{C}$、$A\overline{B}C$、$\overline{A}BC$、$ABC$ 等七个事件是互不相容的.

(6) "A、B、C 中不多于一个发生"的事件是 $\overline{A}\,\overline{B}\,\overline{C} \cup A\overline{B}\,\overline{C} \cup \overline{A}B\overline{C} \cup \overline{A}\,\overline{B}C$.

(7) "A、B、C 中恰有一个发生"的事件是 $A\overline{B}\,\overline{C} \cup \overline{A}B\overline{C} \cup \overline{A}\,\overline{B}C$.

(8) "A、B、C 中至多有两个发生"的事件是 $\overline{A}\,\overline{B}\,\overline{C} \cup A\overline{B}\,\overline{C} \cup \overline{A}B\overline{C} \cup \overline{A}\,\overline{B}C \cup AB\overline{C} \cup A\overline{B}C \cup \overline{A}BC$ 或 $A \cup B \cup C \cup \overline{A}\,\overline{B}\,\overline{C} - ABC$.

例 1.6　设袋中有红、白、黄各一球，有放回地抽三次，每次抽一个球（有放回的意思是抽出球后仍把抽出的球放回原袋中），试说明下列各组事件是否相容？ 如不相容，还要说明是否对立？

（1）$A=$"三次抽取，颜色全不同"，$B=$"三次抽取，颜色不全同"；

（2）$A=$"三次抽取，颜色全同"，$B=$"三次抽取，颜色不全同"；

（3）$A=$"三次抽取，无红色球"，$B=$"三次抽取，无黄色球"；

（4）$A=$"三次抽取，无红色球也无黄色球"，$B=$"三次抽取，无白色球".

解 （1）因为三次抽取颜色不全同包括了颜色全不同的事件，所以 A 与 B 相容.

（2）颜色全同的反面就是颜色不全同，所以 A、B 是对立的.自然 A 与 B 互不相容.

（3）三次抽取无红色球包括了颜色全白的事件，而三次抽取无黄色球也包括了颜色全白的事件，所以 A 与 B 相容.

（4）三次抽取无红色球且无黄色球的事件是一个三次抽取颜色全白的事件，而三次抽取无白色球与三次抽取颜色全白的事件不能同时发生，所以 A 与 B 互不相容；但无白色球不等于不全白，故 A 与 B 不对立.

1.1.3.3 事件运算的基本性质

事件运算具有下面的基本性质：

（1）否定律：$\bar{\bar{A}}=A$，$\bar{\Omega}=\varnothing$；

（2）幂等律：$AA=A$，$A\bigcup A=A$；

（3）交换律：$AB=BA$，$A\bigcup B=B\bigcup A$；

（4）结合律：$A(BC)=(AB)C$，$A\bigcup(B\bigcup C)=(A\bigcup B)\bigcup C$；

（5）分配律：$A(B\bigcup C)=AB\bigcup AC$，$A\bigcup BC=(A\bigcup B)(A\bigcup C)$；

（6）德·摩根（De Morgan）公式（对偶原则）：

$$\overline{A\bigcup B}=\bar{A}\bigcap\bar{B},\ \overline{A\bigcap B}=\bar{A}\bigcup\bar{B},$$

更一般地有

$$\overline{\bigcup_{i=1}^{n}A_i}=\bigcap_{i=1}^{n}\overline{A_i},\ \overline{\bigcap_{i=1}^{n}A_i}=\bigcup_{i=1}^{n}\overline{A_i},$$

对可列个事件上式也成立.

以上性质容易通过文氏图看出，也可运用事件的关系与运算的定义证明之.作为例子，我们证明 $A\bigcup BC=(A\bigcup B)(A\bigcup C)$.

用概率论语言证明：若 $A\bigcup BC$ 发生，则 A 与 BC 中至少有一个发生.若 A 发生，则 $A\bigcup B$ 与 $A\bigcup C$ 同时发生，即 $(A\bigcup B)\bigcap(A\bigcup C)$ 发生；若 BC 发生，则 B 与 C 同时发生，从而 $A\bigcup B$ 与 $A\bigcup C$ 同时发生，即 $(A\bigcup B)(A\bigcup C)$ 发生.综上所述，$A\bigcup BC$ 发生必导致 $(A\bigcup B)(A\bigcup C)$ 发生，故 $A\bigcup BC\subset(A\bigcup B)(A\bigcup C)$.反过来，仿前可证：$(A\bigcup B)(A\bigcup C)\subset A\bigcup BC$，由此得 $A\bigcup BC=(A\bigcup B)(A\bigcup C)$.

用集合论语言证明：若 $\omega\in A\bigcup BC\Rightarrow\omega\in A$ 或 $\omega\in BC$.如 $\omega\in A\Rightarrow\omega\in A\bigcup$

B 且 $\omega \in A \cup C \Rightarrow \omega \in (A \cup B)(A \cup C)$；如 $\omega \in BC \Rightarrow \omega \in B$ 且 $\omega \in C \Rightarrow \omega \in A \cup B$ 且 $\omega \in A \cup C \Rightarrow \omega \in (A \cup B)(A \cup C)$. 由此 $A \cup BC \subset (A \cup B)(A \cup C)$. 类似地可证：$(A \cup B)(A \cup C) \subset A \cup BC$，所以 $A \cup BC = (A \cup B)(A \cup C)$.

1.1.4 频率与概率

1.1.4.1 频率与频率的稳定性

定义 1.1 对于事件 A，若在 n 次试验中，事件 A 发生的次数为 μ_n 次，则称

$$F_n(A) = \frac{\text{事件 } A \text{ 发生的次数 } \mu_n}{\text{试验总次数 } n} \tag{1.1}$$

为事件 A 在 n 次试验中发生的**频率**，μ_n 称为事件 A 在这 n 次试验中的**频数**.

容易理解，频率反映了事件 A 在一次试验中发生的可能性大小. 频率大，事件 A 在一次试验中发生的可能性大；频率小，事件 A 在一次试验中发生的可能性小.

从频率的定义可见频率具有下列性质：

(1) 非负性：$0 \leqslant F_n(A) \leqslant 1$； $\tag{1.2}$

(2) 规范性：$F_n(\Omega) = 1$； $\tag{1.3}$

(3) 可加性：若 $AB = \varnothing$，则 $F_n(A \cup B) = F_n(A) + F_n(B)$. $\tag{1.4}$

一般地，对于任意有限多个两两互不相容的事件 $A_1, A_2, \cdots, A_m$，有

$$F_n(\bigcup_{i=1}^m A_i) = \sum_{i=1}^m F_n(A_i), \tag{1.5}$$

它称为有限可加性.

经验表明，尽管事件 A 在一次试验中发生与否是偶然的，但在大量的试验中，事件 A 发生的频率却随着试验次数的增大总在某一确定的数值附近摆动，这种规律性称为**频率的稳定性**.

例如，在抛掷一枚均匀硬币时，既可能正面向上，也可能反面向上，预先作出确定的判断是不可能的. 但是，由于硬币是均匀的，直观上看来发生正面朝上与发生反面朝上的机会应该相等，也即在大量的试验中，发生正面朝上的频率应稳定在 0.5 左右，历史上曾有不少人做过试验，其结果见表 1.3.

表 1.3

试 验 者	试验次数 n	发生正面的次数 μ_n	频率 $\dfrac{\mu_n}{n}$
德·摩根	2 048	1 039	0.507 3
布丰	4 040	2 048	0.506 9
皮尔逊	12 000	6 019	0.501 6
皮尔逊	24 000	12 012	0.500 5

又如,一个孕妇生男还是生女是偶然的,但是就整个国家或大城市来说,从人口普查资料中可以看到,男孩出生数占全体出生数之比几乎是年年保持不变的,这反映男孩出生频率的稳定性. 在古代中国,公元前 2238 年根据人口普查算出男孩出生的频率约等于 0.5.18 世纪,法国数学家拉普拉斯对伦敦、彼得堡、柏林和整个法国的广大人口统计资料进行了研究,得出了那些地区的男孩出生的频率约等于 $\frac{22}{43}$.

再如,曾有人统计过某个国家每年因没有写清地址或其他原因而无法投递的信件数,这从常识上看,似乎没有什么规律性,但是经过统计之后惊人地发现,一年中这类信件数在全体信件中所占比例许多年几乎保持不变. 如表 1.4 所示.

表 1.4

年　份	信件总数 n	无法投递的信件数 μ_n	频率 $\frac{\mu_n}{n}$
1906	$983 \cdot 10^6$	54 861	$56 \cdot 10^{-6}$
1907	$1\,076 \cdot 10^6$	53 500	$50 \cdot 10^{-6}$
1908	$1\,214 \cdot 10^6$	59 627	$49 \cdot 10^{-6}$
1909	$1\,357 \cdot 10^6$	62 088	$46 \cdot 10^{-6}$
1910	$1\,507 \cdot 10^6$	76 614	$51 \cdot 10^{-6}$

这类例子不胜枚举. 这一切表明,在大量试验中事件 A 具有频率的稳定性,也就是统计规律性.

1.1.4.2　概率的概念

频率的稳定性说明事件在一次试验中发生的可能性大小是事件本身性质决定的,因而,可以对这种可能性的大小进行度量,为此引进了概率的概念.

定义 1.2　对于事件 A,用一个数 $P(A)$ 来度量该事件发生的可能性大小,这个数 $P(A)$ 称为事件 A 的**概率**.

概率 $P(A)$ 是怎样规定的呢? 首先介绍概率的统计定义,然后再介绍概率的古典定义及几何定义,最后引进概率的公理化定义.

1.1.4.3　概率的统计定义

定义 1.3　在同样的条件下进行大量试验时,根据频率的稳定性,事件 A 的频率必然稳定在某一个确定数 p 的附近,则定义事件 A 的概率为

$$P(A) = p. \tag{1.6}$$

定义 1.3 称为事件概率的统计定义,由(1.6)式确定的概率称为**统计概率**. 它

只是定性的定义,数学上不严格,在第 5 章我们将作出解释.

定义 1.3 给出了确定事件概率的近似方法,即当试验次数 n 充分大时,可用 $\dfrac{\mu_n}{n}$ 作为该事件概率的近似值. 在许多实际问题中,当事件的概率不易计算时,往往就是这样考虑的,这正是 1946 年由冯·诺伊曼和乌拉姆所建立的蒙特卡罗方法的基本思想. 然而我们不能由此理解为

$$P(A) = \lim_{n \to \infty} \frac{\mu_n}{n}. \tag{1.7}$$

因为 μ_n 是一个随试验结果变化的量,即(1.7)右边不能理解为普通数列的极限,本书第 5 章将进一步说明这个问题.

根据频率的性质,由定义 1.3 容易得到统计概率具有频率的性质,即

(1) 非负性:$0 \leqslant P(A) \leqslant 1$; $\tag{1.8}$

(2) 规范性:$P(\Omega) = 1$; $\tag{1.9}$

(3) 可加性:若 $AB = \varnothing$,则 $P(A \bigcup B) = P(A) + P(B)$. $\tag{1.10}$

一般地,对两两互不相容的事件 A_1,A_2,$\cdots$,A_m,成立有限可加性:

$$P(\bigcup_{i=1}^{m} A_i) = \sum_{i=1}^{m} P(A_i). \tag{1.11}$$

习 题 1.1

(A)

1. 某袋中装有编号为 1、2、3、4 的签各一根,不放回地从中先后取出两根签,试写出该试验的样本空间,并写出事件 $A =$ "取出的签中最大号码为 3" 所含的样本点.

2. 连续不断地投篮,直到投中为止. 若记"投进"为 1,"投不进"为 0,试写出该试验的样本点和样本空间.

3. 在图书馆按书号任选一本书,设 A 表示"选的是数学书",B 表示"选的是中文版的",C 表示"选的是 1999 年出版的",试问:

(1) $AB\overline{C}$ 表示什么事件?

(2) 在什么条件下 $ABC = A$?

(3) $\overline{C} \bigcup B$ 表示什么意思?

(4) 若 $\overline{A} = B$,是否意味着馆中所有数学书都不是中文版的?

4. 从自然数集中任取一数,记 $A =$ "取出的数是 5 的倍数",$B =$ "取出的数是偶数",试问事件 $A \bigcup B$,AB,$A - B$ 各表示什么意思?

5. 从装有 3 个黑球 4 个白球的袋子中依次取出两球,记 $A =$ "第一次取出白球",$B =$ "第二次取出黑球",$C =$ "第一次取出黑球,第二次取出白球",$D =$ "两次

取得的是同色球”，$E=$“两次取得的球都是黑的”，试问在这些事件中哪些事件包含哪些事件？哪些事件互不相容？有没有对立事件？

6. 对目标进行 3 次射击，记 $A_i=$“第 i 次射击时射中目标”，$i=1$，2，3，试用 A_1，A_2，A_3 表示下列事件：

(1) $B=$“恰好有 2 次射中目标”；

(2) $C=$“最多有 1 次射中目标”.

7. 有一电路(图 1.7)，用 A_i 表示事件“接点开关 i 闭合”，$i=1$，2，3，4，5，试用 A_i，$i=1$，2，$\cdots$，5 表示事件 $B=$“LR 之间是通路”.

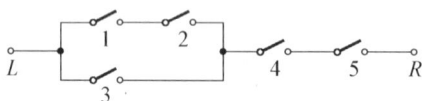

图 1.7

8. 指出下列各等式是否成立？并说明理由.

(1) $A\bigcup B=A\bigcup \overline{A}B$；

(2) $(A-B)\bigcup B=A$；

(3) $(AB)(A\overline{B})=\varnothing$；

(4) 若 $A\subset B$，那么 $A=AB$；

(5) 若 $AB=\varnothing$，且 $C\subset A$，则 $BC=\varnothing$；

(6) 若 $AC=\varnothing$，$AB=\varnothing$，则 $BC=\varnothing$.

9. A、B、C 三事件互不相容与 $ABC=\varnothing$ 是不是一回事？为什么？

10. 证明：

(1) 德·摩根公式；

(2) 频率的非负性、规范性、可加性.

11. 若 B 分别与 A_1，A_2，$\cdots$，A_n 互不相容，试证 B 与 $A_1\bigcup A_2\bigcup\cdots\bigcup A_n$ 也不相容.

(B)

1. 甲、乙两人轮流抛一硬币，甲先抛，然后乙抛，如此继续下去. 规定首先抛出正面者获胜，试写出该试验的样本空间，并确定 $B=$“乙获胜”所包含的样本点.

2. 一个学生做了 n 道习题，以 A_i 表示“他第 i 道题做对了”这一事件（$1\leqslant i\leqslant n$），试用 A_i 表示下列事件：

(1) 没有一道习题做错；

(2) 至少有一道习题做错；

(3) 恰好有一道习题做错；

(4) 至少有两道习题做对.

3. 试把 $A_1\bigcup A_2\bigcup\cdots\bigcup A_n$ 表示成 n 个两两互不相容事件之和.

概率与统计

4. 若事件 X, 满足 $\overline{(X \cup A)} \cup \overline{(X \cup \bar{A})} = B$, 试求 X.

§1.2 有限等可能概型——古典概型

统计概率只能给出事件概率的定性描述, 数学上也不严格, 人们自然不能满意. 因此, 寻找事件概率的定量描述就成为十分关心的问题. 历史上曾首先对两类特殊试验(古典概型、几何概型)给出了事件概率的定量化定义. 本节讨论古典概型, 下节讨论几何概型.

1.2.1 古典概型的概念

现在考虑一类特殊的试验, 它具有下面两个特征:

(1) 每次试验的结果(即基本事件)只有有限多个: $\omega_1, \omega_2, \cdots, \omega_n$;

(2) 在每次试验中, 各基本事件 $\omega_1, \omega_2, \cdots, \omega_n$ 发生的可能性都相同.

上述两个特征分别称为**有限性**和**等可能性**, 具有这两个特征的试验称为**古典概型**(因为它最简单而又最早为人们认识). 约在公元 1812 年, 拉普拉斯注意并研究了这类概型的概率计算.

如何判断一个试验是古典概型, 只要检验是否符合上述两个特征: 有限性与等可能性. 有限性的检验是显而易见的, 等可能性常常要根据问题的对称性、抽取方式的任意性等来识别. 例如: 任意投掷一枚均匀的硬币, 根据硬币的均匀性、形状的对称性, 加上抛掷的任意性, 可以理解 $\omega_1 =$ "正面向上"与 $\omega_2 =$ "反面向上"具有相等的可能性. 又如, 有 50 张考签, 分别编号为 1, 2, $\cdots$, 50. 一学生从考签筒中任意抽一张考签, 由于抽取的任意性, 可以认为抽得各号考签具有等可能性.

1.2.2 概率的古典定义

定义 1.4 设古典概型的所有基本事件为 $\omega_1, \omega_2, \cdots, \omega_n$, 事件 A 含有其中的 m 个基本事件, 则定义事件 A 的概率为

$$P(A) = \frac{m}{n}, \tag{1.12}$$

其中 n 是基本事件的总数, m 是 A 包含的基本事件数.

定义 1.4 称为概率的古典定义, 本质上它和定义 1.3 并不矛盾. 由(1.12)式规定的概率称为**古典概率**, 用于计算古典概型的事件概率.

例 1.7 任意掷两枚均匀的硬币, 求 A 为"恰好发生一个正面向上"的概率.

解 试验的所有结果为: (正, 正)、(正, 反)、(反, 正)、(反, 反). 根据硬币的均匀性、对称性、抛掷的任意性, 四种结果具有等可能性, 这是一个古典概型, 且 $n = 4$. 因 $A = \{(正, 反), (反, 正)\}$, 所以 $m = 2$. 根据(1.12)式, $P(A) = \frac{2}{4} = 0.5$.

也许有人选取"没有正面向上"、"只有一个正面向上"、"恰有两个正面向上"作为所有结果,从而 $P(A) = \dfrac{1}{3}$,但这样做是错误的.因为以上三个结果不具有等可能性.

本例的概率计算是采用一一列出基本事件的方法进行的,这种方法在稍为复杂的一些问题中是不可取的,有时甚至是不可能的.通常 m、n 的计算以借助于排列、组合的工具为好,下面是一些例子.

1.2.3　古典概率计算的一些例子

1.2.3.1　两种抽样方法

在古典概率的计算中,将涉及到两种不同的抽取方法,现以例子来说明:设袋内装有 n 个不同的球,现从中依次摸球,每次摸一只,就产生以下两种摸球的方法.

(1) 每次摸出一只后,仍放回原袋中,然后再摸下一只,这种摸球的方法称为**有放回的抽样**.显然,对于有放回的抽样,依次摸出的球可以重复,且摸球可无限地进行下去.

(2) 每次摸出一只后,不放回原袋中,在剩下的球中再摸一只,这种摸球方法称为**无放回的抽样**.显然,对于无放回的抽样,依次摸出的球不出现重复,且摸球只能进行有限次.

1.2.3.2　计算古典概率的基本原则

初学者往往对一些古典概率的计算望而生畏,究其原因,大都是没有掌握好计算古典概率的基本原则.拿到一个问题,首先应该分清问题是否与顺序有关?元素是否允许重复?如问题与顺序有关,元素不允许重复,那么应考虑用排列的工具,如此等等.计算工具选准了,一般地说问题也就好解决了.现把考虑问题的基本原则列表如下.

表 1.5

工具　　　　抽样方法　　顺序	无放回抽样（元素不重复）	有放回抽样（元素可重复）
考虑顺序	排列(全排列、选排列…)	有重复的排列
不考虑顺序	组合	有重复的组合

当然,并不排除对于某些问题用特殊的方法去解决.

1.2.3.3　例子

例 1.8（抽签问题）　袋中有 a 根红签,b 根白签,它们除颜色不同外,其他方面没有差别.现有 $a+b$ 个人依次无放回的去抽签,求第 k 个人抽到红签的概率.

概率与统计

解 这是一个古典概型问题,问题相当于把签一根一根抽出来,求第 k 次抽到红签的概率.如考虑把签一一抽出排成一列,问题与顺序有关,是一个排列问题.若记 $A_k=$"第 k 个人抽到一根红签",就产生以下几种解法:

(1) 把 a 根红签和 b 根白签看作是不同的(例如设想把它们编号),若把抽出的签依次排成一列,则每个排列就是试验的一个基本事件,基本事件总数就等于 $a+b$ 根不同签的所有全排列的种数 $(a+b)!$.

事件 A_k 包含的基本事件的特点是:在第 k 个位置上排列的一定是红签,有 a 种排法;在其他 $a+b-1$ 个位置上的签的排列种数为 $(a+b-1)!$. 所以 A_k 包含的基本事件数为 $a \cdot (a+b-1)!$.

因此所求概率为

$$P(A_k) = \frac{a \cdot (a+b-1)!}{(a+b)!} = \frac{a}{a+b} \qquad (1 \leqslant k \leqslant a+b).$$

(2) 把 a 根红签、b 根白签均看作是没有区别的,仍把抽出的签依次排列成一列,这是一个含有相同元素的全排列,每一个这样的全排列就是一个基本事件,基本事件总数就等于 $(a+b)$ 根含有相同签的全排列总数 $\frac{(a+b)!}{a!b!}$.

事件 A_k 可看成在第 k 个位置上放红签,只有一种放法;在其余的 $a+b-1$ 个位置上放余下的 $a+b-1$ 根签,其中 $a-1$ 根是没有区别的红签,b 根是没有区别的白签,共有 $\frac{(a+b-1)!}{(a-1)! \, b!}$ 种放法.所以 A_k 包含的基本事件数为 $\frac{(a+b-1)!}{(a-1)! \, b!}$.

因此所求概率为

$$P(A_k) = \frac{\dfrac{(a+b-1)!}{(a-1)!b!}}{\dfrac{(a+b)!}{a!b!}} = \frac{a}{a+b} \qquad (1 \leqslant k \leqslant a+b).$$

(1)、(2)两种解法的答案相同,其不同点在于选取的等可能基本事件组不同.在(1)中把签看作是"有个性"的,而在(2)中则对同色签不加区别.因此,在(1)中把 $a+b$ 根不同的签的任一全排列作为一个基本事件,而在(2)中把 $a+b$ 根含有相同签的任一全排列作为一个基本事件,后者的每一基本事件是由前者相应的 $a!\,b!$ 个基本事件合并而成的.

此例说明了对于古典概型可用不同的等可能基本事件组来描述,要视我们从怎样的角度来考虑.

既然同一个古典概型可用不同的等可能基本事件组来描述,因此,对同一事件的概率也常常有多种不同的解法,寻求问题的简便解法常常是人们感兴趣的,就本例而言还有第三种解法.

(3) 考虑到这是一个无放回抽样,易知第 k 次抽到红签的事仅与前面 $k-1$ 次所取的签的情况有关,而与以后抽签的情况无关.因此,欲求 A_k 的概率只要研究前面 k 次抽签的情况,仍把各签看作不同的,前 k 次的每一种抽签情况相当于从 $a+b$ 根不同的签中任取 k 根的一个选排列,故基本事件总数是 P_{a+b}^k,相应的 A_k 包含的基本事件数为 $a \cdot P_{a+b-1}^{k-1}$,所求概率

$$P(A_k) = \frac{a \cdot P_{a+b-1}^{k-1}}{P_{a+b}^k} = \frac{a}{a+b} \quad (1 \leqslant k \leqslant a+b).$$

上述结果与 k 无关,这表明每个人抽到红签的概率与抽的先后顺序无关,均等于 $\frac{a}{a+b}$.它告诉我们,球类比赛的抽签分组是公平的,如把签换成阄,那么抓阄游戏也是公平的,这与我们平常的生活经验是一致的.

例 1.9(摸球问题) 袋中有 a 只黑球、b 只白球,从中依次无放回地摸三次,每次摸一球,求下列事件的概率:

(1) $A=$"仅第二次摸得黑球";

(2) $B=$"三次中有一次摸得黑球";

(3) $C=$"至少有一次摸得黑球".

解 这是一个古典概型问题,抽样方法是无放回抽样,为便于分析问题,设想 a 只黑球和 b 只白球都是有区别的.

(1) 问题要考虑顺序,用排列计算.从 $a+b$ 只球中无放回的摸三球的排列共有 P_{a+b}^3 种,故基本事件总数为 P_{a+b}^3;A 包含的基本事件是第二次摸到黑球有 a 种,余下两次全摸得白球有 P_b^2 种,故 A 包含的基本事件数是 $a \cdot P_b^2$.因此所求概率为

$$P(A) = \frac{a \cdot P_b^2}{P_{a+b}^3} = \frac{ab(b-1)}{(a+b)(a+b-1)(a+b-2)}.$$

(2) 问题不必考虑顺序,用组合计算.基本事件总数是 $a+b$ 个球中任取三个的组合数 C_{a+b}^3;一次是黑球另两次是白球的摸法有 $a \cdot C_b^2$ 种.所以

$$P(B) = \frac{a \cdot C_b^2}{C_{a+b}^3} = \frac{3ab(b-1)}{(a+b)(a+b-1)(a+b-2)}.$$

(3) 问题不必考虑顺序,用组合计算.基本事件总数是 C_{a+b}^3;A 包含的基本事件数是总数中扣去三次都摸得白球的数,它等于 $C_{a+b}^3 - C_b^3$.于是

$$P(C) = 1 - \frac{b(b-1)(b-2)}{(a+b)(a+b-1)(a+b-2)}.$$

考虑如把本例改成有放回抽样情况,又应得到怎样的答案?

例 1.10(取数问题) 从 $1,2,\cdots,9$ 共 9 个数字中任取一个,取后放回,先后取出 5 个数字,求下列各事件的概率:

(1) $A_1=$"最后取出的数字是奇数";

(2) $A_2 =$ "5 个数字全不相同";

(3) $A_3 =$ "1 恰好出现 2 次";

(4) $A_4 =$ "1 至少出现 2 次";

(5) $A_5 =$ "恰好出现不同的两对数字";

(6) $A_6 =$ "总和为 10".

解 将取出的数字按先后顺序排成一列,由于取后放回,因此每取 5 个数字就相当于 9 个数字中取 5 个的有重复排列,故基本事件总数是 9^5.

(1) 最后一个数字是奇数有 5 种,而前 4 个数字是任意的,有 9^4 种,于是 A_1 包含 $5 \cdot 9^4$ 个基本事件,从而

$$P(A_1) = \frac{5 \cdot 9^4}{9^5} \approx 0.556.$$

(2) 5 个数字全不相同的每一种取法相当于从 9 个数字中取 5 个的一个选排列,故 A_2 包含的基本事件数为 P_9^5,从而

$$P(A_2) = \frac{P_9^5}{9^5} \approx 0.256.$$

(3) 1 恰好出现 2 次,这 2 次可以是 5 次中的任意 2 次,有 C_5^2 种选择,其他 3 次中,每次只能取剩下的 8 个数中的任一个,3 次有 8^3 种取法,所以 A_3 包含的基本事件数是 $C_5^2 \cdot 8^3$,从而

$$P(A_3) = \frac{C_5^2 8^3}{9^5} \approx 0.086\ 7.$$

(4) 类似(3)的分析,1 恰好出现 k 次的所有取法为 $C_5^k \cdot 8^{5-k}$ 种($k = 2, 3, 4, 5$),故 A_4 包含的基本事件数为 $\sum_{k=2}^{5} C_5^k \cdot 8^{5-k} = 9^5 - 8^5 - C_5^1 8^4$,因此,

$$P(A_4) = \frac{9^5 - 8^5 - C_5^1 \cdot 8^4}{9^5} \approx 0.098\ 2.$$

(5) 5 个数字看作 5 个位置,先在 5 个位置上的任一个位置放上一个数字,它有 $C_5^1 \cdot 9$ 种可能,在余下的 4 个位置上再放上不同的两对数字,它有 $C_4^2 \cdot C_8^2$ 种可能,所以 A_5 包含的基本事件数是 $C_5^1 \cdot C_4^2 \cdot C_8^2 \cdot 9$,从而

$$P(A_5) = \frac{C_5^1 \cdot C_4^2 \cdot C_8^2 \cdot 9}{9^5} \approx 0.128.$$

(6) 易见,A_6 包含的基本事件数等于下列方程的正整数解的个数

$$x_1 + x_2 + x_3 + x_4 + x_5 = 10 \quad (1 \leqslant x_i \leqslant 9,\ i = 1, 2, 3, 4, 5),$$

其中 x_i 代表第 i 次取得的数字. 由于上述方程的每一组正整数解一一对应于 5 个

因式乘积 $(x+x^2+\cdots+x^9)(x+x^2+\cdots+x^9)(x+x^2+\cdots+x^9)(x+x^2+\cdots+x^9)(x+x^2+\cdots+x^9)$ 的展开式中的一个 x^{10}，譬如解 $x_1=1$，$x_2=2$，$x_3=3$，$x_4=2$，$x_5=2$ 相当于第一因式取 x，第二因式取 x^2，第三因式取 x^3，第四因式取 x^2，第五因式取 x^2 相乘而得的一个 x^{10}，所以上述方程的正整数解的个数等于 5 个因式之积 $(x+x^2+\cdots+x^9)^5$ 展开式中 x^{10} 的系数，利用 $(1-x)^{-m}$ 的泰勒级数展开式 $(1-x)^{-m}=1+mx+\dfrac{m(m+1)}{2!}x^2+\cdots+\dfrac{m(m+1)\cdots(m+k-1)}{k!}x^k+\cdots$，有

$$(x+x^2+\cdots+x^9)^5 = x^5 \cdot \left(\frac{1-x^9}{1-x}\right)^5$$

$$= x^5(1-C_5^1 x^9+\cdots)\left(1+5x+\cdots+\frac{5\cdot6\cdot7\cdot8\cdot9}{5!}x^5+\cdots\right)$$

$$= x^5+5x^6+\cdots+\frac{5\cdot6\cdot7\cdot8\cdot9}{5!}x^{10}+\cdots,$$

由此得 x^{10} 的系数等于 126，从而

$$P(A_6)=\frac{126}{9^5}\approx 0.002\ 13.$$

例 1.11（分房问题） 有 n 个人，每个人都以同样的概率 $\dfrac{1}{N}(n\le N)$ 被分配在 N 间房的任一间中，试求下列事件的概率：

(1) $A=$ "指定的 n 间房中各有一人"；

(2) $B=$ "恰有的 n 间房中各有一人"。

解 把第一个人分配到 N 间房中之一去，有 N 种可能，把第二个人分配到 N 间房中之一去，也有 N 种可能，……，所以把 n 个人分配到 N 间房中去就有 N^n 种分配法，即基本事件总数为 N^n。

(1) 某指定 n 间房中各有一人的一种分配法相当于 n 个人的一个全排列，故 A 包含的基本事件数为 $n!$，于是

$$P(A)=\frac{n!}{N^n}.$$

(2) 恰有的 n 间房可从 N 间房中任意选出，有 C_N^n 种选法，对每一种这样的选法，n 个人又有 $n!$ 种不同的分配法，所以 B 包含的基本事件数为 $C_N^n \cdot n!$，从而

$$P(B)=\frac{C_N^n \cdot n!}{N^n}=\frac{N(N-1)\cdots(N-n+1)}{N^n}.$$

分房问题是相当广泛的一类问题。例如下述的历史上著名的生日问题就可归结为这个类型：某次集会有 n 个人（$n\le 365$）参加，假定每个人的生日是一年中的任何一天的概率为 $\dfrac{1}{365}$，问此 n 人的生日互不相同的概率为多大？对

照本例,把生日看作房,并取 $N = 365$,则易得事件 $C=$"n 人的生日互不相同"的概率为

$$P(C) = \frac{365 \cdot 364 \cdots (365 - n + 1)}{365^n}.$$

对于不同的 n 可以算得 $P(C)$,以及 C 的对立事件 $\overline{C} =$ "n 个人中至少有两人同生日"的概率 $P(\overline{C})$ 的近似值见表 1.6.

表 1.6

n	10	20	22	23	30	40	50	55
$P(C)$	0.88	0.59	0.52	0.49	0.29	0.11	0.03	0.01
$P(\overline{C})=1-P(C)$	0.12	0.41	0.48	0.51	0.71	0.89	0.97	0.99

从表 1.6 可见 22 人中可望有两人同生日的概率约为 0.5;50 人中几乎必有两人同生日.这是一件很有意思的事情.

分房问题又称为占位问题,由于人是可辨的,所以本例也称为可辨的占位问题.下面再介绍一个不可辨的占位问题.

例 1.12(占位问题) 将 n 个大小形状完全相同的球随机地分配到 N 个盒子中去($n \geq N$),求不出现空盒的概率.

解 为了解答这个问题,先研究 7 个字母 A 分配到 5 个盒子中去有多少种不同的分配法.记号 $|AA|A|A|\quad|AAA|$ 表示一种分配法:第一个盒子有 2 个 A,第二、三个盒子各有 1 个 A,第四个盒子是空的,第五个盒子有 3 个 A.这里,五个盒子并排在一起,最右端和最左端的竖条称为外壁,中间的竖条称为内壁,内壁是公共壁,公共壁的个数等于盒子数减 1 为 4,每一种分配法一一对应于上述形式的记号,而每一种这样的记号又相当于 7 个 A 与 4 个公共壁的一个含有相同元素的全排列,因此不同的分配法有 $\dfrac{(4+7)!}{4!7!} = C_{11}^7$ 种,以上分析问题的方法称为**盒壁原理**.

回过来讨论本例,根据盒壁原理,本例相当于有 n 个字母 A,$N-1$ 个公共壁,所以不同的分配法有 C_{N+n-1}^n.

将 n 个字母 A 夹在两外壁内:$|AA\cdots A|$,想象第一个字母 A 与第二个字母 A 之间、第二个字母 A 与第三个字母 A 之间、……、第 $n-1$ 个字母 A 与第 n 个字母 A 之间都有一个空穴,n 个字母 A 之间共有 $n-1$ 个空穴,欲不出现空盒,只要把 $N-1$ 个公共壁插入 $n-1$ 个空穴中的任意 $N-1$ 个空穴内,它不同的插法有 C_{n-1}^{N-1} 种,由此所求概率为

$$P(\text{"不出现空盒"}) = \frac{C_{n-1}^{N-1}}{C_{N+n-1}^n}.$$

1.2.4 古典概率的简单性质

根据定义1.4,容易验证古典概率具有下列的性质:

(1) 非负性: $0 \leqslant P(A) \leqslant 1$;   (1.13)

(2) 规范性: $P(\Omega) = 1$;   (1.14)

(3) 可加性: 若 $AB = \varnothing$, 则 $P(A \cup B) = P(A) + P(B)$.   (1.15)

一般地说,对两两互不相容的事件 A_1, A_2, $\cdots$, A_m, 成立有限可加性:

$$P(\bigcup_{i=1}^{m} A_i) = \sum_{i=1}^{m} P(A_i). \tag{1.16}$$

因为 $A\overline{A} = \varnothing$, $A \cup \overline{A} = \Omega$, 由(1.14)、(1.15)易得

(4) $P(\overline{A}) = 1 - P(A)$.   (1.17)

性质(4)在实用中是很有价值的. 当 A、$\overline{A}$ 两事件中有一个的概率容易计算时,利用此公式可方便地得到另一事件的概率. 前面关于"n 个人中至少有两人同生日"的概率就是这样得来的. 现在再看一个例子.

例 1.13(德·梅耳问题) 一双骰子掷 24 次,求至少得到一次双六的概率.

解 记 $A =$ "至少得到一次双六",那么 $\overline{A} =$ "没有一次是双六",问题求 $P(A)$,先算 $P(\overline{A})$.

一双骰子每掷一次有 36 种结果,于是一双骰子掷 24 次就有 36^{24} 种结果,故基本事件总数等于 36^{24},每一次不出现双六的结果为 35 种,所以掷 24 次都不出现双六的所有结果有 35^{24} 种,于是, $P(\overline{A}) = \left(\dfrac{35}{36}\right)^{24} \approx 0.51$,所求概率为

$$P(A) = 1 - \left(\frac{35}{36}\right)^{24} \approx 0.49.$$

通常,求"至少……"的事件概率,以先计算其对立事件的概率较为方便.

习 题 1.2

(A)

1. 掷两枚均匀的骰子,试验的所有结果可表示为 $\omega_i =$ "点数之和是 i 点, $i = 2, 3, \cdots, 12$,样本空间 $\Omega = \{\omega_2, \omega_3, \cdots, \omega_{12}\}$,"试问 Ω 是古典概型的样本空间吗?

2. 对于古典概型,概率为零的事件是否一定是不可能事件?

3. 在一盒中装着标号从 1 至 5 的五只徽章,现从中依次一只一只地任意摸出三只徽章,求最后摸出的徽章是奇数号的概率.

4. a、b、c、d、e 五位学生在一张课桌上按任意次序就座,试求下列事件的概率:

概率与统计

(1) a 坐在边上;

(2) a 和 b 都坐在边上;

(3) a 或 b 坐在边上;

(4) a 和 b 都不坐在边上;

(5) a 正好坐在中间.

5. 某城市的电话号码都是 6 位数码(每位数码可取 0 到 9 共十个数字),如果从电话号码本中任指一个电话号码,求:

(1) 头两位是 88 的概率;

(2) 头两位都不超过 8 的概率;

(3) 6 位全不相同的概率.

6. 在元件盒中装有 50 件固体组件,其中有 25 件一等品,15 件二等品及 10 件次品,从中任取 10 件,问下列事件的概率有多大?

(1) 恰有两件一等品,两件二等品;

(2) 恰有两件一等品;

(3) 没有次品.

7. 分发一副 52 张的扑克牌,发第十四张牌是 A 的概率是多少? 头一个 A 正好出现在第十四张的概率是多少?

8. 甲袋中有 3 只白球、7 只红球、15 只黑球;乙袋中有 10 只白球、6 只红球、9 只黑球,现从两袋中各取一球,求两球颜色相同的概率.

9. 有 6 个人在一座 10 层大楼的底层进入电梯,设他们中的每一个人自第二层开始在每一层离开是等可能的,求 6 个人在不同层次离开的概率.

10. 某人有 5 把钥匙,其中两把是开门的,现随机地取一把钥匙试着开门,不能开门的就扔掉,问第三次才能打开门的概率是多少? 如果试过的钥匙不扔掉,这个概率又是多少?

11. 一个盒子里装有标号 1,2,…,10 的标签,今随机地选取两张标签,假若

(1) 标签的选取是无放回的;

(2) 标签的选取是有放回的,

求两张标签上的数字为相邻整数的概率.

12. 给定 20 个人,问在 12 个月中正好包含 2 个人生日的月份有 4 个且正好包含 3 个人生日的月份有 4 个的概率是多少?

13. 掷 10 次均匀的硬币,求出现正面的次数多于反面次数的概率.

14. 柜子里有 10 双鞋,现随机地取出 8 只,试求下列事件的概率:

(1) 取出的鞋都不成双;

(2) 取出的鞋恰好有两只是成双的;

(3) 取出的鞋至少有两只成双;

(4) 取出的鞋全部成双.

15. 同时掷五个骰子,求下列事件的概率:

(1) A＝"点数各不相同";

(2) B＝"至少出现两个 6 点";

(3) C＝"恰有两个点数相同";

(4) D＝"某两个点数相同,另三个同是另一个点数";

(5) E＝"点数总和等于 10".

(B)

1. 6 个小孩将他们的右手两两拉在一起,然后再将左手两两拉在一起,求他们正好拉成一个圈的概率,并把结论推广到 $2n$ 个小孩的情形.

2. 把 n 个 A 与 n 个 B 随机地排成一行,求没有两个 A 连在一起的概率.

3. n 对夫妇任意地排成一列,求 n 对夫妇都相邻的概率.

4. 甲有 $n+1$ 枚硬币,乙有 n 枚硬币,双方投掷后进行比较,求甲掷出的正面数比乙掷出的正面数多的概率. 若甲有 $n+2$ 枚硬币,又有怎样的结果?

5. 将 a 个不可辨别的物体随机地放入 b 个盒子中,求恰有 k 个空盒的概率.

§1.3 一类无限等可能概型——几何概型

古典概型只能适用于计算有限等可能概型中的事件概率. 假定保留古典概型中的等可能性条件,而试验的结果是无限多个,且可用一个有度量(长度、面积、体积)的几何区域表示. 譬如像例 1.4 的情形,那么,这类试验中的事件的概率又如何计算呢? 现在来讨论这个问题.

若一个试验具有下列两个特征:

(1) 每次试验的结果是无限多个,且全体结果可用一个有度量的几何区域来表示;

(2) 每次试验的各种结果是等可能的.

这样的试验称为**几何概型**. 譬如例 1.4 就是几何概型,那里"均匀"两字即意味等可能性.

对于几何概型中的事件的概率由下述定义所确定.

定义 1.5 设几何概型的样本空间可表示成有度量的区域,仍记为 Ω,事件 A 所对应的区域仍以 A 表示($A \subset \Omega$),则定义事件 A 的概率为

$$P(A) = \frac{A \text{ 的度量}}{\Omega \text{ 的度量}}. \tag{1.18}$$

定义 1.5 称为概率的几何定义,本质上它和定义 1.3 并不矛盾. 由(1.18)式确定的概率称为**几何概率**.

对于一个具体问题能否应用(1.18)式计算事件的概率,关键在于将问题几何

化，也即可根据问题的情况，选取合适的参数，建立适当的坐标系，在此基础上，将试验的每一结果一一对应于该坐标系中的一点，使得全体结果构成一个区域，且是可度量的.

从概率的几何定义可知，在几何概型中，"等可能"一词应理解为对应于每个试验结果的点落入某区域内的可能性大小仅与该区域的度量成正比，而与该区域的位置与形状无关.

例 1.14 公共汽车站每隔 5 分钟有一辆汽车通过，乘客到达汽车站的任一时刻是等可能的，求乘客候车时间不超过 3 分钟的概率.

解 这是一个几何概型问题.

记 $A=$"候车时间不超过 3 分钟". 以 x 表示乘客来到车站的时刻，那么每一个试验结果可表示为 x. 假定乘客到车站后来到的第一辆公共汽车的时刻为 t，如图 1.8 所示. 据题意，乘客必然在 $(t-5,t]$ 内来到车站，故 $\Omega=\{x:t-5<x\leqslant t\}$，欲使乘客候车时间不超过 3 分钟，必须 $t-3\leqslant x\leqslant t$，所以 $A=\{x:t-3\leqslant x\leqslant t\}$，根据 (1.18) 式，有

图 1.8

$$P(A)=\frac{A\text{ 的度量}}{\Omega\text{ 的度量}}=\frac{3}{5}=0.6.$$

例 1.15（布丰问题） 平面上画有距离均为 d 的一簇平行线，如图 1.9 所示. 向此平面任意投掷一长为 $l(l<d)$ 的针，求针与平行线相交的概率.

解 记 $A=$"针与平行线相交". 因为 $l<d$，所以针至多与这些平行线中的一条相交，这样，问题只要考虑针与某一条平行线之间的情况. 相对于最靠近针的一条平行线 l_1 而言，针是否与 l_1 相交，可以用针的中点 M 到 l_1 的距离 x 和针与 l_1 的交角 φ 两个变量来描述. 于是，每一个试验结果可表示为 (φ,x)，$0\leqslant\varphi\leqslant\pi$，$0\leqslant x\leqslant\dfrac{d}{2}$，所有可能的结果可表示成 $\Omega=\left\{(\varphi,x):0\leqslant\varphi\leqslant\pi,0\leqslant x\leqslant\dfrac{d}{2}\right\}$.

欲使针与 l_1 相交，必须满足条件 $x\leqslant\dfrac{l}{2}\sin\varphi$，所以，

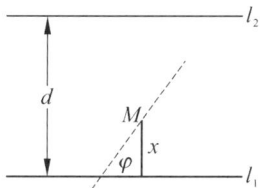

图 1.9

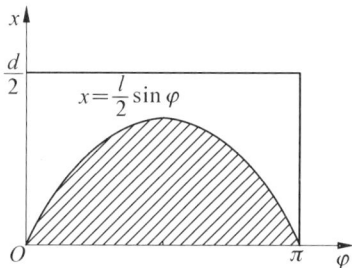

图 1.10

$$A = \left\{ (\varphi, x) : x \leqslant \frac{l}{2} \sin \varphi, \ 0 \leqslant \varphi \leqslant \pi, \ 0 \leqslant x \leqslant \frac{d}{2} \right\},$$

从而

$$P(A) = \frac{A \text{ 的面积}}{\Omega \text{ 的面积}} = \frac{\int_0^\pi \frac{l}{2} \sin \varphi \mathrm{d}\varphi}{\frac{d}{2}\pi} = \frac{2l}{d\pi} (\text{见图 } 1-10).$$

由于最后答案与 π 有关,因此历史上有不少学者曾利用它来计算 π 的近似值. 其方法是:投针 n 次,记录针与平行线相交的次数 μ_n,再以频率值 $\frac{\mu_n}{n}$ 作为概率 $\frac{2l}{d\pi}$ 的近似值,就有

$$\pi \approx \frac{2ln}{d\mu_n}.$$

这种用统计试验的结果确定问题解的方法就是 §1.1 节中提到过的蒙特卡罗方法.

例 1.16　在线段 $[0, a]$ 上随机地投三个点,试求由点 O 至三点的三个线段能构成一个三角形的概率.

解　令 $A=$"三线段能构成一个三角形".

设三线段长各为 x、y、z,则每一个试验结果可表示为:(x, y, z),$0 \leqslant x, y, z \leqslant a$. 所有可能的结果为 $\Omega = \{(x, y, z) : 0 \leqslant x, y, z \leqslant a\}$,它可表示为边长是 a 的立方体,其体积等于 a^3;因为三个线段构成一个三角形的条件是 $x+y>z$,$x+z>y$,$y+z>x$,所以,$A = \{(x, y, z) : x+y>z, \ x+z>y, \ y+z>x, \ 0 \leqslant x, y, z \leqslant a\}$,它表示一个以 O、A、B、C、D 为顶点的六面体,其体积等于 $a^3 - 3 \cdot \frac{1}{3} \cdot \frac{a^2}{2} a = \frac{1}{2} a^3$. 从而

$$P(A) = \frac{A \text{ 的体积}}{\Omega \text{ 的体积}} = \frac{\frac{1}{2} a^3}{a^3} = 0.5.$$

容易明白,几何概率也具有统计概率、古典概率的性质:

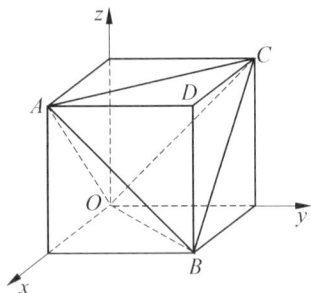

图 1.11

(1) 非负性:$0 \leqslant P(A) \leqslant 1$;　　　　　　　　　　　　　　(1.19)

(2) 规范性:$P(\Omega) = 1$;　　　　　　　　　　　　　　　　(1.20)

(3) 可加性:若 $AB = \varnothing$,则 $P(A \bigcup B) = P(A) + P(B)$.　　(1.21)

一般地说,对两两互不相容的事件 A_1,A_2,$\cdots$,A_m,成立有限可加性:

$$P(\bigcup_{i=1}^{m} A_i) = \sum_{i=1}^{m} P(A_i).$$

此外几何概率还具有可列可加性（或称完全可加性），即若 A_1，A_2，…，A_m，…为一列两两不相容的事件，则

$$P(\bigcup_{i=1}^{\infty} A_i) = \sum_{i=1}^{\infty} P(A_i).$$

下面举例子来说明它的正确性.

设一质点任意地落于 $(0, 1]$ 内，将 $(0, 1]$ 分为 $A_1 = \left(\dfrac{1}{2}, 1\right]$，$A_2 = \left(\dfrac{1}{4}, \dfrac{1}{2}\right]$，…，$A_m = \left(\dfrac{1}{2^m}, \dfrac{1}{2^{m-1}}\right]$，…；并记 A_i="点落入 A_i"，$i = 1, 2, \cdots$. 易见 A_1，A_2，…，A_m … 两两互不相容，全体结果 $\Omega = (0, 1]$，且 $\bigcup_{i=1}^{\infty} A_i = \Omega$，有

$$P(\bigcup_{i=1}^{\infty} A_i) = P(\Omega) = 1,$$
$$\sum_{i=1}^{\infty} P(A_i) = \sum_{i=1}^{\infty} \left(\frac{1}{2^{i-1}} - \frac{1}{2^i}\right) = 1,$$

从而

$$P(\bigcup_{i=1}^{\infty} A_i) = \sum_{i=1}^{\infty} P(A_i).$$

习 题 1.3

（A）

1. 对于几何概型，概率为零的事件是否可能发生？

2. 已知点 B 任意地落在长度为 l 的线段 OA 上，求线段 OB 和 BA 中较短的线段大于 $\dfrac{1}{3}$ 的概率.

3. 在一个平面内，画上彼此相距 $2d$ 的平行直线，向此平面任意投掷半径为 $r(r < d)$ 的硬币，求硬币不与任何一条直线相交的概率.

4. 向半径为 R 的圆内任意投掷一点，求此点落在与圆内接的下列图形内的概率：(1) 正方形；(2) 正三角形.

5. 把长度为 a 的线段在任意两点折断成为三线段，求它们可以构成一个三角形的概率.

6. 两名大学生约定在时间 12 时和 13 时之间于预定地点见面，先到者等 $\dfrac{1}{4}$ 小时后离去，假定每个大学生可以在 12 时到 13 时之间的任意时刻到达，求它们相

遇的概率.

7. 某码头只能容纳一只船,现预知某日将独立来到两只船,且在 24 小时内各时刻来到的可能性都相等,如果它们需要停靠的时间分别为 3 小时及 4 小时,试求有一船要在江中等待的概率.

8. 在 $[0,1]$ 内随机地取两个数,求两数之和不超过 1 且其积不小于 0.09 的概率.

（B）

1. 在半径为 R 的圆周上随机地取三点 A、B、C,求 $\triangle ABC$ 是锐角三角形的概率.

2. 在顶点为 $(0,0)$、$(0,1)$、$(1,0)$、$(1,1)$ 的正方形中任意地投一点 M,(ξ,η) 是它的坐标,求方程 $x^2 + \xi x + \eta = 0$ 有实根的概率.

3. 往每格边长为 4 的无限的方格纸上随机地掷一半径为 $\frac{3}{2}$ 的硬币,求整个硬币落入一格子中的概率.

§1.4　概率的公理化

　　前面讨论的概率的古典定义和几何定义都带有局限性,因为它们都是以等可能性为基础的,而实际问题中遇到的情况还有许多是没有这种等可能性的.概率的统计定义虽然适合于一般的试验而且直观,但是在数学上不严格,因为那里的依据是"试验次数很大时,频率呈现的稳定性"这一事实.然而,对于那里所提的"摆动"应如何理解却没有确切的规定.因此有必要引进事件概率的公理,使事件概率的定义具有普遍性、严密性,为以后有关的推理提供依据.

　　从前面介绍的概率的三种定义的情形来看,至少能认识两点:

　　(1) 概率是定义在一些事件的集合类上的,因为必然事件 Ω 总是被定义了概率的,其值为 1,所以 Ω 是属于这个集合类的;另一方面,总希望通过简单事件的概率来推算复合事件的概率.因此,如果事件 A 有概率,希望 $\bar{A}$ 也有概率;如果事件 A 与 B 有概率,希望 A 与 B 的和 $A \cup B$、差 $A-B$、交 AB 也有概率;如果可列个事件 A_1,A_2,$\cdots$,A_m,$\cdots$ 有概率,希望可列个事件的和 $\bigcup\limits_{i=1}^{\infty} A_i$、交 $\bigcap\limits_{i=1}^{\infty} A_i$ 也有概率.因此被定义了概率的一些事件的集合类理应要求在刚才提到的事件运算上是封闭的.

　　(2) 事件的概率具有非负性、规范性、可加性,对于几何概率还有可列可加性.

　　以上认识为构造概率的公理化定义提供了依据.

1.4.1　概率的公理化定义

　　定义 1.6　设 Ω 是一给定的样本空间,$\mathscr{F}$ 是由 Ω 的一些子集构成的集合类,如

果 $\mathscr{F}$ 满足下列条件:

(1) $\Omega \in \mathscr{F}$;

(2) 若 $A \in \mathscr{F}$,有 $\overline{A} \in \mathscr{F}$;

(3) 若 $A_i \in \mathscr{F}$, $i = 1, 2, \cdots$,有 $\bigcup\limits_{i=1}^{\infty} A_i \in \mathscr{F}$,

则称 $\mathscr{F}$ 为一**事件域**. $\mathscr{F}$ 中的元素称为**事件**,Ω 称为**必然事件**.

关于 $\mathscr{F}$ 成立如下的定理

定理 1.1 设 $\mathscr{F}$ 为一事件域,则

(1) $\varnothing \in \mathscr{F}$;

(2) 若 $A、B \in \mathscr{F}$,有 $A \bigcup B$, AB, $A - B \in \mathscr{F}$;

(3) 若 $A_i \in \mathscr{F}$, $i = 1, 2, \cdots$,有 $\bigcap\limits_{i=1}^{\infty} A_i \in \mathscr{F}$.

* **证明** (1) 由定义 1.6 之(1)、(2)得 $\varnothing = \overline{\Omega} \in \mathscr{F}$.

(2) 因为 $A、B、\varnothing \in \mathscr{F}$,由定义 1.6 之(3)得

$$A \bigcup B = A \bigcup B \bigcup \varnothing \bigcup \cdots \in \mathscr{F};$$

由定义 1.6 之(2)得 $\overline{A} \in \mathscr{F}$, $\overline{B} \in \mathscr{F}$, $\overline{A} \bigcup \overline{B} \in \mathscr{F}$,再根据 §1.1 中的对偶公式得

$$AB = \overline{\overline{A} \bigcup \overline{B}} \in \mathscr{F};$$

由 $A \in \mathscr{F}$, $\overline{B} \in \mathscr{F}$ 得

$$A - B = A\overline{B} \in \mathscr{F}.$$

(3) 因 $A_i \in \mathscr{F}$, $i = 1, 2, \cdots$,由定义 1.6 之(2)得 $\overline{A_i} \in \mathscr{F}$, $i = 1, 2, \cdots$;再由定义 1.6 之(3)、(2)与对偶公式得

$$\bigcap\limits_{i=1}^{\infty} A_i = \overline{\bigcup\limits_{i=1}^{\infty} \overline{A_i}} \in \mathscr{F}.$$

定理 1.1 告诉我们 $\mathscr{F}$ 满足本节一开始提出的关于事件运算的封闭性要求,特别 $\varnothing \in \mathscr{F}$,它称为**不可能事件**.

定义 1.7 设 $\mathscr{F}$ 是一事件域,在 $\mathscr{F}$ 上定义实值集函数 P,对每一事件 $A \in \mathscr{F}$,函数值为 $P(A)$,如果它满足如下三个条件:

(1) 非负性:对每一 $A \in \mathscr{F}$,有 $P(A) \geqslant 0$; (1.22)

(2) 规范性:$P(\Omega) = 1$; (1.23)

(3) 可列可加性:若 $A_i \in \mathscr{F}$, $i = 1, 2, \cdots$,且 $A_i A_j = \varnothing (i \neq j)$,即两两互不相容,有

$$P(\bigcup\limits_{i=1}^{\infty} A_i) = \sum\limits_{i=1}^{\infty} P(A_i),$$ (1.24)

则称 P 为 $\mathscr{F}$ 上的**概率**,称 $P(A)$ 为事件 A 的概率.

定义 1.7 称为概率的公理化定义,对于用前述方法难以计算的具有非等可能试验结果模型中的事件概率,利用这个普遍而严格的概率定义就可方便地求得. 例如,从 1,2,$\cdots$,100 中选取一数,取到不大于 50 的每个数的概率为 p;取到大于 50 的数的概率为 $3p$,试问:取到一个平方数的概率是多少? 从题意可知这是一个具有有限个试验结果的模型,但不是等可能的,因为取到不大于 50 与取到大于 50 的数的概率不一样. 可以先求出 p,再根据概率的规范性和即将在下面运用概率的可列可加性得到的有限可加性,有 $50 \cdot p + 50 \cdot (3p) = 1$,于是 $p = \dfrac{1}{200}$. 从 0～100 中的平方数是 1,4,9,16,25,36,49,64,81,100,前 7 个小于 50,后 3 个大于 50,因此取到平方数的概率是 $7 \cdot p + 3 \cdot (3p) = \dfrac{16}{200} = 0.08$.

通常将 Ω,$\mathscr{F}$,P 联系在一起,称三元整体 $(\Omega,\mathscr{F},P)$ 为**概率空间**,下面举两个例子来说明概率空间 $(\Omega,\mathscr{F},P)$ 的具体含义.

例 1.17 掷硬币的试验. $\Omega = \{\omega_1 = $"正面向上",$\omega_2 = $"反面向上"$\}$;$\mathscr{F} = \{(\omega_1),(\omega_2),\Omega,\varnothing\}$;$P = \{P(\omega_1) = P(\omega_2) = \dfrac{1}{2},P(\Omega) = 1,P(\varnothing) = 0\}$. $(\Omega,\mathscr{F},P)$ 就是掷硬币试验的概率空间.

例 1.18 设盒中有 3 个电阻 (R),3 个电容 (C),4 个电感 (L),任取一个,看抽中的是什么元件.

$\Omega = \{R,C,L\}$;

$\mathscr{F} = \{(R),(C),(L),(R \bigcup C),(R \bigcup L),(C \bigcup L),\Omega,\varnothing\}$;

$P = \{P(R) = P(C) = \dfrac{3}{10};P(L) = \dfrac{4}{10};P(R \bigcup C) = \dfrac{6}{10};$

$P(R \bigcup L) = P(C \bigcup L) = \dfrac{7}{10},P(\Omega) = 1,P(\varnothing) = 0\}$.

$(\Omega,\mathscr{F},P)$ 就是本例对应的概率空间.

一般说来,若样本空间 Ω 内的元素仅为有限个,譬如 n 个,$\mathscr{F}$ 是由 Ω 的所有子集所组成的事件域,则 $\mathscr{F}$ 内的事件的总个数是 2^n.

在今后的讨论中,均假定概率空间 $(\Omega,\mathscr{F},P)$ 是事先给定的,所谈的事件都属于 $\mathscr{F}$.

1.4.2 概率的性质

从概率的非负性、规范性和可列可加性出发,可以证明它的一些重要性质.

定理 1.2 不可能事件的概率为 0,即 $P(\varnothing) = 0$.

证明 因为 $\Omega = \Omega \bigcup \varnothing \bigcup \varnothing \bigcup \cdots$,所以

$$P(\Omega) = P(\Omega) + P(\varnothing) + \cdots,$$

从而

$$P(\varnothing) = 0.$$

定理 1.3（有限可加性） 若 $A_i A_j = \varnothing$，$i \neq j$，$i, j = 1, 2, \cdots, n$，即 A_1，$A_2, \cdots, A_n$ 两两互不相容，则

$$P(\bigcup_{i=1}^{n} A_i) = \sum_{i=1}^{n} P(A_i).$$

证明 因为 $\bigcup\limits_{i=1}^{n} A_i = A_1 \bigcup A_2 \bigcup \cdots \bigcup A_n \bigcup \varnothing \bigcup \varnothing \bigcup \cdots$，由可列可加性及 $P(\varnothing) = 0$，即得

$$P(\bigcup_{i=1}^{n} A_i) = \sum_{i=1}^{n} P(A_i).$$

定理 1.4 对任一事件 A，有 $P(\overline{A}) = 1 - P(A)$.

证明 因为 $A \bigcup \overline{A} = \Omega$，$A\overline{A} = \varnothing$，由 $P(\Omega) = 1$ 及有限可加性，即得 $1 = P(\Omega) = P(A \bigcup \overline{A}) = P(A) + P(\overline{A})$，从而

$$P(\overline{A}) = 1 - P(A).$$

定理 1.5（减法公式） 若 $B \subset A$，则

$$P(A - B) = P(A) - P(B).$$

证明 因为当 $B \subset A$ 时，有 $A = B \bigcup (A - B)$，且 $B \bigcap (A - B) = \varnothing$，由有限可加性得 $P(A) = P(B) + P(A - B)$，从而

$$P(A - B) = P(A) - P(B).$$

推论 1.1 若 $B \subset A$，则 $P(B) \leqslant P(A)$.

推论 1.2 对任一事件 A，$P(A) \leqslant 1$.

证明 因为 $A \subset \Omega$，由推论 1.1 及 $P(\Omega) = 1$ 即得.

定理 1.6（一般加法公式） 对任意两事件 A、B，有

$$P(A \bigcup B) = P(A) + P(B) - P(AB).$$

证明 因为 $A \bigcup B = A \bigcup (B - AB)$，$A \bigcap (B - AB) = \varnothing$，所以 $P(A \bigcup B) = P(A) + P(B - AB)$；又因为 $AB \subset B$，由减法公式 $P(B - AB) = P(B) - P(AB)$，从而得

$$P(A \bigcup B) = P(A) + P(B) - P(AB).$$

一般加法公式还可用归纳法推广到任意有限个事件. 设 A_1，A_2，$\cdots$，A_n 为 n

个事件,则有

$$P(\bigcup_{i=1}^{n}A_i)=\sum_{i=1}^{n}P(A_i)-\sum_{1\leqslant i<j\leqslant n}P(A_iA_j)+\sum_{1\leqslant i<j<k\leqslant n}P(A_iA_jA_k)-$$

$$\cdots+(-1)^{n-1}P(A_1A_2\cdots A_n).\tag{1.25}$$

根据定理 1.6,运用归纳法,易得:

推论 1.3 设 A_1,A_2,$\cdots$,A_n 为 n 个事件,则有

$$P(\bigcup_{i=1}^{n}A_i)\leqslant P(A_1)+P(A_2)+\cdots+P(A_n).$$

以上概率的性质,有助于我们计算复合事件的概率.

例 1.19 设 $P(A)=0.5$,$P(B)=0.3$,$P(AB)=0.2$,计算下列概率:
(1) $P(\overline{A}\bigcup\overline{B})$;(2) $P(A\overline{B})$;(3) $P(A\bigcup\overline{B})$.

解 (1) 应用定理 1.4 及对偶公式,有

$$P(\overline{A}\bigcup\overline{B})=1-P(\overline{\overline{A}\bigcup\overline{B}})=1-P(AB)=0.8.$$

(2) 因为 $A\overline{B}$,$=A-AB$,且 $AB\subset A$,应用减法公式有

$$P(A\overline{B})=P(A-AB)=P(A)-P(AB)=0.3.$$

(3) 应用一般加法公式及定理 1.4,有

$$P(A\bigcup\overline{B})=P(A)+P(\overline{B})-P(A\overline{B})$$
$$=P(A)+[1-P(B)]-P(A\overline{B})=0.9.$$

例 1.20 袋中装有九个数 1,2,$\cdots$,9,从中任取一数,取后放回,先后取 6 次,试求所选的 6 个数之积能被 10 整除的概率.

解 6 个数之积能被 10 整除的充要条件是 6 个数中至少含有一个 5 与一个偶数,为此记

$A=$"所选 6 个数中至少有一个 5",

$B=$"所选 6 个数中至少有一个偶数",
于是,$AB=$"所选 6 数之积能被 10 整除". 要计算 $P(AB)$,有

$$P(AB)=P(A)+P(B)-P(A\bigcup B)$$
$$=[1-P(\overline{A})]+[1-P(\overline{B})]-[1-P(\overline{A\bigcup B})]$$
$$=1-P(\overline{A})-P(\overline{B})+P(\overline{A}\overline{B}).$$

$\overline{A}$ 表示所选 6 数中不含有 5 的事件,由于每次所选的数不是 5 的有 8 种,所以 $\overline{A}$ 包含的基本事件数为 8^6;易见基本事件总数是 9^6,从而 $P(\overline{A})=\dfrac{8^6}{9^6}$. 类似地可得

概
率
与
统
计

$P(\overline{B}) = \dfrac{5^6}{9^6}$, $P(\overline{A}\,\overline{B}) = \dfrac{4^6}{9^6}$. 因此

$$P(AB) = 1 - \left(\frac{8}{9}\right)^6 - \left(\frac{5}{9}\right)^6 + \left(\frac{4}{9}\right)^6 \approx 0.485.$$

例 1.21（匹配问题） 有 n 张信纸, 分别标号为 $1, 2, \cdots, n$; 另有 n 个信封, 也分别标以 $1, 2, \cdots, n$ 号. 今将 n 张信纸任意地装入 n 个信封内, 试求至少有一张信纸装入同号码信封内的概率.

此例求"至少……"事件的概率, 不能像例 1.13 那样转换成求它的对立事件的概率, 因为后者的计算仍然是复杂的. 解本例可把所考虑的事件分解为若干个简单事件之和, 然后运用一般加法公式.

解 令 $A_i =$ "第 i 号信纸装入第 i 号信封", 则所求概率为 $P(\bigcup\limits_{i=1}^{n} A_i)$. 易知有

$$P(A_i) = \frac{1}{n}, \quad i = 1, 2, \cdots, n;$$

$$P(A_i A_j) = \frac{1}{n(n-1)}, \quad 1 \leqslant i < j \leqslant n;$$

$$P(A_i A_j A_k) = \frac{1}{n(n-1)(n-2)}, \quad 1 \leqslant i < j < k \leqslant n;$$

$$\cdots\cdots$$

$$P(A_1 A_2 \cdots A_n) = \frac{1}{n!}.$$

注意到 $\sum\limits_{i=1}^{n} P(A_i)$ 中有 C_n^1 项, $\sum\limits_{1 \leqslant i < j \leqslant n} P(A_i A_j)$ 中有 C_n^2 项, ……, 应用一般加法公式 (1.25) 式, 即可算得

$$P(\bigcup\limits_{i=1}^{n} A_i) = 1 - \frac{1}{2!} + \frac{1}{3!} - \cdots + (-1)^{n-1} \frac{1}{n!}.$$

它是一个与 n 有关的数, 显然 $\lim\limits_{n \to \infty} P(\bigcup\limits_{i=1}^{n} A_i) = 1 - \dfrac{1}{e} \approx 0.632$, 因此当 n 很大时, 所求概率近似于 0.632.

为了阐述概率的上、下连续性, 需要引进如下的概念:

设 $A_1, A_2, \cdots, A_n, \cdots$ 是一事件序列, 规定:

$$\lim\limits_{n \to \infty} \bigcup\limits_{i=1}^{n} A_i = \bigcup\limits_{i=1}^{\infty} A_i, \quad \lim\limits_{n \to \infty} \bigcap\limits_{i=1}^{n} A_i = \bigcap\limits_{i=1}^{\infty} A_i.$$

易见

若 $\{A_i\}$ 是单调非减事件序列, 即 $A_1 \subset A_2 \subset \cdots \subset A_n \subset \cdots$, 则

$$\lim_{n \to \infty} A_n = \bigcup_{i=1}^{\infty} A_i;$$

若$\{A_i\}$是单调非增事件序列,即$A_1 \supset A_2 \supset \cdots \supset A_n \supset \cdots$,则

$$\lim_{n \to \infty} A_n = \bigcap_{i=1}^{\infty} A_i.$$

定理 1.7 设$\{A_i\}$为一单调非减事件序列,则

$$\lim_{n \to \infty} P(A_n) = P(\lim_{n \to \infty} A_n)$$

*证明 因为$\bigcup_{i=1}^{\infty} A_i = A_1 \bigcup (A_2 - A_1) \bigcup \cdots \bigcup (A_n - A_{n-1}) \bigcup \cdots$,且$A_1$以及诸$A_i - A_{i-1}$之间两两互不相容,所以由可列可加性及减法公式得

$$P(\lim_{n \to \infty} A_n) = P(\bigcup_{i=1}^{\infty} A_i)$$
$$= P(A_1) + [P(A_2) - P(A_1)] + \cdots +$$
$$[P(A_n) - P(A_{n-1})] + \cdots$$
$$= \lim_{n \to \infty} P(A_n).$$

定理 1.7 称为**概率的下连续性**.

定理 1.8 设$\{A_i\}$为一单调非增事件序列,则

$$\lim_{n \to \infty} P(A_n) = P(\lim_{n \to \infty} A_n).$$

*证明 因为$A_1 \supset A_2 \supset \cdots \supset A_n \supset \cdots$,所以$\overline{A_1} \subset \overline{A_2} \subset \cdots \subset \overline{A_n} \subset \cdots$,由定理 1.7 得

$$\lim_{n \to \infty} P(\overline{A_n}) = P(\lim_{n \to \infty} \overline{A_n}) = P(\bigcup_{i=1}^{\infty} \overline{A_i}).$$

因此

$$\lim_{n \to \infty} P(A_n) = \lim_{n \to \infty} [1 - P(\overline{A_n})]$$
$$= P(\Omega) - P(\bigcup_{i=1}^{\infty} \overline{A_i}).$$

因为$\bigcup_{i=1}^{\infty} \overline{A_i} \subset \Omega, \Omega - \bigcup_{i=1}^{\infty} \overline{A_i} = \overline{\bigcup_{i=1}^{\infty} \overline{A_i}} = \bigcap_{i=1}^{\infty} A_i$,由减法公式,即得

$$\lim_{n \to \infty} P(A_n) = P(\bigcap_{i=1}^{\infty} A_i) = P(\lim_{n \to \infty} A_n).$$

定理 1.8 称为**概率的上连续性**.

定理 1.7、1.8 在下一章讨论随机变量分布函数的性质时是很有用的.

习 题 1.4

（A）

1. 任意地投掷两枚硬币,试写出该试验相应的概率空间.

2. 设 $(\Omega, \mathscr{F}, P)$ 为一概率空间,其中 Ω 由无限可列的多个点组成,试说明所有的点不能是等可能的,各点发生的概率能否都是正的?

3. 从 $1, 2, \cdots, 20$ 中取一数,设取到数 k 的概率与 k 成正比,求取到 4 的倍数的概率.

4. 设 $P(A) = 0.5$, $P(B) = 0.7$, $P(A \bigcup B) = 0.9$,试计算 $P(A - B)$, $P(\overline{A} \bigcup \overline{B})$, $P(\overline{AB})$ 的值.

5. 设有事件 A、B 和 C. 已知 $P(A) = P(B) = P(C) = \dfrac{1}{4}$, $P(AB) = P(BC) = 0$,且 $P(AC) = \dfrac{1}{8}$,求 A、B、C 中至少有一件发生的概率.

6. 证明下列等式:
(1) $P(AB) = 1 - P(\overline{A}) - P(\overline{B}) + P(\overline{A}\,\overline{B})$;
(2) $P(A\overline{B} \bigcup B\overline{A}) = P(A) + P(B) - 2P(AB)$.

7. 向三个相邻的军火库投掷一枚炸弹,炸中第一军火库的概率为 0.025,炸中其余两个的概率各为 0.1. 若只要炸中一个,另两个也要发生爆炸.求军火库发生爆炸的概率.

8. 盒中装有 50 块固体组件,其中有 20 块一等品,15 块二等品及 15 块次品,从中任取 10 块,求:
(1) 至多有两块次品的概率;
(2) 至少有一块次品的概率.

9. 某城市共发行 a、b、c 三种报纸,该城市居民中订购这三种报纸的比例如下:

a：45%；	a 与 b：10%；
b：35%；	a 与 c：8%；
c：30%；	b 与 c：5%；
a 与 b 与 c：3%.	

现求下列百分比:
(1) 只订 a 报的;   (2) 只订一种报的;
(3) 恰好订两种报的;   (4) 至少订两种报的.

10. 把雷达荧光屏分为四个均等的区域,记为 A_1、A_2、A_3、A_4,设想有七个目标 a、b、c、d、e、f、g 等可能地在上述区域中出现,问:

(1) 在 A_1 区中只出现两个目标的概率;

(2) 在 A_3 区中至少出现一个目标的概率;

(3) A_1 区或 A_4 区没有目标出现的概率.

11. 求任取 13 张纸牌中包含同一花色的 A 与 K 的概率.

12. 设 A_1，A_2，$\cdots$，A_n，$\cdots$ 为一事件序列,证明:

$$P(\bigcup_{i=1}^{\infty} A_i) \leqslant \sum_{i=1}^{\infty} P(A_i)$$

（**B**）

1. 求匹配问题(见例 1.21)中恰好有 $k(0 \leqslant k \leqslant n)$ 张信纸装入同号码信封内的概率.

2. 某班 n 个学生参加口试,考签共 N 张（$N \leqslant n$）,每人抽过考签后立刻放回,求在考试结束之后,至少有一张考签没有被抽到的概率.

3. 证明:

$$P(A_1 A_2 \cdots A_n) = 1 - \sum_{i=1}^{n} P(\overline{A_i}) + \sum_{1 \leqslant i < j \leqslant n} P(\overline{A_i} \, \overline{A_j}) -$$

$$\sum_{1 \leqslant i < j < k \leqslant n} P(\overline{A_i} \, \overline{A_j} \, \overline{A_k}) + \cdots +$$

$$(-1)^n P(\overline{A_1} \, \overline{A_2} \cdots \overline{A_n}).$$

4. 从一副 52 张扑克牌中有放回地依次抽取 n 张（$n \geqslant 4$）,试利用上题的结论计算这 n 张牌包含了全部四种花色的概率.

5. 应用有限可加性,考察从含有 n 个正品和 m 个次品的箱子中摸取 $k(1 \leqslant k \leqslant \min(m, n))$ 个产品所得的次品数的试验,证明下列等式成立:

$$C_n^0 C_m^k + C_n^1 C_m^{k-1} + \cdots + C_n^k C_m^0 = C_{n+m}^k.$$

这种方法称为组合恒等式的概率证明.

§1.5 条 件 概 率

1.5.1 条件概率的概念

在前面关于概率 $P(A)$ 的讨论中,都有用来描述试验的一组固定条件,如掷一枚硬币,求"正面向上"的概率. 这里,掷一枚硬币是条件,在这个限制下,讨论"正面向上"的概率. 又如在区域 Ω 内均匀投点,求落入 $A(A \subset \Omega)$ 内的概率,在区域 Ω 内均匀投点就是条件,在这一条件下讨论点落入 A 内的概率,除此之外,别无其他的附加条件.

但在许多场合,不仅仅要计算 $P(A)$,常常还会遇到在"某一事件 B 已经发生"的条件下,求另一事件 A 发生的概率,这个概率称为**条件概率**,记为 $P(A|B)$. 相对于条件概率 $P(A|B)$ 而言,把以前讲的概率 $P(A)$ 称为无条件概率.

由于增加了新的条件:"事件 B 已经发生",所以 $P(A|B)$ 一般是与 $P(A)$ 不同的,下面要研究如何来确定条件概率. 现从简单的例子入手.

掷两颗骰子,记 $A=$"出现点数之和 $\leqslant 4$",$B=$"出现成对的偶数点",试求:

(1) 事件 A 的概率;

(2) 在事件 B 发生的条件下,事件 A 发生的概率.

显然 $P(A) = \dfrac{1}{6}$.

事件 B 发生,表示可能出现的结果是 $(2,2)$、$(4,4)$、$(6,6)$ 三种,其中属于 A 的只有一种情况,即出现 $(2,2)$,所以

$$P(A \mid B) = \frac{1}{3}. \tag{1.26}$$

因此,$P(A \mid B) \neq P(A)$. (1.26)式也可以改写成

$$P(A \mid B) = \frac{1}{3} = \frac{\dfrac{1}{36}}{\dfrac{3}{36}} = \frac{P(AB)}{P(B)}. \tag{1.27}$$

由此看到,就本例的特殊情形,成立 $P(A \mid B) = \dfrac{P(AB)}{P(B)}$. 容易验证,对一般的古典概型和几何概型,只要 $P(B) > 0$,这个等式总是成立的,这启发我们引入下面的一般的条件概率的定义.

定义 1.8 设 A、B 为两个事件,且 $P(B) > 0$,则在事件 B 已发生的条件下,事件 A 发生的条件概率 $P(A|B)$ 定义为

$$P(A \mid B) = \frac{P(AB)}{P(B)}. \tag{1.28}$$

例 1.22 盒子内有 3 只坏的晶体管和 7 只好的晶体管,在其中取两次,每次随机地取一只,作不放回抽样,发现第一只是好的,问另一只也是好的概率是多少?

解 设 $A=$"第一只是好的",$B=$"第二只是好的",根据题意要求 $P(B|A)$,可给出三种解法.

(1) 把盒子中的 10 只晶体管看成是可区别的(设想将它们编上号码),抽取两次的所有试验结果为 $10 \times 9 = 90$ 个,而在 A 发生的条件下,即在第一只是好的限制下,原来的基本事件总数缩减为 $7 \times 9 = 63$ 个,其中属于 B 的基本事件数为 $7 \times$

$6 = 42$ 个, 所以 $P(B \mid A) = \dfrac{42}{63} = \dfrac{2}{3}$.

(2) 在 A 已发生的条件(即取出的第一只是好的)下,盒子中剩下 9 只晶体管,其中 6 只是好的,因此第二次再取出好的晶体管的概率为 $\dfrac{6}{9}$, 即 $P(B \mid A) = \dfrac{6}{9} = \dfrac{2}{3}$.

(3) 由题意易知, $P(A) = \dfrac{7}{10}$, $P(AB) = \dfrac{42}{90}$, 所以

$$P(B \mid A) = \frac{P(AB)}{P(A)} = \frac{\dfrac{42}{90}}{\dfrac{7}{10}} = \frac{2}{3}.$$

比较上述三种不同的解法,以第二种方法为好. 实际上,对于古典概型、几何概型的条件概率计算,常可根据问题的条件去考虑,不必拘谨于条件概率的定义.

例 1.23 甲、乙两市都位于长江下游,根据一百多年来的气象记录知道一年中雨天的比例甲市占 20%,乙市占 14%,两地同时下雨占 12%,试求:

(1) 甲市下雨的条件下,乙市出现雨天的概率;

(2) 乙市出现雨天的条件下,甲市下雨的概率;

(3) 甲市或乙市下雨的概率.

解 记 $A = $ "甲市出现雨天", $B = $ "乙市出现雨天", 有 $P(A) = 0.20$, $P(B) = 0.14$, $P(AB) = 0.12$. 于是:

(1) $P(B \mid A) = \dfrac{P(AB)}{P(A)} = \dfrac{0.12}{0.20} = 0.6$;

(2) $P(A \mid B) = \dfrac{P(AB)}{P(B)} = \dfrac{0.12}{0.14} = 0.857$;

(3) $P(A \bigcup B) = P(A) + P(B) - P(AB)$

$\qquad = 0.20 + 0.14 - 0.12 = 0.22$.

本例有趣的是:从 $P(A \mid B) = 0.857$ 可知,在乙市下雨的条件下,甲市有 85.7% 的可能要下雨,即下雨的可能性很大,因此,如从乙市出差到甲市,又适逢乙市下雨,那么最好携带雨具.

根据定义 1.8,容易证明,条件概率作为事件 A 的实值函数 $P(A|B)$ 成立如下的定理.

定理 1.9 设 B 为一给定的事件,且 $P(B) > 0$,则关于条件概率成立

(1) 非负性:对任意的事件 A, $P(A \mid B) \geqslant 0$;

(2) 规范性: $P(\Omega \mid B) = 1$;

(3) 可列可加性:若 $A_1, A_2, \cdots, A_n, \cdots$ 是一列两两互不相容的事件,有

$$P(\bigcup_{i=1}^{\infty} A_i \mid B) = \sum_{i=1}^{\infty} P(A_i \mid B).$$

定理 1.9 告诉我们,条件概率也是一种概率,因此概率的其他性质对条件概率同样是成立的,这就是定理 1.10.

定理 1.10 若 $P(B) > 0$,对于事件 B 发生下的条件概率成立

(1) $P(\varnothing \mid B) = 0$;

(2) 若 $A_1, A_2, \cdots, A_n$ 两两互不相容,则

$$P(\bigcup_{i=1}^{n} A_i \mid B) = \sum_{i=1}^{n} P(A_i \mid B);$$

(3) 对任意事件 A,成立 $P(\overline{A} \mid B) = 1 - P(A \mid B)$;

(4) 若 $C \subset A$,则 $P(A - C \mid B) = P(A \mid B) - P(C \mid B)$;

(5) 对任意事件 A、C,成立

$$P(A \bigcup C \mid B) = P(A \mid B) + P(C \mid B) - P(AC \mid B).$$

一般地说,对任意有限个事件 $A_1, A_2, \cdots, A_n$,成立

$$P(\bigcup_{i=1}^{n} A_i \mid B) = \sum_{i=1}^{n} P(A_i \mid B) - \sum_{1 \leqslant i < j \leqslant n} P(A_i A_j \mid B) +$$
$$\cdots + (-1)^{n-1} P(A_1 A_2 \cdots A_n \mid B).$$

下面介绍条件概率的三个重要公式——乘法公式、全概率公式和贝叶斯公式.

1.5.2 乘法公式

若 $P(B) > 0$,由条件概率定义,可得

$$P(AB) = P(A \mid B)P(B). \tag{1.29}$$

上式称为事件概率的**乘法公式**. 它可推广到任意有限个事件的情况.

定理 1.11 设 $A_1, A_2, \cdots, A_n$ 为任意 n 个事件,满足 $P(A_1 A_2 \cdots A_{n-1}) > 0$,则

$$P(A_1 A_2 \cdots A_n) = P(A_1) \cdot P(A_2 \mid A_1) \cdot P(A_3 \mid A_1 A_2) \cdot \cdots \cdot$$
$$P(A_n \mid A_1 A_2 \cdots A_{n-1}). \tag{1.30}$$

证明 因为 $A_1 A_2 \cdots A_{n-1} \subset A_1 A_2 \cdots A_{n-2} \subset \cdots \subset A_1 A_2 \subset A_1$,据 §1.4 中的推论 1.1,得 $P(A_1) \geqslant P(A_1 A_2) \geqslant \cdots \geqslant P(A_1 A_2 \cdots A_{n-1}) > 0$,所以 (1.30) 右方的各条件概率有意义. 于是由 (1.28) 式可得

$$P(A_1) \cdot P(A_2 \mid A_1) \cdot \cdots \cdot P(A_n \mid A_1 A_2 \cdots A_{n-1})$$
$$= P(A_1) \cdot \frac{P(A_1 A_2)}{P(A_1)} \cdot \frac{P(A_1 A_2 A_3)}{P(A_1 A_2)} \cdot \cdots \cdot \frac{P(A_1 A_2 \cdots A_n)}{P(A_1 A_2 \cdots A_{n-1})}$$
$$= P(A_1 A_2 \cdots A_n).$$

乘法公式将 n 个事件同时发生的概率分解为单个事件的条件概率的乘积,它在这类事件的概率计算中有其独到之处.

例 1.24 把字母 M、A、X、A、M 充分混合后重新排列,求正好得到顺序 $MAXAM$ 的概率.

解 本例是一个含有相同元素的全排列问题,可用古典概型来计算,如用乘法公式则更方便些.

设 $A =$ "字母排列的顺序是 $MAXAM$",

　　$A_1 =$ "第一个字母是 M",

　　$A_2 =$ "第二个字母是 A",

　　$A_3 =$ "第三个字母是 X",

　　$A_4 =$ "第四个字母是 A",

　　$A_5 =$ "第五个字母是 M",

则 $A = A_1 A_2 A_3 A_4 A_5$. 由乘法公式可得

$$P(A) = P(A_1 A_2 A_3 A_4 A_5)$$

$$= P(A_1) \cdot P(A_2 \mid A_1) \cdot P(A_3 \mid A_1 A_2) \cdot P(A_4 \mid A_1 A_2 A_3) \cdot$$
$$P(A_5 \mid A_1 A_2 A_3 A_4).$$

而 $P(A_1) = \dfrac{2}{5}$;在第一个字母是 M 已发生的条件下,第二个字母还剩下四种选法,即还可选 A、X、A、M,其中属于 A_2 的选法有两种,所以 $P(A_2 \mid A_1) = \dfrac{1}{2}$;类似地有 $P(A_3 \mid A_1 A_2) = \dfrac{1}{3}$;$P(A_4 \mid A_1 A_2 A_3) = \dfrac{1}{2}$;$P(A_5 \mid A_1 A_2 A_3 A_4) = 1$,从而

$$P(A) = \frac{2}{5} \cdot \frac{1}{2} \cdot \frac{1}{3} \cdot \frac{1}{2} \cdot 1 \approx 0.033\ 3.$$

例 1.25 甲、乙两地都有铁路线通往丙处,甲地一天内只发售 10 张车票,每天有 100 人到丙处;乙地一天内也只发售 10 张车票,每天有 50 个本地人到丙处. 一天内在甲地买不到车票的人中有 $\dfrac{1}{5}$ 的人到乙地去买车票. 假定,到丙处的人在当地买到车票的可能性是相等的,试问:某天内,任一由甲地到丙处的人,在甲地买不到车票且到乙地也买不到车票的概率有多大?

解 在任一由甲地到丙处的人中,设

$A =$ "在甲地买不到车票",

$B =$ "由甲地转乙地",

$C =$ "在乙地买不到车票",

根据题意要计算的是 $P(ABC)$. 由乘法公式可得

$$P(ABC) = P(A)P(B \mid A)P(C \mid AB),$$

然而, $P(A) = 1 - P(\overline{A}) = 1 - \dfrac{10}{100} = 0.9$, $P(B \mid A) = 0.2$, 而在一天内由甲地

转乙地的人数共有 $(100 - 10) \cdot \dfrac{1}{5} = 18$ 人, 故 $P(\overline{C} \mid AB) = \dfrac{10}{50 + 18} = \dfrac{10}{68}$,

$P(C \mid AB) = 1 - P(\overline{C} \mid AB) = 1 - \dfrac{10}{68} = \dfrac{58}{68}$, 从而

$$P(ABC) = 0.9 \cdot 0.2 \cdot \dfrac{58}{68} \approx 0.154.$$

1.5.3 全概率公式

有一类事件,可以借助另外的事件组分解为若干较简单的事件,运用全概率公式把这些简单事件的概率叠加起来,就可以计算该事件的概率. 为了介绍这个公式,需要引进下面的定义.

定义 1.9 设 $A_1, A_2, \cdots, A_n$ 为 n 个事件,若满足:

(1) 完全性: $A_1 \bigcup A_2 \bigcup \cdots \bigcup A_n = \Omega$;

(2) 互不相容性: $A_i A_j = \varnothing, i \neq j, i, j = 1, 2, \cdots, n$;

(3) $P(A_i) > 0, i = 1, 2, \cdots, n$,

则称 $A_1, A_2, \cdots, A_n$ 为 Ω 的一个**完备事件组**.

定理 1.12 设 $A_1, A_2, \cdots, A_n$ 为一完备事件组,则对任一事件 B,成立

$$P(B) = \sum_{i=1}^{n} P(A_i)P(B \mid A_i). \tag{1.31}$$

证明 显然 $B = B\Omega = B(\bigcup_{i=1}^{n} A_i) = \bigcup_{i=1}^{n}(BA_i)$ (见图 1.12). 因为 $A_i A_j = \varnothing (i \neq j)$, 所以 $(BA_i)(BA_j) = B(A_i A_j) = B\varnothing = \varnothing (i \neq j)$, 从而 $P(B) = P(\bigcup_{i=1}^{n}(BA_i)) = \sum_{i=1}^{n} P(BA_i)$. 由于 $P(A_i) > 0$, 应用乘法公式得

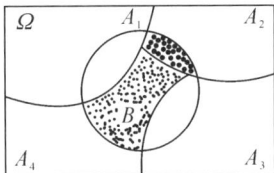

图 1.12

$$P(B) = \sum_{i=1}^{n} P(A_i)P(B \mid A_i).$$

(1.31)称为**全概率公式**.

应用全概率公式计算某个事件概率的关键是寻找与该事件相关的完备事件组.

例 1.26 某工厂有甲、乙、丙三台机器生产同样的零件,它们的产量各占 25%、35%、40%,而在各自的产品中不合格率分别为 5%、4%、2%,试求在该厂

生产的这些零件中任取一件是不合格品的概率.

解 由于取得的零件是来自甲、乙、丙三台机器中的某一台生产的,这启示我们必须分清情况,运用全概率公式来考虑.

记 B = "取得的零件是不合格品",

A_1 = "取得的零件为机器甲所生产",

A_2 = "取得的零件为机器乙所生产",

A_3 = "取得的零件为机器丙所生产".

显然 A_1,A_2,A_3 构成完备事件组,根据题意,有

$$P(A_1) = 0.25, \ P(A_2) = 0.35, \ P(A_3) = 0.40,$$

$$P(B \mid A_1) = 0.05, \ P(B \mid A_2) = 0.04, \ P(B \mid A_3) = 0.02,$$

由全概率公式,得

$$P(B) = \sum_{i=1}^{3} P(A_i)P(B \mid A_i)$$
$$= (0.25)(0.05) + (0.35)(0.04) + (0.40)(0.02)$$
$$= 0.034\,5.$$

例 1.27 假设明天的天气与今天相同的概率为 $\dfrac{1}{3}$,而新年第一天是晴天的概率为 $\dfrac{1}{4}$,试求第 n 天仍是晴天的概率.

解 设 A_i = "第 i 天为晴天",$i = 1, 2, \cdots$,根据题意要计算 $P(A_n)$.它是一个与 n 有关的量,为了计算它,一种自然的想法是建立 $P(A_n)$ 与 $P(A_{n-1})$ 的关系,一般地建立 $P(A_i)$ 与 $P(A_{i-1})$ 间的递归关系,图 1.13 所示有助于分析问题.

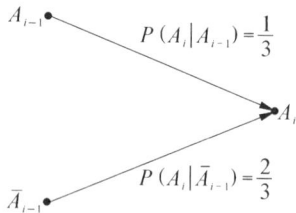

图 1.13

显然 A_{i-1}、$\overline{A}_{i-1}$ 为完备事件组,由全概率公式得

$$P(A_i) = P(A_{i-1})P(A_i \mid A_{i-1}) + P(\overline{A}_{i-1})P(A_i \mid \overline{A}_{i-1})$$

$$= \frac{1}{3}P(A_{i-1}) + \frac{2}{3}\left[1 - P(A_{i-1})\right]$$

$$= \frac{2}{3} - \frac{1}{3}P(A_{i-1}) \quad (i \geqslant 2).$$

将上式改写为

$$P(A_i) - \frac{1}{2} = -\frac{1}{3}\left[P(A_{i-1}) - \frac{1}{2}\right] \quad (i \geqslant 2),$$

于是

$$\prod_{i=2}^{n}\left[P(A_i) - \frac{1}{2}\right] = \prod_{i=2}^{n}\left(-\frac{1}{3}\left[P(A_{i-1}) - \frac{1}{2}\right]\right),$$

$$P(A_n) = \frac{1}{2} + \left(-\frac{1}{3}\right)^{n-1}\left[P(A_1) - \frac{1}{2}\right].$$

根据题意可知 $P(A_1) = \frac{1}{4}$, 从而

$$P(A_n) = \frac{1}{2} + (-1)^n \frac{1}{4 \cdot 3^{n-1}}.$$

1.5.4 贝叶斯公式

上述全概率公式解决的问题是借助于一组完备事件组 $\{A_i\}$ 来计算某一事件 B 的概率. 下面要介绍的公式恰好与此相反, 是已知发生了某一事件 B, 求完备事件组中某个 A_i 发生的条件概率, 可用下述定理表述.

定理 1.13 设 A_1, A_2, $\cdots$, A_n 为一完备事件组, 对于任意的事件 B, 若 $P(B) > 0$, 则有

$$P(A_j \mid B) = \frac{P(A_j)P(B \mid A_j)}{\displaystyle\sum_{i=1}^{n} P(A_i)P(B \mid A_i)}, \quad j = 1, 2, \cdots, n. \tag{1.32}$$

证明 由条件概率的定义及乘法公式有

$$P(A_j \mid B) = \frac{P(A_j B)}{P(B)} = \frac{P(A_j)P(B \mid A_j)}{P(B)},$$

对 $P(B)$ 运用全概率公式并代入上式, 即得

$$P(A_j \mid B) = \frac{P(A_j)P(B \mid A_j)}{\displaystyle\sum_{i=1}^{n} P(A_i)P(B \mid A_i)}.$$

这个公式称为**贝叶斯(Bayes)公式**. 公式的实际背景是: 已知出现了试验"结果" B, 要求推断那一种"原因" (A_j) 产生"结果" B 的可能性大. 方法步骤是: 首先计算每一个 $P(A_j)$, 这些是在试验之前产生的, 称为**先验概率**, 它反映了各种"原因"发生的可能性大小; 然后计算 $P(B \mid A_j)$, 它表示"原因" A_j 发生的条件下产生结果 B 的概率; 从而, 由贝叶斯公式反推出在"结果" B 已经发生的条件下, "原因" A_j 发生的概率 $P(A_j \mid B)$. 因为它是在试验后确定的, 称为**后验概率**. 比较各个 $P(A_j \mid B)$ 的大小, 若 $P(A_k \mid B)$ 是诸 $P(A_j \mid B)$ 中最大的, 这表明产生"结果" B 的最可能"原因"是 A_k.

例 1.28 三部自动的机器生产同样的汽车零件, 其中机器甲生产的占 40%,

机器乙生产的占 25%,机器丙生产的占 35%. 平均说来,机器甲生产的零件有10%不合格,对于机器乙和丙,相应的百分数分别是 5% 和 1%. 如果从总产品中任意地抽取一个零件,发现为不合格,试问:

(1) 它是由机器甲生产出来的概率是多少?

(2) 它是由那一部机器生产出来的可能性最大?

解 比照例 1.26,那里计算"取得的零件是不合格品"的概率,使用了全概率公式;而本例是在"取得的零件为不合格品"已经发生的条件下,计算该零件由机器甲、乙、丙生产的概率,即由"结果"推断"原因"发生的概率. 考虑用贝叶斯公式,令

$$B = \text{"取得的零件为不合格品"},$$
$$A_1 = \text{"取得的零件由机器甲生产的"},$$
$$A_2 = \text{"取得的零件由机器乙生产的"},$$
$$A_3 = \text{"取得的零件由机器丙生产的"},$$

则
$$P(A_1) = 0.40, \qquad P(A_2) = 0.25, \qquad P(A_3) = 0.35,$$

$$P(B \mid A_1) = 0.10, \quad P(B \mid A_2) = 0.05, \quad P(B \mid A_3) = 0.01.$$

(1) 根据题意指的是计算 $P(A_1 \mid B)$,由贝叶斯公式,有

$$P(A_1 \mid B) = \frac{P(A_1)P(B \mid A_1)}{P(A_1)P(B \mid A_1) + P(A_2)P(B \mid A_2) + P(A_3)P(B \mid A_3)}$$
$$= \frac{(0.40)(0.10)}{(0.40)(0.10) + (0.25)(0.05) + (0.35)(0.01)}$$
$$= \frac{0.04}{0.056} \approx 0.714.$$

(2) 类似(1)的计算,可得

$$P(A_2 \mid B) = \frac{(0.25)(0.05)}{0.056} \approx 0.223,$$

$$P(A_3 \mid B) = \frac{(0.35)(0.01)}{0.056} \approx 0.063.$$

可见,机器甲生产的可能性最大.

例 1.29(肝癌诊断的甲胎球蛋白检验法) 用甲胎球蛋白普查肝癌,令

$$C = \text{"被检验者患肝癌"},$$
$$A = \text{"甲胎球蛋白检验结果为阳性"},$$

则
$$\overline{C} = \text{"被检验者未患肝癌"},$$
$$\overline{A} = \text{"甲胎球蛋白检验结果为阴性"}.$$

由过去的资料知

$$P(A \mid C) = 0.95, \quad P(\overline{A} \mid \overline{C}) = 0.90,$$

又已知某地居民的肝癌发病率为 $P(C) = 0.0004$, 普查中若有一人被此检验法诊断为阳性反应, 求此人真正患有肝癌的概率 $P(C \mid A)$.

解 这是已知"结果"(阳性反应), 推断"原因"(患肝癌)的问题, 用贝叶斯公式, 有

$$P(C \mid A) = \frac{P(C)P(A \mid C)}{P(C)P(A \mid C) + P(\overline{C})P(A \mid \overline{C})}$$

$$= \frac{(0.0004)(0.95)}{(0.0004)(0.95) + (1 - 0.0004)(1 - 0.90)}$$

$$\approx 0.00379.$$

由此可知, 经甲胎球蛋白法检验为阳性的人, 真正患有肝癌的可能性还是很小的, 所以, 检验为阳性的人也不必过于紧张.

习 题 1.5

(A)

1. 袋中有 10 个白的、5 个黄的、10 个黑的弹子, 现从中任意地取出一个, 已知它不是黑的, 问它是黄弹子的概率是多少?

2. 考虑有两个孩子的家庭, 假定每个孩子为男孩或女孩是等可能的. 已知这一家有一个女孩, 求这一家另一个孩子也是女孩的概率.

3. 掷两个均匀的骰子, 如果已知它们点数不相同, 问至少有一个是 6 点的条件概率是多少?

4. 当 $P(A) = a$, $P(B) = b > 0$ 时, 试证:

$$P(A \mid B) \geqslant \frac{a + b - 1}{b}.$$

5. 考虑三个箱子, 甲箱中有 2 个白球与 4 个红球, 乙箱中有 8 个白球与 4 个红球, 丙箱中有 1 个白球与 3 个红球. 如果从每箱各取出一球, 已知这 3 个球中正好有 2 个白球, 问从甲箱中取出的是白球的概率为多少?

6. 在 1, 2, …, 100 中任取一数, 已知取出的数不大于 50, 求:

(1) 此数是 2 或 3 的倍数的概率;

(2) 此数既是 2 的倍数又是 3 的倍数的概率.

7. 在空战中, 甲机先向乙机开火, 击落乙机的概率是 0.2; 若乙机未被击落, 就进行还击, 击落甲机的概率是 0.3; 若甲机未被击落, 则再进攻乙机, 击落乙机的概率是 0.4. 求在这几个回合中,

(1) 甲机被击落的概率;

(2) 乙机被击落的概率.

8. 某射击小组共有20名射手,其中一级射手4人,二级射手8人,三级射手8人.一、二、三级射手能通过选拔进入比赛的概率分别是0.9、0.7、0.4.求任选一名射手能通过选拔进入比赛的概率.

9. 有 A、B 两人,按下列规则掷骰子,每一次如果出现1点,下一次还由同一人继续掷;如果出现其他点数,下一次由另一人掷.第一次是 A 掷,求第 n 次是 A 掷的概率.

10. 有三个形状相同的罐,在第一个罐中有2个白球和1个黑球;在第二个罐中有3个白球和1个黑球;在第三个罐中有2个白球和2个黑球.某人任意地选取一罐,再从罐中任取一球,试问这球是白球的概率有多大?

11. 在标准化考试中,一道考题同时列出四种选择答案,要求学生把其中唯一的正确答案选择出来,设考生不知道正确答案的概率为 $\frac{1}{2}$,在不知道正确答案的条件下答对的概率为 $\frac{1}{4}$,考试后已知他答对了,求他知道正确答案的概率.

12. 在数字通讯中,信号是由数字0和1的长序列组成的,由于随机干扰,发送的信号0或1各有可能被错误地接收为1或0.现假定发送信号为0和1的概率均为 $\frac{1}{2}$,又已知发送0时,接收为0和1的概率分别为0.7和0.3;发送信号为1时,接收为1和0的概率分别为0.9和0.1.求已知收到信号0时,发出的信号是0(即没有错误接收)的概率.

13. 某旅客欲在乌鲁木齐托运一件行李到北京.已知乌鲁木齐有甲、乙、丙三个客运站,每天平均的客运量之比是3∶2∶5,且甲、乙、丙三站不能及时转运行李的概率分别为0.1、0.2、0.4,试问该旅客把行李交给那一站托运为好?

14. 盒中放有12个乒乓球,其中有9个是新的.第一次比赛时从中任取3个来用,比赛后仍放回盒中,第二次比赛时再从盒中任取3个.(1)求第二次取出的球都是新球的概率;(2)已知第二次取出的球都是新球,求第一次取到都是新球的概率.

15. 有两个口袋,甲袋中盛有3个白球、2个黑球,乙袋中有1个白球、2个黑球,由甲袋中任取两球放入乙袋,再从乙袋取出两球,求下列事件的概率:
(1) 从甲袋、乙袋中取得的球都是白球;
(2) 从甲袋、乙袋中取得的球都是同色球;
(3) 从乙袋中取得的两球是白球;
(4) 在甲袋中取得白球的条件下,乙袋取得的两球是白球;
(5) 在乙袋中取得白球的条件下,从甲袋取得的两球是白球.

(B)

1. 设 A、B、C 是三个事件,且 $P(B) > 0$, $P(C) > 0$, $P(BC) =$

概率与统计

$P(B)P(C)$，证明：

$$P(A \mid B) = P(A \mid BC)P(C) + P(A \mid B\overline{C})P(\overline{C}).$$

2. r 个人相互传球，从甲开始，每次传球时，传球者等可能地把球传给另外 $r-1$ 个人中的任何一个，试求第 n 次传球时球回到甲手中的概率.

3. 罐中装 2 个黑球，1 个红球，随机地取一只后把原球放回，并加进与抽出球同色的球一只，再摸第二次，……，这样下去共摸了 n 次，试求下列事件的概率：

（1）n 次均摸得红球；

（2）第 n 次摸得红球；

（3）在第 n 次摸得红球的条件下，第二次摸得红球.

§1.6　事件的独立性及伯努利概型

在这一节，首先引进两个事件的独立性，在此基础上，再介绍多个事件的独立性以及独立试验的常见类型——伯努利概型.这类试验在实际问题中有着广泛的应用.

1.6.1　两个事件的独立性

在 §1.5 已经介绍过，在事件 B 发生的条件下，事件 A 发生的条件概率为

$$P(A \mid B) = \frac{P(AB)}{P(B)}. \tag{1.33}$$

一般说来

$$P(A \mid B) \neq P(A). \tag{1.34}$$

然而有一类事件却可以使式(1.34)的等号成立，譬如下面的例子就是这种情形.

考察甲、乙两人各自掷硬币的试验.试验的所有结果为：（正，正）、（正，反）、（反，正）、（反，反）.这里，第一个分量表示甲掷硬币出现的结果，第二个分量表示乙掷硬币出现的结果.若记 A = "甲掷硬币得正面"，B = "乙掷硬币得正面"，那么 A 包含的结果是：（正，正）、（正，反）；B 包含的结果是：（正，正），（反，正）；AB 包含的结果是：（正，正），于是 $P(A) = \frac{2}{4} = \frac{1}{2}$，$P(A \mid B) = \frac{P(AB)}{P(B)} = \frac{1}{4} \div \frac{2}{4} = \frac{1}{2}$，从而式(1.34)的等号成立.从直观上来看，它反映了 B 发生对于 A 是否发生不产生任何影响，称这种特性为 A 对 B 独立.从式(1.33)看，式(1.34)等号成立就意味着

$$P(A \mid B) = \frac{P(AB)}{P(B)} = P(A). \tag{1.35}$$

即应有 $$P(AB) = P(A)P(B). \qquad (1.36)$$

若 $P(B) \neq 0$，由(1.36)也可以导出式(1.35)；若 $P(B) = 0$，则(1.36)有意义，但(1.33)不好定义，(1.35)也无意义了.因此通常采用(1.36)来刻画两个事件的独立性,在(1.36)中,A、B 的地位是对称的,A 对 B 独立,同时 B 对 A 也独立,由此引入如下定义.

定义 1.10 若两事件 A、B 满足

$$P(AB) = P(A)P(B),$$

则称 A 与 B **相互独立**.

在实际问题中,判断事件的独立性往往凭经验或借助直观的方法,而不需通过(1.36)式验证.例如:甲、乙两人同时射击一目标,因为甲、乙两人的射击一般说来是互不影响的,所以"甲命中目标"与"乙命中目标"两事件应理解为相互独立.但对条件比较复杂的情形,判断事件的独立性要谨慎行事.如甲、乙是地球上两个不同地点,"甲地地震"与"乙地地震"就不能轻易判定为相互独立,因为它们可能存在某种内在联系.对这类问题的事件独立性,需要依靠统计资料进行分析,根据(1.36)式来判断.

关于两个事件的独立性,有下面的重要定理.

定理 1.14 若事件 A 与 B 相互独立,则 A 与 $\overline{B}$、$\overline{A}$ 与 B、$\overline{A}$ 与 $\overline{B}$ 也相互独立.

证明 因为 $A\overline{B} = A(\Omega - B) = A - AB$,由概率公式和独立性,有

$$P(A\overline{B}) = P(A - AB) = P(A) - P(AB)$$
$$= P(A) - P(A)P(B) = P(A)[1 - P(B)]$$
$$= P(A)P(\overline{B}),$$

这表明 A 与 $\overline{B}$ 相互独立.利用 A、B 的对称性,可见 $\overline{A}$ 与 B 也相互独立.既然由 A 与 B 相互独立导出了 A 与 $\overline{B}$ 相互独立,同样由 $\overline{A}$ 与 B 相互独立也可导出 $\overline{A}$ 与 $\overline{B}$ 相互独立.

例 1.30 甲、乙两门高射炮同时向一敌机开炮,已知甲击中敌机的概率为 0.6,乙击中敌机的概率为 0.8,求敌机被击中的概率.

解 设 A ="甲击中敌机",B ="乙击中敌机",C ="敌机被击中".根据题意,可以认为 A 与 B 相互独立,且 $C = A \bigcup B$.基于采用的概率公式不同,就产生下列几种解法:

(1) 将 $A \bigcup B$ 分解为三个两两不相容事件 AB、$A\overline{B}$、$\overline{A}B$ 之和,应用概率的有限可加性和定理 1.14,有

$$P(C) = P(A \bigcup B) = P(AB \bigcup A\overline{B} \bigcup \overline{A}B)$$

$$= P(AB) + P(A\overline{B}) + P(\overline{A}B)$$

$$= P(A)P(B) + P(A)P(\overline{B}) + P(\overline{A})P(B)$$

$$= 0.6 \times 0.8 + 0.6 \times (1 - 0.8) + (1 - 0.6) \times 0.8$$

$$= 0.92.$$

（2）由概率的一般加法公式以及 A 与 B 的独立性,得

$$P(C) = P(A \bigcup B) = P(A) + P(B) - P(AB)$$

$$= P(A) + P(B) - P(A)P(B)$$

$$= 0.6 + 0.8 - 0.6 \times 0.8 = 0.92.$$

（3）根据对偶公式和定理 1.14,得

$$P(C) = P(A \bigcup B) = 1 - P(\overline{A \bigcup B}) = 1 - P(\overline{A}\,\overline{B})$$

$$= 1 - P(\overline{A})P(\overline{B}) = 1 - (1 - 0.6)(1 - 0.8)$$

$$= 0.92.$$

比较上述三种解法,以解法（3）为简便,它的特点是通过对偶公式把求事件和的概率转化为求事件交的概率,这对独立事件和的概率计算特别有效.

例 1.31 设袋内有 2 个红球,1 个白球,现从袋内抽球两次,每次抽出一球,记 $A=$ "第一次抽出红球", $B=$ "第二次抽出红球",试问:（1）若抽球是有放回的, A 与 B 是否相互独立? 是否相容?（2）若抽球是无放回的, A 与 B 是否相互独立? 是否相容? 如袋内红球改为 1 个,其余条件不变,那么（1）、（2）的情形又是怎样?

解 现通过直观分析的方法回答这个问题,它们的数学验证留给读者自己完成.

（1）对于有放回的情形,第一次抽球时袋内情况与第二次抽球时袋内的情况完全相同,这表明事件 A 的发生与否与事件 B 是否发生互不影响,所以 A 与 B 相互独立.因为 A 与 B 可能同时发生,故 A 与 B 是相容的.

（2）对于无放回的情形,第一次抽球后将要改变袋中球的组成,从而影响了第二次抽球,它说明 A 与 B 不是相互独立的.因为袋内有 2 个红球,即使无放回抽样, A 与 B 依然可能同时发生,这意味 A 与 B 是相容的.

当袋内红球改为 1 个后,不难分析,对于（1）, A 与 B 相互独立且相容;对于（2）, A 与 B 既不相互独立也不相容.

例 1.31 说明了事件的独立性和不相容性是两个不同的概念,它们之间没有必然的联系.

关于事件的独立性可推广到多个事件的情况.

1.6.2　多个事件的独立性

定义 1.11　设 A_1，A_2，$\cdots$，A_n 为 n 个事件，如果对其中任意 l 个事件 A_{i_1}，A_{i_2}，$\cdots$，$A_{i_l}(l=2,3,\cdots,n)$，

$$P(A_{i_1}A_{i_2}\cdots A_{i_l})=P(A_{i_1})P(A_{i_2})\cdots P(A_{i_l}) \tag{1.37}$$

成立，则称 A_1，A_2，$\cdots$，A_n 相互独立.

式(1.37)实际上包含了下面各等式：

$$\begin{cases} P(A_1A_2)=P(A_1)P(A_2),\\ \cdots\cdots\cdots\\ P(A_{n-1}A_n)=P(A_{n-1})P(A_n),\\ P(A_1A_2A_3)=P(A_1)P(A_2)P(A_3),\\ \cdots\cdots\cdots\\ P(A_{n-2}A_{n-1}A_n)=P(A_{n-2})P(A_{n-1})P(A_n),\\ \cdots\cdots\cdots\\ P(A_1A_2\cdots A_n)=P(A_1)P(A_2)\cdots P(A_n). \end{cases} \tag{1.38}$$

它总共有 $C_n^2+C_n^3+\cdots+C_n^n=(1+1)^n-(C_n^0+C_n^1)=2^n-1-n$ 个等式.

由定义 1.11 可知，如果 A_1，A_2，$\cdots$，A_n 相互独立，则其中任意 m 个 $(m<n)$ 事件也相互独立.

在多个事件相互独立的概念中，应特别注意：由两两相互独立性不能导出式(1.37)的"总体独立性"，这可以从以下著名的四面体问题中看出.

*例 1.32　一个均匀的四面体，有三面分别涂上红、白、黑三种颜色，第四面同时涂上三种颜色. 投掷此四面体，观察底面的颜色. 问 $A=$"底面有红色"，$B=$"底面有白色"，$C=$"底面有黑色"三个事件是否相互独立？

解　易知：

$$P(A)=P(B)=P(C)=\frac{1}{2},$$

$$P(AB)=P(BC)=P(AC)=\frac{1}{4},$$

$$P(ABC)=\frac{1}{4}.$$

可见　$P(AB)=P(A)P(B)$，$P(BC)=P(B)P(C)$，$P(AC)=P(A)P(C)$，而 $P(ABC)\neq P(A)P(B)P(C)$；这说明 A、B、C 两两独立，但是总体不相互独立.

有人猜想,只要式(1.38)中最后一个等式成立,是否就可以导出前面的结果呢? 下面的例子表明式(1.38)的最后一式不可能代替前面的诸等式.

＊例 1.33 盒中写有 8 张纸条,一张写 1,两张写 2,两张写 3,一张写 1、2,一张写 1、3,最后一张写 1、2 、3,如图 1.14 所示. 从中任取一张,记 $A=$ "得 1",$B=$ "得 2",$C=$ "得 3". 显见

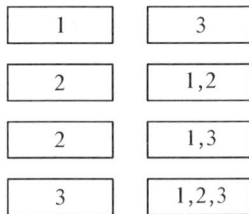

1	3
2	1,2
2	1,3
3	1,2,3

图 1.14

$$P(A)=P(B)=P(C)=\frac{4}{8}=\frac{1}{2},$$

$$P(ABC)=\frac{1}{8}=P(A)P(B)P(C),$$

然而

$$P(BC)=\frac{1}{8}\neq\frac{1}{4}=P(B)P(C).$$

以上两个例子说明,在多个事件相互独立的定义中,式(1.38)中各式缺一不可.

应用归纳法,容易把定理 1.14 推广到多个相互独立事件中去.

定理 1.15 若 A_1,A_2,$\cdots$,A_n 相互独立,则 $\overline{A}_{i_1}$,$\overline{A}_{i_2}$,$\cdots$,$\overline{A}_{i_m}$,$A_{i_{m+1}}$,$\cdots$,A_{i_n} 也相互独立,其中 $(i_1,i_2,\cdots,i_n)$ 是 $(1,2,\cdots,n)$ 的任一排列,$1\leqslant m\leqslant n$.

事件独立性的概念,有助于事件概率的计算,这在例 1.30 中已经看到. 下面再举几个例子来说明这个问题.

例 1.34 设对某目标进行三次相互独立的射击,各次的命中率分别是 0.2、0.6、0.3,试求:

(1) 在三次射击中恰有一次命中的概率;

(2) 在三次射击中至少有一次命中的概率.

解 设 $A_i=$ "第 i 次射击命中目标",$i=1,2,3$. 根据题意,A_1、A_2、A_3 相互独立,且 $P(A_1)=0.2$,$P(A_2)=0.6$,$P(A_3)=0.3$. 应用概率公式及定理 1.15,有

(1) $P($ "恰有一次命中目标" $)$

$$=P(A_1\overline{A}_2\overline{A}_3\bigcup\overline{A}_1A_2\overline{A}_3\bigcup\overline{A}_1\overline{A}_2A_3)$$

$$=P(A_1\overline{A}_2\overline{A}_3)+P(\overline{A}_1A_2\overline{A}_3)+P(\overline{A}_1\overline{A}_2A_3)$$

$$=P(A_1)P(\overline{A}_2)P(\overline{A}_3)+P(\overline{A}_1)P(A_2)P(\overline{A}_3)+P(\overline{A}_1)P(\overline{A}_2)P(A_3)$$

$$=0.2\times(1-0.6)(1-0.3)+(1-0.2)\times0.6\times(1-0.3)+(1-0.2)$$

$$(1-0.6)\times0.3=0.488.$$

(2) $P($ "至少有一次命中目标" $)$

$$= P(A_1 \bigcup A_2 \bigcup A_3)$$

$$= 1 - P(\overline{A_1 \bigcup A_2 \bigcup A_3})$$

$$= 1 - P(\overline{A_1}\,\overline{A_2}\,\overline{A_3})$$

$$= 1 - P(\overline{A_1})P(\overline{A_2})P(\overline{A_3})$$

$$= 1 - (1 - 0.2)(1 - 0.6)(1 - 0.3)$$

$$= 0.776.$$

值得指出,像例 1.30 那样,本例(2)还有其他的解法,但都不如上述解法简便.

例 1.35 某电路系统是由 1 个灯泡、4 节电池、6 个开关串并联组成,如图 1.15 所示. 每个开关接通的概率为 $\frac{1}{2}$,且各开关接通与否是互不影响的,求电路中灯泡不亮的概率(假定灯泡、电池都不发生故障).

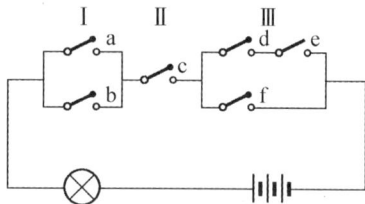

图 1.15

解 令 A、B、C、D、E、F 分别表示开关 a、b、c、d、e、f 接通这些事件,先计算"灯亮"的概率. 要使灯亮,必须部件 Ⅰ、Ⅱ、Ⅲ 同时接通. 当 a、b 中有一个接通,部件 Ⅰ 就接通,所以"Ⅰ接通"$= A \bigcup B$;类似的分析可得,"Ⅱ接通"$= C$;"Ⅲ接通"$= DE \bigcup F$. 从而,"灯亮"$= (A \bigcup B)C(DE \bigcup F)$.

根据题意,A、B、C、D、E、F 互不影响,通过直观分析可知,$A \bigcup B$、C、$DE \bigcup F$ 也是互不影响,因此,不仅 A、B、C、D、E、F 相互独立,而且 $A \bigcup B$、C、$DE \bigcup F$ 也相互独立(它的数学验证留给读者考虑),所以

$$P(\text{“灯亮”}) = P[(A \bigcup B)C(DE \bigcup F)]$$

$$= P(A \bigcup B)P(C)P(DE \bigcup F)$$

$$= [1 - P(\overline{A \bigcup B})]P(C)[P(DE) + P(F) - P(DEF)]$$

$$= [1 - P(\overline{A})P(\overline{B})]P(C)[P(D)P(E) + P(F) - P(D)P(E)P(F)]$$

$$= \left(1 - \frac{1}{2} \cdot \frac{1}{2}\right) \cdot \frac{1}{2} \cdot \left(\frac{1}{2} \cdot \frac{1}{2} + \frac{1}{2} - \frac{1}{2} \cdot \frac{1}{2} \cdot \frac{1}{2}\right) \approx 0.234,$$

$$P(\text{“灯不亮”}) = 1 - P(\text{“灯亮”}) \approx 1 - 0.234 \approx 0.766.$$

本例还有另外的解法,读者不妨一试.

例 1.36 设在每次试验中,事件 A 发生的概率均为 $p(0 < p < 1$,且 p 很小,称为**小概率事件**),试求在 n 次独立试验中,事件 A 发生的概率.

解 设 $B_n =$"在 n 次试验中事件 A 发生",

$$A_i = \text{“在第 } i \text{ 次试验中事件 } A \text{ 发生”}, i = 1, 2, \cdots, n,$$

显见 $B_n = \bigcup\limits_{i=1}^{n} A_i$, $P(A_i) = p$, $i = 1, 2, \cdots, n$.

n 次独立试验意味着各次试验的结果是相互独立的,于是 A_1, A_2, $\cdots$, A_n 相互独立,从而

$$
\begin{aligned}
P(B_n) = P(\bigcup_{i=1}^{n} A_i) &= 1 - P(\overline{\bigcup_{i=1}^{n} A_i}) \\
&= 1 - P(\overline{A}_1 \overline{A}_2 \cdots \overline{A}_n) = 1 - \prod_{i=1}^{n} P(\overline{A}_i) \\
&= 1 - (1-p)^n,
\end{aligned}
$$

当 $n \to \infty$ 时, $P(B_n) \to 1$.

这说明小概率事件尽管在一次试验中不大可能发生,然而在大量试验中几乎必然发生.因此在日常生活中不能轻视小概率事件.例如,若一发子弹命中目标的概率很小,但大量射击,击中目标的可能性就很大;一辆行驶在马路上的汽车出事故的可能性很小,然而大量汽车行驶在马路上出事故的可能性就显著增加.如此等等.

1.6.3 伯努利概型

在许多问题中,我们对试验感兴趣的是试验中某事件是否发生.例如,掷硬币试验中,关心的是出现正面还是出现反面;产品抽样检查中,注意抽取的产品是正品还是废品;射击试验中,命中还是不命中;比赛中,胜还是负;……. 在这类问题中,试验的可能结果只有两个,或者事件 A 发生,或者事件 A 不发生即 $\overline{A}$ 发生,这种只有两个可能结果的试验称为**伯努利(Bernoulli)试验**.

现在考虑重复进行 n 次独立的伯努利试验.这里,"重复"的意思是指各次试验的条件是相同的.它意味着各次试验中事件 A 发生的概率保持不变,设都是 p(从而 $\overline{A}$ 的概率也保持不变,设都是 q, $q = 1 - p$). "独立"的意思是指各次试验的结果是相互独立的.这种试验所对应的数学模型称为**伯努利概型**,有时为了突出试验次数 n,也称为 **n 次伯努利概型或 n 重伯努利试验**.

关于伯努利概型,有如下的重要定理.

定理 1.16 对于伯努利概型,事件 A 在 n 次试验中发生 k 次的概率为

$$
P_n(k) = C_n^k p^k q^{n-k} \quad (0 \leqslant k \leqslant n). \tag{1.39}
$$

证明 记 B_k = "n 次试验中事件 A 发生 k 次", A_i = "第 i 次试验中事件 A 发生", $i = 1, 2, \cdots, n$. 事件 B_k 应是 n 次试验中 k 次发生 A 其余 $n-k$ 次发生 $\overline{A}$ 的一切可能的事件的和,即

$$
B_k = A_1 A_2 \cdots A_k \overline{A}_{k+1} \cdots \overline{A}_n \bigcup \cdots \bigcup \overline{A}_1 \overline{A}_2 \cdots \overline{A}_{n-k} A_{n-k+1} \cdots A_n.
$$

显见,和式中共有 C_n^k 项,且两两互不相容;由试验的独立性,可知各项中的诸事件

是相互独立的，于是不难算得各项的概率均等于 $p^k q^{n-k}$. 利用概率的有限可加性知 $P(B_k) = C_n^k p^k q^{n-k}$，即

$$P_n(k) = C_n^k p^k q^{n-k}.$$

例 1.37 在图书室中只存放技术书和数学书，任一读者借技术书的概率为 0.2，而借数学书的概率为 0.8. 设每人只借一本书，有 5 名读者依次借书，求至多有 2 人借数学书的概率.

解 一个读者借一本书有两种结果，或者借数学书（事件 A），或者借技术书（事件 $\overline{A}$），因此一个读者借一本书可看作是一次伯努利试验，5 名读者各借一本书可看作是 $n = 5$ 的伯努利概型. 问题归结为计算 5 次伯努利概型中事件 A 至多发生 2 次的概率，其中 $P(A) = 0.8$，$P(\overline{A}) = 0.2$. 按定理 1.16 得所求概率为

$$
\begin{aligned}
P &= \sum_{k=0}^{2} P_5(k) \\
&= C_5^0 (0.2)^5 + C_5^1 (0.8)(0.2)^4 + C_5^2 (0.8)^2 (0.2)^3 \\
&\approx 0.057\,9.
\end{aligned}
$$

例 1.38 20 毫升微生物溶液中含微生物的浓度是 0.3 只/毫升，从中抽 1 毫升溶液，试求它含多于一只微生物的概率.

解 这是测定微生物溶液时常常遇到的一类问题. 20 毫升溶液中共有微生物 $20 \times 0.3 = 6$ 只，1 只微生物或者落入抽出的 1 毫升（事件 A），或者不落入抽出的 1 毫升（事件 $\overline{A}$），问题可看作求 6 次伯努利概型中事件 A 至少发生 2 次的概率. 显见 $P(A) = \dfrac{1}{20}$，$P(\overline{A}) = \dfrac{19}{20}$，故所求概率为

$$
\begin{aligned}
P &= \sum_{k=2}^{6} P_6(k) = 1 - P_6(0) - P_6(1) \\
&= 1 - C_6^0 \left(\frac{1}{20}\right)^0 \left(\frac{19}{20}\right)^6 - C_6^1 \left(\frac{1}{20}\right) \left(\frac{19}{20}\right)^5 \\
&\approx 0.032\,8.
\end{aligned}
$$

前已提到，把概率很小的事件称为**小概率事件**（一般情况，将概率在 5% 以下的事件称为小概率事件）. 对于小概率事件，由于在一次试验中发生的可能性很小，因此，在一次试验中，实际上可把它看成是不可能发生的，我们称它为**小概率事件实际不发生原理**. 以后会看到，这个原理在统计推断中具有重要的地位，这里仅举一例来说明它的应用.

例 1.39 某厂每天的产品分三批包装，规定每批产品的次品率低于 0.01 才能出厂. 某日有三批产品等待检验出厂，检验员进行抽样检查，从三批产品中各抽一件进行检验，发现有一件是次品，问该日产品能否出厂？

概率与统计

解 假设该日产品能出厂,表明每批产品的次品率都低于 0.01,在这条件下,我们来计算事件 $B = $ "3 件产品中至少有 1 件是次品"的概率. 假若将抽出的 1 件产品是次品看作 A,是正品看作 $\overline{A}$,那么 $P(A) = p \leqslant 0.01$,所求的概率为 3 次伯努利概型中事件 A 至少发生 1 次的概率,于是

$$P(B) = \sum_{k=1}^{3} P_3(k) = 1 - P_3(0)$$

$$= 1 - C_3^0 p^0 (1-p)^3$$

$$= 1 - (1-p)^3 \leqslant 1 - (0.99)^3 < 0.03.$$

这是一个小概率,在一次试验中 B 可以认为是不能发生的. 然而现在经一次检查发现有一件是次品,也就是小概率事件 B 在一次试验中竟然发生了,这表明原来假设不正确,即该日产品不能出厂.

从本例可以悟出应用小概率事件实际不发生原理的基本思想是:先假定命题成立,然后在命题成立的条件下,构造一个小概率事件 B,再根据问题给出的条件,检查小概率事件 B 在一次试验中是否发生,若发生,与小概率事件实际不发生原理矛盾,这表明原命题不成立;若不发生,这表明原命题成立在情理之中. 自然,这种判断也会造成一定的失误,但总的说来,失误是很少的.

习 题 1.6

(A)

1. 若 A、B 独立,有 $P(AB) = P(A)P(B)$,试问:对于条件概率的情况,$P(AB \mid C) = P(A \mid C)P(B \mid C)$ 是否也成立?

2. 证明:(1) 若 $P(A \mid B) = P(A \mid \overline{B})$,则 A 与 B 相互独立;

   (2) 若事件 A、B、C 相互独立,则 $A \bigcup B$ 与 C 也相互独立.

3. 设 A、B 相互独立,$P(A \bigcup B) = 0.8$,$P(A) = 0.4$,求 $P(B)$.

4. 一个工人看管 3 台车床. 在 1 小时内车床不需要工人照管的概率:第一台等于 0.8,第二台等于 0.7,第三台等于 0.6,求在一小时内 3 台车床中最多有 1 台需要工人照管的概率.

5. 加工某一零件共需经过四道工序,设第一、二、三、四道工序的次品率分别是 3%、4%、5%、2%,假定各道工序是互不影响的,求加工出来的零件的次品率.

6. 设某型号高射炮的每一门炮(发射一发)击中飞机的概率为 0.4,现若干门炮同时发射(每炮射一发),问欲以 95% 的把握击中来犯的一架敌机,至少需配置几门高射炮?

7. 甲、乙、丙三人向同一架飞机射击,设击中的概率分别是 0.4、0.5、0.8.

如果只有一人击中,则飞机被击落的概率是 0.2;如果有两人击中,则飞机被击落的概率是0.6;如果三人都击中,则飞机一定被击落.求

(1) 飞机被击落的概率;

(2) 已知飞机被击落,恰有两人击中飞机的概率.

8. 有 6 个元件,它们断电的概率第一个为 0.6,第二个为 0.2,其余 4 个都为 0.3.若

(1) 元件按图 1.16 联接:

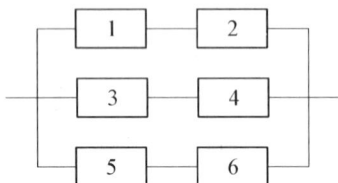

图 1.16

(2) 元件按图 1.17 联接:

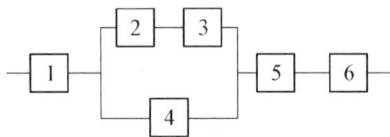

图 1.17

求线路断电的概率.

若已知线路断电,就(1)、(2)情形分别计算元件 1 断电的概率.

9. 某校有 n 个教室,为了开大会的需要,决定在各教室内均装两个喇叭,为此有人设计了三种安装系统如图 1.18、图 1.19、图 1.20 所示.

系统 1:

图 1.18

系统 2:

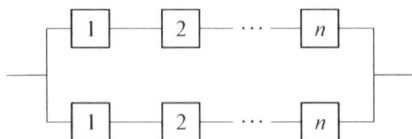

图 1.19

系统3：

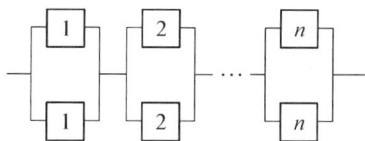

图 1.20

其中"i"代表教室的编号，两个"i"表示第 i 号教室装的两个喇叭，假定各喇叭正常工作的概率均为 $p(0 < p < 1)$，且各喇叭工作互不影响，试问三种安装系统中，选用何者为佳？

10. 某类电灯泡使用时数在 1 000 小时以上的概率为 0.2，求 3 个灯泡在使用 1 000 小时后最多只有一个损坏的概率.

11. 对某种药物的疗效进行研究. 假定这药物对某种疾病的治愈率为 0.7，现有 10 名病人同时服用此药，求其中至少有 3 个病人治愈的概率.

12. 一本 50 页的书，共有 6 个错字，每个错字出现在哪一页上的机会相等，求下列事件的概率.

(1) 在第 1 页到第 20 页中恰好出现 2 个错字；

(2) 在第 1 页到第 25 页中出现不少于 2 个和不多于 3 个错字.

13. 某中学生参加国际奥林匹克数学竞赛，初试、复试题总共有 6 道，各题内容互不联系. 假若该中学生答对每题的可能性均为 0.7，至少要答对其中 4 道题才可能获得优胜，其中答对 4、5、6 道题而取得优胜的概率分别是 0.5、0.8、1，试求该中学生取得优胜的概率.

14. 一批产品共 5 个，假定每个产品是合格品或次品是等可能的. 为检查该批产品的质量，从中任取 2 个，发现都是合格品，试求该批产品中恰有 3 个合格品的概率.

15. （**一个著名的问题**）　某家庭有 4 个女孩，她们去洗碗，在打破的 4 个碗中有 3 个是最小的女孩打破的，因此家人说她笨拙，问她是否有理由申辩这完全是碰巧？

16. 某工作人员在一个星期里，曾经会见来访 12 次，所有这 12 次的会见恰巧都是在星期二或星期五，问是否可以断定他只在星期二或星期五会见来访者？若这 12 次会见没有一次是在星期日，是否可以断言星期日他根本不会见来访者？

（B）

1. 甲、乙两人比赛射击，每射击一次胜者得 1 分，在一次射击中，甲胜的概率为 p，乙胜的概率为 $q(p+q=1)$，射击进行到有一人比对方多 2 分为止，多 2 分者获胜，求各人获胜的概率.

2. （**巴拿赫火柴问题**）　某一数学家经常在左边口袋放一盒火柴，右边口袋放一盒火柴,当他要用火柴的时候,他随机地从一个口袋中去取火柴.假定最初每盒火柴恰巧有 N 根,试求数学家首次摸到空盒时而另一只盒子恰还有 $r(0 \leqslant r \leqslant N)$ 根火柴的概率.

3. 假设某种昆虫产 k 个卵的概率为 $\dfrac{\lambda^k \mathrm{e}^{-\lambda}}{k!}$,而一个卵孵化成昆虫的概率为 p,设各个卵是否孵化成昆虫是相互独立的,试求一只昆虫恰有 l 只后代的概率.

4. 如图 1.21 将一个长方形分割成两个梯形和两个三角形,其边长和高如图所示,随机地向长方形内投 10 个点,问两个三角形各落入 2 个点,两个梯形分别落入 2 个点和 4 个点的概率等于多少?

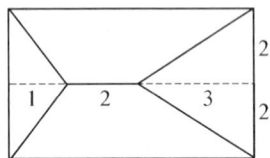

图 1.21

第 **2** 章 随机变量及其分布

§2.1 随机变量与分布函数

2.1.1 随机变量的概念

在第 1 章中,我们讨论了事件与事件的概率.为了进一步研究随机现象的数量规律性,需要将随机试验的结果数量化,这就是随机变量.随机变量的引进使概率论的研究前进了一大步.先看下面几个例子:

例 2.1 袋内装着 26 张卡片,在其上分别标以 A, B, $\cdots$, Z 等 26 个英文字母,现随机地从袋内摸出一张卡片,观察卡片上标志的是什么字母.对于这个随机试验,它可能的试验结果(即样本点或基本事件)是: $\omega_1 =$ "得 A", $\omega_2 =$ "得 B", $\cdots$, $\omega_{26} =$ "得 Z",样本空间 $\Omega = \{\omega_1, \omega_2, \cdots, \omega_{26}\}$. 在 Ω 上定义一个单值实函数 ξ: 当 $\omega = \omega_i$ 时, $\xi(\omega) = i$, $i = 1, 2, \cdots, 26$. 易见, $\xi(\omega)$ 不同于一般的实函数,它有两个明显的特点:(1) $\xi(\omega)$ 是试验结果的函数,它的取值随着试验结果而变化;(2)由于试验结果 ω 的随机性和统计规律性,导致 $\xi(\omega)$ 的取值具有随机性和统计规律性.如 $P(\xi(\omega) = i) = P(\omega = \omega_i) = \dfrac{1}{26}$, $P(1 \leqslant \xi(\omega) < 4) = \sum\limits_{i=1}^{3} P(\xi(\omega) = i) = \dfrac{3}{26}$,现把这种定义在 Ω 上的单值实函数 $\xi(\omega)$ 称为随机变量.

例 2.2 一射手向靶进行了一次射击,考察他命中靶的情况.可能的结果为: $\omega_0 =$ "未命中", $\omega_1 =$ "命中 1 环", $\cdots$, $\omega_{10} =$ "命中 10 环",样本空间 $\Omega = \{\omega_0, \omega_1, \cdots, \omega_{10}\}$. 在 Ω 上定义一个单值实函数 $\xi(\omega)$:当 $\omega = \omega_i$ 时, $\xi(\omega) = i$, $i = 0, 1, 2, \cdots, 10$, $\xi(\omega)$ 表示了该射手在一次射击中命中的环数,它是试验结果的函数,它的取值是有概率的,因此, $\xi(\omega)$ 是随机变量.

例 2.3 掷两枚均匀的硬币,观察它们出现的面.可能的结果是: $\omega_0 =$ "反面,反面", $\omega_1' =$ "反面,正面", $\omega_1'' =$ "正面,反面", $\omega_2 =$ "正面,正面",样本空间 $\Omega = \{\omega_0, \omega_1', \omega_1'', \omega_2\}$. 在 Ω 上定义函数 $\eta(\omega)$ 如下:当 $\omega = \omega_0$ 时, $\eta(\omega) = 0$;当 $\omega = \omega_1'$ 或 ω_1'' 时, $\eta(\omega) = 1$;当 $\omega = \omega_2$ 时, $\eta(\omega) = 2$. $\eta(\omega)$ 表示掷两枚硬币所出现的正面

数，易知 $\eta(\omega)$ 为随机变量.

例2.4 在单位圆内均匀投点，考察点的位置. 可能的结果是：$\omega_{xy} = (x, y)$，$x^2 + y^2 < 1$；样本空间 $\Omega = \{\omega_{xy} : x^2 + y^2 < 1\}$. 当 $\omega = \omega_{xy}$ 时，令 $\xi(\omega) = x$，$\eta(\omega) = \sqrt{x^2 + y^2}$，显然，$\xi(\omega)$，$\eta(\omega)$ 都是随机变量. $\xi(\omega)$，$\eta(\omega)$ 的具体意义分别表示随机点 ω 的横坐标与随机点 ω 到圆心的距离.

在生活中，我们经常要遇到随机变量. 例如，统计某市各水果品店的销售量. 任选一水果店 ω，以 $\xi(\omega)$ 表示 ω 店的月销售量，那么 $\xi(\omega)$ 是一个随机变量. 又如统计某校学生的身高、体重、胸围. 任选一学生 ω，以 $\xi(\omega)$、$\eta(\omega)$、$\zeta(\omega)$ 分别表示 ω 学生的身高、体重、胸围，那末 $\xi(\omega)$、$\eta(\omega)$、$\zeta(\omega)$ 均是随机变量. 再如每年的降雨量、每户的用电量、某户室内每天的温度、上午 8 时至 10 时电话交换台到来的呼唤次数、某工厂生产的灯泡寿命、射击的偏差等等均是随机变量.

从前述对随机变量的认识可见，之所以称 $\xi(\omega)$ 是一个随机变量，第一，它是定义在 Ω 上的单值实函数；第二，$\xi(\omega)$ 的取值是有统计规律的，亦即 $\xi(\omega)$ 取某个值或取某些值是具有一定概率的. 譬如 "$\xi(\omega) = a$" 或 "$a < \xi(\omega) \leqslant b$" 要有一定的概率，从概率论的公理化定义知道，只有对事件才定义概率，因此，要求 "$\xi(\omega) = a$" 或 "$a < \xi(\omega) \leqslant b$" 必须是事件. 因为 "$\xi(\omega) = a$"，"$a < \xi(\omega) \leqslant b$" 分别等价于 $\{\omega : \xi(\omega) = a\}$，$\{\omega : a < \xi(\omega) \leqslant b\}$，这要求 $\{\omega : \xi(\omega) = a\}$，$\{\omega : a < \xi(\omega) \leqslant b\}$ 都是事件，即 $\{\omega : \xi(\omega) = a\} \in \mathscr{F}$，$\{\omega : a < \xi(\omega) \leqslant b\} \in \mathscr{F}$. 为此，容易验证只要对任意实数 x，$\{\omega : \xi(\omega) < x\} \in \mathscr{F}$，即 $\{\omega : \xi(\omega) < x\}$ 是事件就可以了.

因此，我们就能比较自然地引入随机变量的如下定义.

定义2.1 设 $(\Omega, \mathscr{F}, P)$ 是一概率空间，$\xi(\omega)$ 是定义在 Ω 上的单值实函数. 如果对任一实数 x，$\{\omega : \xi(\omega) < x\}$ 是一事件，即 $\{\omega : \xi(\omega) < x\} \in \mathscr{F}$，则称 $\xi(\omega)$ 为**随机变量**.

今后，均采用希腊字母及附下标的希腊字母 $\xi(\omega)$，$\eta(\omega)$，$\zeta(\omega)$，$\cdots$，$\xi_1(\omega)$，$\xi_2(\omega)$，$\cdots$ 作为随机变量，并略去自变量 "ω"，简记为 ξ，η，ζ，$\cdots$，ξ_1，ξ_2，$\cdots$，并把 $\{\omega : \xi(\omega) < x\}$ 简写为 $\{\xi < x\}$.

为了便于求出随机变量取值的概率，需要引进分布函数的概念.

2.1.2 随机变量的分布函数

2.1.2.1 分布函数的定义

定义2.2 设 ξ 为一随机变量，则对任意实数 x，$\{\xi < x\} \in \mathscr{F}$，$P(\xi < x)$ 有意义，因此对任意实数 x，可定义

$$F_\xi(x) = P(\xi < x), \quad -\infty < x < \infty. \tag{2.1}$$

它是 x 的函数，我们称 $F_\xi(x)$ 为随机变量 ξ 的**分布函数**. 如不引起混淆的话，$F_\xi(x)$ 可简写为 $F(x)$.

例 2.5 掷一骰子,以 ξ 表示出现点数. 显然,ξ 可能的取值是 $1,2,3,4,5,$ 6;且 $P(\xi=i)=\dfrac{1}{6}$,$1\leqslant i\leqslant 6$,于是不难求得 ξ 的分布函数是

$$F(x)=P(\xi<x)=\begin{cases}0, & x\leqslant 1, \\[4pt] \dfrac{1}{6}, & 1<x\leqslant 2, \\[4pt] \dfrac{1}{3}, & 2<x\leqslant 3, \\[4pt] \dfrac{1}{2}, & 3<x\leqslant 4, \\[4pt] \dfrac{2}{3}, & 4<x\leqslant 5, \\[4pt] \dfrac{5}{6}, & 5<x\leqslant 6, \\[4pt] 1, & x>6.\end{cases}$$

$F(x)$ 图形如图 2.1 所示.

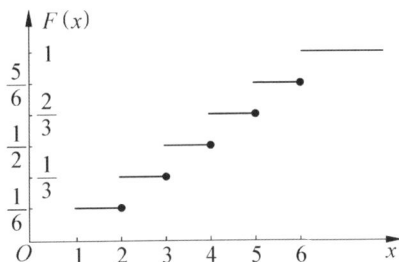

图 2.1

2.1.2.2 分布函数的性质

定理 2.1 随机变量 ξ 的分布函数 $F(x)$ 具有下列性质:

(1) 单调非降性:若 $x_1<x_2$,则 $F(x_1)\leqslant F(x_2)$;

(2) 左连续性:对任意实数 x_0,恒有

$$F(x_0-0)=F(x_0);$$

(3) 记 $F(-\infty)=\lim\limits_{x\to-\infty}F(x)$,$F(+\infty)=\lim\limits_{x\to+\infty}F(x)$,则

$$F(-\infty)=0,\ F(+\infty)=1; \tag{2.2}$$

(4) $$0\leqslant F(x)\leqslant 1. \tag{2.3}$$

性质(1)、(4)的证明是容易的;利用定理 1.7、定理 1.8 及数学分析的知识可证明性质(2)、(3).

反过来,也可以证明,任一满足以上几个性质的函数一定是某一随机变量的分布函数.由于分布函数的第四个性质可由前三个性质推得,因此在该结论的条件中,可以不要求函数具有第四个性质.

有了分布函数,关于随机变量取某些值的概率就能方便地算出.例如,有

$$P(a \leqslant \xi < b) = P(\xi < b) - P(\xi < a) = F(b) - F(a),$$

$$P(\xi = a) = P\left(\bigcap_{i=1}^{\infty} \left\{a \leqslant \xi < a + \frac{1}{i}\right\}\right)$$

$$= \lim_{n \to \infty} P\left(\bigcap_{i=1}^{n} \left\{a \leqslant \xi < a + \frac{1}{i}\right\}\right)$$

$$= \lim_{n \to \infty} P\left(a \leqslant \xi < a + \frac{1}{n}\right)$$

$$= \lim_{n \to \infty} \left[F\left(a + \frac{1}{n}\right) - F(a)\right]$$

$$= F(a+0) - F(a),$$

$$P(\xi \leqslant a) = P(\xi < a) + P(\xi = a) = F(a+0),$$

$$P(\xi \geqslant a) = 1 - P(\xi < a) = 1 - F(a),$$

$$P(\xi > a) = 1 - P(\xi \leqslant a) = 1 - F(a+0).$$

例 2.6 设随机变量 ξ 的分布函数为

$$F(x) = \begin{cases} 0, & x \leqslant 0, \\ \dfrac{x}{3}, & 0 < x \leqslant 1, \\ \dfrac{3}{4}, & 1 < x \leqslant 2, \\ 1, & x > 2. \end{cases}$$

$F(x)$ 的图形如图 2.2 所示.试求:

(1) $P(\xi = 1)$; (2) $P(\xi < 2)$; (3) $P\left(\xi > \dfrac{1}{2}\right)$; (4) $P(1 < \xi \leqslant 4)$.

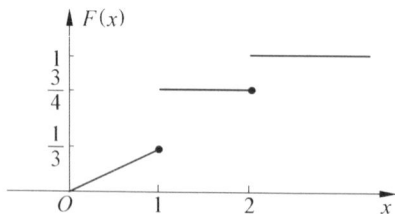

图 2.2

解 (1) $P(\xi = 1) = F(1+0) - F(1) = \dfrac{5}{12}.$

(2) $P(\xi < 2) = F(2) = \dfrac{3}{4}.$

(3) $P\left(\xi > \dfrac{1}{2}\right) = 1 - F\left(\dfrac{1}{2} + 0\right) = 1 - \dfrac{1}{6} = \dfrac{5}{6}.$

(4) $P(1 < \xi \leqslant 4) = P(\xi \leqslant 4) - P(\xi \leqslant 1)$
$$= F(4+0) - F(1+0)$$
$$= 1 - \dfrac{3}{4} = \dfrac{1}{4}.$$

在实际问题中,经常遇到的随机变量一般有两种基本类型:离散型随机变量和连续型随机变量.下面两节将分别讨论这两种随机变量.

习 题 2.1

(A)

1. 设 A 是一个事件,令

$$\chi_A(\omega) = \begin{cases} 1, \text{当 } \omega \in A, \\ 0, \text{当 } \omega \overline{\in} A. \end{cases}$$

试问 $\chi_A(\omega)$ 是否是一个随机变量? 能否用它来刻划随机事件 A?

2. 分别用适当的随机变量表示下列事件:

(1) 掷一枚骰子,观察出现的点数,用随机变量表示事件"出现奇数点"、"出现的点数大于 4".

(2) 从一批灯泡中任意抽取一只,测试它的寿命,用随机变量表示事件"任取一只灯泡的寿命不超过 1 000 小时"、"任取一只灯泡的寿命在 500 小时到 800 小时之间".

3. 产品检验中一次取一个进行检验,第 i 次取到的是正品记作 $\xi_i = 1$,取得的是次品记作 $\xi_i = 0 (i = 0, 1, 2, \cdots)$,试指出下列关系式所表示的事件:
$$\{\xi_1 = 1, \xi_2 = 0\}; \quad \{\xi_1 + \xi_2 + \xi_3 \geqslant 1\}.$$

4. 求下列随机变量的分布函数:

(1) ξ 只取一个值 a;

(2) 掷一枚均匀的硬币两次,ξ 表示出现的正面数.

5. 设随机变量 ξ 的分布函数为

$$F(x) = \begin{cases} 0, x \leqslant 0, \\ Ax^2, 0 < x < \dfrac{1}{4}, \\ 1, \dfrac{1}{4} \leqslant x < \infty. \end{cases}$$

求:(1) 常数 A;

(2) ξ 落在 $(-0.5, 0.1)$ 内的概率.

6. 下列函数定义了分布函数吗?

$$(1)\ F(x) = \begin{cases} 0, & x \leqslant 0, \\ 2x, & 0 < x \leqslant \dfrac{1}{3}, \\ 1, & x > \dfrac{1}{3}. \end{cases}$$

$$(2)\ F(x) = \frac{2}{\pi} \operatorname{arctg} x, \quad -\infty < x < \infty.$$

(B)

1. 假设 ξ 是一随机变量,试证:$\eta = a\xi + b(a \neq 0)$ 也是一个随机变量.

2. 函数 $F(x) = \dfrac{x^2}{1 + x^2}$ 是否可以作为某一随机变量的分布函数,如果:

(1) $-\infty < x < \infty$;

(2) $0 < x < \infty$,在其他范围重新定义;

(3) $-\infty < x < 0$,在其他范围重新定义.

3. 设 $F_i(x)$,$i = 1, 2, \cdots, n$,是分布函数,$\alpha_i \geqslant 0$,$i = 1, 2, \cdots, n$,且满足 $\sum\limits_{i=1}^{n} \alpha_i = 1$,令 $F(x) = \sum\limits_{i=1}^{n} \alpha_i F_i(x)$,试证:$F(x)$ 也是分布函数.

§2.2 离散型随机变量

2.2.1 离散型随机变量的概念

定义 2.3 如果一个随机变量 ξ 只能取有限个或无限可列个值时,则称随机变量 ξ 为**离散型随机变量**.

记离散型随机变量 ξ 的一切可能取值为 $x_1, x_2, \cdots, x_n, \cdots$,并且 ξ 取 x_i 的概率为 p_i,即 $P(\xi = x_i) = p_i$,$i = 1, 2, \cdots$,则称 $P(\xi = x_i) = p_i (i = 1, 2, \cdots)$ 为离散型随机变量 ξ 的**分布列**. 显然它具有性质:

1. 非负性:$p_i \geqslant 0$,$i = 1, 2, \cdots$; $\hspace{4cm}$ (2.4)

2. 规范性:$\sum\limits_{i=1}^{\infty} p_i = 1$. $\hspace{5cm}$ (2.5)

当给定了 x_i 及 p_i,$i = 1, 2, \cdots$,就能描述随机变量 ξ,因为已经知道它取什么值,以及以多大的概率取这些值,这正是描述随机变量所需要的. 分布列也可写

成表格的形式:

ξ	x_1	x_2	$\cdots$	x_n	$\cdots$
$P(\xi = x_i)$	p_1	p_2	$\cdots$	p_n	$\cdots$

由 ξ 的分布列不难求得 ξ 的分布函数为

$$F(x) = P(\xi < x) = \sum_{x_i < x} P(\xi = x_i) = \sum_{x_i < x} p_i. \tag{2.6}$$

这是一个在 x_i 处有跃度为 p_i 的阶梯函数.

例 2.7 若 $P(\xi = i) = \dfrac{Ci}{N}(i = 1, 2, \cdots, N)$ 为一分布列,试定出常数 C.

解 由非负性知 $C \geqslant 0$,由规范性得

$$\sum_{i=1}^{N} \frac{Ci}{N} = \frac{C(N+1)}{2} = 1,$$

所以 $C = \dfrac{2}{N+1}$.

例 2.8 从五个数 1、2、3、4、5 中任取三个数,设为 x_1、x_2、x_3,记 $\xi = \max(x_1, x_2, x_3)$,求 ξ 的分布列和分布函数,并计算 $P(\xi \leqslant 4)$.

解 (1) 欲求 ξ 的分布列,首先确定 ξ 的可能取值,然后再定出取这些值的概率. 易知 ξ 的可能取值是 3、4、5,且

$$P(\xi = 3) = \frac{1}{C_5^3} = \frac{1}{10},$$

$$P(\xi = 4) = \frac{C_3^2}{C_5^3} = \frac{3}{10},$$

$$P(\xi = 5) = 1 - P(\xi = 3) - P(\xi = 4) = \frac{3}{5},$$

所以 ξ 的分布列是

ξ	3	4	5
$P(\xi = x_i)$	$\dfrac{1}{10}$	$\dfrac{3}{10}$	$\dfrac{3}{5}$

(2) ξ 的分布函数为

$$F(x) = \begin{cases} 0, & -\infty < x \leqslant 3, \\ \dfrac{1}{10}, & 3 < x \leqslant 4, \\ \dfrac{2}{5}, & 4 < x \leqslant 5, \\ 1, & 5 < x < +\infty. \end{cases}$$

(3) $P(\xi \leqslant 4) = P(\xi = 3) + P(\xi = 4) = \dfrac{2}{5}$.

例 2.9 一射手对靶连续不断地进行射击,直到第一次命中为止. 如每次射击命中的概率为 p,试求所需射击次数 ξ 的分布列.

解 首先确定 ξ 的可能取值,然后再定出取这些值的概率. 易知 ξ 的可能取值是 $1, 2, \cdots$,现计算事件 $\{\xi = i\}$ 的概率,事件 $\{\xi = i\}$ 表示前 $i-1$ 次射击均未命中而第 i 次射击首次命中的事件,所以

$$P(\xi = i) = pq^{i-1}, \, i = 1, 2, \cdots,$$

其中 $q = 1 - p$. 故 ξ 的分布列是

ξ	1	2	$\cdots$	n	$\cdots$
$P(\xi = i)$	p	pq	$\cdots$	pq^{n-1}	$\cdots$

本题中如记 ξ_r 为 r 次命中时所需的射击次数,请读者考虑 ξ_r 的分布列应是什么.

2.2.2 若干常见的离散型分布

2.2.2.1 二点分布

设在一次试验中事件 A 发生的概率为 p,以 ξ 表示一次试验中事件 A 发生的次数,显然 ξ 的分布列是

ξ	0	1
$P(\xi = x_i)$	q	p

(2.7)

其中 $0 < p < 1, q = 1 - p$.

这种分布称为**二点分布**,记为 $b(1, p)$,其中 p 为参数,并称 ξ 为服从参数为 p 的二点分布,记作 $\xi \sim b(1, p)$. 二点分布也称为**伯努利分布**,它是常见的一种概率分布.

例 2.10 袋内有 5 个白球和 6 个红球,从中摸出两球,记

$$\xi = \begin{cases} 0, & \text{两球全红}, \\ 1, & \text{两球非全红}. \end{cases}$$

显然 ξ 服从二点分布,其分布列是

ξ	0	1
$p(\xi = x_i)$	$\dfrac{3}{11}$	$\dfrac{8}{11}$

2.2.2.2 二项分布

进行 n 次独立重复的伯努利试验,每次试验事件 A 发生的概率为 p,若以 ξ 表示 n 次独立重复的伯努利试验中事件 A 发生的次数,那么容易求得 ξ 的分布列是

$$P(\xi = i) = C_n^i p^i q^{n-i},\ i = 0,1,2,\cdots,n,\qquad(2.8)$$

其中 $0 < p < 1$, $q = 1-p$.

这种分布称为**二项分布**(因由二项式 $(p+q)^n$ 展开的各项组成),记为 $b(n,p)$,其中 n、p 为参数,并称 ξ 服从参数为 n、p 的二项分布,记作 $\xi \sim b(n,p)$. 当 $n = 1$ 时,二项分布就是二点分布.

通常,二项分布的第 i 项记为 $b(i;n,p)$,即 $b(i;n,p) = C_n^i p^i q^{n-i}$.

从上可见,n 次独立重复的伯努利试验中,事件 A 发生的次数是一个服从二项分布的随机变量.

例 2.11 一批晶体管中有 10% 是次品,现从中抽取 10 个,试求内含的次品数的分布列,并计算其中至少有 2 件次品的概率.

解 抽出的一个晶体管或者是次品(事件 A 发生),或者是正品,只有这两种可能,所以抽出一个晶体管可看作是一次伯努利试验,抽取 10 个晶体管可看作 10 次伯努利试验. 这样,10 个晶体管中的次品数就相当于 10 次独立重复的伯努利试验中事件 A 发生的次数,所以如记 ξ 为 10 个晶体管中的次品数,则 $\xi \sim b(10,0.1)$,其分布列为

$$P(\xi = i) = C_{10}^i (0.1)^i (0.9)^{10-i},\ i = 0,1,2,\cdots,10.$$

所求的概率为

$$P(\xi \geqslant 2) = 1 - P(\xi < 2) = 1 - (0.9)^{10} - C_{10}^1 (0.1)(0.9)^9$$
$$\approx 0.264.$$

例 2.12(血清效应试验) 设鸡群中感染某种疾病的概率为 20%,新发现了一种血清,可能对预防这种疾病有效,为此对 25 只健康的鸡注射了这种血清. 若注射后发现只有一只鸡受感染,试问这种血清是否有作用?

解 25 只鸡中感染某种疾病的鸡数 ξ 是一个服从二项分布的随机变量. 假设血清无作用,这表示每只鸡的感染率还是 20%,25 只鸡中至多只有一只受感染的概率为

$$b(0;25,0.2) + b(1;25,0.2) = 0.0038 + 0.0236 < 5\%.$$

这是一个小概率,所以若血清无作用,则 25 只鸡中至多只有 1 只受感染的事件是一个小概率事件;它在一次试验中不能发生,然而现在恰发生了,这表明血清是有作用的.

在实际问题中,经常要计算 n 次独立重复的伯努利试验中恰有 k 次成功的概

率 $C_n^k p^k q^{n-k}$；至少有 k 次成功的概率 $\sum_{i-k}^{n} C_n^i p^i q^{n-i}$ 等，当 n 很大时，它们的计算十分复杂. 例如，某工厂产品的次品率是 0.005，求在任意的 1 000 件产品中：(1)有 10 件次品的概率；(2)次品不多于 10 件的概率. 容易求得它们的概率分别是 $C_{1\,000}^{10}$ $(0.005)^{10}(0.995)^{990}$ 和 $\sum_{i=0}^{10} C_{1\,000}^i (0.005)^i (0.995)^{1\,000-i}$，但要计算出确切数值很不容易. 因此我们希望能找到计算二项分布的近似公式. 1837 年法国数学家泊松 (Poisson)对此进行了研究，得到了**二项分布的逼近公式**，这就是下面所述的泊松定理.

定理 2.2（泊松定理）　在 n 次独立重复的伯努利试验中，以 p_n 表示每次试验事件 A 发生的概率，它与试验总次数 n 有关，若 $\lim_{n\to\infty} np_n = \lambda$（$\lambda$ 为常数），则对任意确定的非负整数 k，有

$$\lim_{n\to\infty} b(k；n，p_n) = \frac{\lambda^k}{k!} e^{-\lambda}，\ k = 0，1，2，\cdots. \tag{2.9}$$

证明　记 $\lambda_n = np_n$，有 $p_n = \dfrac{\lambda_n}{n}$，$\lim_{n\to\infty} \lambda_n = \lambda$，

$$\begin{aligned}
b(k；n，p_n) &= C_n^k p_n^k (1-p_n)^{n-k} \\
&= \frac{n(n-1)\cdots(n-k+1)}{k!} \left(\frac{\lambda_n}{n}\right)^k \left(1-\frac{\lambda_n}{n}\right)^{n-k} \\
&= \frac{\lambda_n^k}{k!} 1 \cdot \left(1-\frac{1}{n}\right)\cdots\left(1-\frac{k-1}{n}\right)\left(1-\frac{\lambda_n}{n}\right)^{n-k}.
\end{aligned}$$

对确定的 k，当 $n\to\infty$ 时，有

$$\lambda_n^k \to \lambda^k，\ \left(1-\frac{1}{n}\right)\cdots\left(1-\frac{k-1}{n}\right)\to 1，\ \left(1-\frac{\lambda_n}{n}\right)^{n-k}\to e^{-\lambda}.$$

所以

$$b(k；n，p_n) \to \frac{\lambda^k}{k!} e^{-\lambda}\ (n\to\infty).$$

在实际应用中，若 n 很大（一般 $n \geq 10$），p 充分小（一般 $p \leq 0.1$），使 np 大小适中，此时可取 $\lambda = np$，有

$$b(k；n，p) \approx \frac{\lambda^k}{k!} e^{-\lambda}，$$

其中 $\dfrac{\lambda^k}{k!} e^{-\lambda}$ 的计算可通过泊松分布表得到（参见附表 2）.

回到前面提出的次品问题，取 $\lambda = np = 1\,000 \times 0.005 = 5$，有

$$C_{1\,000}^{10}(0.005)^{10}(0.995)^{990} \approx \frac{5^{10}}{10!}e^{-5} = 0.018\,133,$$

$$\sum_{i=0}^{10} C_{1\,000}^i (0.005)^i (0.995)^{1\,000-i} \approx \sum_{i=0}^{10} \frac{5^i}{i!}e^{-5} = 0.986\,305.$$

当 p 接近于 1 时，$q = 1 - p$ 就很小，如 nq 大小适中，可取 $b(k; n, p) = b(n-k; n, q) \approx \frac{\lambda^{n-k}}{(n-k)!}e^{-\lambda}$，其中 $\lambda = nq$；当 p 既不很小，也不接近于 1 时，二项分布的计算可采用正态分布近似，将在第 5 章中介绍它.

表 2.1 说明二项分布的泊松近似的程度甚好.

表 2.1

k	按 $b(k; n, p) = C_n^k p^k (1-p)^{n-k}$ 计算				按 $\frac{\lambda^k}{k!}e^{-\lambda}$ 计算
	$n = 10$ $p = 0.1$	$n = 20$ $p = 0.05$	$n = 40$ $p = 0.025$	$n = 100$ $p = 0.01$	$\lambda = np = 1$
0	0.349	0.358	0.363	0.366	0.368
1	0.387	0.377	0.373	0.370	0.368
2	0.194	0.189	0.186	0.185	0.184
3	0.057	0.060	0.060	0.061	0.061
4	0.011	0.013	0.014	0.015	0.015
>4	0.002	0.003	0.004	0.003	0.004

例 2.13 保险公司里，有 2 500 个同一年龄和同社会阶层的人参加了人寿保险. 在一年里每个人死亡的概率为 0.002，每个参加保险的人在 1 月 1 日付 12 元保险费，而在死亡时家属可向公司领 2 000 元，问：(1)"保险公司亏本"的概率是多少? (2)"保险公司获利不少于 10 000 元和 20 000 元"的概率各是多少?

解 (1) 根据题中的条件，显然应该理解以"年"为单位来考虑，那么，保险公司亏本这一事件应该怎样来表示呢? 可以这样理解，在某年的 1 月 1 日，保险公司收入为

$$2\,500 \times 12 = 30\,000 \text{ 元},$$

若这一年中死亡 x 人，则保险公司应付出 $2\,000x$ 元，如果

$$2\,000x > 30\,000, \text{ 即 } x > 15 \text{ 人},$$

则保险公司便亏本(此处不计 3 万元所得的利息)，于是"保险公司亏本"的事件等价于"一年中多于 15 人死亡"的事件，从而问题转化为求"一年中多于 15 人死亡"的概率. 注意到 2 500 人中死亡数服从二项分布 $b(2\,500, 0.002)$，再应用泊松近似

即得

$$P(\text{"保险公司亏本"}) = P(\text{"多于 15 人死亡"})$$

$$= \sum_{k=16}^{2\,500} C_{2\,500}^{k} (0.002)^k (0.998)^{2\,500-k}$$

$$= 1 - \sum_{k=0}^{15} C_{2\,500}^{k} (0.002)^k (0.998)^{2\,500-k}$$

$$\approx 1 - \sum_{k=0}^{15} \frac{e^{-5} 5^k}{k!} \approx 0.000\,069.$$

由此可见在一年里,保险公司亏本的概率是非常小的.

(2) "保险公司获利不少于 10 000 元",意味着

$$30\,000 - 2\,000x \geqslant 10\,000, \text{即 } x \leqslant 10,$$

故

$$P(\text{"获利不少于 10\,000 元"}) = P(\text{"死亡之人数} \leqslant 10\text{"})$$

$$= \sum_{k=0}^{10} C_{2\,500}^{k} (0.002)^k (0.998)^{2\,500-k}$$

$$\approx \sum_{k=0}^{10} \frac{e^{-5} 5^k}{k!} \approx 0.986\,305.$$

类似地可得

$$P(\text{"获利不少于 20\,000 元"}) = P(\text{"死亡人数} \leqslant 5\text{"})$$

$$= \sum_{k=0}^{5} C_{2\,500}^{k} (0.002)^k (0.998)^{2\,500-k}$$

$$\approx \sum_{k=0}^{5} \frac{e^{-5} 5^k}{k!} \approx 0.615\,961.$$

上面所有的结果都说明了"保险公司为什么那样乐于开展保险业务"的道理.

不过关键之处还在于对死亡概率的估计必须是正确的.如果所估计的死亡概率比实际的要低,甚至低得多,那么情况将会有所不同.

例 2.14 设有同类型仪器 300 台,各仪器的工作相互独立,且发生故障的概率为 0.01,通常一台仪器的故障可由一个人来排除.(1)问至少配备多少维修工人,才能保证当仪器发生故障又不能及时排除的概率小于 0.01?(2)若一个人包干 20 台仪器,求仪器发生故障又不能及时排除的概率.(3)若由 3 人共同负责维修 80 台仪器呢?

解 设 300 台仪器中在同一时刻发生故障的仪器台数为 ξ,则 $\xi \sim b(300, 0.01)$.

(1) 若至少要配备 x 个工人,则按题意要求 x,使

$$P(\xi > x) \leqslant 0.01.$$

采用泊松近似,由

$$P(\xi > x) = 1 - \sum_{k=0}^{x} C_{300}^{k}(0.01)^{k}(0.99)^{300-k}$$

$$\approx 1 - \sum_{k=0}^{x} \frac{3^{k} e^{-3}}{k!} \leqslant 0.01,$$

查表可得 $x = 8$.

(2) 记 η 为 20 台仪器中在同一时刻发生故障的仪器台数,则 $\eta \sim b(20, 0.01)$,问题是计算 $P(\eta \geqslant 2)$,有

$$P(\eta \geqslant 2) = 1 - P(\eta < 2)$$

$$= 1 - \sum_{k=0}^{1} C_{20}^{k}(0.01)^{k}(0.99)^{20-k}$$

$$\approx 1 - e^{-0.2} - 0.2 \times e^{-0.2} \approx 0.017\,523.$$

(3) 记 ζ 为 80 台仪器中在同一时刻发生故障的仪器台数,则 $\zeta \sim b(80, 0.01)$,问题是计算 $P(\zeta \geqslant 4)$,有

$$P(\zeta \geqslant 4) \approx 1 - \sum_{k=0}^{3} \frac{(0.8)^{k} e^{-0.8}}{k!} \approx 0.009\,08.$$

(2)、(3)的结果表明,在(3)中虽然任务重了((2)中一人只包干 20 台的维修任务,而(3)中每人平均维修 27 台),但工作的质量不仅没有降低,相反还提高了,因此,共同负责的方式比个人包干为好.

由二项分布的泊松逼近很自然地引入了泊松分布.

2.2.2.3　泊松分布

若随机变量 ξ 的分布列是

$$P(\xi = i) = \frac{\lambda^{i}}{i!} e^{-\lambda}, \ i = 0, 1, 2, \cdots, \tag{2.10}$$

其中 $\lambda > 0$,这种分布称为**泊松分布**,记为 $P(\lambda)$,其中 λ 是参数,并称 ξ 服从参数为 λ 的泊松分布,记作 $\xi \sim P(\lambda)$.

由泊松定理可知,在大量试验中,小概率事件 A 发生的次数可以近似地看作服从泊松分布. 下面列出的是通常认为服从泊松分布的随机变量的几个例子,它们中的参数 λ 通常由经验决定.

(1) 一批产品中的废品数;

(2) 一本书中某一页(或某几页)上印刷错误的个数;

(3) 某地区居民中活到百岁的人数;

（4）某商店一天内销售的某特殊商品的件数；

（5）某汽车站在 10 时至 11 时内等候汽车的人数；

（6）在确定的时间内，从某放射性物质中发射出的 α 粒子的个数.

2.2.2.4 超几何分布

一批产品共 N 件，其中有 M 件次品，从中任取 n 件，以 ξ 表示取出的 n 件中的次品数，那么容易求得它的分布列是

$$P(\xi = i) = \frac{C_M^i C_{N-M}^{n-i}}{C_N^n}, \; i = 0, 1, \cdots, \min(M, n). \tag{2.11}$$

这种分布列称为**超几何分布**，并称 ξ 服从超几何分布.

在产品检验中，超几何分布描述的是不放回抽样情况；如果在 N 件产品中有放回的抽取 n 件，那么其中的次品数服从二项分布. 所以在产品检验中二项分布描述的是有放回抽样情况. 容易理解，当 N（产品总数）充分大时，不放回抽样与有放回抽样是差不多的，亦即超几何分布将近似于二项分布. 事实上，当 $\lim\limits_{N \to \infty} \dfrac{M}{N} = p$ 时，

可以证明 $\lim\limits_{N \to \infty} \dfrac{C_N^i C_{N-M}^{n-i}}{C_N^n} = C_n^i p^i (1-p)^{n-i}$，这作为一个练习留给读者完成.

2.2.2.5 几何分布

若随机变量 ξ 的分布列是

$$P(\xi = i) = pq^{i-1}, \; i = 1, 2, \cdots, \tag{2.12}$$

其中 $0 < p < 1, q = 1 - p$，这种分布称为**几何分布**，并称 ξ 服从几何分布. 例 2.9 就是服从几何分布的一个例子.

习 题 2.2

（A）

1. 试判断下列各题给出的是否是某随机变量的分布列？

（1）

ξ	1	2	3
$P(\xi = x_i)$	0.3	0.4	0.5

（2）

ξ	-1	1
$P(\xi = x_i)$	0.4	0.6

（3）$P(\xi = k) = \dfrac{1}{2^k}, \; k = 1, 2, \cdots$；

(4) $P(\xi = k) = \dfrac{1}{2}\left(\dfrac{1}{3}\right)^k$, $k = 0, 1, 2, \cdots$.

2. 确定常数 C,使所给函数成为某随机变量的分布列,并求 $P(\xi \geqslant 3)$.

(1) $P(\xi = k) = \dfrac{C}{N}$, $k = 1, 2, \cdots, N$;

(2) $P(\xi = k) = C \cdot \dfrac{\lambda^k}{k!}(\lambda > 0)$, $k = 1, 2, \cdots$;

(3) $P(\xi = k) = C \cdot 3^k$, $k = 0, 1, 2, \cdots, n$.

3. 有一堆产品共 $m+n$ 件,其中 m 件次品,n 件正品,今作不放回抽查,令 ξ 表示初次抽到次品时,已经抽查过的正品数,试求 ξ 的分布列.

4. 从五个数 1、2、3、4、5 中任取三个数 x_1, x_2, x_3,试求:

(1) $\eta = \min\{x_1, x_2, x_3\}$ 的分布列及 $P(\eta > 4)$;

(2) $\xi = x_1 + x_2 + x_3$ 的分布列.

5. 甲、乙两人轮流射击,直到某人击中目标为止.已知甲射中目标的概率为 0.4,乙射中目标的概率为 0.6,求甲、乙两人各自的射击次数的分布列.

6. 若随机变量 ξ 的分布函数为

$$F(x) = \begin{cases} 0, & x \leqslant 0, \\ \dfrac{1}{2}, & 0 < x \leqslant 1, \\ \dfrac{3}{5}, & 1 < x \leqslant 2, \\ \dfrac{4}{5}, & 2 < x \leqslant 3, \\ \dfrac{9}{10}, & 3 < x \leqslant 3.5, \\ 1, & x > 3.5. \end{cases}$$

试求 ξ 的分布列.

7. 某车间有 12 台车床独立工作,每台车床开车时间占总工作时间的 $\dfrac{2}{3}$,又开车时每台车床需用电力 1 单位,问:

(1) 若供给车间 9 单位电力,则因电力不足而耽误生产的概率等于多少?

(2) 供给车间至少多少单位电力,才能使因电力不足而耽误生产的概率小于 1%?

8. 设敌机俯冲时被 1 支步枪击中要害部位的概率为 0.005,试计算 1 000 支步枪同时开火时:

(1) 敌机要害部位被击中的概率;

(2) 敌机要害部位恰被击中 1 弹的概率.

9. 设 ξ 服从泊松分布,已知 $P(\xi = 1) = 2P(\xi = 2)$,试求 $P(\xi = 3)$.

10. 某商店出售某种商品. 根据历史记录分析,每月销售量服从参数为 7 的泊松分布,问在月初进货时要库存多少件此种商品,才能以 0.999 的概率保证当月不脱销?

(B)

1. 有三个盒子,第一个盒子装有 4 个红球、1 个黑球,第二个盒子装有 3 个红球、2 个黑球,第三个盒子装有 2 个红球、3 个黑球. 如果任取一盒,从中任取三个球,以 ξ 表示所取的红球个数,试求 ξ 的分布列及 $P(\xi \geqslant 2)$.

2. 若 $\xi \sim b(n, p)$,试证:ξ 的分布列在 $m = [(n+1)p]$ 处取得最大值(称 m 为最可能出现的次数).

3. 若 $\xi \sim P(\lambda)$,问 i 取何值时,$P(\xi = i)$ 最大?

§2.3　连续型随机变量

2.3.1　连续型随机变量的概念

定义 2.4　若随机变量 ξ 的分布函数 $F(x)$ 可表示成一个非负可积函数 $f(x)$ 的积分

$$F(x) = \int_{-\infty}^{x} f(t)\mathrm{d}t, \quad -\infty < x < +\infty, \tag{2.13}$$

则称 ξ 为**连续型随机变量**,$f(x)$ 称为 ξ 的**概率密度函数**或**概率分布密度**,简称为**密度函数**或**分布密度**.

从定义 2.4 容易得到如下的结论:

1. 密度函数 $f(x)$ 具有性质:

(1) 非负性:$f(x) \geqslant 0, \; -\infty < x < \infty$; \hfill (2.14)

(2) 规范性:$\int_{-\infty}^{\infty} f(x)\mathrm{d}x = 1$. \hfill (2.15)

2. ξ 落在 $[a, b]$ 内的概率为

$$P(a \leqslant \xi < b) = \int_{a}^{b} f(x)\mathrm{d}x. \tag{2.16}$$

3. 分布函数 $F(x)$ 是 $(-\infty, \infty)$ 上的连续函数.

4. 若 $F(x)$ 连续,且除去有限个点外,导函数 $F'(x)$ 存在且连续,则成立

$$F(x) = \int_{-\infty}^{x} F'(t)\mathrm{d}t, \quad -\infty < x < +\infty. \tag{2.17}$$

5. 连续型随机变量 ξ 取任一值的概率为零,即 $P(\xi = a) = 0$. 事实上,因为 $F(x)$ 是连续函数,所以 $P(\xi = a) = F(a+0) - F(a) = 0$.

最后一个结论表明,连续型随机变量不能像离散型随机变量那样,用列举它取到的所有可能值的概率来描述它的分布规律,而必须用它在各个区间取值的概率来描述. 由于知道了连续型随机变量的密度函数 $f(x)$,也就知道了它在各个区间取值的概率. 所以密度函数 $f(x)$ 在连续型随机变量中所起的作用就相当于分布列在离散型随机变量中所起的作用,分布列代表了离散型随机变量的概率分布,而密度函数代表了连续型随机变量的概率分布.

此外,从 $P(\xi = a) = 0$ 可知,在计算连续型随机变量落在某一区间内的概率时,可以不必区分该区间是开区间还是闭区间还是半开区间.

由于除有限个点外,两个相同的被积函数在同一区间上的积分相等,所以除有限个点外,两个相同的密度函数应看作是同一个密度函数,因为它们描述的分布规律是相同的. 这样,根据(2.17)式,如在有限个不存在导数的点上,令 $F(x)$ 的导数为 0,则可取 $F(x)$ 的导数 $F'(x)$ 作为 ξ 的密度函数,即可取 $f(x) = F'(x)$. 这提供了求连续型随机变量密度函数的一种方法.

例 2.15 设随机变量 ξ 具有密度函数

$$f(x) = \frac{c}{1+x^2}, \quad -\infty < x < \infty,$$

试确定:

(1) 常数 c;

(2) ξ 的分布函数 $F(x)$;

(3) $P(\xi > 1)$.

解 (1) 由 $\int_{-\infty}^{\infty} f(x)\mathrm{d}x = 1$, 得

$$\int_{-\infty}^{\infty} \frac{c}{1+x^2}\mathrm{d}x = \pi c = 1,$$

所以
$$c = \frac{1}{\pi}.$$

(2) $F(x) = \int_{-\infty}^{x} f(t)\mathrm{d}t = \int_{-\infty}^{x} \frac{\mathrm{d}t}{\pi(1+t^2)} = \left[\frac{1}{\pi}\arctan t\right]_{-\infty}^{x}$

$\qquad = \frac{1}{\pi}\arctan x + \frac{1}{2}.$

(3) $P(\xi > 1) = \int_{1}^{\infty} \frac{\mathrm{d}t}{\pi(1+t^2)} = \left[\frac{1}{\pi}\arctan t\right]_{1}^{\infty}$

$\qquad = \frac{1}{\pi}\left[\frac{\pi}{2} - \frac{\pi}{4}\right] = \frac{1}{4}.$

例 2.16 如图 2.3 所示,以 ξ 表示圆 $u^2 + v^2 = R^2$ 上一点 $A(-R, 0)$ 到圆周上任意点的弦长,求 ξ 的密度函数.

解 先计算 ξ 的分布函数. 由于 ξ 的可能取值在 $[0, 2R]$ 内,因此,易见当 $x \leqslant 0$ 时, $P(\xi < x) = 0$;当 $x > 2R$ 时, $P(\xi < x) = 1$;

而当 $0 < x \leqslant 2R$ 时,

$$P(\xi < x) = \frac{\overset{\frown}{CAB} \text{ 的弧长}}{\text{圆周长}} = \frac{2\arcsin \dfrac{x}{2R}}{\pi}.$$

所以

$$F(x) = P(\xi < x) = \begin{cases} 0, & x \leqslant 0, \\ \dfrac{2\arcsin \dfrac{x}{2R}}{\pi}, & 0 < x < 2R, \\ 1, & x \geqslant 2R, \end{cases}$$

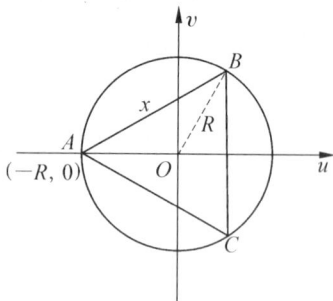

图 2.3

$$f(x) = F'(x) = \begin{cases} \dfrac{2}{\pi \sqrt{4R^2 - x^2}}, & 0 < x < 2R, \\ 0, & \text{其余}. \end{cases}$$

在上面求导中, $F(x)$ 在 $x = 0$, $x = 2R$ 处的导数不存在,但正如前面所指出的,个别点的值不影响 $f(x)$ 作为同一个密度函数,所以可令在 $x = 0$, $x = 2R$ 处的 $F(x)$ 的导数为零.

2.3.2 若干常见的连续型分布

2.3.2.1 均匀分布

设想在区间 $[a, b]$ 内均匀投点,即所投点落在 $[a, b]$ 中的任一位置是等可能的,以 ξ 表示落点的坐标,那么,根据几何概率,有

$$F(x) = P(\xi < x) = \begin{cases} 0, & x \leqslant a, \\ \dfrac{x - a}{b - a}, & a < x < b, \\ 1, & x \geqslant b. \end{cases} \tag{2.18}$$

于是

$$f(x) = F'(x) = \begin{cases} \dfrac{1}{b - a}, & a < x < b, \\ 0, & \text{其余}. \end{cases} \tag{2.19}$$

它们的图形分别见图 2.4 和图 2.5.

概率与统计

这种密度函数称为[a，b]上的**均匀分布**，记为 U[a，b]，并称 ξ 服从[a，b]上的均匀分布，记作 ξ~U[a，b].

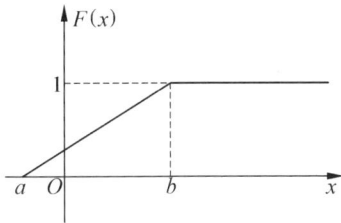

图 2.4

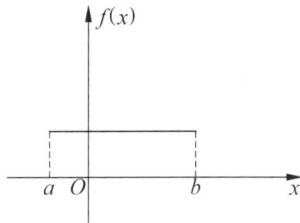

图 2.5

若 ξ 服从[0，1]上的均匀分布，特别称随机变量 ξ 为**随机数**，它在蒙特卡罗方法中起着重要的作用.

例 2.17 秒表刻度的分划值为 0.2 秒，如果计时的精度取到临近的刻度整数，求使用该秒表时的误差的绝对值大于 0.05 的概率.

解 设 ξ 为使用该秒表时的误差，则 ξ 在[−0.1，0.1]上服从均匀分布，其密度函数

$$f(x) = \begin{cases} \dfrac{1}{0.2}, & \text{当} -0.1 < x < 0.1, \\ 0, & \text{其余.} \end{cases}$$

误差的绝对值大于 0.05 秒的概率为

$$P\{|\xi| > 0.05\} = \int_{-0.1}^{-0.05} \frac{\mathrm{d}t}{0.2} + \int_{0.05}^{0.1} \frac{\mathrm{d}t}{0.2} = \frac{1}{2}.$$

2.3.2.2 指数分布

先看一个例子，再引进指数分布. 若已使用了 t 小时的晶体管在以后的 Δt 小时内损坏的概率为 $\lambda \Delta t + 0(\Delta t)$，其中 λ 是不依赖于 t 的正数，求晶体管在 x 小时内损坏的概率.

设 ξ 为晶体管的寿命，按题意要求 $P(\xi < x)$. 记 $F(x) = P(\xi < x)$. 已知 $P(t \leqslant \xi < t + \Delta t \mid \xi \geqslant t) = \lambda \Delta t + 0(\Delta t)$，即

$$\frac{P(t \leqslant \xi < t + \Delta t)}{P(\xi \geqslant t)} = \frac{F(t + \Delta t) - F(t)}{1 - F(t)} = \lambda \Delta t + 0(\Delta t),$$

于是

$$\frac{F(t + \Delta t) - F(t)}{\Delta t} = [1 - F(t)] \left[\lambda + \frac{0(\Delta t)}{\Delta t} \right].$$

令 $\Delta t \rightarrow 0$,得

$$F'(t) = \lambda[1 - F(t)],$$

解之

$$F(t) = 1 - c e^{-\lambda t},$$

因 $F(0) = 0$,定出常数 $c = 1$. 因此,有

$$F(t) = 1 - e^{-\lambda t} \ (t \geqslant 0),$$

所求概率为

$$P(\xi < x) = F(x) = 1 - e^{-\lambda x} \ (x > 0).$$

另一方面,$x \leqslant 0$ 时,$P(\xi < x) = 0$,于是 ξ 的密度函数是

$$f(x) = F'(x) = \begin{cases} 0, & -\infty < x \leqslant 0, \\ \lambda e^{-\lambda x}, & 0 < x < \infty. \end{cases} \tag{2.20}$$

这种密度函数称为**指数分布**,记为 $E(\lambda)$,其中 λ 为参数($\lambda > 0$),并称 ξ 服从参数为 λ 的指数分布,记作 $\xi \sim E(\lambda)$. 生活中,到某个特定事件发生所需的等待时间往往服从指数分布. 例如许多电子元件的使用寿命、电话的通话时间等都可以认为服从指数分布.

2.3.2.3　正态分布

若随机变量 ξ 的密度函数为

$$f(x) = \frac{1}{\sqrt{2\pi}\sigma} e^{-\frac{(x-a)^2}{2\sigma^2}}, \ -\infty < x < \infty, \tag{2.21}$$

其中 a, σ 为常数,$\sigma > 0$,相应的分布函数为

$$F(x) = \frac{1}{\sqrt{2\pi}\sigma} \int_{-\infty}^{x} e^{-\frac{(t-a)^2}{2\sigma^2}} dt, \ -\infty < x < \infty, \tag{2.22}$$

这种密度函数称为**正态分布**,记为 $N(a, \sigma^2)$,其中 a、σ^2 为参数,并称 ξ 服从参数为 a、σ^2 的正态分布,记作 $\xi \sim N(a, \sigma^2)$.

特别当 $a = 0$、$\sigma = 1$ 时,此时的正态分布称为**标准正态分布**,记为 $N(0, 1)$,标准正态分布的密度函数和分布函数分别记作 $\varphi(x)$ 及 $\Phi(x)$,有

$$\varphi(x) = \frac{1}{\sqrt{2\pi}} e^{-\frac{x^2}{2}}, \ -\infty < x < \infty, \tag{2.23}$$

$$\Phi(x) = \frac{1}{\sqrt{2\pi}} \int_{-\infty}^{x} e^{-\frac{t^2}{2}} dt, \ -\infty < x < \infty. \tag{2.24}$$

现在指出 $f(x)$ 确实是一个密度函数,为此要验证它满足非负性和规范性的要求. 非负性是显然的;至于规范性,只要证明

$$\int_{-\infty}^{\infty} \frac{1}{\sqrt{2\pi}\sigma} e^{-\frac{(x-a)^2}{2\sigma^2}} \mathrm{d}x = 1$$

就可. 作变换 $\frac{x-a}{\sigma} = y$,有

$$\int_{-\infty}^{\infty} \frac{1}{\sqrt{2\pi}\sigma} e^{-\frac{(x-a)^2}{2\sigma^2}} \mathrm{d}x = \int_{-\infty}^{\infty} \frac{1}{\sqrt{2\pi}} e^{-\frac{y^2}{2}} \mathrm{d}y,$$

而

$$\left(\int_{-\infty}^{\infty} \frac{1}{\sqrt{2\pi}} e^{-\frac{x^2}{2}} \mathrm{d}x \right) \left(\int_{-\infty}^{\infty} \frac{1}{\sqrt{2\pi}} e^{-\frac{y^2}{2}} \mathrm{d}y \right) = \frac{1}{2\pi} \int_{-\infty}^{\infty} \int_{-\infty}^{\infty} e^{-\frac{x^2+y^2}{2}} \mathrm{d}x \mathrm{d}y,$$

将 x, y 变换为极坐标:$x = r\cos\theta$, $y = r\sin\theta$,得

$$\frac{1}{2\pi} \int_{-\infty}^{\infty} \int_{-\infty}^{\infty} e^{-\frac{x^2+y^2}{2}} \mathrm{d}x \mathrm{d}y = \frac{1}{2\pi} \int_0^{\infty} \int_0^{2\pi} r e^{-\frac{r^2}{2}} \mathrm{d}\theta \mathrm{d}r = \int_{-\infty}^{\infty} r e^{-\frac{r^2}{2}} \mathrm{d}r = 1,$$

于是

$$\left(\int_{-\infty}^{\infty} \frac{1}{\sqrt{2\pi}} e^{-\frac{y^2}{2}} \mathrm{d}y \right)^2 = \left(\int_{-\infty}^{\infty} \frac{1}{\sqrt{2\pi}} e^{-\frac{x^2}{2}} \mathrm{d}x \right) \left(\int_{-\infty}^{\infty} \frac{1}{\sqrt{2\pi}} e^{-\frac{y^2}{2}} \mathrm{d}y \right) = 1.$$

注意到积分值的非负性,所以

$$\int_{-\infty}^{\infty} \frac{1}{\sqrt{2\pi}\sigma} e^{-\frac{(x-a)^2}{2\sigma^2}} \mathrm{d}x = \int_{-\infty}^{\infty} \frac{1}{\sqrt{2\pi}} e^{-\frac{y^2}{2}} \mathrm{d}y = 1.$$

正态分布又称**高斯分布**或**误差分布**. 在自然现象和社会现象中,大量的随机变量都服从或近似服从正态分布,如测量误差、炮弹落点距目标的偏差、一个地区男性成人的身高及体重、海洋波浪的高度、电子管噪声电流、工业产品的尺寸(直径、长度、宽度等)、某地区的每日用水量及用电量等等都可看作服从或近似服从正态分布. 一般说来,若某一随机变量是受多种相互独立的随机因素的影响,而每一种随机因素所起的作用又是极其微小的,那么该随机变量就近似服从正态分布,它的理论根据将在第 5 章讲到. 正是因为生活中大量的随机变量服从或近似服从正态分布,所以正态分布在理论与实践中都占有重要的地位.

对于正态分布,有如下的一些性质:

(1) 若 ξ 服从 $N(a, \sigma^2)$ 分布, 则 $\eta = \dfrac{\xi - a}{\sigma}$ 服从 $N(0, 1)$ 分布.

(2) 正态分布 $N(a, \sigma^2)$ 的密度函数 $f(x) = \dfrac{1}{\sqrt{2\pi}\sigma} e^{-\frac{(x-a)^2}{2\sigma^2}}$ 所表示的曲线称为正态曲线, 它具有:

① 正态曲线关于直线 $x = a$ 对称, 如图 2.6 所示.

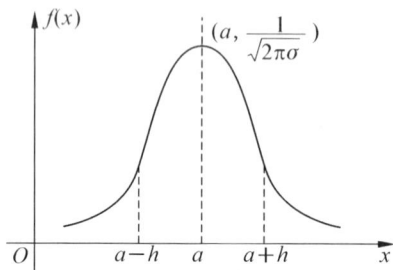

图 2.6

这表明, $\quad P(\xi < a - h) = P(\xi > a + h)$,
$$P(a - h < \xi < a) = P(a < \xi < a + h).$$

② $x = a$ 时, $f(x)$ 取到最大值, 其值为 $f(a) = \dfrac{1}{\sqrt{2\pi}\sigma}$.

③ x 离 a 愈远, $f(x)$ 的值越小, 且 $x \to \pm\infty$ 时, $f(x) \to 0$.

④ 对确定的 a, σ 越小, $f(a)$ 越大, 图形愈窄, 分布越集中在 $x = a$ 附近; σ 越大, $f(a)$ 越小, 图形愈宽, 分布就愈平坦, 如图 2.7 所示.

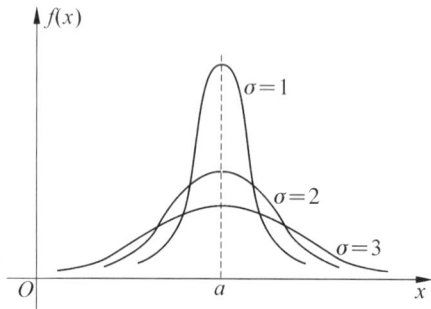

图 2.7

从正态分布的图形来看, 人们形象地把它称为"中间大、两头小"的分布.

由于正态分布的重要性, 因此正态分布的计算也显得比较重要, 通常可查表得到.

(1) 标准正态分布的计算

若 $\xi \sim N(0, 1)$, 有

$$\varphi(x) = \frac{1}{\sqrt{2\pi}} e^{-\frac{x^2}{2}},$$

$$\Phi(x) = \frac{1}{\sqrt{2\pi}} \int_{-\infty}^{x} e^{-\frac{t^2}{2}} dt.$$

当 $x > 0$，$\varphi(x)$、$\Phi(x)$可查表得到(参见附表3)；

当 $x < 0$，由 $\varphi(x) = \varphi(-x)$，$\Phi(x) = 1 - \Phi(-x)$，查 $\varphi(-x)$，$\Phi(-x)$，从而得 $\varphi(x)$、$\Phi(x)$.

ξ 落在(x_1, x_2)内的概率是 $P(x_1 < \xi < x_2) = \Phi(x_2) - \Phi(x_1)$.

(2) 非标准正态分布的计算

若 $\xi \sim N(a, \sigma^2)$，有

$$f(x) = \frac{1}{\sqrt{2\pi}\sigma} e^{-\frac{(x-a)^2}{2\sigma^2}} = \frac{1}{\sigma} \varphi\left(\frac{x-a}{\sigma}\right),$$

$$F(x) = \frac{1}{\sqrt{2\pi}\sigma} \int_{-\infty}^{x} e^{-\frac{(t-a)^2}{2\sigma^2}} dt$$

$$= \frac{1}{\sqrt{2\pi}} \int_{-\infty}^{\frac{x-a}{\sigma}} e^{-\frac{y^2}{2}} dy = \Phi\left(\frac{x-a}{\sigma}\right),$$

因此 $f(x)$、$F(x)$也可查 $\varphi\left(\dfrac{x-a}{\sigma}\right)$、$\Phi\left(\dfrac{x-a}{\sigma}\right)$得到.

注意到若 $\xi \sim N(a, \sigma^2)$，则 $\eta = \dfrac{\xi - a}{\sigma} \sim N(0, 1)$，由此可以查表得 ξ 落在(x_1, x_2)内的概率是

$$P(x_1 < \xi < x_2) = P\left(\frac{x_1 - a}{\sigma} < \frac{\xi - a}{\sigma} < \frac{x_2 - a}{\sigma}\right)$$

$$= \Phi\left(\frac{x_2 - a}{\sigma}\right) - \Phi\left(\frac{x_1 - a}{\sigma}\right).$$

例 2.18 若 $\xi \sim N(3, 3^2)$，求：$(1) P\{2 < \xi < 5\}$；$(2) P\{\xi > 0\}$；$(3) P\{|\xi - 3| > 6\}$.

解 (1) $P\{2 < \xi < 5\} = P\left\{\dfrac{2-3}{3} < \dfrac{\xi-3}{3} < \dfrac{5-3}{3}\right\}$

$$= \Phi\left(\frac{2}{3}\right) - \Phi\left(-\frac{1}{3}\right) = \Phi\left(\frac{2}{3}\right) - \left[1 - \Phi\left(\frac{1}{3}\right)\right]$$

$$\approx 0.377\ 9.$$

(2) $P\{\xi > 0\} = 1 - P\{\xi < 0\} = 1 - P\left\{\dfrac{\xi-3}{3} < -1\right\}$

$$= 1 - \Phi(-1) = \Phi(1) \approx 0.841\ 3.$$

(3)
$$P\{|\xi-3|>6\} = P\{\xi>9\} + P\{\xi<-3\}$$
$$= 1 - P\{\xi<9\} + P\{\xi<-3\}$$
$$= 1 - P\left\{\frac{\xi-3}{3}<\frac{9-3}{3}\right\} + P\left\{\frac{\xi-3}{3}<\frac{-3-3}{3}\right\}$$
$$= 1 - \Phi(2) + \Phi(-2)$$
$$= 2[1-\Phi(2)] \approx 0.045\ 5.$$

例 2.19 进行一次考试,如果所有考生所得的分数可近似地表示为正态密度函数,则通常认为这次考试是可取的. 教师经常用考试的分数去估计正态参数 a 与 σ^2,然后把分数超过 $a+\sigma$ 的评为 A 等,分数在 a 到 $a+\sigma$ 之间的评为 B 等,分数在 $a-\sigma$ 到 a 之间的评为 C 等,分数在 $a-2\sigma$ 到 $a-\sigma$ 之间的评为 D 等,而把取得分数低于 $a-2\sigma$ 的考生评为 F 等,由于

$$P\{\xi>a+\sigma\} = P\left\{\frac{\xi-a}{\sigma}>1\right\} = 1 - \Phi(1) \approx 0.158\ 7,$$

$$P\{a<\xi<a+\sigma\} = P\left\{0<\frac{\xi-a}{\sigma}<1\right\} = \Phi(1) - \Phi(0)$$
$$\approx 0.341\ 3,$$

$$P\{a-\sigma<\xi<a\} = P\left\{-1<\frac{\xi-a}{\sigma}<0\right\} = \Phi(0) - \Phi(-1)$$
$$= \Phi(0) + \Phi(1) - 1 \approx 0.341\ 3,$$

$$P\{a-2\sigma<\xi<a-\sigma\} = P\left\{-2<\frac{\xi-a}{\sigma}<-1\right\}$$
$$= \Phi(-1) - \Phi(-2) = \Phi(2) - \Phi(1)$$
$$\approx 0.135\ 9,$$

$$P\{\xi<a-2\sigma\} = P\left\{\frac{\xi-a}{\sigma}<-2\right\} = \Phi(-2) = 1 - \Phi(2)$$
$$\approx 0.022\ 8.$$

所以,近似地说,在这次考试中能获得 A 等的占 16%、B 等占 34%、C 等占 34%、D 等占 14%,成绩很差的占 2%.

此外,由于 $P(a-3\sigma<\xi<a+3\sigma) = P\left(-3<\frac{\xi-a}{\sigma}<3\right)$
$$= \Phi(3) - \Phi(-3) \approx 0.997\ 3,$$

可以认为考生的成绩几乎都在 $a-3\sigma$ 到 $a+3\sigma$ 之间.

例 2.20 测量某一目标的距离时发生的随机误差 ξ(米),具有密度函数

$$f(x) = \frac{1}{40\sqrt{2\pi}} e^{-\frac{(x-20)^2}{3\ 200}}, \quad -\infty<x<\infty,$$

求在三次测量中至少有一次误差的绝对值不超过 30 米的概率.

解 据题意已知 $\xi \sim N(20, 40^2)$，设 A_i 表示第 i 次测量中误差值不超过 30 米的事件（$i = 1, 2, 3$），则

$$P(A_i) = P\{|\xi| \leqslant 30\} = P\{-30 \leqslant \xi \leqslant 30\}$$
$$= \Phi(0.25) - \Phi(-1.25) \approx 0.493\ 1\ (i = 1, 2, 3).$$

三次测量中至少有一次误差的绝对值不超过 30 米，它的对立事件是三次测量的误差绝对值都超过 30 米，其概率为

$$P(\overline{A_1}\ \overline{A_2}\ \overline{A_3}) = P(\overline{A_1})P(\overline{A_2})P(\overline{A_3}) \approx (1 - 0.493\ 1)^3$$
$$\approx 0.130\ 3,$$

故所求概率为

$$1 - P(\overline{A_1}\ \overline{A_2}\ \overline{A_3}) \approx 0.869\ 7.$$

习 题 2.3

（A）

1. 概率为 0 的事件一定是不可能事件吗？概率为 1 的事件一定是必然事件吗？

2. 下列各小题中的函数 $f(x)$ 均是随机变量 ξ 的密度函数，试求其中的系数 k 及 ξ 出现在指定区间的概率和它所对应的分布函数.

(1) $f(x) = k\mathrm{e}^{-\lambda|x|}(\lambda > 0, -\infty < x < +\infty)$,

指定区间 $(-1, 1)$；

(2) $$f(x) = \begin{cases} k\cos x, & |x| < \dfrac{\pi}{2}, \\ 0, & \text{其余,} \end{cases}$$

指定区间 $\left(-\dfrac{\pi}{4}, \dfrac{\pi}{4}\right)$；

(3) $$f(x) = \begin{cases} kx^2, & 1 \leqslant x \leqslant 2, \\ kx, & 2 < x < 3, \\ 0, & \text{其余,} \end{cases}$$

指定区间 $(1.5, 2.5)$.

3. 随机变量 ξ 的分布函数为

$$F(x) = \begin{cases} 1, & x \geqslant a, \\ A + B\arcsin \dfrac{x}{a}, & -a < x < a, \\ 0, & x \leqslant -a, \end{cases}$$

试求：(1) A、B 取何值时，分布函数是连续的？

(2) $P\left(-\dfrac{a}{2} < \xi < \dfrac{a}{2}\right)$;

(3) ξ 的密度函数.

4. 假设 $\triangle ABC$, AB 边上的高为 h, 今在 $\triangle ABC$ 中任取一点 P, 记 ξ 为 P 到 AB 边的距离, 求 ξ 的密度函数.

5. 在圆 $x^2 + (y-b)^2 = r^2$ 内任取一点 A, 以 ξ 表示该点与圆心所连的直线在 x 轴上的截距, 试求 ξ 的分布函数与密度函数.

6. 设 $f(x) = \begin{cases} 4x^3, & 0 < x < 1, \\ 0, & \text{其余}. \end{cases}$

（1）求数 a, 使 $P(\xi > a) = P(\xi < a)$;

（2）求数 b, 使 $P(\xi > b) = 0.05$.

7. 某公共汽车站从早晨 6 时起每 15 分钟来一班车, 假设某乘客到达此站的时间是 7：00 到 7：30 之间的任意时刻, 试求等候汽车到的时间

（1）不足 5 分钟的概率；

（2）超过 10 分钟的概率.

8. 设 ξ 服从 $(0, 6)$ 上的均匀分布, 求方程 $4x^2 + 4\xi x + \xi + 2 = 0$ 有实根的概率.

9. 若电视机的使用年限服从参数 $\lambda = \dfrac{1}{8}$ 的指数分布, 如果某人买了一台电视机, 问它能使用 8 年以上的概率是多少?

10. 若已知 $\xi \sim N(0, 1)$, 试求：

（1）$P(0.05 < \xi < 2.35)$;

（2）$P(-1.85 < \xi < 0.01)$;

（3）$P(-2.80 < \xi < -1.20)$.

11. 若 $\xi \sim N(96, 9)$,

（1）求 $P(89.1 < \xi < 105.6)$;

（2）求常数 a, 使 $P(\xi < a) = 0.90$;

（3）求常数 a, 使 $P(|\xi - a| < a) = 0.01$.

12. 对于 $\xi \sim N(a, \sigma^2)$, 若 ξ 的某一实测值 x_0 满足 $|x_0 - a| > 3\sigma$, 一般应舍弃该实测值 x_0, 为什么?

(B)

1. 设随机变量 ξ 具有对称的密度函数, 即 $f(x) = f(-x)$, 证明对任意 $a > 0$, 有 $F(-a) = \dfrac{1}{2} - \displaystyle\int_0^a f(x)\mathrm{d}x$.

2. 设 ξ 是一个定义在 $[0, 1]$ 上的随机变量, 如果对于所有的 $0 \leqslant x < y \leqslant 1$, $P\{x \leqslant \xi < y\}$ 只依赖于长度 $y - x$, 则 $\xi \sim U[0, 1]$.

3. 试说明下面定义的函数 $F(x)$ 是一个分布函数, 但它既不是离散型分布函

数,也不是连续型分布函数.

$$F(x) = \begin{cases} \dfrac{1}{\sqrt{2\pi}} \displaystyle\int_{-\infty}^{x} e^{-\frac{t^2}{2}} dt, & x \leqslant 0, \\[3mm] \dfrac{1}{2}, & 0 < x \leqslant 1, \\[2mm] 1, & x > 1. \end{cases}$$

§2.4   随机变量函数的分布

设 ξ 是一个随机变量,$\varphi(x)$ 是一个函数,所谓随机变量 ξ 的函数 $\varphi(\xi)$ 是这样的一个随机变量 η,当 ξ 取值 x 时,η 的取值为 $y = \varphi(x)$,记作

$$\eta = \varphi(\xi). \tag{2.25}$$

例如,设 ξ 是分子运动的速度,而 η 是分子运动的动能,则 η 是 ξ 的函数:$\eta = \dfrac{1}{2}m\xi^2$($m$ 为分子的质量). 现在的任务是,由已知的 ξ 的分布来寻找 η 的分布.

2.4.1   离散型随机变量函数的分布

设离散型随机变量 ξ 的分布列是

ξ	x_1	x_2	$\cdots$	x_n	$\cdots$
$P(\xi = x_i)$	p_1	p_2	$\cdots$	p_n	$\cdots$

则函数 $\eta = \varphi(\xi)$ 也是离散型随机变量,取值为 $y_i = \varphi(x_i)$,$i = 1, 2, \cdots, n, \cdots$.

1. 当 $y_i = \varphi(x_i)$ 均不相等时,显然有 $P(\eta = y_i) = P(\xi = x_i) = p_i$,此时 η 的分布列是 $P(\eta = y_i) = p_i$,$i = 1, 2, \cdots$.

2. 当 $y_i = \varphi(x_i)(i = 1, 2, \cdots)$ 不是互不相等,则应分别把那些相等的值合并,并根据概率加法公式把相应的 p_i 相加,就得到 η 的分布列. 譬如有 $\varphi(x_{i_1}) = \varphi(x_{i_2}) = \cdots = \varphi(x_{i_m}) = y$,则 $P(\eta = y) = P(\varphi(\xi) = y) = \displaystyle\sum_{j=1}^{m} P(\xi = x_{i_j}) = \sum_{j=1}^{m} p_{i_j}$.

例 2.21   设 ξ 的分布列是

ξ	-2	-1	0	1	2
$P(\xi = x_i)$	$\dfrac{1}{5}$	$\dfrac{1}{6}$	$\dfrac{1}{5}$	$\dfrac{1}{15}$	$\dfrac{11}{30}$

求 $\eta = \xi^2 + 1$ 的分布列.

解 容易算得 η 的分布列是

η	1	2	5
$P(\eta = y_i)$	$\dfrac{1}{5}$	$\dfrac{7}{30}$	$\dfrac{17}{30}$

例 2.22 设 ξ 的分布列是

ξ	1	2	$\cdots$	n	$\cdots$
$P(\xi = x_i)$	$\dfrac{1}{2}$	$\dfrac{1}{2^2}$	$\cdots$	$\dfrac{1}{2^n}$	$\cdots$

求 $\eta = \sin\left(\dfrac{\pi}{2}\xi\right)$ 的分布列.

解 容易明白 η 的可能取值是 $-1, 0, 1$; 且

$$P(\eta = -1) = \sum_{k=0}^{\infty} P(\xi = 4k+3) = \sum_{k=0}^{\infty} \frac{1}{2^{4k+3}} = \frac{2}{15},$$

$$P(\eta = 0) = \sum_{k=1}^{\infty} P(\xi = 2k) = \sum_{k=1}^{\infty} \frac{1}{2^{2k}} = \frac{1}{3},$$

$$P(\eta = 1) = 1 - P(\eta = -1) - P(\eta = 0) = \frac{8}{15},$$

所以 η 的分布列是

η	-1	0	1
$P(\eta = y_i)$	$\dfrac{2}{15}$	$\dfrac{1}{3}$	$\dfrac{8}{15}$

2.4.2 连续型随机变量函数的分布

设 ξ 是连续型随机变量, 其密度函数是 $f(x)$, 如果 ξ 的函数 $\eta = \varphi(\xi)$ 仍然是连续型随机变量, 则由 $f(x)$ 来确定 η 的密度函数时, 一般有两种方法: 换元法和定义法.

2.4.2.1 用换元法求随机变量函数的分布

定理 2.3 若 $\eta = \varphi(\xi)$ 对应的函数 $y = \varphi(x)$ 是严格单调可微函数, 则 η 的密度函数 $g(y)$ 为

$$g(y) = \begin{cases} f(\varphi^{-1}(y)) \left| \dfrac{\mathrm{d}\varphi^{-1}(y)}{\mathrm{d}y} \right|, & \alpha < y < \beta, \\ 0, & \text{其余.} \end{cases} \tag{2.26}$$

其中 $x = \varphi^{-1}(y)$ 是 $y = \varphi(x)$ 的反函数，$\alpha = \min\{\varphi(-\infty), \varphi(+\infty)\}$，$\beta = \max\{\varphi(-\infty), \varphi(+\infty)\}$.

证明 分两种情况讨论：

(1) $y = \varphi(x)$ 在 $(-\infty, \infty)$ 内是严格单调上升可微函数，如图 2.8 所示. 此时当 x 取值于 $(-\infty, \infty)$ 时，y 取值于 $(\varphi(-\infty), \varphi(\infty))$；且反函数 $x = \varphi^{-1}(y)$ 亦是严格单调上升可微函数，$\dfrac{\mathrm{d}\varphi^{-1}(y)}{\mathrm{d}y} \geqslant 0$. 为了求 $\eta = \varphi(\xi)$ 的密度函数，先计算 $\eta = \varphi(\xi)$ 的分布函数，有

$$F_\eta(y) = P(\eta < y).$$

当 $y \leqslant \varphi(-\infty)$ 时，$\{\eta < y\}$ 是一个不可能事件，

$$F_\eta(y) = 0;$$

当 $y \geqslant \varphi(+\infty)$ 时，$\{\eta < y\}$ 是一个必然事件，

$$F_\eta(y) = 1;$$

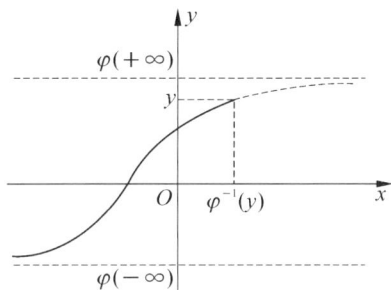

图 2.8

当 $\varphi(-\infty) < y < \varphi(+\infty)$ 时，

$$F_\eta(y) = P(\eta < y) = P(\varphi(\xi) < y)$$
$$= \int_{\{x: \varphi(x) < y\}} f(x)\mathrm{d}x = \int_{-\infty}^{\varphi^{-1}(y)} f(x)\mathrm{d}x.$$

由此

$$g(y) = F_\eta'(y) = \begin{cases} f(\varphi^{-1}(y)) \dfrac{\mathrm{d}\varphi^{-1}(y)}{\mathrm{d}y}, & \varphi(-\infty) < y < \varphi(+\infty), \\ 0, & \text{其余.} \end{cases}$$

(2) $y = \varphi(x)$ 在 $(-\infty, \infty)$ 内是严格单调下降可微函数，当 x 取值于 $(-\infty, \infty)$ 时，y 取值于 $(\varphi(+\infty), \varphi(-\infty))$，且反函数 $x = \varphi^{-1}(y)$ 亦是严格单调下降可微函数，$\dfrac{\mathrm{d}\varphi^{-1}(y)}{\mathrm{d}y} \leqslant 0$. 类似 (1) 的讨论可得

$$g(y) = \begin{cases} f(\varphi^{-1}(y)) \left[-\dfrac{\mathrm{d}\varphi^{-1}(y)}{\mathrm{d}y} \right], & \varphi(+\infty) < y < \varphi(-\infty), \\ 0, & \text{其余.} \end{cases}$$

综合(1)、(2)就证明了定理 2.3.

2.4.2.2 用定义求随机变量函数的分布

若 $\eta = \varphi(\xi)$ 对应的函数 $y = \varphi(x)$ 不是严格单调可微函数(见图 2.9),那么,η 的密度函数可通过对它的分布函数求导获得.

假定 x 取值于 $(-\infty, \infty)$ 时,y 取值于 (α, β). 当 $y \leqslant \alpha$ 时,$\{\eta < y\}$ 是不可能事件,$F_\eta(y) = 0$;当 $y \geqslant \beta$ 时,$\{\eta < y\}$ 是一个必然事件,$F_\eta(y) = 1$;当 $\alpha < y < \beta$ 时,

$$
\begin{aligned}
F_\eta(y) &= P(\eta < y) \\
&= P(\varphi(\xi) < y) \\
&= \int_{\{x:\varphi(x)<y\}} f(x)\,\mathrm{d}x \\
&= \sum_i \int_{\Delta_i(y)} f(x)\,\mathrm{d}x,
\end{aligned}
$$

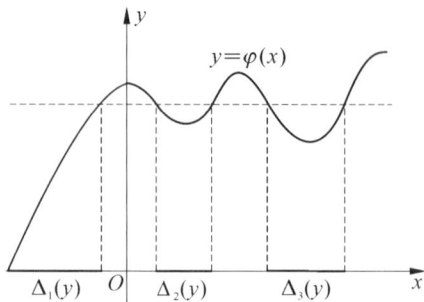

图 2.9

其中 $\Delta_i(y)(i = 1, 2, 3)$ 见图 2.9,由此得

$$
g(y) = F_\eta'(y) = \begin{cases} \dfrac{\mathrm{d}}{\mathrm{d}y}\left(\sum_i \int_{\Delta_i(y)} f(x)\,\mathrm{d}x\right), & \alpha < y < \beta, \\ 0, & \text{其余.} \end{cases} \tag{2.27}
$$

通过以上讨论可知,用定义求 $\eta = \varphi(\xi)$ 的密度函数的基本方法是:

第一步由 $y = \varphi(x)$ 定出当 x 取值于 $(-\infty, \infty)$ 时,或当 x 取值于 (a, b) 时——如均匀分布的情况,y 取值的范围. 设 y 取值于 (α, β),此即 η 可能取值的范围.

第二步定出 η 的分布函数 $F_\eta(y)$:当 $y \leqslant \alpha$ 时,$F_\eta(y) = 0$;当 $y \geqslant \beta$ 时,$F_\eta(y) = 1$;当 $\alpha < y < \beta$ 时,$F_\eta(y) = P(\varphi(\xi) < y) = \int_{\{x:\varphi(x)<y\}} f(x)\,\mathrm{d}x$.

第三步对分布函数求导数,有

$$
g(y) = \begin{cases} F_\eta'(y), & \alpha < y < \beta, \\ 0, & \text{其余.} \end{cases}
$$

例 2.23 设随机变量 ξ 的密度函数为 $f(x)$,求 $\eta = k\xi + b$ 的密度函数($k \neq 0$).

解 $y = kx + b$ 是 $(-\infty, \infty)$ 上的严格单调可微函数,用换元法求密度函数. 当 x 取值于 $(-\infty, \infty)$ 时,y 取值于 $(-\infty, \infty)$,$y = kx + b$ 的反函数为 $x = \dfrac{y - b}{k}$. 于是根据(2.26)式,η 的密度函数 $g(y)$ 为

$$
g(y) = f(x)\left|\frac{\mathrm{d}x}{\mathrm{d}y}\right| = f\left(\frac{y-b}{k}\right)\frac{1}{|k|}, \quad -\infty < y < \infty.
$$

由此易知,当 $\xi \sim N(a, \sigma^2)$ 时,

$$\eta = k\xi + b \sim N(b + ak, (k\sigma)^2),$$

这说明正态随机变量的线性变换仍然是正态随机变量.

例 2. 24 设 ξ 的密度函数 $f(x) = \dfrac{1}{\pi(1 + x^2)}, -\infty < x < \infty$, 求 $\eta = 1 - e^\xi$ 的密度函数.

解 $y = 1 - e^x$ 是 $(-\infty, \infty)$ 上的严格单调下降可微函数, 用换元法求密度函数. 当 x 取值于 $(-\infty, \infty)$ 时, y 取值于 $(-\infty, 1)$; 其反函数 $x = \ln(1 - y)$, 所以, 根据 (2.26) 式, η 的密度函数是

$$g(y) = f(x) \left| \frac{\mathrm{d}x}{\mathrm{d}y} \right| = \frac{1}{\pi[1 + \ln^2(1 - y)](1 - y)}, -\infty < y < 1.$$

例 2. 25 设 $\xi \sim U(0, 1)$, 求 $\eta = \sqrt{\xi}$ 的密度函数.

解 根据题设, ξ 的密度函数为

$$f(x) = \begin{cases} 1, & 0 < x < 1, \\ 0, & \text{其余}. \end{cases}$$

而 $y = \sqrt{x}$, 它是 $(0, 1)$ 上严格单调上升可微函数, 当 x 取值于 $(0, 1)$ 时, y 取值于 $(0, 1)$; 其反函数 $x = y^2$, 所以 η 的密度函数是

$$g(y) = f(x) \left| \frac{\mathrm{d}x}{\mathrm{d}y} \right| = 2y, 0 < y < 1.$$

例 2. 26 设 $\xi \sim N(0, 1)$, 求 $\eta = \xi^2$ 的密度函数.

解 $y = x^2$ 在 $(-\infty, \infty)$ 内不是单调函数, 用定义法求密度函数. 当 x 取值于 $(-\infty, \infty)$ 时, y 取值于 $[0, \infty)$, 于是有
当 $y \leqslant 0$,

$$F_\eta(y) = P(\eta < y) = P(\xi^2 < y) = 0,$$

当 $0 < y < \infty$,

$$F_\eta(y) = P(\eta < y) = P(\xi^2 < y) = P(-\sqrt{y} < \xi < \sqrt{y})$$
$$= \frac{1}{\sqrt{2\pi}} \int_{-\sqrt{y}}^{\sqrt{y}} \mathrm{e}^{-\frac{x^2}{2}} \mathrm{d}x.$$

所以

$$g(y) = F_\eta'(y) = \begin{cases} 0, & y \leqslant 0, \\ \dfrac{1}{\sqrt{2\pi}} y^{-\frac{1}{2}} \mathrm{e}^{-\frac{y}{2}}, & y > 0. \end{cases}$$

它称为自由度为 1 的 χ^2 分布,记作 $\chi^2(1)$(参见 §7.4). 可见若 $\xi \sim N(0,1)$,则 $\eta = \xi^2 \sim \chi^2(1)$.

例 2.27 设 ξ 服从 $[0, 2\pi]$ 上的均匀分布,求 $\eta = \cos \xi$ 的密度函数.

解 $y = \cos x$ 在 $[0, 2\pi]$ 内不是单调函数,用定义法求密度函数. 当 x 取值于 $(0, 2\pi)$ 时,y 取值于 $(-1, 1)$,对 $-1 < y < 1$ 的 y,有

$$
\begin{aligned}
F_\eta(y) &= P(\eta < y) = P(\cos \xi < y) \\
&= P(\cos^{-1} y < \xi < 2\pi - \cos^{-1} y) \\
&= \int_{\cos^{-1} y}^{2\pi - \cos^{-1} y} \frac{1}{2\pi} \mathrm{d}x = 1 - \frac{1}{\pi} \cos^{-1} y,
\end{aligned}
$$

所以

$$
g(y) = F_\eta'(y) = \begin{cases} \dfrac{1}{\pi \sqrt{1 - y^2}}, & -1 < y < 1, \\ 0, & \text{其余.} \end{cases}
$$

习 题 2.4

(A)

1. 已知随机变量 ξ 的分布列为

ξ	-2	-1	0	1	3
$P(\xi = x_i)$	$\dfrac{1}{5}$	$\dfrac{1}{6}$	$\dfrac{1}{5}$	$\dfrac{1}{15}$	$\dfrac{11}{30}$

试求:

(1) $\eta = \dfrac{1}{2}\xi + 1$ 的分布列;

(2) $\eta = \cos \xi$ 的分布列.

2. 若随机变量 ξ 的分布列为

$$P(\xi = k) = C_n^k p^k (1-p)^{n-k}, \quad k = 0, 1, 2, \cdots n, \quad 0 < p < 1,$$

试求下列各随机变量的分布列:

(1) $\eta = a\xi + b$; (2) $\eta = \xi^2$; (3) $\eta = \sqrt{\xi}$.

3. 设 ξ 的分布函数为 $F(x)$,试求 $\eta = \sqrt{|\xi|}$ 的分布函数.

4. 设 $\xi \sim U[0, 1]$,试求 $\eta = \dfrac{\xi}{1 + \xi}$ 的密度函数.

5. 设 $\xi \sim N(0, 1)$,试求下列随机变量的密度函数:

(1) $\eta_1 = e^\xi$；   (2) $\eta_2 = 2\xi^2 - 1$.

6. 设 $\ln\xi \sim N(1, 2^2)$，求 $P(0.5 < \xi < 2)$.

7. 设 ξ 的密度函数为

$$f(x) = \begin{cases} \dfrac{2x}{\pi^2}, & 0 < x < \pi, \\ 0, & \text{其余}. \end{cases}$$

求 $\eta = \sin\xi$ 的密度函数.

8. 对球直径作近似测量，设其值均匀分布于 $[a, b]$，求球体积的密度函数.

9. 设星球 A 至最近星球 B 的距离 ξ 的密度函数为 $f(x) = 4\pi x^2 e^{-\frac{4}{3}\pi x^3}$，$x \geqslant 0$，试求 B 对 A 的引力 $\eta = \dfrac{k}{\xi^2}(k > 0$ 为常数$)$ 的密度函数.

（B）

1. 设 $\xi \sim N(0, 1)$，试求 $\eta = \cos\xi$ 的密度函数.

2. 设 $\xi \sim U[0, 1]$，试求 $\eta = \xi^{\ln\xi}$ 的密度函数.

3. 设 ξ 具有连续分布函数 $F(x)$，试证：$\eta = F(\xi) \sim U[0, 1]$.

第 **3** 章 多维随机变量及其分布

§3.1 二维随机变量

上一章只限于讨论单个随机变量的情况,但在实际问题中,对于某些随机试验的结果需要同时用两个或两个以上的随机变量来描述. 例如,为了研究某一地区学龄前儿童的发育情况,对这一地区的儿童进行抽查. 对于每个儿童都能观察到他的身高 h、体重 w、胸围 l 等. 在这里,样本空间 $\Omega=\{\omega\}=\{$某地区学龄前儿童$\}$,而 h、w、l 等都是定义在 Ω 上的随机变量. 对每一儿童 ω,检查结果就对应于一个向量 $(h(\omega), w(\omega), l(\omega), \cdots)$,该向量随着 ω 而变化,称为**多维随机变量**或**随机向量**. 在本节中首先介绍二维随机变量.

3.1.1 二维随机变量的定义及其分布函数

定义 3.1 设 ξ, η 是定义在同一概率空间 $(\Omega, \mathscr{F}, P)$ 上的两个随机变量,则称向量 (ξ, η) 为**二维随机变量**.

对于二维随机变量 (ξ, η),不仅要研究每个分量的性质,而且要研究分量间的联系. 因此需要将 (ξ, η) 作为一个整体来研究. 这就要求知道"随机点 (ξ, η) 落在某一区域内"这种事件的概率,为此要引入二维随机变量分布函数的定义.

定义 3.2 对任意实数 x, y,记

$$\{\xi<x, \eta<y\} = \{\omega:\xi(\omega)<x\} \bigcap \{\omega:\eta(\omega)<y\}.$$

显然 $\{\xi<x, \eta<y\} \in \mathscr{F}$,$P(\xi<x, \eta<y)$ 有意义. 因此,对任意实数 x, y,可定义

$$F(x, y) = P(\xi<x, \eta<y), \quad -\infty<x, \quad y<\infty. \tag{3.1}$$

它是 x, y 的二元函数,称为 (ξ, η) 的**分布函数**,或称为 ξ 与 η 的**联合分布函数**.

显然,分布函数 $F(x, y)$ 表示随机点 (ξ, η) 落在无限的矩形区域"$-\infty<\xi<x, -\infty<\eta<y$"内的概率,见图 3.1.

借助于图 3.2,容易看出随机点 (ξ, η) 落在矩形域"$a_1 \leqslant \xi<a_2, b_1 \leqslant \eta<b_2$"的概率为

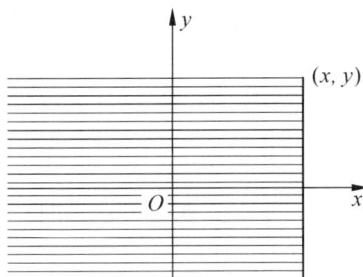

图 3.1

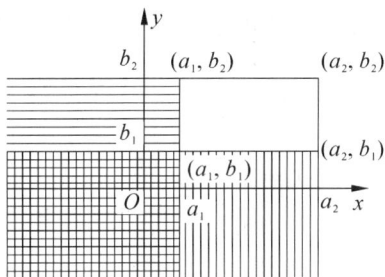

图 3.2

$$P(a_1 \leqslant \xi < a_2,\ b_1 \leqslant \eta < b_2)$$
$$= F(a_2,\ b_2) - F(a_1,\ b_2) - F(a_2,\ b_1) + F(a_1,\ b_1). \tag{3.2}$$

二维随机变量的分布函数 $F(x,\ y)$ 具有如下的性质：

1. $F(x,\ y)$ 是变量 x（或变量 y）的单调不减函数. 即对任意固定的 y，当 $x_2 > x_1$ 时，$F(x_2,\ y) \geqslant F(x_1,\ y)$；对任意固定的 x，当 $y_2 > y_1$ 时，$F(x,\ y_2) \geqslant F(x,\ y_1)$.

2. $0 \leqslant F(x,\ y) \leqslant 1$. 对任意固定的 y，$F(-\infty,\ y) = 0$；对任意固定的 x，$F(x,\ -\infty) = 0$；$F(+\infty,\ +\infty) = 1$；$F(-\infty,\ -\infty) = 0$. 这一性质从直观上看来是比较明显的，例如，在图 3.1 中，将无穷矩形的右面边界向左无限移动即 $x \to -\infty$，则随机点 $(\xi,\ \eta)$ 落在这个矩形内的概率趋于 0，即 $F(-\infty,\ y) = 0$；又如当 $x \to +\infty$，$y \to +\infty$ 时，图中无穷矩形扩展到全平面，随机点 $(\xi,\ \eta)$ 落在其中的概率为 1，即 $F(+\infty,\ +\infty) = 1$.

3. $F(x,\ y)$ 关于 x（或关于 y）左连续，即
$$F(x_0 - 0,\ y) = F(x_0,\ y); \quad F(x,\ y_0 - 0) = F(x,\ y_0).$$

该性质与一维情形类似.

4. 对任意的 $a_1 < a_2$、$b_1 < b_2$，恒有
$$F(a_2,\ b_2) - F(a_2,\ b_1) - F(a_1,\ b_2) + F(a_1,\ b_1) \geqslant 0.$$

这性质由 (3.2) 式直接得到.

反过来，可以证明满足以上四条性质的二元函数 $F(x,\ y)(-\infty < x,\ y < \infty)$，也必是某个二维随机变量 $(\xi,\ \eta)$ 的分布函数. 这里要注意，性质 4 不能由前三个性质推出来. 例如，函数

$$F(x,\ y) = \begin{cases} 1, & x + y > 0, \\ 0, & x + y \leqslant 0, \end{cases}$$

显然 $F(x,\ y)$ 满足性质 1～3，但不满足性质 4. 如取 $a_1 = 0$，$a_2 = 1$，$b_1 = 0$，$b_2 = 1$，就有 $F(1,\ 1) - F(1,\ 0) - F(0,\ 1) + F(0,\ 0) = -1 < 0$.

例 3.1 考虑掷两枚硬币的试验. 以 ξ 表示第一枚出现正面的次数，以 η 表示

第二枚出现正面的次数,则(ξ, η)是二维随机变量,其分布函数为

$$F(x, y) = \begin{cases} 0, & \text{当 } x \leqslant 0 \text{ 或 } y \leqslant 0 \text{ 时,} \\ \dfrac{1}{4}, & \text{当 } 0 < x \leqslant 1 \text{ 且 } 0 < y \leqslant 1 \text{ 时,} \\ \dfrac{1}{2}, & \text{当 } 0 < x \leqslant 1 \text{ 且 } y > 1 \text{,或 } x > 1 \text{ 且 } 0 < y \leqslant 1 \text{ 时,} \\ 1, & \text{当 } x > 1 \text{ 且 } y > 1 \text{ 时.} \end{cases}$$

3.1.2　二维离散型随机变量

定义 3.3　若二维随机变量(ξ, η)可能取的值是有限对或可列无限多对,则称(ξ, η)为**二维离散型随机变量**.

设(ξ, η)的一切可能取值为(x_i, y_j),$i, j = 1, 2, \cdots$,则(ξ, η)取各对可能值的概率

$$P(\xi = x_i, \eta = y_j) = p_{ij}, i, j = 1, 2, \cdots,$$

称为(ξ, η)的**分布列**,或称为ξ与η的**联合分布列**. (ξ, η)的分布列也可用表格表示如下:

ξ ＼ η	y_1	y_2	$\cdots$	y_j	$\cdots$
x_1	p_{11}	p_{12}	$\cdots$	p_{1j}	$\cdots$
x_2	p_{21}	p_{22}	$\cdots$	p_{2j}	$\cdots$
$\vdots$	$\vdots$	$\vdots$		$\vdots$	
x_i	p_{i1}	p_{i2}	$\cdots$	p_{ij}	$\cdots$
$\vdots$	$\vdots$	$\vdots$		$\vdots$	

对于一个二维离散型随机变量,知道了分布列便可以得出它的分布函数以及(ξ, η)落在任何区域内的概率. 所以,可以通过分布列来掌握二维离散型随机变量的分布规律.

易见,二维离散型随机变量(ξ, η)的分布列$\{p_{ij} : i, j = 1, 2, \cdots\}$满足:

1. $p_{ij} \geqslant 0$;   (3.3)

2. $\displaystyle\sum_{ij} p_{ij} = 1$.   (3.4)

其分布函数为

$$F(x, y) = P(\xi < x, \eta < y) = \sum_{\substack{x_i < x \\ y_j < y}} p_{ij}. \qquad (3.5)$$

这里和式 $\sum\limits_{\substack{x_i<x \\ y_j<y}} p_{ij}$ 是对一切满足 $x_i<x$、$y_j<y$ 的 i、j 求和.

例 3.2 设 ξ 在 1、2、3 三个整数中任取一个值,η 在 1 与 ξ 间的整数中任取一值,求 (ξ,η) 的分布列.

解 欲求 (ξ,η) 的分布列,先定出 (ξ,η) 的可能取值,然后再计算取这些值的概率. (ξ,η) 的可能取值为 (i,j),$i=1,2,3$;$j=1,\cdots,i$,它的分布列为

$$P(\xi=1,\eta=1)=P(\xi=1)P(\eta=1\mid\xi=1)=\frac{1}{3},$$

$$P(\xi=2,\eta=1)=P(\xi=2)P(\eta=1\mid\xi=2)=\frac{1}{6},$$

$$P(\xi=2,\eta=2)=\frac{1}{6},$$

$$P(\xi=3,\eta=1)=P(\xi=3,\eta=2)=P(\xi=3,\eta=3)=\frac{1}{9}.$$

可写成表格的形式:

η ξ	1	2	3
1	$\frac{1}{3}$	0	0
2	$\frac{1}{6}$	$\frac{1}{6}$	0
3	$\frac{1}{9}$	$\frac{1}{9}$	$\frac{1}{9}$

例 3.3 (三项分布)设独立地进行了 n 次试验,在每次试验中,有三个互不相容的事件 A_1、A_2、A_3 之一出现,并且 $P(A_i)=p_i>0$,$i=1,2,3(\sum\limits_{i=1}^{3}p_i=1)$ 在每次试验中不变.令 ξ 是在 n 次独立试验中 A_1 出现的次数,η 是在 n 次独立试验中 A_2 出现的次数,则 (ξ,η) 是二维离散型随机变量,它的分布列是

$$P(\xi=i,\eta=j)=\frac{n!}{i!j!(n-i-j)!}p_1^i p_2^j p_3^{n-(i+j)},$$

$$i,j=0,1,\cdots n,\ i+j\leqslant n. \tag{3.6}$$

这种分布列称为参数为 $(n;p_1,p_2)$ 的**三项分布**.

作为三项分布的一个应用,假定将一个均匀骰子投掷 9 次,则"1"出现 3 次,"4"出现 4 次,其余出现 2 次的概率为

$$\frac{9!}{3!\,4!\,2!}\left(\frac{1}{6}\right)^3\left(\frac{1}{6}\right)^4\left(\frac{4}{6}\right)^2.$$

3.1.3 二维连续型随机变量

定义 3.4 对于二维随机变量 (ξ, η) 的分布函数 $F(x, y)$，若存在非负可积函数 $f(x, y)$，使其对于任意实数 x、y 有

$$F(x, y) = \int_{-\infty}^{x}\int_{-\infty}^{y} f(u, v)\mathrm{d}u\mathrm{d}v, \tag{3.7}$$

则称 (ξ, η) 是**二维连续型随机变量**. $f(x, y)$ 称为 (ξ, η) 的**密度函数**，或称为 ξ 与 η 的**联合密度函数**.

根据定义，易见

1. $f(x, y)$ 具有如下的性质：

(1) $f(x, y) \geqslant 0$，$-\infty < x, y < +\infty$； $\tag{3.8}$

(2) $\displaystyle\int_{-\infty}^{\infty}\int_{-\infty}^{\infty} f(x, y)\mathrm{d}x\mathrm{d}y = 1.$ $\tag{3.9}$

2. 对于平面上任一可求积区域 G，成立

$$P\{(\xi, \eta) \in G\} = \iint\limits_{G} f(x, y)\mathrm{d}x\mathrm{d}y. \tag{3.10}$$

3. 若已知 (ξ, η) 的分布函数 $F(x, y)$ 连续，且除面积为零的区域外，$\dfrac{\partial^2}{\partial x\partial y}F(x, y)$ 存在连续，则对一切 x、y 成立

$$F(x, y) = \int_{-\infty}^{x}\int_{-\infty}^{y} \frac{\partial^2}{\partial u\partial v}F(u, v)\mathrm{d}u\mathrm{d}v. \tag{3.11}$$

正如一维的情况，除在面积为零的区域不同外，两个相同的二元密度函数可看作同一个密度函数. 因此，如在面积为零的区域不存在偏导数的点上，令 $F(x, y)$ 的偏导数为 0，则可取 $F(x, y)$ 的偏导数作为 (ξ, η) 的密度函数，即可取

$$f(x, y) = \frac{\partial^2 F(x, y)}{\partial x\partial y}. \tag{3.12}$$

(3.10)式表明，通过联合密度函数可以获得随机点 (ξ, η) 落入任一可积区域 G 内的概率，所以，将通过联合密度函数来掌握二维连续型随机变量的分布规律. (3.12)式又说明可以通过对分布函数 $F(x, y)$ 求偏导数得到联合密度函数.

例 3.4（二维均匀分布） 设 G 是平面上有界可求积区域，其面积为 $|G|$. 若二维随机变量 (ξ, η) 具有密度函数

$$f(x, y) = \begin{cases} \dfrac{1}{|G|}, & (x, y) \in G, \\ 0, & \text{其余.} \end{cases} \tag{3.13}$$

这种密度函数称为区域 G 上的**均匀分布**,并称 (ξ, η) 服从 G 上的均匀分布.

例 3.5（二维正态分布） 若二维随机变量 (ξ, η) 的密度函数为

$$f(x, y) = \frac{1}{2\pi\sigma_1\sigma_2\sqrt{1-r^2}} \times e^{-\frac{1}{2(1-r^2)}\left[\frac{(x-a)^2}{\sigma_1^2} - \frac{2r(x-a)(y-b)}{\sigma_1\sigma_2} + \frac{(y-b)^2}{\sigma_2^2}\right]}, \tag{3.14}$$

式中 a、b、σ_1、σ_2、r 均为常数,$\sigma_1 > 0$,$\sigma_2 > 0$,$|r| < 1$,这种密度函数称为**二维正态分布**,记为 $\mathrm{N}(a, \sigma_1^2; b, \sigma_2^2; r)$,其中 a、b、σ_1^2、σ_2^2、r 为参数,并称 (ξ, η) 服从参数为 a、b、σ_1^2、σ_2^2、r 的二维正态分布,记作 $(\xi, \eta) \sim \mathrm{N}(a, \sigma_1^2; b, \sigma_2^2; r)$.

图 3.3 是正态密度函数 $f(x, y)$ 的大概图形.

从 $f(x, y)$ 的表达式结合图形,容易看出,$f(x, y)$ 在 $x = a$、$y = b$ 取极大值,其值为

$$f(a, b) = \frac{1}{2\pi\sigma_1\sigma_2\sqrt{1-r^2}},$$

当 $x \to \pm\infty$ 或 $y \to \pm\infty$ 时,$f(x, y) \to 0$. $f(x, y)$ 曲面很像一个扣在 xOy 平面上的边缘无限伸展的铜钹.对任意常数 c,可知

图 3.3

$$\frac{(x-a)^2}{\sigma_1^2} - 2r\frac{(x-a)(y-b)}{\sigma_1\sigma_2} + \frac{(y-b)^2}{\sigma_2^2} = c^2$$

是一个椭圆,注意在这个椭圆上,$f(x, y)$ 取定值,其值为 $\dfrac{1}{2\pi\sigma_1\sigma_2\sqrt{1-r^2}}e^{-\frac{c^2}{2(1-r^2)}}$,由此,该椭圆叫做"等概率椭圆".在 $f(x, y)$ 的图上,上述的椭圆是等高线.

生活中有不少二维随机变量是服从二维正态分布的.例如射击时炮弹的弹着点在平面上的散布或枪弹的弹着点在靶面上的散布都是二维正态分布.又如某种生物的体长和体重一般也服从二维正态分布.

例 3.6 设 (ξ, η) 的密度函数是

$$f(x, y) = \begin{cases} ce^{-(x+y)}, & 0 < x, y < +\infty, \\ 0, & \text{其余.} \end{cases}$$

(1)确定常数 c;(2)求 $P(\xi + \eta < 1)$;(3)求分布函数 $F(x, y)$.

解 (1) 由 $\displaystyle\int_{-\infty}^{\infty}\int_{-\infty}^{\infty}f(x, y)\mathrm{d}x\mathrm{d}y = 1$,易得 $c = 1$.

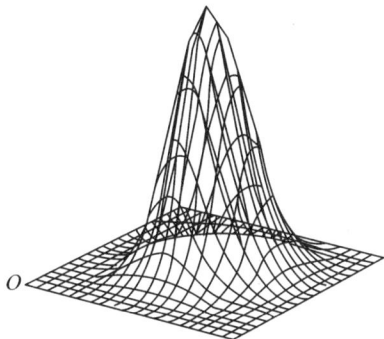

$$(2)\ P(\xi + \eta < 1) = \iint\limits_{x+y<1} f(x,\ y)\mathrm{d}x\mathrm{d}y$$

$$= \int_0^1 \mathrm{e}^{-x}\mathrm{d}x\int_0^{1-x}\mathrm{e}^{-y}\mathrm{d}y$$

$$= \int_0^1 [\mathrm{e}^{-x} - \mathrm{e}^{-1}]\mathrm{d}x = 1 - \frac{2}{\mathrm{e}}.$$

$$(3)\ F(x,\ y) = \int_{-\infty}^x \int_{-\infty}^y f(u,\ v)\mathrm{d}u\mathrm{d}v,$$

当 $0 < x < +\infty$ 且 $0 < y < +\infty$ 时,有

$$F(x,\ y) = \iint\limits_{0\ 0}^{x\ y} \mathrm{e}^{-(u+v)}\mathrm{d}u\mathrm{d}v = (1-\mathrm{e}^{-x})(1-\mathrm{e}^{-y}),$$

当 $x < 0$ 或 $y < 0$ 时,显然 $F(x,\ y) = 0$,故

$$F(x,\ y) = \begin{cases} (1-\mathrm{e}^{-x})(1-\mathrm{e}^{-y}), & 0 < x,\ y < +\infty, \\ 0, & 其余. \end{cases}$$

例 3. 7　设 $(\xi,\ \eta) \sim N(0,\ \sigma^2;\ 0,\ \sigma^2;\ 0)$,求 $P(\xi < \eta)$.

解　易知 $f(x,\ y) = \dfrac{1}{2\pi\sigma^2}\mathrm{e}^{-\frac{x^2+y^2}{2\sigma^2}}$,所以

$$P(\xi < \eta) = \iint\limits_{x<y} \frac{1}{2\pi\sigma^2}\mathrm{e}^{-\frac{x^2+y^2}{2\sigma^2}}\mathrm{d}x\mathrm{d}y,$$

作极坐标变换 $x = \rho\cos\theta,\ y = \rho\sin\theta,$

$$原式 = \int_{\frac{\pi}{4}}^{\frac{5}{4}\pi} \mathrm{d}\theta\int_0^{\infty} \frac{1}{2\pi\sigma^2}\mathrm{e}^{-\frac{\rho^2}{2\sigma^2}}\rho\mathrm{d}\rho = \frac{1}{2}.$$

3.1.4　n 维随机变量

设 $\xi_1,\ \xi_2,\ \cdots,\ \xi_n$ 是定义在同一概率空间 $(\Omega,\ \mathscr{F},\ P)$ 上的 n 个随机变量,则称 $(\xi_1,\ \xi_2,\ \cdots,\ \xi_n)$ 是 **n 维随机变量**.

n 维随机变量 $(\xi_1,\ \xi_2,\ \cdots,\ \xi_n)$ 的**分布函数**为

$$F(x_1,\ x_2,\ \cdots,\ x_n) = P(\xi_1 < x_1,\ \xi_2 < x_2,\ \cdots,\ \xi_n < x_n). \tag{3.15}$$

它也称为 $\xi_1,\ \xi_2,\ \cdots,\ \xi_n$ 的**联合分布函数**.

如果存在非负可积函数 $f(x_1,\ x_2,\ \cdots,\ x_n)$,使得

$$F(x_1,\ x_2,\ \cdots,\ x_n) = \int_{-\infty}^{x_1} \int_{-\infty}^{x_2} \cdots \int_{-\infty}^{x_n} f(u_1,\ u_2,\ \cdots,\ u_n)\mathrm{d}u_1\mathrm{d}u_2\cdots\mathrm{d}u_n, \tag{3.16}$$

则称$(\xi_1, \xi_2, \cdots, \xi_n)$是 **n 维连续型随机变量**，$f(x_1, x_2, \cdots, x_n)$称为$(\xi_1, \xi_2, \cdots, \xi_n)$的**密度函数**，或称为$\xi_1, \xi_2, \cdots, \xi_n$的**联合密度函数**.

习　题　3.1

（A）

1. 设(ξ, η)是二维连续型随机变量，试问(ξ, η)落在直线$y = ax + b$上的概率等于多少？为什么？

2. 仿二维离散型随机变量的情况，写出 n 维离散型随机变量及其分布列的定义.

3. 已知ξ与η的联合分布函数为$F(x, y)$，试用$F(x, y)$表示以下各概率：

(1) $P(\xi \geqslant 2, \eta \geqslant 1)$；

(2) $P(\xi = 2, \eta < 1)$；

(3) $P(1 < \xi < 2, 3 < \eta \leqslant 4)$.

4. 一袋中装有 10 只黑球、2 只白球，在其中随机地取两次，每次取一只，考虑两种试验：(1)有放回抽样；(2)无放回抽样. 如果定义：

$$\xi = \begin{cases} 0, & \text{若第一次取出的是黑球,} \\ 1, & \text{若第一次取出的是白球;} \end{cases}$$

$$\eta = \begin{cases} 0, & \text{若第二次取出的是黑球,} \\ 1, & \text{若第二次取出的是白球.} \end{cases}$$

试分别就(1)、(2)两种情况，写出ξ与η的联合分布列.

5. 将一枚硬币连掷三次，以ξ表示三次中出现正面的次数，以η表示三次中出现正面次数与出现背面次数之差的绝对值，试写出ξ与η的联合分布列.

6. 设(ξ, η)的密度函数为

$$f(x, y) = \begin{cases} cxy, & 0 < x < 1, 0 < y < 1, \\ 0, & \text{其余.} \end{cases}$$

试求：(1) 常数 c；　(2) $P\left(0 < \xi < \dfrac{1}{2}, -2 < \eta \leqslant 3\right)$；　(3) $P(\xi = \eta)$；

(4) $P(\xi < \eta)$；　(5) (ξ, η)的分布函数.

7. 已知(ξ, η)的分布函数为

$$F(x, y) = \begin{cases} c(1 - e^{-2x})(1 - e^{-y}), & x, y > 0, \\ 0, & \text{其余.} \end{cases}$$

试求：(1) 常数 c；　(2) (ξ, η)的密度函数；　(3) $P(\xi + \eta < 1)$.

8. 设(ξ, η)的密度函数为

$$f(x, y) = \begin{cases} 3x, & 0 < x < 1, 0 < y < x, \\ 0, & \text{其余}. \end{cases}$$

试求：(1) ξ 与 η 中至少有一个小于 $\frac{1}{3}$ 的概率；

(2) (ξ, η) 的分布函数.

9. 设 (ξ, η) 在以 $(0, 0)$、$(0, 4)$、$(3, 4)$、$(6, 0)$ 为顶点的梯形 G 内服从均匀分布，试求：

(1) (ξ, η) 的密度函数；

(2) (ξ, η) 落在区域 $H = \{(x, y): 0 < x < 5, 0 < y < x\}$ 内的概率.

10. 对于下列三组参数，分别写出二维正态随机变量的联合密度函数.

组别＼参数	a	σ_1	b	σ_2	r
(1)	3	1	0	1	$\frac{1}{2}$
(2)	1	$\frac{1}{2}$	-1	$\frac{1}{2}$	$-\frac{1}{2}$
(3)	-1	1	-2	$\frac{1}{2}$	0

(B)

1. 接连不断地掷一枚骰子直到出现小于 5 的点数为止，以 ξ 表示最后一次掷出的点数，而以 η 表示掷骰子的次数，试求 ξ 与 η 的联合分布列.

2. 若 $f(x, y) = k \mathrm{e}^{-(ax^2 + 2bxy + cy^2)}$ 为联合密度函数，试问 a、b、c、k 满足何种关系？

3. 点 (ξ, η) 均匀分布在由 $y = 1$、$y = 2x$ 及 $y = -x$ 所围成的区域 G 内，求点 (ξ, η) 到直线 $x = 1$ 的距离的密度函数和分布函数.

§3.2 边际分布与条件分布

二维随机变量 (ξ, η) 作为一个整体，它具有概率分布（联合分布函数或联合分布列或联合密度函数），而它的每一个分量 ξ、η 也是随机变量. 因此 ξ、η 自身也具有概率分布（分布函数或分布列或密度函数），它们分别称为 (ξ, η) 的关于 ξ 和关于 η 的**边际分布**.

由于事件 $\{\xi < x\}$ 就是 $\{\xi < x, \eta < +\infty\}$，事件 $\{\eta < y\}$ 就是 $\{\xi < +\infty, \eta < y\}$，因此可以由 (ξ, η) 的概率分布求得关于 ξ 和 η 的边际分布. 设 (ξ, η) 的分布函数为 $F(x, y)$，关于 ξ 和 η 的**边际分布函数**分别为 $F_\xi(x)$ 和 $F_\eta(y)$，则

$$F_\xi(x) = P(\xi < x) = P(\xi < x, \eta < +\infty) = F(x, +\infty),$$
$$F_\eta(y) = P(\eta < y) = P(\xi < +\infty, \eta < y) = F(+\infty, y),$$

即

$$F_\xi(x) = F(x, +\infty), \quad F_\eta(y) = F(+\infty, y). \tag{3.17}$$

下面分别讨论二维离散型随机变量和二维连续型随机变量的边际分布与条件分布.

3.2.1 二维离散型随机变量的边际分布

设 (ξ, η) 是二维离散型随机变量,其分布列为

$$P(\xi = x_i, \eta = y_j) = p_{ij}, \quad i, j = 1, 2, \cdots,$$

则关于 ξ 的**边际分布列**是

$$P(\xi = x_i) = \sum_j P(\xi = x_i, \eta = y_j) = \sum_j p_{ij}, \tag{3.18}$$

常记为 $p_i.$,即

$$p_{i.} = \sum_j p_{ij}. \tag{3.19}$$

类似地,关于 η 的**边际分布列**是

$$P(\eta = y_j) = \sum_i P(\xi = x_i, \eta = y_j) = \sum_i p_{ij}, \tag{3.20}$$

常记为 $p._j$,即

$$p_{.j} = \sum_i p_{ij}. \tag{3.21}$$

关于 ξ 及 η 的边际分布列也可用表格表示如下:

ξ ＼ η	y_1	y_2	$\cdots$	y_m	$\cdots$	$P(\xi = x_i)$
x_1	p_{11}	p_{12}	$\cdots$	p_{1m}	$\cdots$	$p_{1.}$
x_2	p_{21}	p_{22}	$\cdots$	p_{2m}	$\cdots$	$p_{2.}$
$\vdots$	$\vdots$	$\vdots$		$\vdots$		$\vdots$
x_n	p_{n1}	p_{n2}	$\cdots$	p_{nm}	$\cdots$	$p_{n.}$
$\vdots$	$\vdots$	$\vdots$		$\vdots$		$\vdots$
$P(\eta = y_j)$	$p_{.1}$	$p_{.2}$	$\cdots$	$p_{.m}$	$\cdots$	

例 3.8 袋中装有 2 只白球及 3 只黑球,现进行有放回的摸球,定义下列随

变量:

$$\xi = \begin{cases} 1, & \text{第一次摸出白球,} \\ 0, & \text{第一次摸出黑球;} \end{cases}$$

$$\eta = \begin{cases} 1, & \text{第二次摸出白球,} \\ 0, & \text{第二次摸出黑球.} \end{cases}$$

求(ξ, η)的分布列和边际分布列.

例 3.9 上例中若采用不放回摸球,则(ξ, η)的分布列和边际分布列又应是什么?

解 通过简单的计算,例 3.8、例 3.9 中的分布列和边际分布列分别由表 3.1 及表 3.2 给出.

表 3.1 有放回摸球的概率分布

η ξ	0	1	$P(\xi = x_i)$
0	$\frac{9}{25}$	$\frac{6}{25}$	$\frac{3}{5}$
1	$\frac{6}{25}$	$\frac{4}{25}$	$\frac{2}{5}$
$P(\eta = y_i)$	$\frac{3}{5}$	$\frac{2}{5}$	

表 3.2 无放回摸球的概率分布

η ξ	0	1	$P(\xi = x_i)$
0	$\frac{3}{10}$	$\frac{3}{10}$	$\frac{3}{5}$
1	$\frac{3}{10}$	$\frac{1}{10}$	$\frac{2}{5}$
$P(\eta = y_j)$	$\frac{3}{5}$	$\frac{2}{5}$	

从表 3.1 及表 3.2 可见,两例中,(ξ, η)的分布列不同,但边际分布列相同;这表明 ξ、η 的联合分布列不能由边际分布列唯一确定,也即二维随机变量的性质并不能由它两个分量的个别性质来确定,还必须考虑它们之间的联系.

3.2.2 二维连续型随机变量的边际分布

设(ξ, η)是二维连续型随机变量,其密度函数为 $f(x, y)$,由公式(3.17)及二维连续型随机变量的定义,有

$$F_\xi(x) = F(x, +\infty) = \int_{-\infty}^{x} \left[\int_{-\infty}^{\infty} f(u, v)\mathrm{d}v \right]\mathrm{d}u,$$

令

$$f_\xi(x) = \int_{-\infty}^{\infty} f(x, y)\mathrm{d}y. \tag{3.22}$$

显然 $f_\xi(x)$ 是非负可积的,因而 ξ 是连续型随机变量,其密度函数 $f_\xi(x)$ 即为关于 ξ 的**边际密度函数**.

类似地,有

$$F_\eta(y) = F(+\infty, y) = \int_{-\infty}^{y} \left[\int_{-\infty}^{+\infty} f(u, v)\mathrm{d}u \right]\mathrm{d}v.$$

令

$$f_\eta(y) = \int_{-\infty}^{\infty} f(x, y)\mathrm{d}x, \tag{3.23}$$

则 $f_\eta(y)$ 是关于 η 的边际密度函数.

例 3.10 在圆 $x^2 + y^2 \leqslant R^2$ 内均匀投点 (ξ, η),求:

(1) 关于 ξ 和关于 η 的边际密度;

(2) $P\left(\xi < \dfrac{R}{2} \,\middle|\, \eta > \dfrac{R}{2}\right)$.

解 (1) 据题意,易知 (ξ, η) 的密度函数是

$$f(x, y) = \begin{cases} \dfrac{1}{\pi R^2}, & \text{当 } x^2 + y^2 \leqslant R^2, \\ 0, & \text{当 } x^2 + y^2 > R^2. \end{cases}$$

按公式(3.22),有下列结果:

当 $|x| \leqslant R$ 时,$f_\xi(x) = \displaystyle\int_{-\infty}^{+\infty} f(x, y)\mathrm{d}y$

$$= \int_{-\sqrt{R^2-x^2}}^{\sqrt{R^2-x^2}} \frac{1}{\pi R^2}\mathrm{d}y = \frac{2\sqrt{R^2-x^2}}{\pi R^2},$$

当 $|x| > R$ 时,$f_\xi(x) = 0$.

所以

$$f_\xi(x) = \begin{cases} \dfrac{2\sqrt{R^2-x^2}}{\pi R^2}, & \text{当 } |x| \leqslant R, \\ 0, & \text{其余.} \end{cases}$$

类似地有

$$f_\eta(y) = \begin{cases} \dfrac{2\sqrt{R^2-y^2}}{\pi R^2}, & \text{当} \mid y \mid \leqslant R, \\ \\ 0, & \text{其余}. \end{cases}$$

这个结果说明虽然 (ξ, η) 在圆内是服从均匀分布的,但是它的两个分量都不服从均匀分布.

$$(2)\ P\left(\xi < \frac{R}{2} \,\Big|\, \eta > \frac{R}{2}\right) = \frac{P\left(\xi < \dfrac{R}{2},\ \eta > \dfrac{R}{2}\right)}{P\left(\eta > \dfrac{R}{2}\right)} = \frac{\displaystyle\int\limits_{x<\frac{R}{2}}\int\limits_{y>\frac{R}{2}} f(x, y)\mathrm{d}x\mathrm{d}y}{\displaystyle\int\limits_{y>\frac{R}{2}} f_\eta(y)\mathrm{d}y}$$

$$= \frac{\displaystyle\int_{-\frac{\sqrt3}{2}R}^{\frac{R}{2}} \mathrm{d}x \int_{\frac{R}{2}}^{\sqrt{R^2-x^2}} \frac{1}{\pi R^2}\mathrm{d}y}{\displaystyle\int_{\frac{R}{2}}^{R} \frac{2\sqrt{R^2-y^2}}{\pi R^2}\mathrm{d}y} = \frac{3(\pi-1)}{4\pi - 3\sqrt3}.$$

例 3.11 设 $(\xi, \eta) \sim \mathrm{N}(a, \sigma_1^2; b, \sigma_2^2; r)$,求关于 ξ 和关于 η 的边际密度函数.

解 按公式(3.22),有

$$f_\xi(x) = \int_{-\infty}^{\infty} f(x, y)\mathrm{d}y$$

$$= \int_{-\infty}^{\infty} \frac{1}{2\pi\sigma_1\sigma_2\sqrt{1-r^2}} \cdot \exp\left\{-\frac{1}{2(1-r^2)}\right.$$

$$\left. \cdot \left[\frac{(x-a)^2}{\sigma_1^2} - \frac{2r(x-a)(y-b)}{\sigma_1\sigma_2} + \frac{(y-b)^2}{\sigma_2^2}\right]\right\}\mathrm{d}y.$$

令 $\dfrac{x-a}{\sigma_1} = u$,$\dfrac{y-b}{\sigma_2} = v$,则

$$f_\xi(x) = \frac{1}{2\pi\sigma_1\sqrt{1-r^2}} \cdot \int_{-\infty}^{\infty} \exp\left\{-\frac{1}{2(1-r^2)}[u^2 - 2ruv + v^2]\right\}\mathrm{d}v$$

$$= \frac{1}{\sqrt{2\pi}\sigma_1}\mathrm{e}^{-\frac{u^2}{2}} \cdot \int_{-\infty}^{\infty} \frac{1}{\sqrt{2\pi(1-r^2)}}\exp\left\{-\frac{r^2u^2 - 2ruv + v^2}{2(1-r^2)}\right\}\mathrm{d}v$$

$$= \frac{\mathrm{e}^{-\frac{u^2}{2}}}{\sqrt{2\pi}\sigma_1} \int_{-\infty}^{\infty} \frac{1}{\sqrt{2\pi(1-r^2)}}\exp\left(-\frac{(v-ru)^2}{2(\sqrt{1-r^2})^2}\right)\mathrm{d}v$$

$$= \frac{\mathrm{e}^{-\frac{u^2}{2}}}{\sqrt{2\pi}\sigma_1}$$

$$= \frac{1}{\sqrt{2\pi}\sigma_1}\mathrm{e}^{-\frac{(x-a)^2}{2\sigma_1^2}}.$$

同理,有 $f_\eta(y) = \dfrac{1}{\sqrt{2\pi}\sigma_2}e^{-\frac{(y-b)^2}{2\sigma_2^2}}$.

由本例可得出:

1. 二维正态分布的边际分布仍然是正态分布,二维正态随机变量的每个分量仍然是正态随机变量.

2. 对确定的 a、b、σ_1^2、σ_2^2,不论 $r(|r|<1)$ 为何值,其边际分布都是相同的. 这又一次说明,单由 ξ、η 的边际分布,并不一定能确定出它们的联合分布.

还要注意,若仅知 $f_\xi(x)$、$f_\eta(y)$ 是正态分布,则其联合分布未必是正态分布,如取

$$f(x, y) = \frac{1}{2\pi}e^{-\frac{x^2+y^2}{2}}(1+\sin x \sin y), \quad -\infty < x, y < +\infty.$$

3.2.3 条件分布

条件概率的定义很自然地引出条件概率分布的概念.

3.2.3.1 离散型随机变量的条件分布

设二维离散型随机变量 (ξ, η) 的分布列为 $P(\xi = x_i, \eta = y_j) = p_{ij}$, $i, j = 1$, $2, \cdots$,关于 ξ 和 η 的边际分布列分别为

$$P(\xi = x_i) = \sum_{j=1}^{\infty} p_{ij} = p_{i\cdot}, \quad i = 1, 2, \cdots. \tag{3.24}$$

$$P(\eta = y_i) = \sum_{i=1}^{\infty} p_{ij} = p_{\cdot j}, \quad j = 1, 2, \cdots. \tag{3.25}$$

下面研究事件 $\{\eta = y_j\}$ 已发生的条件下,事件 $\{\xi = x_i\}$ 发生的条件概率. 由条件概率定义,当 $P(\eta = y_j) > 0$(固定 j)时,有

$$P(\xi = x_i \mid \eta = y_j) = \frac{P(\xi = x_i, \eta = y_j)}{P(\eta = y_j)}$$

$$= \frac{p_{ij}}{p_{\cdot j}}, \quad i = 1, 2, \cdots, \tag{3.26}$$

且具有性质

(1) $\qquad\qquad P(\xi = x_i \mid \eta = y_j) \geqslant 0,$ \hfill (3.27)

(2) $\qquad \displaystyle\sum_{i=1}^{\infty} P(\xi = x_i \mid \eta = y_j) = \sum_{i=1}^{\infty} \frac{p_{ij}}{p_{\cdot j}} = 1.$ \hfill (3.28)

为此,对固定的 j,若 $p_{\cdot j} > 0$,则称

$$P(\xi = x_i \mid \eta = y_j) = \frac{p_{ij}}{p_{\cdot j}}, \quad i = 1, 2, \cdots \tag{3.29}$$

为在 $\eta = y_j$ 的条件下随机变量 ξ 的条件分布列.

类似地,对固定的 i,若 $p_{i\cdot} > 0$,则称

$$P(\eta = y_j \mid \xi = x_i) = \frac{p_{ij}}{p_{i\cdot}}, \quad j = 1, 2, \cdots \tag{3.30}$$

为在 $\xi = x_i$ 的条件下随机变量 η 的条件分布列.

3.2.3.2 连续型随机变量的条件分布

设 (ξ, η) 为二维连续型随机变量,其密度函数和边际密度函数分别为 $f(x, y)$,$f_\xi(x)$,$f_\eta(y)$. 由于对任意 x, y,有 $P(\xi = x) = P(\eta = y) = 0$,因而无法直接用条件概率定义引入"**条件密度函数**". 现在考虑事件 $\{y \leqslant \eta < y + \Delta y\}$ 发生条件下,事件 $\{x \leqslant \xi < x + \Delta x\}$ 发生的概率,假设 $f(x, y)$ 连续且 $f_\eta(y) > 0$,由中值定理,有

$$P(x \leqslant \xi < x + \Delta x \mid y \leqslant \eta < y + \Delta y)$$

$$= \frac{P(x \leqslant \xi < x + \Delta x, \ y \leqslant \eta < y + \Delta y)}{P(y \leqslant \eta < y + \Delta y)}$$

$$= \frac{\int_x^{x+\Delta x} \int_y^{y+\Delta y} f(u, v) \mathrm{d}u \mathrm{d}v}{\int_y^{y+\Delta y} f_\eta(v) \mathrm{d}v}$$

$$= \frac{\int_x^{x+\Delta x} f(u, y + \theta_1 \Delta y) \mathrm{d}u}{f_\eta(y + \theta_2 \Delta y)} \quad (\mid \theta_1 \mid < 1, \ \mid \theta_2 \mid < 1).$$

令 $\Delta y \to 0$,则有

$$P(x \leqslant \xi < x + \Delta x \mid \eta = y) = \frac{\int_x^{x+\Delta x} f(u, y) \mathrm{d}u}{f_\eta(y)}.$$

于是

$$\lim_{\Delta x \to 0} \frac{P(x \leqslant \xi < x + \Delta x \mid \eta = y)}{\Delta x}$$

$$= \lim_{\Delta x \to 0} \frac{\int_x^{x+\Delta x} f(u, y) \mathrm{d}u}{\Delta x f_\eta(y)}$$

$$= \lim_{\Delta x \to 0} \frac{f(x + \theta_3 \Delta x, y)}{f_\eta(y)} = \frac{f(x, y)}{f_\eta(y)} \quad (\mid \theta_3 \mid < 1).$$

记

$$f_{\xi\mid\eta}(x \mid y) = \frac{f(x, y)}{f_\eta(y)}. \tag{3.31}$$

容易验证它具有性质:

$$(1) \ f_{\xi\mid\eta}(x \mid y) \geqslant 0, \tag{3.32}$$

$$(2) \int_{-\infty}^{\infty} f_{\xi\mid\eta}(x \mid y) \mathrm{d}x = 1. \tag{3.33}$$

为此,对固定的 y,若 $f_\eta(y) > 0$,则称 $f_{\eta\mid\eta}(x \mid y) = \dfrac{f(x, y)}{f_\eta(y)}$ 为在 $\eta = y$ 的条件下 ξ 的条件密度函数.

类似地,对固定的 x,若 $f_\xi(x) > 0$,则称 $f_{\eta\mid\xi}(y \mid x) = \dfrac{f(x, y)}{f_\xi(x)}$ 为在 $\xi = x$ 的条件下 η 的条件密度函数.

称 $F_{\xi\mid\eta}(x \mid y) = \displaystyle\int_{-\infty}^{x} f_{\xi\mid\eta}(u \mid y) \mathrm{d}u = \int_{-\infty}^{x} \dfrac{f(u, y)}{f_\eta(y)} \mathrm{d}u$ 为在 $\eta = y$ 的条件下 ξ 的条件分布函数;称 $F_{\eta\mid\xi}(y \mid x) = \displaystyle\int_{-\infty}^{y} \dfrac{f(x, v)}{f_\xi(x)} \mathrm{d}v$ 为在 $\xi = x$ 的条件下 η 的条件分布函数.

由上可知,关于二维连续型随机变量 (ξ, η) 的密度函数、边际密度函数与条件密度函数之间成立 $f(x, y) = f_\eta(y) f_{\xi\mid\eta}(x \mid y)$ 或 $f(x, y) = f_\xi(x) f_{\eta\mid\xi}(y \mid x)$.

例 3.12 设 $(\xi, \eta) \sim \mathrm{N}(a, \sigma_1^2; b, \sigma_2^2; r)$,求 $f_{\xi\mid\eta}(x\mid y)$.

解 可写出

$$f(x, y) = \frac{1}{2\pi\sigma_1\sigma_2\sqrt{1-r^2}} \exp\left\{-\frac{1}{2(1-r^2)}\left[\frac{(x-a)^2}{\sigma_1^2} - \right.\right.$$
$$\left.\left. \frac{2r(x-a)(y-b)}{\sigma_1\sigma_2} + \frac{(y-b)^2}{\sigma_2^2}\right]\right\},$$

$$f_\eta(y) = \frac{1}{\sqrt{2\pi}\sigma_2} \mathrm{e}^{-\frac{(y-b)^2}{2\sigma_2^2}}.$$

于是

$$f_{\xi\mid\eta}(x \mid y) = \frac{f(x, y)}{f_\eta(y)}$$

$$= \frac{1}{\sigma_1 \sqrt{2\pi} \sqrt{1-r^2}} \exp\left\{ -\frac{1}{2(1-r^2)} \left[\frac{(x-a)^2}{\sigma_1^2} - \right.\right.$$

$$\left.\left. \frac{2r(x-a)(y-b)}{\sigma_1 \sigma_2} + \frac{(y-b)^2}{\sigma_2^2} \right] + \frac{(y-b)^2}{2\sigma_2^2} \right\}$$

$$= \frac{1}{\sigma_1 \sqrt{2\pi} \sqrt{1-r^2}} \exp\left\{ -\frac{1}{2(1-r^2)} \left[\frac{(x-a)^2}{\sigma_1^2} - \right.\right.$$

$$\left.\left. \frac{2r(x-a)(y-b)}{\sigma_1 \sigma_2} + \frac{r^2(y-b)^2}{\sigma_2^2} \right] \right\}$$

$$= \frac{1}{\sqrt{2\pi}(\sigma_1 \sqrt{1-r^2})} \exp\left\{ -\frac{1}{2(\sigma_1 \sqrt{1-r^2})^2} \left[x - \left(a + \frac{\sigma_1}{\sigma_2} r(y-b) \right) \right]^2 \right\}.$$

所以,在 $\eta = y$ 的条件下 ξ 的条件密度函数 $f_{\xi|\eta}(x \mid y)$ 为

$$N\left(a + \frac{\sigma_1}{\sigma_2} r \cdot (y-b), \ \sigma_1^2(1-r^2) \right).$$

它仍是正态分布. 同样可以求出 $f_{\eta|\xi}(y|x)$ 为

$$N\left(b + \frac{\sigma_2}{\sigma_1} r(x-a), \ \sigma_2^2(1-r^2) \right).$$

可见,二维正态分布的条件分布仍是正态分布.

习 题 3.2

（A）

1. 若 (ξ, η) 是二维正态随机变量,问 $a\xi + b \ (a \neq 0)$ 是否也是正态随机变量?

2. 如果 (ξ, η) 的分布列为

$$p_{ij} = \begin{cases} \dfrac{1}{30}(i+j), & i = 0, 1, 2, \ j = 0, 1, 2, 3, \\ 0, & \text{其余}. \end{cases}$$

试求关于 ξ 和关于 η 的边际分布列.

3. 设 ξ 和 η 的联合密度函数为

$$(1) \ f(x, y) = \begin{cases} \dfrac{3}{2} y^2, & 0 \leqslant x \leqslant 2, \ 0 \leqslant y \leqslant 1, \\ 0, & \text{其余}; \end{cases}$$

$$(2) \ f(x, y) = \begin{cases} 8xy, & 0 \leqslant x \leqslant y, \ 0 \leqslant y \leqslant 1, \\ 0, & \text{其余}; \end{cases}$$

(3) $f(x, y) = \begin{cases} \dfrac{2e^{-y+1}}{x^3}, & x > 1, y > 1, \\ 0, & \text{其余.} \end{cases}$

试求关于 ξ 和关于 η 的边际密度函数.

4. 设 G 是这样一个区域:由以 $(0, 0)$、$(1, 1)$、$\left(0, \dfrac{1}{2}\right)$、$\left(\dfrac{1}{2}, 1\right)$ 为顶点的四边形与以 $\left(\dfrac{1}{2}, 0\right)$、$(1, 0)$、$\left(1, \dfrac{1}{2}\right)$ 为顶点的三角形合成,(ξ, η) 均匀分布在 G 上,试证关于 ξ 和关于 η 的边际分布仍是均匀分布.

5. 假定 (ξ, η) 服从三项分布,$P(\xi = i, \eta = j) = \dfrac{n!}{i!j!(n-i-j)!} p_1^i p_2^j p_3^{(n-i-j)}$,$i, j = 0, 1, 2, \cdots n; i+j \leqslant n; p_1, p_2, p_3 > 0; p_1 + p_2 + p_3 = 1$,试求在 $\eta = j$ 的条件下 ξ 的条件分布列.

6. 设 (ξ, η) 的密度函数为

$$f(x, y) = \begin{cases} cy(1-x-y), & x > 0, y > 0, x+y < 1, \\ 0, & \text{其余.} \end{cases}$$

试求(1)常数 c;(2)条件密度函数 $f_{\xi|\eta}(x \mid y)$.

§3.3 随机变量的独立性

在第 1 章中讨论了事件的独立性,现在从事件的独立性出发引进随机变量独立性的概念,这个概念在概率论和数理统计的研究中是十分重要的.

定义 3.5 设 ξ、η 为两个随机变量,如果对于任意的实数 x、y,事件 $\{\xi < x\}$ 与 $\{\eta < y\}$ 相互独立,即

$$P(\xi < x, \eta < y) = P(\xi < x) \cdot P(\eta < y), \tag{3.34}$$

则称 ξ 与 η 相互独立.

若 $F(x, y)$ 为 ξ 与 η 的联合分布函数,$F_\xi(x)$、$F_\eta(y)$ 分别是 ξ 与 η 的边际分布函数,则(3.34)式等价于

$$F(x, y) = F_\xi(x) \cdot F_\eta(y). \tag{3.35}$$

对于离散型随机变量和连续型随机变量,分别有下列的两个定理.

定理 3.1 设 ξ 和 η 都是离散型随机变量,ξ 的可能取值为 $x_1, x_2, \cdots,$ $x_i, \cdots,$ η 的可能取值为 $y_1, y_2, \cdots, y_j, \cdots,$ 则 ξ 与 η 相互独立的充要条件是:对一切 x_i、y_j,成立

$$P(\xi = x_i, \eta = y_j) = P(\xi = x_i) \cdot P(\eta = y_j), \tag{3.36}$$

即

$$p_{ij} = p_i \cdot p_j.$$

＊证明　(1) 充分性.若对一切 x_i、y_j 成立(3.36)式,则对任意的 x 和 y,有

$$P(\xi < x, \ \eta < y) = \sum_{\substack{x_i < x \\ y_j < y}} P(\xi = x_i, \ \eta = y_j)$$

$$= \sum_{\substack{x_i < x \\ y_j < y}} \left[P(\xi = x_i) \cdot P(\eta = y_j) \right]$$

$$= \left\{ \sum_{x_i < x} P(\xi = x_i) \right\} \cdot \left\{ \sum_{y_j < y} P(\eta = y_j) \right\}$$

$$= P(\xi < x) \cdot P(\eta < y).$$

(2) 必要性.假定 ξ、η 相互独立,则对于任一对可能的值 x_i、y_j,有

$$P\left(x_i \leqslant \xi < x_i + \frac{1}{n}, \ y_j \leqslant \eta < y_j + \frac{1}{m} \right)$$

$$= P\left(\xi < x_i + \frac{1}{n}, \ \eta < y_j + \frac{1}{m} \right) - P\left(\xi < x_i, \ \eta < y_j + \frac{1}{m} \right)$$

$$- P\left(\xi < x_i + \frac{1}{n}, \ \eta < y_j \right) + P\left(\xi < x_i, \ \eta < y_j \right)$$

$$= P\left(\xi < x_i + \frac{1}{n} \right) \cdot P\left(\eta < y_j + \frac{1}{m} \right) - P(\xi < x_i) \cdot P\left(\eta < y_j + \frac{1}{m} \right)$$

$$- P\left(\xi < x_i + \frac{1}{n} \right) \cdot P(\eta < y_j) + P(\xi < x_i) \cdot P(\eta < y_j)$$

$$= P\left(x_i \leqslant \xi < x_i + \frac{1}{n} \right) \cdot P\left(\eta < y_j + \frac{1}{m} \right)$$

$$- P\left(x_i \leqslant \xi < x_i + \frac{1}{x} \right) \cdot P(\eta < y_j)$$

$$= P\left(x_i \leqslant \xi < x_i + \frac{1}{n} \right) \cdot P\left(y_j \leqslant \eta < y_j + \frac{1}{m} \right).$$

于上面等式两端,先令 $n \to \infty$,再令 $m \to \infty$,利用定理 1.8,得

$$P\left(\bigcap_{n=1}^{\infty} \left\{ x_i \leqslant \xi < x_i + \frac{1}{n} \right\}, \ \bigcap_{m=1}^{\infty} \left\{ y_j \leqslant \eta < y_j + \frac{1}{m} \right\} \right)$$

$$= P\left(\bigcap_{n=1}^{\infty} \left\{ x_i \leqslant \xi < x_i + \frac{1}{n} \right\} \right) \cdot P\left(\bigcap_{m=1}^{\infty} \left\{ y_j \leqslant \eta < y_j + \frac{1}{m} \right\} \right),$$

即
$$P(\xi = x_i, \eta = y_j) = P(\xi = x_i) \cdot P(\eta = y_j).$$

定理 3.2 设 ξ 和 η 都是连续型随机变量,若其联合密度函数和边际密度函数 $f(x, y)$、$f_\xi(x)$、$f_\eta(y)$ 都是除面积为零的区域外的连续函数,则 ξ 与 η 相互独立的充要条件是:除面积为零的区域外,恒有

$$f(x, y) = f_\xi(x) \cdot f_\eta(y). \tag{3.37}$$

定理 3.2 的证明是容易的.

需要指出的是,当 $f(x, y)$、$f_\xi(x)$、$f_\eta(y)$ 都是连续函数时,ξ、η 相互独立的充要条件是:对一切 x、y,恒有

$$f(x, y) = f_\xi(x) \cdot f_\eta(y).$$

根据定理 3.1、定理 3.2,易见例 3.8 中的 ξ 与 η 是相互独立的,而例 3.9 和例 3.10 中的 ξ、η 不相互独立.

例 3.13 设 ξ 和 η 是相互独立同分布的随机变量,且已知

$$P(\xi = 1) = p, \ P(\xi = 0) = 1 - p, \ 0 < p < 1,$$

又设

$$\zeta = \begin{cases} 0, & \text{当 } \xi + \eta = \text{偶数}, \\ 1, & \text{当 } \xi + \eta = \text{奇数}. \end{cases}$$

问 p 为何值时,才能使 ξ 和 ζ 相互独立?

解 容易算得 ξ 与 ζ 的联合分布列和边际分布列是

ξ \ ζ	0	1	$P(\xi = x_i)$
0	$(1-p)^2$	$p(1-p)$	$1-p$
1	p^2	$p(1-p)$	p
$P(\zeta = y_i)$	$2p^2 - 2p + 1$	$2p(1-p)$	

欲使 ξ 和 ζ 相互独立,必须同时成立

$$(1-p)^2 = (1-p)(2p^2 - 2p + 1),$$
$$p(1-p) = (1-p) \cdot 2p(1-p),$$
$$p^2 = p \cdot (2p^2 - 2p + 1),$$
$$p(1-p) = p \cdot 2p(1-p).$$

解之得 $p = \dfrac{1}{2}$,这表示 $p = \dfrac{1}{2}$ 时,ξ、ζ 相互独立.

例 3.14 设随机变量 ξ 与 η 相互独立,且 $\xi \sim U[0, 2]$,$\eta \sim N(a, \sigma^2)$,求 ξ 与 η

的联合密度函数 $f(x, y)$.

解 据题意，有

$$f_\xi(x) = \frac{1}{2}, \qquad 0 < x < 2,$$

$$f_\eta(y) = \frac{1}{\sqrt{2\pi}\sigma} e^{-\frac{(y-a)^2}{2\sigma^2}}, \qquad -\infty < y < \infty,$$

由公式(3.27)

$$f(x, y) = f_\xi(x) f_\eta(y)$$

$$= \begin{cases} \dfrac{1}{2\sqrt{2\pi}\sigma} e^{-\frac{(y-a)^2}{2\sigma^2}}, & 0 < x < 2, -\infty < y < \infty, \\ 0, & \text{其余.} \end{cases}$$

例 3.15 一颗子弹打在靶子上，令 ξ 和 η 分别表示子弹的落弹点离靶心的水平偏差和铅直偏差，并且设

（1）ξ 与 η 为相互独立的连续型随机变量，且具有可微密度函数；

（2）ξ 和 η 的联合密度函数 $f(x, y) = f_\xi(x) f_\eta(y)$ 作为 (x, y) 的函数只依赖于 $x^2 + y^2$.

求证 ξ 与 η 都服从正态分布.

证明 据题意，可设

$$f(x, y) = f_\xi(x) f_\eta(y) = g(x^2 + y^2),$$

其中 g 为某一函数. 将上式两边对 x 求导，得

$$f_\xi'(x) f_\eta(y) = 2x g'(x^2 + y^2),$$

于是

$$\frac{f_\xi'(x) f_\eta(y)}{f_\xi(x) f_\eta(y)} = \frac{2x g'(x^2 + y^2)}{g(x^2 + y^2)}$$

（注意，根据题中的条件，容易证明对一切 x、y，有 $f_\xi(x) > 0$, $f_\eta(y) > 0$. 故有

$$\frac{f_\xi'(x)}{2x f_\xi(x)} = \frac{g'(x^2 + y^2)}{g(x^2 + y^2)}.$$

由此

$$\frac{f_\xi'(x)}{x f_\xi(x)} = c(\text{常数}),$$

$$\frac{\mathrm{d}}{\mathrm{d}x} \ln f_\xi(x) = cx.$$

概
率
与
统
计

解之得

$$f_\xi(x) = k\mathrm{e}^{\frac{cx^2}{2}}.$$

因为 $\displaystyle\int_{-\infty}^{\infty} f_\xi(x)\mathrm{d}x = 1$，故 c 必为负数，可令 $c = -\dfrac{1}{\sigma^2}$，于是 $k = \dfrac{1}{\sqrt{2\pi}\sigma}$.

$$f_\xi(x) = k\mathrm{e}^{-\frac{x^2}{2\sigma^2}} = \frac{1}{\sqrt{2\pi}\sigma}\mathrm{e}^{-\frac{x^2}{2\sigma^2}},$$

即 $\xi \sim \mathrm{N}(0, \sigma^2)$.

类似地可得

$$f_\eta(y) = \frac{1}{\sqrt{2\pi}\sigma'}\mathrm{e}^{-\frac{y^2}{2\sigma'^2}}.$$

由假定（2），可知 $\sigma^2 = \sigma'^2$，于是 $\eta \sim \mathrm{N}(0, \sigma^2)$. 此例亦即是正态分布的由来.

定理 3.3 设 $(\xi, \eta) \sim \mathrm{N}(a, \sigma_1^2; b, \sigma_2^2; r)$，则 ξ、η 相互独立的充要条件是 $r = 0$.

证明 （1）充分性：若 $r = 0$，此时

$$f(x, y) = \frac{1}{2\pi\sigma_1\sigma_2}\mathrm{e}^{-\frac{(x-a)^2}{2\sigma_1^2}} \cdot \mathrm{e}^{-\frac{(y-b)^2}{2\sigma_2^2}} = f_\xi(x)f_\eta(y),$$

所以 ξ、η 相互独立.

（2）必要性：因 ξ、η 相互独立，且 $f(x, y)$、$f_\xi(x)$、$f_\eta(y)$ 都是连续函数，所以对一切 x、y 恒有

$$f(x, y) = f_\xi(x)f_\eta(y).$$

特别取 $x = a$、$y = b$，有

$$f(a, b) = f_\xi(a)f_\eta(b),$$

即

$$\frac{1}{2\pi\sigma_1\sigma_2\sqrt{1-r^2}} = \frac{1}{\sqrt{2\pi}\sigma_1} \cdot \frac{1}{\sqrt{2\pi}\sigma_2},$$

从而 $r = 0$.

边际分布及相互独立性的概念可以推广到 n 维随机变量的情况，下面来叙述这些概念.

设 n 维随机变量 $(\xi_1, \xi_2, \cdots, \xi_n)$ 的分布函数为 $F(x_1, x_2, \cdots, x_n)$，则关于 ξ_i 的**边际分布函数**为

$$F_{\xi_i}(x_i) = P(\xi_i < x_i) = F(+\infty, \cdots, +\infty, x_i, +\infty, \cdots, +\infty).$$

(3.38)

如果对任意的 x_1，x_2，$\cdots$，x_n 都有

$$F(x_1, x_2, \cdots, x_n) = F_{\xi_1}(x_1) F_{\xi_2}(x_2) \cdots F_{\xi_n}(x_n),\qquad(3.39)$$

即事件 $\{\xi_1 < x_1\}$，$\{\xi_2 < x_2\}$，$\cdots$，$\{\xi_n < x_n\}$ 相互独立，则称随机变量 ξ_1，ξ_2，$\cdots$，ξ_n **相互独立**.

对 n 维连续型随机变量，若其联合密度函数为 $f(x_1, x_2, \cdots, x_n)$，则关于 ξ_i 的**边际密度函数**为

$$\begin{aligned}&f_{\xi_i}(x_i)\\&= \int_{-\infty}^{\infty} \cdots \int_{-\infty}^{\infty} f(x_1, \cdots, x_{i-1}, x_i, x_{i+1}, \cdots, x_n)\mathrm{d}x_1 \cdots \mathrm{d}x_{i-1}\mathrm{d}x_{i+1}\cdots \mathrm{d}x_n.\end{aligned}\quad(3.40)$$

当 $f(x_1, x_2, \cdots, x_n)$，$f_{\xi_1}(x_1)$，$f_{\xi_2}(x_2)$，$\cdots$，$f_{\xi_n}(x_n)$ 都是连续函数时，可以证明，ξ_1，ξ_2，$\cdots$，ξ_n 相互独立的充要条件是：

$$f(x_1, x_2, \cdots, x_n) = f_{\xi_1}(x_1) f_{\xi_2}(x_2) \cdots f_{\xi_n}(x_n).\qquad(3.41)$$

在后面研究有关独立性的问题中，下述定理是重要的.

定理 3.4 设 ξ_1，ξ_2，$\cdots$，ξ_n，η_1，η_2，$\cdots$，η_m 相互独立，$g(x_1, x_2, \cdots, x_n)$、$h(y_1, y_2, \cdots, y_m)$ 是两个连续函数，则

$$\zeta_1 = g(\xi_1, \xi_2, \cdots, \xi_n),\ \zeta_2 = h(\eta_1, \eta_2, \cdots, \eta_m)$$

必是随机变量，并且 ζ_1、ζ_2 相互独立.

例如，若 ξ，η 相互独立，则 ξ^3 与 $\cos\eta$ 也相互独立；若 ξ_1，ξ_2，$\cdots$，ξ_n，ξ_{n+1}，$\cdots$，ξ_{n+m} 相互独立，则 $\xi_1 + \xi_2 + \cdots + \xi_n$ 与 $\xi_{n+1} + \xi_{n+2} + \cdots + \xi_{n+m}$ 也相互独立.

定理 3.5 设 $f(x)$ 是连续函数，若 ξ_1，ξ_2，$\cdots$，ξ_n 相互独立，则 $f(\xi_1)$，$f(\xi_2)$，$\cdots$，$f(\xi_n)$ 也相互独立.

习 题 3.3

（A）

1. 如果 (ξ, η) 的分布列为

ξ \ η	1	2	3
1	$\frac{1}{6}$	$\frac{1}{9}$	$\frac{1}{18}$
2	$\frac{1}{3}$	α	β

试问 α、β 为何值时，ξ 与 η 相互独立？

2. 已知 (ξ, η) 的密度函数为

$$f(x, y) = \begin{cases} \dfrac{1}{4}\left(1 - \dfrac{1}{2}x^3 y - \dfrac{1}{2}xy^3\right), & |x| < 1, |y| < 1, \\ 0, & \text{其余.} \end{cases}$$

试问 ξ 与 η 是否独立?

3. 设 $\xi \sim U[0,1]$, η 服从参数为 4 的指数分布,且 ξ 与 η 相互独立,试求 $P(\xi \leqslant \eta)$.

4. 设 ξ、η 独立同分布,$\xi \sim U[0,1]$,试求 $x^2 + \xi x + \eta = 0$ 有实根的概率.

5. 已知 (ξ, η, ζ) 的密度函数为

$$f(x, y, z) = \begin{cases} e^{-(x+y+z)}, & x > 0, y > 0, z > 0, \\ 0, & \text{其余.} \end{cases}$$

分别求出 ξ、η、ζ 的边际密度函数. ξ、η、ζ 相互独立吗?

6. 设 $\xi_1, \xi_2, \cdots, \xi_n$ 独立同分布,都服从 $N(a, \sigma^2)$,求 $(\xi_1, \xi_2, \cdots, \xi_n)$ 的密度函数.

(B)

1. 证明:若随机变量 ξ 只取一个值 a,则 ξ 与任意的随机变量 η 相互独立.

2. 设二维随机变量 (ξ, η) 的密度函数为

$$f(x, y) = \begin{cases} \dfrac{1 + xy}{4}, & |x| \leqslant 1, |y| \leqslant 1, \\ 0, & \text{其余.} \end{cases}$$

试证 ξ 与 η 不相互独立,但 ξ^2 与 η^2 相互独立.

3. 设 (ξ, η, ξ) 的密度函数为

$$f(x, y, z) = \begin{cases} \dfrac{1}{8\pi^3}(1 - \sin x \sin y \sin z), & 0 \leqslant x, y, z \leqslant 2\pi, \\ 0, & \text{其余.} \end{cases}$$

试证明 ξ、η、ζ 两两独立,但不相互独立.

§3.4 两个随机变量函数的分布

在第 2 章中讨论了一个随机变量函数的分布问题,也就是已知 ξ 的分布,求 ξ 的函数 $\eta = \varphi(\xi)$ 的分布问题,本节讨论的是两个随机变量函数的分布问题,具体说来是:已知二维随机变量 (ξ, η) 的分布列或密度函数,求 $\zeta = \varphi(\xi, \eta)$ 的分布列或密度函数的问题.

3.4.1 二维离散型随机变量函数的分布

设(ξ, η)为二维离散型随机变量,则函数$\zeta = \varphi(\xi, \eta)$仍然是离散型随机变量. 从下面两例可以看到,它的分布列是不难获得的.

例 3.16 设(ξ, η)的分布列为

ξ ＼ η	-1	1
-1	$\dfrac{1}{4}$	$\dfrac{1}{8}$
1	$\dfrac{1}{4}$	$\dfrac{3}{8}$

求$\zeta = \dfrac{\eta}{\xi}$的分布列.

解 ζ可能取的值是-1、1,ζ的分布列是

$$P(\zeta = -1) = P\left(\frac{\eta}{\xi} = -1\right)$$

$$= P(\xi = -1, \eta = 1) + P(\xi = 1, \eta = -1) = \frac{3}{8},$$

$$P(\zeta = 1) = P\left(\frac{\eta}{\xi} = 1\right)$$

$$= P(\xi = 1, \eta = 1) + P(\xi = -1, \eta = -1) = \frac{5}{8}.$$

例 3.17 设ξ、η相互独立,且分别服从参数为λ_1和λ_2的泊松分布,试证: $\zeta = \xi + \eta$服从参数为$\lambda_1 + \lambda_2$的泊松分布.

证明 ζ可能取的值是$0, 1, 2, \cdots$,ζ的分布列是

$$P(\zeta = k) = P(\xi + \eta = k) = \sum_{i=0}^{k} P(\xi = i)P(\eta = k-i)$$

$$= \sum_{i=0}^{k} \frac{e^{-\lambda_1}\lambda_1^i \cdot e^{-\lambda_2}\lambda_2^{k-i}}{i!(k-i)!}$$

$$= \frac{1}{k!}e^{-(\lambda_1 + \lambda_2)} \sum_{i=0}^{k} \frac{k!}{i!(k-i)!}\lambda_1^i \lambda_2^{k-i}$$

$$= \frac{e^{-(\lambda_1 + \lambda_2)}(\lambda_1 + \lambda_2)^k}{k!}, \quad k = 0, 1, 2, \cdots,$$

所以ζ服从参数为$\lambda_1 + \lambda_2$的泊松分布.

本例说明,若ζ、η相互独立,且$\xi \sim P(\lambda_1)$,$\eta \sim P(\lambda_2)$,则$\xi + \eta \sim P(\lambda_1 + \lambda_2)$,

这种性质称为**分布的可加性**. 泊松分布是一个可加性分布;类似地可以证明二项分布也是一个可加性分布,即若 ξ、η 相互独立,且 $\xi \sim b(n_1; p)$,$\eta \sim b(n_2; p)$ 则 $\xi + \eta \sim b(n_1 + n_2; p)$.

3.4.2 二维连续型随机变量函数的分布

设 (ξ, η) 为二维连续型随机变量,若其函数 $\zeta = \varphi(\xi, \eta)$ 是连续型随机变量,则存在密度函数 $f_\zeta(z)$. 求 $f_\zeta(z)$ 的一般方法如下.

第一步:求出 $\zeta = \varphi(\xi, \eta)$ 的分布函数,有

$$F_\zeta(z) = P(\zeta < z) = P(\varphi(\xi, \eta) < z)$$

$$= P((\xi, \eta) \in G) = \iint\limits_{G} f(x, y)\mathrm{d}x\mathrm{d}y. \tag{3.42}$$

其中 $f(x, y)$ 是 (ξ, η) 的密度函数,$G = \{(x, y):\varphi(x, y) < z\}$.

如果把 $G = \{(x, y):\varphi(x, y) < z\}$ 简记成 $G = \{\varphi(x, y) < z\}$,则(3.42)式可写为

$$F_\zeta(z) = P(\varphi(\xi, \eta) < z) = \iint\limits_{\{\varphi(x, y) < z\}} f(x, y)\mathrm{d}x\mathrm{d}y. \tag{3.43}$$

第二步:利用分布函数与密度函数的关系或对分布函数求导数,就可得到 $f_\zeta(z)$.

3.4.2.1 和的分布

设 (ξ, η) 的密度函数为 $f(x, y)$,求 $\zeta = \xi + \eta$ 的密度函数.

先求 $\zeta = \xi + \eta$ 的分布函数,参见图 3.4,有

$$F_\zeta(z) = P(\xi + \eta < z)$$

$$= \iint\limits_{x+y<z} f(x, y)\mathrm{d}x\mathrm{d}y$$

$$= \int_{-\infty}^{\infty} \left[\int_{-\infty}^{z-x} f(x, y)\mathrm{d}y \right]\mathrm{d}x$$

$$= \int_{-\infty}^{\infty} \left[\int_{-\infty}^{z} f(x, t-x)\mathrm{d}t \right]\mathrm{d}x$$

$$= \int_{-\infty}^{z} \left[\int_{-\infty}^{\infty} f(x, t-x)\mathrm{d}x \right]\mathrm{d}t,$$

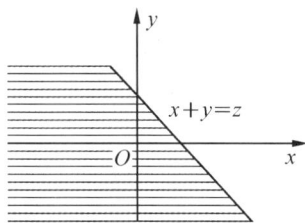

图 3.4

利用分布函数与密度函数的关系,得

$$f_\zeta(z) = \int_{-\infty}^{\infty} f(x, z-x)\mathrm{d}x. \qquad (3.44)$$

类似地可得

$$f_\zeta(z) = \int_{-\infty}^{\infty} f(z-y, y)\mathrm{d}y. \qquad (3.45)$$

当 ξ 与 η 相互独立时，$f(x, y) = f_\xi(x)f_\eta(y)$，将其代入(3.44)式及(3.45)式,得

$$f_\zeta(z) = \int_{-\infty}^{\infty} f_\xi(x) \cdot f_\eta(z-x)\mathrm{d}x \qquad (3.46)$$

及

$$f_\zeta(z) = \int_{-\infty}^{\infty} f_\xi(z-y) \cdot f_\eta(y)\mathrm{d}y. \qquad (3.47)$$

(3.46)式和(3.47)式称为**卷积公式**.

例 3.18 设随机变量 ξ 与 η 相互独立,并且都服从 $[-1, 1]$ 上的均匀分布,求 $\zeta = \xi + \eta$ 的密度函数.

解 根据题意,有

$$f_\xi(x) = \begin{cases} \dfrac{1}{2}, & \text{当} -1 \leqslant x \leqslant 1, \\ 0, & \text{其余}; \end{cases}$$

$$f_\eta(y) = \begin{cases} \dfrac{1}{2}, & \text{当} -1 \leqslant y \leqslant 1, \\ 0, & \text{其余}. \end{cases}$$

由卷积公式(3.46)得

$$f_\zeta(z) = \int_{-\infty}^{\infty} f_\xi(x) f_\eta(z-x)\mathrm{d}x = \frac{1}{2} \int_{-1}^{1} f_\eta(z-x)\mathrm{d}x$$

$$= \frac{1}{2} \int_{z-1}^{z+1} f_\eta(y)\mathrm{d}y.$$

当 $-2 < z < 0$ 时, $z-1 < -1 < z+1 < 1$,所以 $f_\zeta(z) = \dfrac{1}{2} \displaystyle\int_{-1}^{z+1} \dfrac{1}{2}\mathrm{d}y = \dfrac{z+2}{4}$;

当 $0 \leqslant z < 2$ 时, $-1 \leqslant z-1 < 1 \leqslant z+1$,所以 $f_\zeta(z) = \dfrac{1}{2} \displaystyle\int_{z-1}^{1} \dfrac{1}{2}\mathrm{d}y = \dfrac{2-z}{4}$; 其

余情况,显然 $f_\zeta(z) = 0$. 因而

$$f_\zeta(z) = \begin{cases} \dfrac{z+2}{4}, & \text{当} -2 < z < 0, \\[2mm] \dfrac{2-z}{4}, & \text{当} 0 \leqslant z < 2, \\[2mm] 0, & \text{其余}. \end{cases}$$

例 3.19 设随机变量 ξ 与 η 相互独立,且都服从 $N(0,1)$,求 $\zeta = \xi + \eta$ 的密度函数.

解 根据题意,有

$$f_\xi(x) = \frac{1}{\sqrt{2\pi}} e^{-\frac{x^2}{2}}, \quad -\infty < x < \infty,$$

$$f_\eta(y) = \frac{1}{\sqrt{2\pi}} e^{-\frac{y^2}{2}}, \quad -\infty < y < \infty,$$

由卷积公式(3.46),

$$f_\zeta(z) = \int_{-\infty}^{\infty} \frac{1}{2\pi} e^{-\frac{x^2}{2}} \cdot e^{-\frac{(z-x)^2}{2}} \mathrm{d}x = \frac{1}{2\pi} \int_{-\infty}^{\infty} e^{-\left(x^2 - xz + \frac{z^2}{2}\right)} \mathrm{d}x$$

$$= \frac{e^{-\frac{z^2}{4}}}{2\pi} \int_{-\infty}^{\infty} e^{-\left(x - \frac{z}{2}\right)^2} \mathrm{d}x = \frac{e^{-\frac{z^2}{4}}}{2\pi\sqrt{2}} \int_{-\infty}^{\infty} e^{-\frac{t^2}{2}} \mathrm{d}t$$

$$= \frac{1}{\sqrt{2\pi} \cdot \sqrt{2}} e^{-\frac{z^2}{2(\sqrt{2})^2}},$$

所以 $\xi + \eta \sim N(0, 2)$. 这说明 $\xi + \eta$ 服从参数 $a = 0$, $\sigma^2 = 2$ 的正态分布.

一般地,可以证明:若 ξ, η 相互独立,$\xi \sim N(a_1, \sigma_1^2)$, $\eta \sim N(a_2, \sigma_2^2)$,则 $\xi + \eta \sim N(a_1 + a_2, \sigma_1^2 + \sigma_2^2)$.

用归纳法可进一步证明:若 ξ_1, ξ_2, $\cdots$, ξ_n 相互独立,且 $\xi_i \sim N(a_i, \sigma_i^2)$, $i = 1$, 2, $\cdots$, n,则 $\xi_1 + \xi_2 + \cdots + \xi_n \sim N(a_1 + a_2 + \cdots + a_n, \sigma_1^2 + \sigma_2^2 + \cdots + \sigma_n^2)$.

这一结果表明:相互独立的正态随机变量之和仍然是正态随机变量.

由于正态随机变量的线性函数是正态随机变量,因而有更一般的结论:相互独立的正态随机变量的线性和是正态随机变量.

3.4.2.2 商的分布

设 (ξ, η) 的密度函数为 $f(x, y)$,求 $\zeta = \dfrac{\xi}{\eta}$ 的密度函数.

先求 $\zeta = \dfrac{\xi}{\eta}$ 的分布函数,参见图 3.5,有

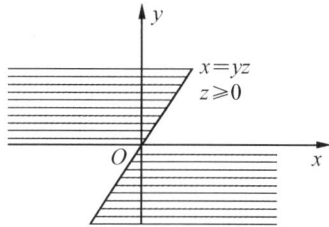

图 3.5

$$F_\zeta(z) = P\left(\frac{\xi}{\eta} < z\right) = \iint\limits_{\frac{x}{y} < z} f(x, y)\mathrm{d}x\mathrm{d}y$$

$$= \int_0^\infty \left[\int_{-\infty}^{yz} f(x, y)\mathrm{d}x\right]\mathrm{d}y + \int_{-\infty}^0 \left[\int_{yz}^\infty f(x, y)\mathrm{d}x\right]\mathrm{d}y$$

$$= \int_0^\infty \left[\int_{-\infty}^z yf(ty, y)\mathrm{d}t\right]\mathrm{d}y + \int_{-\infty}^0 \left[\int_z^{-\infty} yf(ty, y)\mathrm{d}t\right]\mathrm{d}y$$

$$= \int_{-\infty}^z \left[\int_{-\infty}^\infty |y| f(ty, y)\mathrm{d}y\right]\mathrm{d}t,$$

利用分布函数与密度函数的关系,得

$$f_\zeta(z) = \int_{-\infty}^\infty |y| f(zy, y)\mathrm{d}y. \tag{3.48}$$

特别当 ξ、η 相互独立时,有

$$f_\zeta(z) = \int_{-\infty}^\infty |y| f_\xi(zy) f_\eta(y)\mathrm{d}y. \tag{3.49}$$

以上利用"分布函数法"导出了两个随机变量和、商的密度函数,现在再举两个用"分布函数法"求密度函数的例子.

例 3.20 设 ξ 和 η 相互独立,且都服从 $N(0, \sigma^2)$,求 $\zeta = \sqrt{\xi^2 + \eta^2}$ 的密度函数.

解 先求 $F_\zeta(z) = P(\sqrt{\xi^2 + \eta^2} < z)$.

当 $z \leqslant 0$ 时, $F_\zeta(z) = 0$;

当 $z > 0$ 时,

$$F_\zeta(z) = P(\sqrt{\xi^2 + \eta^2} < z) = \iint\limits_{\sqrt{x^2+y^2} < z} \frac{1}{2\pi\sigma^2} \mathrm{e}^{-\frac{x^2+y^2}{2\sigma^2}} \mathrm{d}x\mathrm{d}y.$$

对 x, y 作极坐标变换:

$$\begin{cases} x = r\cos\theta, \\ y = r\sin\theta \end{cases} \quad (r \geqslant 0,\ 0 \leqslant \theta < 2\pi),$$

于是

$$F_\zeta(z) = \frac{1}{2\pi\sigma^2} \int_0^{2\pi} \mathrm{d}\theta \int_0^z \mathrm{e}^{-\frac{r^2}{2\sigma^2}} r\mathrm{d}r = 1 - \mathrm{e}^{-\frac{z^2}{2\sigma^2}}.$$

所以，ζ 的密度函数为

$$f_\zeta(z) = F_\zeta'(z) = \begin{cases} \dfrac{z}{\sigma^2} \mathrm{e}^{-\frac{z^2}{2\sigma^2}}, & \text{当 } z > 0, \\ 0, & \text{当 } z \leqslant 0. \end{cases}$$

这个分布称为参数为 $\sigma \, (\sigma > 0)$ 的瑞利(Rayleigh)分布.

例 3.21 设 ξ_1、ξ_2、ξ_3、ξ_4 相互独立,且都服从参数为 1 的指数分布,求 $\zeta = \max(\xi_1, \xi_2, \xi_3, \xi_4)$ 的密度函数.

解 设 ξ_1、ξ_2、ξ_3、ξ_4 的分布函数为 $F(x)$,有

$$F(x) = \begin{cases} 1 - \mathrm{e}^{-x}, & \text{当 } x \geqslant 0, \\ 0, & \text{当 } x < 0, \end{cases}$$

于是

$$\begin{aligned} F_\zeta(z) &= P(\max(\xi_1, \xi_2, \xi_3, \xi_4) < z) \\ &= P(\xi_1 < z, \xi_2 < z, \xi_3 < z, \xi_4 < z) \\ &= P(\xi_1 < z)P(\xi_2 < z)P(\xi_3 < z)P(\xi_4 < z) \\ &= [F(z)]^4, \end{aligned}$$

因而

$$\begin{aligned} f_\zeta(z) &= F_\zeta'(z) = 4[F(z)]^3 \cdot F'(z) \\ &= \begin{cases} 4\mathrm{e}^{-z} \cdot (1 - \mathrm{e}^{-z})^3, & \text{当 } z \geqslant 0, \\ 0, & \text{当 } z < 0. \end{cases} \end{aligned}$$

习 题 3.4

(A)

1. 一个盒子中有 4 个球,球上分别标有号码 0、1、1、2,从盒中有放回地取两次,每次取一球,设 ξ 为被观察到的球上号码的乘积,求 ξ 的分布列.

2. 设 ξ、η 相互独立,且服从同一的几何分布,求 $\xi + \eta$ 的分布列.

3. 设 ξ_1, ξ_2, $\cdots$, ξ_n 相互独立,它们服从同一的参数为 p 的两点分布,证明 $\zeta = \xi_1 + \xi_2 + \cdots + \xi_n$ 服从参数为 n、p 的二项分布.

4. 设 ξ_1, ξ_2, $\cdots$, ξ_n 相互独立,且都服从参数为 1 的泊松分布,证明 $\zeta = \xi_1 + \xi_2 + \cdots + \xi_n$ 服从参数为 n 的泊松分布.

5. 设 ξ、η 相互独立,其密度函数分别为

$$f_\xi(x) = \begin{cases} 1, & \text{当 } 0 \leqslant x \leqslant 1, \\ 0, & \text{其余}, \end{cases}$$

$$f_\eta(y) = \begin{cases} e^{-y}, & \text{当 } y > 0, \\ 0, & \text{当 } y \leqslant 0, \end{cases}$$

求 $\xi + \eta$ 及 $\xi - \eta$ 的密度函数.

6. 设二维随机变量的密度函数为

$$f(x, y) = \frac{1}{2\pi} e^{-\frac{x^2+y^2}{2}}, \quad -\infty < x, y < \infty,$$

求 $\zeta = \xi^2 + \eta^2$ 的密度函数.

7. 设 ξ 与 η 相互独立,且都服从 $[0, 1]$ 上的均匀分布,求 $\xi - \eta$ 及 $\xi \cdot \eta$ 的密度函数.

8. 设 ξ 与 η 相互独立,且都服从参数为 1 的指数分布,求 $\zeta = \dfrac{\xi}{\eta}$ 的密度函数.

9. 设某种商品一周的需要量是一个随机变量,其密度函数为

$$f(x) = \begin{cases} xe^{-x}, & \text{当 } x > 0, \\ 0, & \text{当 } x \leqslant 0, \end{cases}$$

如果各周的需要量是相互独立的,试求三周需要量的密度函数.

10. 设某种型号的电子管的寿命(以小时计)近似地服从 $N(160, 20^2)$,随机地选取 4 只,求其中没有一只的寿命小于 180 小时的概率.

(B)

1. 已知方程 $x^2 + \xi x + \eta = 0$ 的两根独立同分布于 $U[-1, 1]$,试求系数 ξ 及 η 的密度函数.

2. 设 ξ 与 η 相互独立,且都服从 $(0, 1)$ 上的均匀分布,试求:

(1) $\zeta_1 = \min(\xi, \eta)$ 的密度函数;

(2) $\zeta_1 = \min(\xi, \eta)$ 与 $\zeta_2 = \max(\xi, \eta)$ 的联合密度函数.

第 **4** 章 随机变量的数字特征

§4.1 数 学 期 望

前两章中研究了随机变量的概率分布,知道了概率分布就能完整地刻划随机变量的性质.然而在许多实际问题中,一方面要确定一个随机变量的概率分布常常是比较困难的,另一方面,有时也并不需要知道随机变量完整的性质,而只要了解随机变量的某些特征就够了.例如,想要了解某射手的射击水平,那么,所感兴趣的不是该射手每次射击命中环数的分布规律,而是命中环数的平均值,这个值大致刻划了命中环数这个随机变量取值的平均位置,用它可以反映出该射手的射击水平.像这种刻划随机变量某种特征的量,称之为随机变量的**数字特征**.本节主要介绍最常用的一个数字特征——数学期望,以后再陆续介绍其他的一些数字特征.

4.1.1 数学期望的概念

先看一个例子.经长期观察积累,某射手在每次射击中命中的环数 ξ 服从分布

ξ	0	1	2	3	$\cdots$	10
$P(\xi=x_i)$	p_0	p_1	p_2	p_3	$\cdots$	p_{10}

试问该射手在一次射击中平均命中的环数是多少?

一种很自然的考虑是:假定该射手进行了 N 次射击,那末,约有 Np_0 次命中 0 环,Np_1 次命中 1 环,$\cdots\cdots$,Np_{10} 次命中 10 环,因此 N 次射击中,命中的总环数约为

$$0 \cdot Np_0 + 1 \cdot Np_1 + \cdots + 10Np_{10},$$

从而在一次射击中,平均命中的环数为

$$0 \cdot p_0 + 1 \cdot p_1 + \cdots + 10p_{10},$$

它是 ξ 的可能取值与对应概率的乘积之和.由此引进如下定义.

定义 4.1 设 ξ 为一离散型随机变量,其分布列为

ξ	x_1	x_2	$\cdots$	x_n	$\cdots$
$P(\xi = x_i)$	p_1	p_2	$\cdots$	p_n	$\cdots$

若级数 $\sum\limits_{i=1}^{\infty} x_i p_i$ 绝对收敛,即 $\sum\limits_{i=1}^{\infty} |x_i| p_i < +\infty$,则称

$$E(\xi) = \sum\limits_{i=1}^{\infty} x_i p_i \tag{4.1}$$

为 ξ 的**数学期望**或均值,否则称 ξ 的数学期望不存在.

在定义 4.1 中,要求 $\sum\limits_{i=1}^{\infty} x_i p_i$ 绝对收敛是必需的. 因为 ξ 的数学期望是一个确定的量,不受 $x_i p_i$ 在级数中的排列次序的影响,这在数学上就要求级数绝对收敛.

ξ 的数学期望也称为数 x_i 以概率 p_i 为权的**加权平均**.

下面再引入连续型随机变量的数学期望定义. 设 ξ 的密度函数是 $f(x)$,将 $(-\infty, \infty)$ 分成 $n+2$ 个区间 $(-\infty, x_0], (x_0, x_1], (x_1, x_2], \cdots, (x_{n-1}, x_n], (x_n, +\infty)$,$\xi$ 落在 $(x_{i-1}, x_i]$ 内的任一点都看作 x_i,ξ 落在 $(x_{i-1}, x_i]$ 内的概率 $\int_{x_{i-1}}^{x_i} f(x)\mathrm{d}x \approx f(x_i)(x_i - x_{i-1}) = f(x_i)\Delta x_i$,如果设 ξ_n 为一离散型随机变量,其分布列是:

ξ_n	x_1	x_2	$\cdots$	x_n	0
$P(\xi_n = x_i)$	$f(x_1)\Delta x_1$	$f(x_2)\Delta x_2$	$\cdots$	$f(x_n)\Delta x_n$	$1 - \sum\limits_{i=1}^{n} f(x_i)\Delta x_i$

可以认为 $\xi \approx \xi_n$,于是 $E(\xi) \approx E(\xi_n) = \sum\limits_{i=1}^{n} x_i f(x_i)\Delta x_i$,当分点愈来愈密时,这种近似就转化为等式,即

$$E(\xi) = \lim_{n \to \infty} E(\xi_n) = \int_{-\infty}^{\infty} x f(x)\mathrm{d}x.$$

因而有下述定义:

定义 4.2 设 ξ 为一连续型随机变量,其密度函数是 $f(x)$,若 $\int_{-\infty}^{\infty} x f(x)\mathrm{d}x$ 绝对收敛,即

$$\int_{-\infty}^{\infty} |x| f(x)\mathrm{d}x < +\infty,$$

则称

$$E(\xi) = \int_{-\infty}^{\infty} x f(x) \mathrm{d}x \tag{4.2}$$

为 ξ 的**数学期望**,否则称 ξ 的数学期望不存在.

例 4.1 袋中有 i 号的球 i 只,$i = 1, 2, \cdots, n$,从中摸出一球,求所得号码的数学期望.

解 设 ξ 为所得号码,易知 ξ 的分布列是

ξ	1	2	$\cdots$	n
$P(\xi = x_i)$	$\dfrac{2}{n(n+1)}$	$\dfrac{4}{n(n+1)}$	$\cdots$	$\dfrac{2n}{n(n+1)}$

由(4.1)式,可得

$$E(\xi) = \sum_{i=1}^{n} i \cdot \frac{2i}{n(n+1)} = \frac{2}{n(n+1)} \sum_{i=1}^{n} i^2$$
$$= \frac{2n+1}{3}.$$

例 4.2 一道选择题,应该有多少种选择答案;答对者应给多少分;答错者应罚多少分,才能使猜答案者没有收益呢?

设一道选择题的选择分支有 m 个,其中有一个是正确答案,选对者得 a 分,选错者罚 b 分,即得 $-b$ 分,不答者得 0 分;以 ξ 表示乱猜答案者所得分数,那么 m、a、b 的设计要以 $E(\xi) \leqslant 0$ 为标准,简单的以无收益(即 $E(\xi) = 0$)为标准.我们有

ξ	a	$-b$
$P(\xi = x_i)$	$\dfrac{1}{m}$	$\dfrac{m-1}{m}$

按(4.1)式,$E(\xi) = a \cdot \dfrac{1}{m} + (-b) \cdot \dfrac{m-1}{m}$. 由 $E(\xi) = 0$,得 $a = b(m-1)$,这就是选取 m、a、b 所应满足的关系式.现列出若干组具体数字如下:

m(选择支数)	3	4	5	3	4	5
a(得分)	2	3	4	4	6	8
$-b$(罚分)	-1	-1	-1	-2	-2	-2

其中,第二组数字是目前流行的给分标准,如一道选择题给 1 分底分,那么对有四个选择支的选择题,答对得 4 分,不答得 1 分,答错得 0 分.

例 4.3 若随机变量 ξ 的密度函数为

$$f(x) = \frac{1}{2\lambda} e^{-\frac{|x-a|}{\lambda}}, \quad -\infty < x < +\infty$$

（此分布称为**拉普拉斯分布**），试求 $E(\xi)$.

解 按(4.2)式，有

$$E(\xi) = \int_{-\infty}^{\infty} x f(x) \mathrm{d}x = \int_{-\infty}^{\infty} x \cdot \frac{1}{2\lambda} e^{-\frac{|x-a|}{\lambda}} \mathrm{d}x,$$

令 $\dfrac{x-a}{\lambda} = t$，则

$$E(\xi) = \frac{1}{2\lambda} \int_{-\infty}^{\infty} (\lambda t + a) e^{-|t|} \cdot \lambda \mathrm{d}t$$

$$= \frac{\lambda}{2} \int_{-\infty}^{\infty} t e^{-|t|} \mathrm{d}t + \frac{a}{2} \int_{-\infty}^{\infty} e^{-|t|} \mathrm{d}t = a.$$

例 4.4 若随机变量 ξ 的密度函数为

$$f(x) = \frac{1}{\pi(1+x^2)}, \quad -\infty < x < +\infty$$

（此分布称为**柯西分布**），试证 $E(\xi)$ 不存在.

证明 由(4.2)式，有

$$\int_{-\infty}^{\infty} |x| f(x) \mathrm{d}x = \frac{2}{\pi} \int_{0}^{\infty} \frac{x}{1+x^2} \mathrm{d}x = \frac{2}{\pi} \lim_{A \to \infty} \int_{0}^{A} \frac{x}{1+x^2} \mathrm{d}x$$

$$= \frac{1}{\pi} \lim_{A \to \infty} \left[\ln(1+x^2) \right]_{0}^{A} = \frac{1}{\pi} \lim_{A \to \infty} \ln(1+A^2)$$

$$= \infty,$$

所以 $E(\xi)$ 不存在.

4.1.2 常见分布的数学期望

4.1.2.1 二点分布

设 $\xi \sim b(1, p)$，即

$$P(\xi = 0) = q, \ P(\xi = 1) = p, \ 0 < p < 1, \ p + q = 1.$$

由(4.1)式，有

$$E(\xi) = 0 \cdot q + 1 \cdot p = p.$$

4.1.2.2 二项分布

设 $\xi \sim \mathrm{b}(n, p)$，即

$$P(\xi = i) = C_n^i p^i q^{n-i}, \ i = 0, 1, 2, \cdots, n, \ 0 < p < 1, \ p + q = 1.$$

按(4.1)式，有

$$
\begin{aligned}
E(\xi) &= \sum_{i=0}^{n} i \cdot P(\xi = i) = \sum_{i=1}^{n} i C_n^i p^i q^{n-i} \\
&= \sum_{i=1}^{n} \frac{i \cdot n!}{i!(n-i)!} p^i q^{n-i} \\
&= \sum_{i=1}^{n} \frac{np \cdot (n-1)!}{(i-1)![(n-1)-(i-1)]!} p^{i-1} q^{(n-1)-(i-1)} \\
&\xlongequal{\text{令} k = i-1} \sum_{k=0}^{n-1} \frac{np \cdot (n-1)!}{k![(n-1)-k]!} p^k q^{(n-1)-k} \\
&= np(p+q)^{n-1} = np.
\end{aligned}
$$

4.1.2.3 泊松分布

设 $\xi \sim P(\lambda)$，即

$$P(\xi = i) = \frac{\lambda^i}{i!} \mathrm{e}^{-\lambda}, \ i = 0, 1, 2, \cdots, \lambda > 0.$$

由(4.1)式，有

$$
\begin{aligned}
E(\xi) &= \sum_{i=0}^{\infty} i \cdot \frac{\lambda^i}{i!} \mathrm{e}^{-\lambda} = \mathrm{e}^{-\lambda} \sum_{i=1}^{\infty} \frac{\lambda^i}{(i-1)!} \\
&= \lambda \mathrm{e}^{-\lambda} \sum_{i=1}^{\infty} \frac{\lambda^{i-1}}{(i-1)!} \xlongequal{\text{令} k = i-1} \lambda \mathrm{e}^{-\lambda} \sum_{k=0}^{\infty} \frac{\lambda^k}{k!} \\
&= \lambda \mathrm{e}^{-\lambda} \cdot \mathrm{e}^{\lambda} = \lambda.
\end{aligned}
$$

这说明，泊松分布的参数 λ 就是服从泊松分布的随机变量的均值.

4.1.2.4 均匀分布

设 $\xi \sim \mathrm{U}[a, b]$，即 ξ 的密度函数为

$$
f(x) =
\begin{cases}
\dfrac{1}{b-a}, & a < x < b, \\
0, & \text{其余.}
\end{cases}
$$

按(4.2)式，有

$$E(\xi) = \int_{-\infty}^{\infty} x f(x) \mathrm{d}x = \int_a^b x \cdot \frac{1}{b-a} \mathrm{d}x = \frac{a+b}{2},$$

它恰是区间$[a,b]$的中点,这与$E(\xi)$的意义相符.

4.1.2.5 指数分布

设 $\xi \sim E(\lambda)$,即 ξ 的密度函数为

$$f(x) = \begin{cases} \lambda \mathrm{e}^{-\lambda x}, & x > 0, \\ 0, & x \leqslant 0. \end{cases}$$

按(4.2)式,有

$$E(\xi) = \int_{-\infty}^{\infty} x f(x) \mathrm{d}x = \int_0^{\infty} x \lambda \mathrm{e}^{-\lambda x} \mathrm{d}x = \int_0^{\infty} (-x) \mathrm{d}\mathrm{e}^{-\lambda x}$$

$$= [-x \mathrm{e}^{-\lambda x}]_0^{\infty} + \int_0^{\infty} \mathrm{e}^{-\lambda x} \mathrm{d}x = \frac{1}{\lambda}.$$

4.1.2.6 正态分布

设 $\xi \sim N(a, \sigma^2)$,即 ξ 的密度函数为

$$f(x) = \frac{1}{\sqrt{2\pi}\sigma} \mathrm{e}^{-\frac{(x-a)^2}{2\sigma^2}}, \quad -\infty < x < \infty, \quad \sigma > 0.$$

按(4.2)式,有

$$E(\xi) = \frac{1}{\sqrt{2\pi}\sigma} \int_{-\infty}^{\infty} x \mathrm{e}^{-\frac{(x-a)^2}{2\sigma^2}} \mathrm{d}x$$

$$\xrightarrow{\diamondsuit\, t = \frac{x-a}{\sigma}} \frac{1}{\sqrt{2\pi}} \int_{-\infty}^{\infty} (a+\sigma t) \mathrm{e}^{-\frac{t^2}{2}} \mathrm{d}t$$

$$= a \cdot \frac{1}{\sqrt{2\pi}} \int_{-\infty}^{\infty} \mathrm{e}^{-\frac{t^2}{2}} \mathrm{d}t + \frac{\sigma}{\sqrt{2\pi}} \int_{-\infty}^{\infty} t \mathrm{e}^{-\frac{t^2}{2}} \mathrm{d}t.$$

上式右端第一项中,$\dfrac{1}{\sqrt{2\pi}} \displaystyle\int_{-\infty}^{\infty} \mathrm{e}^{-\frac{t^2}{2}} \mathrm{d}t = 1$,而第二项被积函数为奇函数,积分为零,所以,

$$E(\xi) = a.$$

这说明正态分布的参数 a 是正态随机变量的均值.

4.1.3 随机变量函数的数学期望公式

设 ξ 为一随机变量,下面研究 ξ 的函数 $\eta = \varphi(\xi)$ 的数学期望. 当然可以由 ξ 的分布计算出 $\eta = \varphi(\xi)$ 的分布,然后按公式(4.1)或(4.2)来计算 $E(\eta)$,但实际上可由下述定理来计算 $E(\eta)$.

定理 4.1 设 $\varphi(x)$ 是连续函数, $\eta = \varphi(\xi)$ 是随机变量 ξ 的函数.

(1) 当 ξ 是离散型随机变量,其分布列为

$$P(\xi = x_i) = p_i, \ i = 1, 2, \cdots,$$

若 $\sum\limits_{i=1}^{\infty} \varphi(x_i) p_i$ 绝对收敛,则

$$E(\eta) = E[\varphi(\xi)] = \sum_{i=1}^{\infty} \varphi(x_i) p_i. \tag{4.3}$$

(2) 当 ξ 是连续型随机变量,其密度函数为 $f(x)$,若积分 $\displaystyle\int_{-\infty}^{\infty} \varphi(x) f(x) \mathrm{d}x$ 绝对收敛,则

$$E(\eta) = E[\varphi(\xi)] = \int_{-\infty}^{\infty} \varphi(x) f(x) \mathrm{d}x. \tag{4.4}$$

证明 (1) ξ 为离散型随机变量,所以 $\eta = \varphi(\xi)$ 也是离散型随机变量. 设 η 的分布列是 $P(\eta = y_j), \ j = 1, 2, \cdots,$ 有

$$E(\eta) = \sum_{j=1}^{\infty} y_j P(\eta = y_j) = \sum_{j=1}^{\infty} y_j \Big[\sum_{\varphi(x_i) = y_j} P(\xi = x_i) \Big]$$

$$= \sum_{j=1}^{\infty} \sum_{\varphi(x_i) = y_j} y_j P(\xi = x_i) = \sum_{j=1}^{\infty} \sum_{\varphi(x_i) = y_j} \varphi(x_i) P(\xi = x_i)$$

$$= \sum_{i=1}^{\infty} \varphi(x_i) P(\xi = x_i).$$

(2) ξ 为连续型随机变量,一般情形下(4.4)式的证明较复杂,现仅对 $\eta = \varphi(\xi)$ 仍然是连续型随机变量的情况给出证明. 设 η 的密度函数为 $f_{\eta}(x)$,有

$$E(\eta) = \int_{-\infty}^{\infty} x f_{\eta}(x) \mathrm{d}x = \int_{0}^{\infty} x f_{\eta}(x) \mathrm{d}x + \int_{-\infty}^{0} x f_{\eta}(x) \mathrm{d}x.$$

而

$$\int_{0}^{\infty} x f_{\eta}(x) \mathrm{d}x = \int_{0}^{\infty} \Big[\int_{0}^{x} \mathrm{d}y \Big] f_{\eta}(x) \mathrm{d}x = \int_{0}^{\infty} \Big[\int_{y}^{\infty} f_{\eta}(x) \mathrm{d}x \Big] \mathrm{d}y$$

$$= \int_0^{\infty} P(\eta > y) \mathrm{d}y.$$

同理可得

$$\int_{-\infty}^0 x f_\eta(x) \mathrm{d}x = -\int_0^{\infty} P(\eta < -y) \mathrm{d}y.$$

所以

$$E(\eta) = \int_0^{\infty} P(\eta > y) \mathrm{d}y - \int_0^{\infty} P(\eta < -y) \mathrm{d}y$$

$$= \int_0^{\infty} P(\varphi(\xi) > y) \mathrm{d}y - \int_0^{\infty} P(\varphi(\xi) < -y) \mathrm{d}y$$

$$= \int_0^{\infty} \Big[\int_{\varphi(x) > y} f(x) \mathrm{d}x \Big] \mathrm{d}y - \int_0^{\infty} \Big[\int_{\varphi(x) < -y} f(x) \mathrm{d}x \Big] \mathrm{d}y$$

$$= \int_{\varphi(x) > 0} \Big[\int_0^{\varphi(x)} \mathrm{d}y \Big] f(x) \mathrm{d}x - \int_{\varphi(x) < 0} \Big[\int_0^{-\varphi(x)} \mathrm{d}y \Big] f(x) \mathrm{d}x$$

$$= \int_{\varphi(x) > 0} \varphi(x) f(x) \mathrm{d}x + \int_{\varphi(x) < 0} \varphi(x) f(x) \mathrm{d}x$$

$$= \int_{-\infty}^{\infty} \varphi(x) f(x) \mathrm{d}x.$$

定理 4.1 可以推广到多个随机变量函数的情况.

例如，$\zeta = \varphi(\xi, \eta)$，$\varphi(x, y)$ 是二元连续函数，当 (ξ, η) 是二维离散型随机变量、其分布列为 $P(\xi = x_i, \eta = y_j)(i, j = 1, 2, \cdots)$ 时，若 $\sum_i \sum_j \varphi(x_i, y_j) P(\xi = x_i, \eta = y_j)$ 绝对收敛，则

$$E(\zeta) = E[\varphi(\xi, \eta)] = \sum_i \sum_j \varphi(x_i, y_j) P(\xi = x_i, \eta = y_j). \qquad (4.5)$$

当 (ξ, η) 是二维连续型随机变量，且其密度函数为 $f(x, y)$ 时，若

$$\int_{-\infty}^{\infty} \int_{-\infty}^{\infty} \varphi(x, y) f(x, y) \mathrm{d}x \mathrm{d}y \text{ 绝对收敛，则}$$

$$E(\zeta) = E[\varphi(\xi, \eta)] = \int_{-\infty}^{\infty} \int_{-\infty}^{\infty} \varphi(x, y) f(x, y) \mathrm{d}x \mathrm{d}y. \qquad (4.6)$$

特别有

$$E(\xi) = \int_{-\infty}^{\infty} \int_{-\infty}^{\infty} x f(x,\, y)\mathrm{d}x\mathrm{d}y, \tag{4.7}$$

$$E(\eta) = \int_{-\infty}^{\infty} \int_{-\infty}^{\infty} y f(x,\, y)\mathrm{d}x\mathrm{d}y. \tag{4.8}$$

例 4.5 设随机变量 ξ 的分布列为

ξ	-1	0	1	2
$P(\xi = x_i)$	0.1	0.2	0.3	0.4

求 $E(\xi^2 + \xi - 1)$.

解 按公式(4.3)计算,有

$$
\begin{aligned}
E(\xi^2 + \xi - 1) &= [(-1)^2 + (-1) - 1] \cdot 0.1 + [0^2 + 0 - 1] \cdot 0.2 \\
&\quad + [1^2 + 1 - 1] \cdot 0.3 + [2^2 + 2 - 1] \cdot 0.4 \\
&= -0.1 - 0.2 + 0.3 + 2 = 2.
\end{aligned}
$$

本例如不按公式(4.3)计算,就要先求出 $\eta = \xi^2 + \xi - 1$ 的分布列:

$$P(\eta = -1) = 0.3,\ P(\eta = 1) = 0.3,\ P(\eta = 5) = 0.4,$$

则
$$E(\eta) = -1 \cdot 0.3 + 1 \cdot 0.3 + 5 \cdot 0.4 = 2.$$

一般情况下,还是用公式(4.3)计算较为简单.

例 4.6 对圆的直径作近似测量,设其值均匀分布于 $[a,\, b]$,求圆面积的均值.

解 设 ξ 为测量直径的近似值,据题意, ξ 的密度函数是

$$
f(x) = \begin{cases} \dfrac{1}{b-a}, & a < x < b, \\ 0, & \text{其余}. \end{cases}
$$

圆面积 $\eta = \dfrac{\pi \xi^2}{4}$,按公式(4.4),

$$
\begin{aligned}
E(\eta) = E\left(\frac{\pi \xi^2}{4}\right) &= \int_{-\infty}^{\infty} \frac{\pi x^2}{4} f(x)\mathrm{d}x \\
&= \int_{a}^{b} \frac{\pi x^2}{4} \cdot \frac{1}{b-a}\mathrm{d}x = \frac{\pi(a^2 + ab + b^2)}{12}.
\end{aligned}
$$

利用公式(4.4)计算比先求 $\eta = \dfrac{\pi \xi^2}{4}$ 的密度函数、再求 $E(\eta)$ 方便得多.

例 4.7 某个体户经营豆芽菜,每出售一千克可获利 a 分,每剩余一千克将亏损 b 分. 假定每天销售量 ξ(以千克为单位)服从参数为 λ 的泊松分布,问一天应准

备多少千克豆芽菜最合适？

解 设需准备 n 千克,其利润记为 $\varphi(\xi)$,它是销售量 ξ 的函数,有

$$\varphi(\xi) = \begin{cases} an, & \xi > n, \\ a\xi - (n-\xi)b, & \xi \leqslant n. \end{cases}$$

按(4.3)式,

$$\begin{aligned} E[\varphi(\xi)] &= \sum_{i=0}^{\infty} \varphi(i) \frac{e^{-\lambda}\lambda^i}{i!} \\ &= \sum_{i=0}^{n} [ai - (n-i)b] \frac{e^{-\lambda}\lambda^i}{i!} + \sum_{i=n+1}^{\infty} an \frac{e^{-\lambda}\lambda^i}{i!} \\ &= (a+b) \sum_{i=0}^{n} i \frac{e^{-\lambda}\lambda^i}{i!} - nb \sum_{i=0}^{n} \frac{e^{-\lambda}\lambda^i}{i!} + na\left(1 - \sum_{i=0}^{n} \frac{e^{-\lambda}\lambda^i}{i!}\right) \\ &= (a+b) \sum_{i=0}^{n} i \frac{e^{-\lambda}\lambda^i}{i!} - (a+b)n \sum_{i=0}^{n} \frac{e^{-\lambda}\lambda^i}{i!} + na \\ &= na + (a+b) \sum_{i=0}^{n} (i-n) \frac{e^{-\lambda}\lambda^i}{i!}. \end{aligned}$$

为要确定 n 的最优值,先研究当 n 增加 1 千克时,所获利润有什么变化.

$$\text{记 } f_n = na + (a+b) \sum_{i=0}^{n} (i-n) \frac{e^{-\lambda}\lambda^i}{i!},$$

有

$$\begin{aligned} f_{n+1} &= (n+1)a + (a+b) \sum_{i=0}^{n+1} (i-n-1) \frac{e^{-\lambda}\lambda^i}{i!} \\ &= (n+1)a + (a+b) \sum_{i=0}^{n} (i-n-1) \frac{e^{-\lambda}\lambda^i}{i!}, \end{aligned}$$

所以

$$f_{n+1} - f_n = a - (a+b) \sum_{i=0}^{n} \frac{e^{-\lambda}\lambda^i}{i!}.$$

因此,只要 $f_{n+1} - f_n > 0$,即

$$\sum_{i=0}^{n} \frac{e^{-\lambda}\lambda^i}{i!} < \frac{a}{a+b},$$

则准备 $(n+1)$ 千克将比准备 n 千克更好. 若设 n_1 为满足上面不等式的最大的正整数,就有

$$f_1 < f_2 < \cdots < f_{n_1} < f_{n_1+1}$$

和
$$f_{n_1+1} > f_{n_1+2} > \cdots.$$

因而,准备 (n_1+1) 千克可使出售豆芽菜获得最大利润.

例 4.8 在$[0, 1]$内独立地任投两点,求它们之间距离的数学期望.

解 以 ξ、η 分别表示所投两点的坐标,显然,ξ、η 的联合密度函数为

$$f(x, y) = \begin{cases} 1, & \text{当 } 0 < x < 1, \, 0 < y < 1, \\ 0, & \text{其余}. \end{cases}$$

按公式(4.6),

$$
\begin{aligned}
E \mid \xi - \eta \mid &= \int_{-\infty}^{\infty} \int_{-\infty}^{\infty} \mid x - y \mid f(x, y) \mathrm{d}x \mathrm{d}y \\
&= \int_0^1 \int_0^1 \mid x - y \mid \mathrm{d}x \mathrm{d}y = 2 \int_0^1 \left[\int_0^x (x - y) \mathrm{d}y \right] \mathrm{d}x \\
&= 2 \int_0^1 \frac{x^2}{2} \mathrm{d}x = \frac{1}{3}.
\end{aligned}
$$

4.1.4 数学期望的性质

定理 4.2 数学期望具有下列的性质:

(1) $E(c) = c$;   (4.9)

(2) $E(c\xi) = cE(\xi)$;   (4.10)

(3) $E(\xi + \eta) = E(\xi) + E(\eta)$;   (4.11)

(4) 设 ξ、η 相互独立,则 $E(\xi \cdot \eta) = E(\xi) \cdot E(\eta)$,   (4.12)

其中上面各式中的 c 为常数,所提及的数学期望都存在.

证明 (1) 把常数 c 当作随机变量,则是一个离散型随机变量,它只有一个可能取值,即 $P(\xi = c) = 1$. 按(4.1)式有

$$E(c) = E(\xi) = c \cdot P(\xi = c) = c.$$

(2) 当 ξ 是离散型随机变量,其分布列为 $P(\xi = x_i) = p_i$, $i = 1, 2, \cdots$,由公式(4.3),有

$$E(c\xi) = \sum_{i=1}^{\infty} c x_i p_i = c \sum_{i=1}^{\infty} x_i p_i = cE(\xi).$$

当 ξ 是连续型随机变量,密度函数为 $f(x)$,由公式(4.4),有

$$E(c\xi) = \int_{-\infty}^{\infty} c x f(x) \mathrm{d}x = c \int_{-\infty}^{\infty} x f(x) \mathrm{d}x = cE(\xi).$$

以下仅对连续型的情况给出证明,离散型的情况,读者可自行证明.

(3) 设 $f(x, y)$ 为 (ξ, η) 的密度函数,由公式(4.6)、(4.7)、(4.8),有

$$E(\xi + \eta) = \int_{-\infty}^{\infty} \int_{-\infty}^{\infty} (x + y) f(x, y) \mathrm{d}x \mathrm{d}y$$

$$= \int_{-\infty}^{\infty} \int_{-\infty}^{\infty} x f(x, y) \mathrm{d}x \mathrm{d}y + \int_{-\infty}^{\infty} \int_{-\infty}^{\infty} y f(x, y) \mathrm{d}x \mathrm{d}y$$

$$= E(\xi) + E(\eta).$$

(4) 设 $f_\xi(x)$、$f_\eta(y)$ 分别为 ξ、η 的密度函数,由于 ξ 与 η 相互独立,所以

$$f(x, y) = f_\xi(x) \cdot f_\eta(y)$$

为 (ξ, η) 的密度函数,于是

$$E(\xi \cdot \eta) = \int_{-\infty}^{\infty} \int_{-\infty}^{\infty} xy f(x, y) \mathrm{d}x \mathrm{d}y$$

$$= \int_{-\infty}^{\infty} \int_{-\infty}^{\infty} xy f_\xi(x) f_\eta(y) \mathrm{d}x \mathrm{d}y$$

$$= \int_{-\infty}^{\infty} x f_\xi(x) \mathrm{d}x \cdot \int_{-\infty}^{\infty} y f_\eta(y) \mathrm{d}y$$

$$= E(\xi) \cdot E(\eta).$$

根据定理 4.2,运用归纳法,易得下列推论:

推论 4.1　$E(c_1\xi_1 + c_2\xi_2 + \cdots + c_n\xi_n + b)$

$$= c_1 E(\xi_1) + c_2 E(\xi_2) + \cdots + c_n E(\xi_n) + b, \tag{4.13}$$

其中 $c_1, c_2, \cdots, c_n, b$ 均是常数时,特别有

$$E(\xi_1 + \xi_2 + \cdots + \xi_n) = E(\xi_1) + E(\xi_2) + \cdots + E(\xi_n). \tag{4.14}$$

推论 4.2　若 $\xi_1, \xi_2, \cdots, \xi_n$ 相互独立,则

$$E(\xi_1 \cdot \xi_2 \cdot \cdots \cdot \xi_n) = E(\xi_1) \cdot E(\xi_2) \cdot \cdots \cdot E(\xi_n). \tag{4.15}$$

注意,对于"和",不要求 $\xi_1, \xi_2, \cdots, \xi_n$ 相互独立,对于"积",则要求 $\xi_1, \xi_2, \cdots,$ ξ_n 相互独立.

数学期望的种种性质有助于简化数学期望的计算.

例 4.9　设 $(\xi, \eta) \sim N(a, \sigma_1^2; b, \sigma_2^2; r)$,求 $E(2\xi - 3\eta + 1)$.

解　因为 $(\xi, \eta) \sim N(a, \sigma_1^2; b, \sigma_2^2; r)$,所以 $\xi \sim N(a, \sigma_1^2)$,$\eta \sim N(b, \sigma_2^2)$,从而 $E(\xi) = a$,$E(\eta) = b$. 由此,按(4.13)式,得

$$E(2\xi - 3\eta + 1) = 2E(\xi) - 3E(\eta) + 1 = 2a - 3b + 1.$$

这比按公式(4.6)计算要简洁一些.

例 4.10 掷 20 个骰子,求这 20 个骰子出现的点数之和的数学期望.

解 设 ξ_i 为第 i 个骰子出现的点数,$i=1,2,\cdots,20$,那么,20 个骰子点数之和 ξ 就等于

$$\xi = \xi_1 + \xi_2 + \cdots + \xi_{20}.$$

容易明白,ξ_i 有相同的分布列 $P(\xi_i = k) = \frac{1}{6}$,$k=1,2,3,4,5,6$,所以

$$E(\xi_i) = \frac{1}{6}(1+2+3+4+5+6) = \frac{21}{6},\ i=1,2,\cdots,20,$$

于是,

$$E(\xi) = E(\xi_1) + E(\xi_2) + \cdots + E(\xi_{20}) = 20 \times \frac{21}{6} = 70.$$

本例将随机变量 ξ 分解成若干个随机变量之和,利用随机变量和的期望公式 (4.14),把 $E(\xi)$ 的计算转化为求这若干个随机变量的期望,使 $E(\xi)$ 的计算大为简化. 这种处理方法具有一定的普遍意义,下面再看两例.

例 4.11 对敌人的某一目标进行炮击,命中 N 次才能彻底摧毁该目标,假定各次射击是独立的,并且每次射击命中的概率为 p,试求彻底摧毁这一目标平均消耗的炮弹数.

解 设 ξ 为 N 次命中所消耗的炮弹数,需要求出 $E(\xi)$.

以 ξ_i 表示从第 $i-1$ 次射中后算起到第 i 次射中所消耗的炮弹数,$i=1,2,\cdots,N$,则

$$\xi = \xi_1 + \xi_2 + \cdots + \xi_N.$$

易知 ξ_i 的分布列相同,且都服从参数为 p 的几何分布,所以

$$E(\xi_i) = \frac{1}{p},\ i=1,2,\cdots,N,$$

从而

$$E(\xi) = E(\xi_1) + E(\xi_2) + \cdots + E(\xi_N) = \frac{N}{p}.$$

例 4.12 对 N 个人验血有两种方法:

(1) 逐个检验,这样必然进行 N 次试验;

(2) k 个人为一组,把 k 个人的血样合放在一起检验(设 N 很大且是 k 的整数倍),若检验的结果为阴性,则这 k 个人只需作一次检验;若检验结果为阳性,则对这 k 个人再逐个检验,这样对 k 个人需进行 $k+1$ 次检验. 设每个人检验结果为阳性的概率为 p,且这些人的检验结果是相互独立的,试求在第二种检验方法下,需

要进行检验次数的数学期望.

解 设 ξ 是在第二种验血方法下进行检验的次数,而 ξ_i 是第 i 组的验血次数,则

$$\xi = \xi_1 + \xi_2 + \cdots + \xi_{\frac{N}{k}}.$$

易知,ξ_i 的分布列是

$$P(\xi_i = 1) = (1-p)^k, \ P(\xi_i = k+1) = 1 - (1-p)^k;$$

其数学期望

$$E(\xi_i) = (1-p)^k + (k+1)[1-(1-p)^k]$$
$$= k + 1 - k(1-p)^k, \ i = 1, \ 2, \ \cdots, \ \frac{N}{k}.$$

从而

$$E(\xi) = E(\xi_1) + E(\xi_2) + \cdots + E(\xi_{\frac{N}{k}})$$
$$= \frac{N}{k}[k + 1 - k(1-p)^k]$$
$$= N\left[1 + \frac{1}{k} - (1-p)^k\right].$$

这种验血方法,当 $\frac{1}{k} - (1-p)^k < 0$ 时,能减少验血次数. 例如,$N = 10\,000$,$k = 10$,$p = 0.001$ 时,

$$E(\xi) = N\left[1 + \frac{1}{k} - (1-p)^k\right] = 10\,000\left[1 + \frac{1}{10} - (0.999)^{10}\right]$$
$$\approx 1\,099.55 \approx 1\,100.$$

4.1.5 中位数和众数

用于刻划随机变量的取值平均位置和集中位置的重要参数,除了前面讨论的数学期望外,还有中位数和众数. 随机变量的数学期望不一定存在. 当数学期望不存在时,中位数或众数在刻划取值的平均位置或集中位置中显得更重要;即使在数学期望存在的那些情况中,中位数、众数有时仍然是刻划取值平均位置或集中位置的良好参数,因为数学期望可能会大大地受到概率很小、但数值很大的那些非主要部分的影响.

4.1.5.1 中位数

随机变量 ξ 的中位数指的是这样的点,它把 ξ 的概率分布分成相等的两部分,

概率与统计

即位于该点左、右部分的概率均等于 $\frac{1}{2}$. 然而对于离散型分布,有时未必能找到把概率分布恰巧分成相等两部分的点. 考虑到这种情况,对于中位数的定义采用如下的方式:

对任意的随机变量 ξ,满足下面两不等式

$$P(\xi \leqslant x) \geqslant \frac{1}{2}, \ P(\xi \geqslant x) \geqslant \frac{1}{2}$$

的 x 称为 ξ 的**中位数**,记为 $x_{\frac{1}{2}}$.

对于连续型的情况,因为 $P(\xi \leqslant x) = F(x+0) = F(x) = 1 - P(\xi \geqslant x)$,上面两不等式等价于 $F(x) = \frac{1}{2}$,此时,中位数 $x_{\frac{1}{2}}$ 是方程 $F(x) = \frac{1}{2}$ 的解.

显然中位数总是存在的,但未必是唯一的.

类似地,对于任意常数 p,$0 < p < 1$,满足 $P(\xi \leqslant x) \geqslant p$、$P(\xi \geqslant x) \geqslant 1 - p$ 的 x 称为 ξ 的 p 分位数,记为 x_p,像中位数一样,任一 p 的分位数 x_p 有时可以是不唯一的.

4.1.5.2 众数

众数是表示分布高峰所在的数. 如果 ξ 是连续型的,称使得密度函数 $f(x)$ 达到极大值的点 x 为 ξ 的**众数**;如 ξ 是离散型的,设概率 p_1,p_2,$\cdots$,对应着按大小顺序排列的值 x_1,$x_2 \cdots$,那末,当 $p_i \geqslant p_{i+1}$ 且 $p_i \geqslant p_{i-1}$ 时,称 p_i 所对应的值 x_i 为 ξ 的**众数**. 显然,众数也可以不唯一. 当 ξ 只有一个众数时,说概率分布是单峰的;如有两个众数时,就说概率分布是双峰的,依此类推.

当 $\xi \sim N(a, \sigma^2)$,易见 ξ 的数学期望、中位数、众数都相等且其值等于 a.

例 4.13 设 ξ 的分布列为

ξ	1	2	3	4
$P(\xi = x_i)$	0.1	0.3	0.2	0.4

求 ξ 的中位数.

解 因为 $P(\xi \leqslant 3) = 0.6 > \frac{1}{2}$,$P(\xi \geqslant 3) = 0.6 > \frac{1}{2}$,所以 ξ 的中位数是 3,且是唯一的.

例 4.14 设 ξ 的密度函数为

$$f(x) = \begin{cases} \frac{1}{2}, & \text{当 } 0 \leqslant x \leqslant 1, \\ 1, & \text{当 } 2.5 \leqslant x \leqslant 3, \\ 0, & \text{其余}, \end{cases}$$

求 ξ 的中位数.

解 这是一个连续型分布,可通过解方程 $F(x)=\dfrac{1}{2}$ 求得中位数.有

$$F(x)=\begin{cases} 0, & -\infty < x \leqslant 0, \\ \dfrac{1}{2}x, & 0 < x \leqslant 1, \\ \dfrac{1}{2}, & 1 < x \leqslant 2.5, \\ x-2, & 2.5 < x \leqslant 3, \\ 1, & x > 3. \end{cases}$$

可见区间 $[1,2.5]$ 中的任一数均可作为 ξ 的中位数.

习 题 4.1

（A）

1. 甲、乙两工人在同样条件下生产,日产量相等,每天出废品情况如下:

工 人	甲				乙			
废品数	0	1	2	3	0	1	2	3
概率	0.4	0.3	0.2	0.1	0.3	0.5	0.2	0

试问谁的产品质量好一些?

2. 盒中有 5 个球,其中有 3 个白球、2 个黑球,从中任取两个球,求白球数 ξ 的数学期望.

3. 求几何分布的数学期望.

4. 射击比赛,每人射四次(每次一发),约定全部不中得 0 分,只中一弹得 15 分,中两弹得 30 分,中三弹得 55 分,中四弹得 100 分.某人每次射击的命中率为 $\dfrac{3}{5}$,求他得分的期望值.

5. 某人有 n 把钥匙,其中只有一把能打开某一扇门,今任取一把试开,不能打开者除去,求打开此门所需试开次数的数学期望.

6. 设随机变量 ξ 取值于 (a,b) ,证明 $a \leqslant E(\xi) \leqslant b$.

7. 设随机变量 ξ 只取非负整数值 $i(i \geqslant 0)$ 且 $P(\xi=i)=A \cdot \dfrac{B^i}{i!}$, $i=0,1,2,\cdots$,已知 $E(\xi)=2$,求常数 A 与 B.

8. 求下列各题的数学期望.

(1) ξ 的密度函数为 $f(x) = \begin{cases} \dfrac{2}{\pi}\cos^2 x, & -\dfrac{\pi}{2} \leqslant x \leqslant \dfrac{\pi}{2}, \\ 0, & \text{其余}; \end{cases}$

(2) ξ 的密度函数为 $f(x) = \begin{cases} x, & 0 < x \leqslant 1, \\ 2-x, & 1 < x < 2, \\ 0, & \text{其余}. \end{cases}$

9. 设轮船横向摇摆的随机振幅 ξ 的密度函数为

$$f(x) = Axe^{-\frac{x^2}{\sigma^2}}, \ x > 0.$$

(1) 求常数 A;

(2) 问遇到大于其振幅均值的概率是多少?

(3) 求 $E(2\xi^2 - \xi - 1)$.

10. 点随机地落在一个中心在原点,半径为 R 的圆周上,并对弧长是均匀分布的,求落点横坐标的均值.

11. 假设在国际市场上每年对某种出口商品的需求是随机变量 ξ(单位为吨),它服从 $[2\,000, 4\,000]$ 上的均匀分布. 设每出售这种商品一吨,可以挣得外汇价值 3 万元,但假如销售不出而屯积于仓库,则每吨需浪费保养费 1 万元,试问应组织多少货源,才能使收益最大?

12. 一报童卖报每份 0.15 元,其成本为 0.10 元,报社规定他不能把卖不出去的报纸退回,如果他每月的销售量服从以 $n = 100$、$p = \dfrac{1}{3}$ 为参数的二项分布,问他应购多少份报纸才能使他获得的利润为最大?

13. 设 ξ 与 η 的联合密度函数为

$$f(x, y) = \begin{cases} 4xye^{-(x^2+y^2)}, & x > 0, \ y > 0, \\ 0, & \text{其余}. \end{cases}$$

(1) 求 $\zeta = \sqrt{\xi^2 + \eta^2}$ 的均值;　(2) 求 $E(2\xi - 3\eta - 1)$.

14. 利用随机变量和的期望公式计算超几何分布的数学期望.

15. 一民航机场的送客汽车载有 20 位旅客自机场开出,沿途有 10 个车站. 如到达一个车站没有旅客下车就不停车,以 ξ 表示停车次数,求 $E(\xi)$(设每个旅客在各个车站下车是等可能的).

16. 设坛内有 $2N$ 张卡片,其中两张标着 1,两张标着 2,两张标着 3,……现从坛内随机地抽出 m 张,试问在坛内余下的卡片中,仍然成对的对数的期望值是多少?

(B)

1. 从数字 $1, 2, \cdots, n$ 中任取两个数字,求这两个数之差的平方的数学期望.

2. 设在区间 $(0,1)$ 上随机地取 n 个点,求相距最远的两点间的距离的数学期望.

3. 设 ξ 是只取非负整数值的随机变量,证明:$E(\xi) = \sum\limits_{i=1}^{\infty} P(\xi \geqslant i)$.

§4.2 方 差

4.2.1 方差的概念

先看一个例子,有甲、乙两射手,他们每次射击命中的环数分别用 ξ、η 表示.已知 ξ、η 的分布列分别是:

ξ	8	9	10
$P(\xi=x_i)$	0.2	0.6	0.2

η	8	9	10
$P(\eta=y_i)$	0.1	0.8	0.1

试问甲、乙两人谁的成绩更好些?

自然,首先计算甲、乙两人每次射击命中的平均环数,有

$$E(\xi) = 0.2 \cdot 8 + 0.6 \cdot 9 + 0.2 \cdot 10 = 1.6 + 5.4 + 2 = 9 \text{ 环},$$
$$E(\eta) = 0.1 \cdot 8 + 0.8 \cdot 9 + 0.1 \cdot 10 = 0.8 + 7.2 + 1 = 9 \text{ 环}.$$

可见,两射手每次射击的平均命中环数相等,这表明他们的成绩是差不多的.因此单从数学期望这一点来看是很难断定那一位射手技术更高明些,因此需考虑另外的因素.通常的想法是:在技术水平相同的条件下要比较一下谁的技术更稳定些.如何来衡量这一点呢? 根据一般的常识,应该看那一位射击时命中的环数不大起大落,亦即要看谁命中的环数比较集中于平均值的附近,而这可用命中的环数 ξ 与它的平均值 $E(\xi)$ 之间的离差 $|\xi - E(\xi)|$ 的平均 $E|\xi - E(\xi)|$ 来度量. $E|\xi - E(\xi)|$ 愈小,表明 ξ 的值愈集中于 $E(\xi)$ 附近,技术稳定;$E|\xi - E(\xi)|$ 愈大,表明 ξ 的值很分散,技术不稳定.但是,$E|\xi - E(\xi)|$ 中带有绝对值,在数学上运算不方便,通常用量 ξ 与 $E(\xi)$ 的离差 $|\xi - E(\xi)|$ 的平方平均 $E[\xi - E(\xi)]^2$ 来度量随机变量 ξ 取值的分散程度(也就是 ξ 取值的集中程度).根据这个量,可以算得

$$E[\xi - E(\xi)]^2 = 0.2 \cdot (8-9)^2 + 0.6 \cdot (9-9)^2 + 0.2 \cdot (10-9)^2$$
$$= 0.4,$$
$$E[\eta - E(\eta)]^2 = 0.1 \cdot (8-9)^2 + 0.8 \cdot (9-9)^2 + 0.1 \cdot (10-9)^2$$
$$= 0.2.$$

由于 $E[\xi - E(\xi)]^2 > E[\eta - E(\eta)]^2$,所以乙的技术更稳定些,从而乙的技术更好

概率与统计

些. 由此,引进如下定义.

定义 4.3 设 ξ 为一随机变量,若 $E[\xi-E(\xi)]^2$ 存在,则称 $E[\xi-E(\xi)]^2$ 为 ξ 的**方差**,记为 $D(\xi)$,即

$$D(\xi) = E[\xi-E(\xi)]^2. \tag{4.16}$$

而称 $\sqrt{D(\xi)}$ 为 ξ 的**标准差**或**均方差**,记作 σ_ξ.

随机变量 ξ 的方差 $D(\xi)$ 刻划了 ξ 取值的分散(或集中)程度,$D(\xi)$ 愈小,ξ 的取值愈集中;$D(\xi)$ 愈大,ξ 的取值愈分散.

由定义可知,若 ξ 是离散型随机变量,其分布列为 $P(\xi = x_i) = p_i$,$i = 1$,$2,\cdots$,则

$$D(\xi) = \sum_{i=1}^{\infty} [x_i - E(\xi)]^2 p_i. \tag{4.17}$$

若 ξ 是连续型随机变量,其密度函数为 $f(x)$,则

$$D(\xi) = \int_{-\infty}^{\infty} [x - E(\xi)]^2 f(x)\mathrm{d}x. \tag{4.18}$$

由方差定义及数学期望的性质可推导出方差的计算公式:

$$D(\xi) = E(\xi^2) - [E(\xi)]^2. \tag{4.19}$$

事实上,有

$$\begin{aligned}
D(\xi) &= E[\xi-E(\xi)]^2 = E[\xi^2 - 2\xi E(\xi) + (E(\xi))^2] \\
&= E(\xi^2) - 2E(\xi) \cdot E(\xi) + [E(\xi)]^2 \\
&= E(\xi^2) - [E(\xi)]^2.
\end{aligned}$$

在用标准差或方差度量分散程度时,要注意 $\sqrt{D(\xi)}$、$D(\xi)$ 均是有量纲的值(分别是一次量纲、二次量纲);因此,对于具有不同量纲的随机变量,我们就很难通过标准差或方差来比较它们的分散程度;另一方面,即使是同一量纲的随机变量,也由于数值较大的随机变量一般有较大的标准差或方差,使得用标准差或方差来比较它们的分散程度也不可靠,为此我们引入一个无量纲的数. 若 $E(\xi) \neq 0$,称

$$C_V = \frac{\sigma_\xi}{E(\xi)} \tag{4.20}$$

为 ξ 的**变异系数**,用它可度量随机变量的相对分散程度.

例 4.15 随机地从 $1\sim9$ 这九个数中取一整数,记

$$\xi = \begin{cases} 1, & \text{取得奇数}, \\ 2, & \text{取得偶数}, \end{cases}$$

求 $D(\xi)$.

解 容易算得 ξ 的分布列是

ξ	1	2
$P(\xi=x_i)$	$\dfrac{5}{9}$	$\dfrac{4}{9}$

于是

$$E(\xi) = 1 \cdot \frac{5}{9} + 2 \cdot \frac{4}{9} = \frac{13}{9},$$

$$E(\xi^2) = 1^2 \cdot \frac{5}{9} + 2^2 \cdot \frac{4}{9} = \frac{21}{9},$$

按(4.19)式，$D(\xi) = E(\xi^2) - [E(\xi)]^2 = \dfrac{20}{81}.$

例 4.16 设 ξ 的密度函数是

$$f(x) = \begin{cases} 2x, & 0 < x < 1, \\ 0, & \text{其余}, \end{cases}$$

求 $D(\xi)$.

解
$$E(\xi) = \int_0^1 x \cdot 2x \mathrm{d}x = \frac{2}{3},$$

$$E(\xi^2) = \int_0^1 x^2 \cdot 2x \mathrm{d}x = \frac{1}{2},$$

按(4.19)式，有

$$D(\xi) = E(\xi^2) - [E(\xi)]^2 = \frac{1}{2} - \left(\frac{2}{3}\right)^2 = \frac{1}{18}.$$

4.2.2 常见分布的方差

4.2.2.1 二点分布
已知 $E(\xi) = p$，而 $E(\xi^2) = 0^2 \cdot q + 1^2 \cdot p = p$，于是

$$D(\xi) = p - p^2 = p(1-p) = pq.$$

4.2.2.2 二项分布
已知 $E(\xi) = np$，又

$$E(\xi^2) = \sum_{i=0}^{n} i^2 C_n^i p^i q^{n-i} = \sum_{i=0}^{n} [i(i-1)+i] C_n^i p^i q^{n-i}$$

$$= \sum_{i=0}^{n} i(i-1) C_n^i p^i q^{n-i} + \sum_{i=0}^{n} i C_n^i p^i q^{n-i}$$

$$= \sum_{i=0}^{n} i(i-1) \frac{n!}{i!(n-i)!} p^i q^{n-i} + np$$

$$= \sum_{i=2}^{n} \frac{n(n-1) \cdot (n-2)!}{(i-2)!(n-i)!} p^2 \cdot p^{i-2} \cdot q^{n-i} + np$$

$$\xrightarrow{\text{令} k=i-2} n(n-1)p^2 \sum_{k=0}^{n-2} \frac{(n-2)!}{k![(n-2)-k]!} p^k q^{n-2-k} + np$$

$$= n(n-1)p^2 (p+q)^{n-2} + np$$

$$= n(n-1)p^2 + np,$$

于是

$$D(\xi) = E(\xi^2) - [E(\xi)]^2$$

$$= n(n-1)p^2 + np - (np)^2 = npq.$$

4.2.2.3 泊松分布

已知 $E(\xi) = \lambda$，而

$$E(\xi^2) = \sum_{i=0}^{\infty} i^2 \cdot \frac{e^{-\lambda} \cdot \lambda^i}{i!} = \sum_{i=0}^{\infty} [i(i-1)+i] \frac{e^{-\lambda}\lambda^i}{i!}$$

$$= \sum_{i=0}^{\infty} i(i-1) \frac{e^{-\lambda}\lambda^i}{i!} + \sum_{i=0}^{\infty} i \frac{e^{-\lambda}\lambda^i}{i!}$$

$$= \sum_{i=2}^{\infty} \frac{e^{-\lambda}\lambda^i}{(i-2)!} + \lambda$$

$$\xrightarrow{\text{令} k=i-2} e^{-\lambda}\lambda^2 \sum_{k=0}^{\infty} \frac{\lambda^k}{k!} + \lambda = e^{-\lambda} \cdot \lambda^2 \cdot e^{\lambda} + \lambda = \lambda^2 + \lambda,$$

于是 $\qquad D(\xi) = E(\xi)^2 - [E(\xi)]^2 = \lambda^2 + \lambda - \lambda^2 = \lambda.$

4.2.2.4 均匀分布

已知 $E(\xi) = \dfrac{a+b}{2}$，而

$$E(\xi^2) = \int_a^b x^2 \cdot \frac{1}{b-a} \mathrm{d}x = \frac{b^3-a^3}{3(b-a)} = \frac{a^2+ab+b^2}{3},$$

于是

$$D(\xi) = E(\xi^2) - [E(\xi)]^2$$
$$= \frac{a^2 + ab + b^2}{3} - \left(\frac{a+b}{2}\right)^2 = \frac{(b-a)^2}{12}.$$

4.2.2.5 指数分布

已知 $E(\xi) = \dfrac{1}{\lambda}$，而

$$E(\xi^2) = \int_0^\infty x^2 \cdot \lambda e^{-\lambda x}\,dx = -\int_0^\infty x^2\,d(e^{-\lambda x})$$

$$= [-x^2 \cdot e^{-\lambda x}]_0^\infty + \int_0^\infty 2x e^{-\lambda x}\,dx$$

$$= 0 + \frac{2}{\lambda} \int_0^\infty x \cdot \lambda e^{-\lambda x}\,dx = \frac{2}{\lambda^2},$$

于是

$$D(\xi) = E(\xi^2) - [E(\xi)]^2$$
$$= \frac{2}{\lambda^2} - \left(\frac{1}{\lambda}\right)^2 = \frac{1}{\lambda^2}.$$

4.2.2.6 正态分布

对于正态分布来说，按定义比按公式(4.19)求方差更方便些.
已知 $E(\xi) = a$，有

$$D(\xi) = E[\xi - E(\xi)]^2 = E(\xi - a)^2$$
$$= \int_{-\infty}^\infty (x-a)^2 \frac{1}{\sqrt{2\pi}\sigma} e^{-\frac{(x-a)^2}{2\sigma^2}}\,dx,$$

令 $t = \dfrac{x-a}{\sigma}$，则

$$D(\xi) = \frac{\sigma^2}{\sqrt{2\pi}} \int_{-\infty}^\infty t^2 e^{-\frac{t^2}{2}}\,dt = \frac{\sigma^2}{\sqrt{2\pi}} \int_{-\infty}^\infty (-t)\,d(e^{-\frac{t^2}{2}})$$

$$= \frac{\sigma^2}{\sqrt{2\pi}} \left\{ [-t \cdot e^{-\frac{t^2}{2}}]_{-\infty}^\infty + \int_{-\infty}^\infty e^{-\frac{t^2}{2}}\,dt \right\}$$

$$= \sigma^2 \cdot \frac{1}{\sqrt{2\pi}} \int_{-\infty}^\infty e^{-\frac{t^2}{2}}\,dt = \sigma^2.$$

可见，正态分布中的另一个参数 σ^2 恰是相应的正态随机变量的方差.

4.2.3　方差的性质

定理 4.3　方差具有下列性质：

(1) $D(c) = 0$；　　　　　　　　　　　　　　　　　　　　　　　　　　　(4.21)

(2) $D(c\xi) = c^2 D(\xi)$；　　　　　　　　　　　　　　　　　　　　　　(4.22)

(3) 若 ξ、η 相互独立，则

$$D(\xi + \eta) = D(\xi) + D(\eta),$$　　　　　　　　　(4.23)

其中上面各式中的 c 为常数，所提及的方差都存在.

证明

(1) $D(c) = E[c - E(c)]^2 = E(c - c)^2 = 0.$

(2) $D(c\xi) = E[c\xi - E(c\xi)]^2 = E[c\xi - cE(\xi)]^2$
$$= E\{c^2[\xi - E(\xi)]^2\}$$
$$= c^2 E[\xi - E(\xi)]^2 = c^2 D(\xi).$$

(3) $D(\xi + \eta) = E[\xi + \eta - E(\xi + \eta)]^2$
$$= E\{[\xi - E(\xi)]^2 + 2[\xi - E(\xi)][\eta - E(\eta)] + [\eta - E(\eta)]^2\}$$
$$= E[\xi - E(\xi)]^2 + 2E\{[\xi - E(\xi)][\eta - E(\eta)]\} + E[\eta - E(\eta)]^2$$
$$= D(\xi) + D(\eta) + 2E\{[\xi - E(\xi)][\eta - E(\eta)]\}.$$

因为 ξ 与 η 相互独立，所以 $\xi - E(\xi)$ 与 $\eta - E(\eta)$ 也独立，有

$$E\{[\xi - E(\xi)][\eta - E(\eta)]\} = E[\xi - E(\xi)] \cdot E[\eta - E(\eta)] = 0.$$

从而

$$D(\xi + \eta) = D(\xi) + D(\eta).$$

根据定理 4.3，运用归纳法，易得下列推论：

推论 4.3　若 $\xi_1, \xi_2, \cdots, \xi_n$ 相互独立，则

$$D(c_1\xi_1 + c_2\xi_2 + \cdots + c_n\xi_n + b) = c_1^2 D(\xi_1) + c_2^2 D(\xi_2) + \cdots + c_n^2 D(\xi_n).$$

(4.24)

其中 $c_1, c_2, \cdots, c_n, b$ 均是常数，特别有

$$D(\xi_1 + \xi_2 + \cdots + \xi_n) = D(\xi_1) + D(\xi_2) + \cdots + D(\xi_n).$$　　(4.25)

上述方差的性质有助于简化方差的计算.

例 4.17　设 ξ 的均值和方差都存在，且 $D(\xi) > 0$，令

$$\xi^* = \frac{\xi - E(\xi)}{\sqrt{D(\xi)}},$$

则有

$$E(\xi^*) = E\left[\frac{\xi - E(\xi)}{\sqrt{D(\xi)}}\right] = 0,$$

$$D(\xi^*) = D\left[\frac{\xi - E(\xi)}{\sqrt{D(\xi)}}\right] = \frac{D[\xi - E(\xi)]}{D(\xi)} = \frac{D(\xi)}{D(\xi)} = 1.$$

ξ^* 称为对应于 ξ 的**标准化随机变量**,它是无量纲的.因此用它可把不同单位的量进行加、减和比较.在教育统计学中,若以 ξ 表示某门课的分数,那末 ξ^* 称为该课的**标准分数**,由于标准分数以原点为基准,因此在升学考试或评定学生奖学金中,以各门课的标准分总和多少排列顺序比起以各门课的原始分总和多少排列顺序更加合理.

例 4.18 设 ξ_1,ξ_2,$\cdots$,ξ_n 相互独立,且 $D(\xi_i) = \sigma^2$,$E(\xi_i) = a$,$i = 1, 2, \cdots,$
n,试求 $\bar{\xi} = \dfrac{1}{n} \sum\limits_{i=1}^{n} \xi_i$ 的数学期望和方差.

解 由期望和方差的性质有

$$E(\bar{\xi}) = E\left(\frac{1}{n} \sum_{i=1}^{n} \xi_i\right) = \frac{1}{n} E\left(\sum_{i=1}^{n} \xi_i\right)$$

$$= \frac{1}{n} \sum_{i=1}^{n} E(\xi_i) = a,$$

$$D(\bar{\xi}) = D\left(\frac{1}{n} \sum_{i=1}^{n} \xi_i\right) = \frac{1}{n^2} D\left(\sum_{i=1}^{n} \xi_i\right)$$

$$= \frac{1}{n^2} \sum_{i=1}^{n} D(\xi_i) = \frac{\sigma^2}{n}.$$

通常进行精密测量时,为了减少随机误差,往往是重复测量多次然后取其结果的平均值.本例给出了这种做法的一个合理解释.设被测量的真值为 a,由于有随机误差,n 次测量结果 ξ_1,ξ_2,$\cdots$,ξ_n 是 n 个随机变量,均值都为 a,在测量条件保持不变,且每次测量都是"独立"进行的情况下,ξ_1,$\cdots$,ξ_n 是独立的,有相同的分布.这样,当 $n = 1$ 时,测量结果 ξ_1 在真值 a 周围取值,方差为 $D\xi_1 = \sigma^2$.当 $n > 1$ 时,n 次测量结果的平均值 $\bar{\xi}$ 仍在真值 a 周围取值,但方差为 $\dfrac{\sigma^2}{n}$,比 σ^2 小,因此 $\bar{\xi}$ 更有可能取得接近于真值 a 的值.

例 4.19 袋中有 n 张卡片,编号为 $1, 2, \cdots, n$,从中有放回地抽出 k 张卡片,求所得号码之和的方差.

解 设 ξ_i 是第 i 次摸得的卡片号码,因为抽样是有放回的,所以 ξ_1,ξ_2,$\cdots$,ξ_k 相互独立,按(4.25)式,有

$$D(\xi_1 + \xi_2 + \cdots + \xi_k) = D(\xi_1) + D(\xi_2) + \cdots + D(\xi_k),$$

易知 ξ_i 的分布列均是 $P(\xi_i = j) = \dfrac{1}{n}$，$j = 1, 2, \cdots, n$，从而

$$D(\xi_i) = \frac{n^2 - 1}{12},$$

$$D(\xi_1 + \xi_2 + \cdots + \xi_k) = \frac{k(n^2 - 1)}{12}.$$

4.2.4 切比雪夫(**ЧебЫшев**)不等式

从前面的介绍可以看到，许多常见的随机变量的分布，在分布函数的类型为已知时，完全由它的数学期望和方差所决定. 如泊松分布、二项分布、正态分布等，可见这两个数字特征的重要性. 此外，它们的重要性还在于当分布的函数形式不知道时，也能提供关于分布的某些信息. 这从下面著名的切比雪夫不等式可以看到.

定理 4.4（切比雪夫不等式） 若随机变量 ξ 的方差 $D(\xi)$ 存在，则对任何 $\varepsilon > 0$，成立

$$P(\mid \xi - E(\xi) \mid \geqslant \varepsilon) \leqslant \frac{D(\xi)}{\varepsilon^2}. \tag{4.26}$$

证明 这里就 ξ 是连续型的情况证明.

设 ξ 的密度函数为 $f(x)$，有

$$
\begin{aligned}
P(\mid \xi - E(\xi) \mid \geqslant \varepsilon) &= \int_{\mid x - E(\xi) \mid \geqslant \varepsilon} f(x)\mathrm{d}x \\
&\leqslant \frac{1}{\varepsilon^2} \int_{\mid x - E(\xi) \mid \geqslant \varepsilon} [x - E(\xi)]^2 f(x)\mathrm{d}x \\
&\leqslant \frac{1}{\varepsilon^2} \int_{-\infty}^{\infty} [x - E(\xi)]^2 f(x)\mathrm{d}x = \frac{D(\xi)}{\varepsilon^2}.
\end{aligned}
$$

在(4.26)式中，若取 $\varepsilon = 3\sqrt{D(\xi)}$，便有

$$P(\mid \xi - E(\xi) \mid \geqslant 3\sqrt{D(\xi)}) \leqslant \frac{D(\xi)}{[3\sqrt{D(\xi)}]^2} = \frac{1}{9}.$$

若取 $\varepsilon = 2\sqrt{D(\xi)}$，便有

$$P(\mid \xi - E(\xi) \mid \geqslant 2\sqrt{D(\xi)}) \leqslant \frac{D(\xi)}{[2\sqrt{D(\xi)}]^2} = \frac{1}{4}.$$

所以当 ξ 的分布未知时，利用 $E(\xi)$、$D(\xi)$ 可以得到关于概率 $P(\mid \xi - E(\xi) \mid \geqslant k\sqrt{D(\xi)})$ 的粗略估计.

例 4.20 设已知某工厂一周的产量是均值等于 50 的随机变量，若已知周产

量的方差等于 25,则关于这一周的产量将在 40 到 60 之间的概率至少有多大?

解 以 ξ 表示周产量,由切比雪夫不等式得

$$P(\mid \xi - 50 \mid \geqslant 10) \leqslant \frac{D(\xi)}{10^2} = \frac{1}{4},$$

$$P(\mid \xi - 50 \mid < 10) \geqslant 1 - \frac{1}{4} = \frac{3}{4}.$$

可见,这一周的产量在 40 到 60 之间的概率至少为 0.75.

由定理 4.4,可得如下定理.

定理 4.5 若 $D(\xi) = 0$,则 $P(\xi = E(\xi)) = 1$.

证明 写出

$$\{\xi = E(\xi)\} \bigcup \{\xi \neq E(\xi)\} = \Omega.$$

又

$$\{\xi \neq E(\xi)\} = \bigcup_{n=1}^{\infty} \left\{ \mid \xi - E(\xi) \mid > \frac{1}{n} \right\}.$$

再根据习题 1.4(A) 第 **12** 题的结论,于是有

$$P(\xi \neq E(\xi)) = P\left(\bigcup_{n=1}^{\infty} \left\{ \mid \xi - E(\xi) \mid > \frac{1}{n} \right\} \right)$$

$$\leqslant \sum_{n=1}^{\infty} P\left(\mid \xi - E(\xi) \mid > \frac{1}{n} \right).$$

由切比雪夫不等式有

$$P\left(\mid \xi - E(\xi) \mid > \frac{1}{n} \right) \leqslant \frac{D(\xi)}{\left(\frac{1}{n} \right)^2} = 0.$$

从而

$$P(\xi \neq E(\xi)) = 0,$$
$$P(\xi = E(\xi)) = 1 - P(\xi \neq E(\xi)) = 1.$$

*4.2.5 半四分差和极差

用于刻划取值分散程度的重要参数还有半四分差和极差. 当 ξ 的方差不存在时,半四分差和极差在刻划取值分散程度时显得更重要.

设 $x_{\frac{1}{4}}$、$x_{\frac{3}{4}}$ 分别为随机变量 ξ 的 0.25、0.75 分位数,称 $Q = \dfrac{x_{\frac{3}{4}} - x_{\frac{1}{4}}}{2}$ 为 ξ 的半

四分差. 如 ξ 是连续型的,则有 $P(x_{\frac{1}{4}} < \xi < x_{\frac{3}{4}}) = \dfrac{1}{2}$,因而 Q 愈小,$x_{\frac{3}{4}} - x_{\frac{1}{4}}$ 也就

愈小,概率分布的一半部分也就愈集中,故半四分差 Q 在一定意义下也可用来度量 ξ 的分散程度.

若 ξ 取值于一有限区间内,此时一切满足 $F(x) = 0$ 的点 x 有一有限上确界 S,且一切满足 $F(x) = 1$ 点 x 有一有限下确界 I,概率分布全含在 (S, I) 内,称 $R = I - S$ 为 ξ 的**极差**,它也用作 ξ 的分散程度的度量.

习 题 4.2

(A)

1. 求习题 4.1(A)组第 2、4、5、8、10 题的方差.

2. 求几何分布的方差.

3. 设随机变量 ξ 取值于 (a, b),证明 $D(\xi) \leqslant \dfrac{(b-a)^2}{4}$.

4. 设 $(\xi, \eta) \sim N(a, \sigma_1^2; b, \sigma_2^2; r)$,求 $D(\xi)$、$D(\eta)$.

5. 设 ξ、η 相互独立,且 $\xi \sim U[0, 1]$,$\eta \sim U[1, 3]$,试求:

(1) $D(\xi - 2\eta - 1)$;　　　　(2) $D(\xi\eta)$.

6. 在同样条件下,用两种方法测量一零件长度(单位为 cm),由大量测量结果得到它的分布列如下:

长　　　度	48	49	50	51	52
方法 1 的概率	0.1	0.1	0.6	0.1	0.1
方法 2 的概率	0.2	0.2	0.2	0.2	0.2

问哪一种方法的精度较好?

7. 设 ξ 与 η 相互独立,试证:

$$D(\xi\eta) = D(\xi) \cdot D(\eta) + [E(\xi)]^2 D(\eta) + [E(\eta)]^2 D(\xi).$$

8. 利用独立随机变量和的方差公式计算二项分布的方差.

9. 掷 n 颗骰子,求点数之和的方差.

(B)

1. 设 ξ 是取非负整数值的随机变量,试证:

$$D(\xi) = 2 \sum_{m=1}^{\infty} m P(\xi \geqslant m) - E(\xi)[E(\xi) + 1].$$

2. 设 $(\xi, \eta) \sim N(0, 1; 0, 1; 0)$,求 $D(\max\{\xi, \eta\})$.

3. 设 ξ 的密度函数为

$$f(x) = \begin{cases} \dfrac{x^m}{m!}e^{-x}, & x > 0, \\ 0, & x \leqslant 0. \end{cases}$$

其中 m 为非负整数,试证:

$$P\{0 < \xi < 2(m+1)\} \geqslant \frac{m}{m+1}.$$

§4.3 协方差、相关系数和矩

4.3.1 协方差和相关系数的概念

对于二维随机变量 (ξ, η),除了关心它的各个分量的期望和方差外,还希望知道两分量之间的联系.这种联系无法从各个分量的期望和方差来说明,必须引入描述两分量间联系的数字特征.回想一下,在推导相互独立随机变量 ξ、η 之和的方差时,曾经得到:若 ξ、η 相互独立,则

$$E[\xi - E(\xi)][\eta - E(\eta)] = 0.$$

这意味着,若 $E[\xi - E(\xi)][\eta - E(\eta)] \neq 0$,则 ξ、η 必然不独立,而是存在着一定的联系.因此量 $E[\xi - E(\xi)][\eta - E(\eta)]$ 可以用来描述两随机变量 ξ 与 η 间的联系程度,于是引入如下定义.

定义 4.4 设 (ξ, η) 是二维随机变量,若

$$E[\xi - E(\xi)][\eta - E(\eta)]$$

存在,则称它为 ξ 与 η 的**协方差**或**相关矩**,记为 $\mathrm{cov}(\xi, \eta)$,即

$$\mathrm{cov}(\xi, \eta) = E[\xi - E(\xi)][\eta - E(\eta)]. \tag{4.27}$$

又若 $D(\xi) \neq 0$,$D(\eta) \neq 0$,则称

$$\rho_{\xi\eta} = \frac{\mathrm{cov}(\xi, \eta)}{\sqrt{D(\xi)} \cdot \sqrt{D(\eta)}} \tag{4.28}$$

为 ξ 和 η 的**相关系数**.

$\mathrm{cov}(\xi, \eta)$ 常简记成 $\sigma_{\xi\eta}$,为了与 $\sigma_{\xi\eta}$ 相对应,$D(\xi)$、$D(\eta)$ 也常分别记成 $\sigma_{\xi\xi}$ 和 $\sigma_{\eta\eta}$.请注意 $\mathrm{cov}(\xi, \eta)$ 是一个有量纲的数,而 $\rho_{\xi\eta}$ 是一个无量纲的数.

例 4.21 (二维正态分布的协方差和相关系数)

设 $(\xi, \eta) \sim N(a, \sigma_1^2; b, \sigma_2^2; r)$,则

$$\mathrm{cov}(\xi, \eta) = r\sigma_1\sigma_2, \quad \rho_{\xi\eta} = r.$$

*证明 因为 $(\xi, \eta) \sim N(a, \sigma_1^2; b, \sigma_2^2; r)$，有 $\xi \sim N(a, \sigma_1^2)$，$\eta \sim N(b, \sigma_2^2)$.
于是 $E(\xi) = a$，$D(\xi) = \sigma_1^2$；$E(\eta) = b$，$D(\eta) = \sigma_2^2$，从而

$$
\begin{aligned}
\mathrm{cov}(\xi, \eta) &= E[\xi - E(\xi)][\eta - E(\eta)] \\
&= E[\xi - a][\eta - b] \\
&= \int_{-\infty}^{\infty} \int_{-\infty}^{\infty} (x-a)(y-b) \frac{1}{2\pi \sigma_1 \sigma_2 \sqrt{1-r^2}} \cdot \\
&\quad \exp\left\{ -\frac{1}{2(1-r^2)} \left[\frac{(x-a)^2}{\sigma_1^2} - \frac{2r(x-a)(y-b)}{\sigma_1 \sigma_2} + \frac{(y-b)^2}{\sigma_2^2} \right] \right\} \mathrm{d}x\mathrm{d}y \\
&\xlongequal{\frac{x-a}{\sigma_1} = t_1, \frac{y-b}{\sigma_2} = t_2} \int_{-\infty}^{\infty} \int_{-\infty}^{\infty} \frac{t_1 t_2 \sigma_1^2 \sigma_2^2}{2\pi \sigma_1 \sigma_2 \sqrt{1-r^2}} \cdot \\
&\quad \exp\left\{ -\frac{1}{2(1-r^2)} \left[t_1^2 - 2r t_1 t_2 + t_2^2 \right] \right\} \mathrm{d}t_1 \mathrm{d}t_2 \\
&= \frac{\sigma_1 \sigma_2}{2\pi \sqrt{1-r^2}} \int_{-\infty}^{\infty} \int_{-\infty}^{\infty} t_1 t_2 \cdot e^{-\frac{1}{2}\left[\frac{t_1}{\sqrt{1-r^2}} - \frac{r t_2}{\sqrt{1-r^2}} \right]^2} \cdot e^{-\frac{1}{2}t_2^2} \mathrm{d}t_1 \mathrm{d}t_2 \\
&\xlongequal{\frac{t_1}{\sqrt{1-r^2}} - \frac{r t_2}{\sqrt{1-r^2}} = z_1, \, t_2 = z_2} \frac{\sigma_1 \sigma_2}{2\pi} \int_{-\infty}^{\infty} \int_{-\infty}^{\infty} (\sqrt{1-r^2} z_1 + r z_2) \cdot z_2 e^{-\frac{1}{2}z_1^2} \cdot e^{-\frac{1}{2}z_2^2} \mathrm{d}z_1 \mathrm{d}z_2 \\
&= \frac{\sigma_1 \sigma_2}{2\pi} \int_{-\infty}^{\infty} \sqrt{1-r^2} z_1 e^{-\frac{1}{2}z_1^2} \mathrm{d}z_1 \cdot \int_{-\infty}^{\infty} z_2 e^{-\frac{1}{2}z_2^2} \mathrm{d}z_2 + \frac{\sigma_1 \sigma_2}{2\pi} \int_{-\infty}^{\infty} e^{-\frac{1}{2}z_1^2} \mathrm{d}z_1 \cdot \int_{-\infty}^{\infty} r z_2^2 e^{-\frac{1}{2}z_2^2} \mathrm{d}z_2 \\
&= 0 + \frac{r \sigma_1 \sigma_2}{\sqrt{2}\pi} \int_{-\infty}^{\infty} z_2^2 e^{-\frac{1}{2}z_2^2} \mathrm{d}z_2 \\
&= \frac{r \sigma_1 \sigma_2}{\sqrt{2}\pi} \left\{ \left[-z_2 \cdot e^{-\frac{1}{2}z_2^2} \right]_{-\infty}^{\infty} + \int_{-\infty}^{\infty} e^{-\frac{1}{2}z_2^2} \mathrm{d}z_2 \right\} \\
&= r \sigma_1 \sigma_2,
\end{aligned}
$$

$$
\rho_{\varepsilon\eta} = \frac{\mathrm{cov}(\xi, \eta)}{\sqrt{D(\xi)} \sqrt{D(\eta)}} = r.
$$

可见二维正态分布中的第五个参数 r 是 ξ、η 的相关系数.

4.3.2 协方差的性质

定理 4.6 协方差具有下述性质：

(1) $\mathrm{cov}(\xi, \eta) = \mathrm{cov}(\eta, \xi)$；　　　　　　　　　　　　　　　　　　　　　　(4.29)

(2) $\mathrm{cov}(a_1 \xi + b_1, a_2 \eta + b_2) = a_1 a_2 \mathrm{cov}(\xi, \eta)$，　　　　　　　　　　　　　　(4.30)

其中 a_1、a_2、b_1、b_2 为常数；

(3) $\mathrm{cov}(\xi_1 + \xi_2, \eta) = \mathrm{cov}(\xi_1, \eta) + \mathrm{cov}(\xi_2, \eta)$；　　　　　　　　　　　(4.31)

(4) 若 ξ、η 相互独立,则 $\mathrm{cov}(\xi,\eta) = 0$.　　　　　　　　　　(4.32)

以上均假定各协方差存在.

证明

(1) 是显然的.

(2) 由定义,有

$$\begin{aligned}
\mathrm{cov}(a_1\xi + b_1,\, a_2\eta + b_2) &= E[a_1\xi + b_1 - E(a_1\xi + b_1)][a_2\eta + \\
&\qquad b_2 - E(a_2\eta + b_2)] \\
&= E[a_1\xi - E(a_1\xi)][a_2\eta - E(a_2\eta)] \\
&= a_1 a_2 E[\xi - E(\xi)][\eta - E(\eta)] \\
&= a_1 a_2 \mathrm{cov}(\xi,\eta).
\end{aligned}$$

(3) 由定义,有

$$\begin{aligned}
\mathrm{cov}(\xi_1 + \xi_2,\, \eta) &= E[\xi_1 + \xi_2 - E(\xi_1 + \xi_2)][\eta - E(\eta)] \\
&= E[\xi_1 - E(\xi_1)][\eta - E(\eta)] + \\
&\qquad E[\xi_2 - E(\xi_2)][\eta - E(\eta)] \\
&= \mathrm{cov}(\xi_1,\eta) + \mathrm{cov}(\xi_2,\eta).
\end{aligned}$$

(4) 因 ξ 与 η 相互独立,所以 $E(\xi\eta) = E(\xi)\cdot E(\eta)$,

于是

$$\begin{aligned}
\mathrm{cov}(\xi,\eta) &= E[\xi - E(\xi)][\eta - E(\eta)] \\
&= E(\xi\eta) - E(\xi)E(\eta) = 0.
\end{aligned}$$

对于 $\mathrm{cov}(\xi,\eta)$ 与 $D(\xi)$、$D(\eta)$ 及 $E(\xi)$、$E(\eta)$ 之间的关系,有如下定理.

定理 4.7　若 $E(\xi)$、$E(\eta)$、$D(\xi)$、$D(\eta)$ 均存在,则

(1) $\mathrm{cov}(\xi,\eta) = E(\xi\eta) - E(\xi)E(\eta)$;　　　　　　　　　　(4.33)

(2) $D(\xi \pm \eta) = D(\xi) + D(\eta) \pm 2\mathrm{cov}(\xi,\eta)$.　　　　　　　(4.34)

证明

(1) 已由定理 4.6(4)的证明过程中得到.

(2) $\begin{aligned}[t]
D(\xi \pm \eta) &= E[\xi \pm \eta - E(\xi \pm \eta)]^2 \\
&= E[\xi - E(\xi) \pm (\eta - E(\eta))]^2 \\
&= E\{[\xi - E(\xi)]^2 \pm 2[\xi - E(\xi)][\eta - E(\eta)] + \\
&\qquad [\eta - E(\eta)]^2\} \\
&= D(\xi) + D(\eta) \pm 2\mathrm{cov}(\xi,\eta).
\end{aligned}$

根据定理 4.7(2)及方差的性质,运用归纳法,易得

推论 4.4　$D\left(\sum\limits_{i=1}^{n} c_i\xi_i + b\right)$

$$= \sum_{i=1}^{n} c_i^2 D(\xi_i) + 2 \sum_{1 \leqslant i < j \leqslant n} c_i c_j \text{cov}(\xi_i, \xi_j), \qquad (4.35)$$

其中 $c_1, c_2, \cdots, c_n, b$ 都是常数,所提及的方差存在.

例 4.22 设 ξ、η 的联合密度函数是

$$f(x, y) = \begin{cases} x + y, & 0 \leqslant x \leqslant 1, 0 \leqslant y \leqslant 1, \\ 0, & \text{其余}. \end{cases}$$

求 $\text{cov}(\xi, \eta)$、$D(2\xi - 3\eta + 8)$ 及 $\rho_{\xi\eta}$.

解 有

$$E(\xi) = \int_{-\infty}^{\infty} \int_{-\infty}^{\infty} x f(x, y) \mathrm{d}x \mathrm{d}y = \int_{0}^{1} \int_{0}^{1} x(x+y) \mathrm{d}x \mathrm{d}y = \frac{7}{12},$$

$$E(\xi^2) = \int_{-\infty}^{\infty} \int_{-\infty}^{\infty} x^2 f(x, y) \mathrm{d}x \mathrm{d}y = \int_{0}^{1} \int_{0}^{1} x^2(x+y) \mathrm{d}x \mathrm{d}y = \frac{5}{12}.$$

根据对称性,得

$$E(\eta) = E(\xi) = \frac{7}{12},$$

$$E(\eta^2) = E(\xi^2) = \frac{5}{12}.$$

另一方面

$$E(\xi\eta) = \int_{-\infty}^{\infty} \int_{-\infty}^{\infty} xy f(x, y) \mathrm{d}x \mathrm{d}y = \int_{0}^{1} \int_{0}^{1} xy(x+y) \mathrm{d}x \mathrm{d}y = \frac{1}{3}.$$

于是

$$\text{cov}(\xi, \eta) = E(\xi\eta) - E(\xi)E(\eta) = \frac{1}{3} - \left(\frac{7}{12}\right)^2 = -\frac{1}{144},$$

$$D(\eta) = D(\xi) = E(\xi^2) - [E(\xi)]^2 = \frac{5}{12} - \left(\frac{7}{12}\right)^2 = \frac{11}{144},$$

$$D(2\xi - 3\eta + 8) = 4D(\xi) + 9D(\eta) - 12\text{cov}(\xi, \eta)$$

$$= 13 \cdot \frac{11}{144} + 12 \cdot \frac{1}{144}$$

$$= \frac{155}{144},$$

$$\rho_{\xi\eta} = \frac{\text{cov}(\xi, \eta)}{\sqrt{D(\xi)}\sqrt{D(\eta)}} = \frac{-\dfrac{1}{144}}{\sqrt{\dfrac{11}{144}}\sqrt{\dfrac{11}{144}}} = -\frac{1}{11}.$$

4.3.3 相关系数的性质

为了阐明相关系数的性质,首先证明一个有用的不等式.

定理 4.8(柯西-施瓦茨(**Cauchy-Schwarz**)不等式) 设 ξ、η 为任意两个随机变量,若 $E(\xi^2) < \infty$,$E(\eta^2) < \infty$,则有

$$[E(\xi\eta)]^2 \leqslant E(\xi^2)E(\eta^2). \tag{4.36}$$

＊证明 由 $|\xi\eta| \leqslant \dfrac{1}{2}(\xi^2 + \eta^2)$,知 $E(\xi\eta)$ 存在,当 $E(\eta^2) \neq 0$ 时,对任意的实数 λ 二次三项式

$$E(\xi + \lambda\eta)^2 = E(\xi^2) + 2\lambda E(\xi\eta) + \lambda^2 E(\eta^2) \geqslant 0.$$

所以它的判别式非正,即

$$[2E(\xi\eta)]^2 - 4E(\xi^2)E(\eta^2) \leqslant 0,$$

因而

$$[E(\xi\eta)]^2 \leqslant E(\xi^2)E(\eta^2).$$

当 $E(\eta^2) = 0$ 时,则式(4.36)为显然.

定理 4.9 设 $\rho_{\xi\eta}$ 是 ξ 与 η 的相关系数,则有

(1) $|\rho_{\xi\eta}| \leqslant 1$; $\qquad\qquad\qquad\qquad\qquad\qquad\qquad\qquad$ (4.37)

(2) $|\rho_{\xi\eta}| = 1$ 的充要条件是 ξ 与 η 以概率 1 线性相关,即存在常数 $a \neq 0$ 和 b,有

$$P(\eta = a\xi + b) = 1. \tag{4.38}$$

＊证明 (1) 由定理 4.8,有

$$
\begin{aligned}
[\mathrm{cov}(\xi, \eta)]^2 &= \{E[\xi - E(\xi)][\eta - E(\eta)]\}^2 \\
&\leqslant E[\xi - E(\xi)]^2 \cdot E[\eta - E(\eta)]^2 = D(\xi)D(\eta),
\end{aligned}
$$

故

$$\left[\frac{\mathrm{cov}(\xi, \eta)}{\sqrt{D(\xi)}\,\sqrt{D(\eta)}}\right]^2 \leqslant 1,$$

即

$$|\rho_{\xi\eta}|^2 \leqslant 1,$$

所以

$$|\rho_{\xi\eta}| \leqslant 1.$$

(2) 先证明充分性. 设 $P(\eta = a\xi + b) = 1$,$a \neq 0$,于是

概率与统计

$$E(\eta - a\xi - b) = 0, \; D(\eta - a\xi - b) = 0,$$

从而

$$E(\eta) = aE(\xi) + b, \quad \mathrm{cov}(\xi, \eta) = \frac{D(\eta) + a^2 D(\xi)}{2a}.$$

另一方面,由 $P(\eta = a\xi + b) = 1$,有 $P(\eta^2 = (a\xi + b)^2) = 1$,因此

$$E(\eta^2) = E[(a\xi + b)^2] = a^2 E(\xi^2) + 2abE(\xi) + b^2,$$

据此

$$D(\eta) = E(\eta^2) - [E(\eta)]^2 = a^2 E(\xi^2) + 2abE(\xi) + b^2 - [aE(\xi) + b]^2$$
$$= a^2 E(\xi^2) - a^2 [E(\xi)]^2 = a^2 D(\xi),$$
$$\mathrm{cov}(\xi, \eta) = \frac{D(\eta) + a^2 D(\xi)}{2a} = aD(\xi),$$

故

$$\rho_{\xi\eta} = \frac{\mathrm{cov}(\xi, \eta)}{\sqrt{D(\xi)} \, \sqrt{D(\eta)}} = \frac{aD(\xi)}{|a| D(\xi)} = \frac{a}{|a|},$$

所以

$$|\rho_{\xi\eta}| = 1.$$

下面证明必要性. 设 $|\rho_{\xi\eta}| = 1$,考虑

$$D\left(\frac{\xi - E(\xi)}{\sqrt{D(\xi)}} \pm \frac{\eta - E(\eta)}{\sqrt{D(\eta)}} \right)$$
$$= D\left(\frac{\xi - E(\xi)}{\sqrt{D(\xi)}} \right) + D\left(\frac{\eta - E(\eta)}{\sqrt{D(\eta)}} \right) \pm 2\mathrm{cov}\left(\frac{\xi - E(\xi)}{\sqrt{D(\xi)}}, \frac{\eta - E(\eta)}{\sqrt{D(\eta)}} \right)$$
$$= 1 + 1 \pm 2 \frac{\mathrm{cov}(\xi, \eta)}{\sqrt{D(\xi)} \, \sqrt{D(\eta)}} = 2(1 \pm \rho_{\xi\eta}),$$

于是当 $\rho_{\xi\eta} = 1$ 时,

$$D\left(\frac{\xi - E(\xi)}{\sqrt{D(\xi)}} - \frac{\eta - E(\eta)}{\sqrt{D(\eta)}} \right) = 0,$$

由定理 4.5 可知

$$P\left(\frac{\xi - E(\xi)}{\sqrt{D(\xi)}} - \frac{\eta - E(\eta)}{\sqrt{D(\eta)}} = 0 \right) = 1,$$

即

$$P(\eta = a\xi + b) = 1,$$

其中 $\qquad a = \dfrac{\sqrt{D(\eta)}}{\sqrt{D(\xi)}} > 0,\ b = E(\eta) - \dfrac{\sqrt{D(\eta)}}{\sqrt{D(\xi)}} \cdot E(\xi).$

类似地,当 $\rho_{\xi\eta} = -1$ 时,有

$$P(\eta = a\xi + b) = 1,$$

其中 $\qquad a = -\dfrac{\sqrt{D(\eta)}}{\sqrt{D(\xi)}} < 0,\ b = E(\eta) + \dfrac{\sqrt{D(\eta)}}{\sqrt{D(\xi)}} \cdot E(\xi).$

定理 4.9 表明 ξ、η 的相关系数 $\rho_{\xi\eta}$ 是衡量 ξ 和 η 之间线性相关程度的量. 当 $|\rho_{\xi\eta}| = 1$ 时,ξ 与 η 依概率 1 线性相关. 特别当 $\rho_{\xi\eta} = +1$ 时,η 随 ξ 的增大而线性增大,此时称 ξ 与 η **正线性相关**;当 $\rho_{\xi\eta} = -1$ 时,η 随 ξ 的增大而线性地减小,此时称 ξ 与 η **负线性相关**. 而当 $|\rho_{\xi\eta}| < 1$ 时,ξ 与 η 的线性相关程度要减弱. $\rho_{\xi\eta}$ 接近于零时,表明 ξ 与 η 间的线性关系很差. 如果 $\rho_{\xi\eta} = 0$,称 ξ 与 η 为**不相关**. 值得注意,这里的不相关,指的是在线性关系的角度上考虑的不相关,即线性无关,并不是 ξ、η 没有什么关系. 例如,设随机变量 ξ 的密度函数 $f(x)$ 是偶函数,取 $\eta = \xi^2$,有 $E(\xi) = 0$, $E(\xi\eta) = E(\xi^3) = 0$, $\mathrm{cov}(\xi, \eta) = E(\xi\eta) - E(\xi)E(\eta) = 0$,因而 ξ、η 不相关,但 ξ、η 间存在函数关系.

在数理统计学中,对相关系数通常作如下解释:

$|\rho_{\xi\eta}| = 0 \sim 0.3 \qquad$ 表示相关程度低;

$|\rho_{\xi\eta}| = 0.3 \sim 0.5 \qquad$ 表示相关程度一般;

$|\rho_{\xi\eta}| = 0.5 \sim 0.7 \qquad$ 表示相关程度显著;

$|\rho_{\xi\eta}| = 0.7 \sim 0.9 \qquad$ 表示相关程度高;

$|\rho_{\xi\eta}| = 0.9 \sim 1 \qquad$ 表示相关程度极高.

独立性和不相关性都是随机变量间联系程度的一种反映. 独立性指的是 ξ、η 的统计规律之间没有任何联系;不相关性指的是 ξ、η 间没有线性相关关系. 直观上很清楚,当 ξ 与 η 独立时,ξ 与 η 必不相关,但反过来不一定成立. 例如:设 ξ 的分布列是

ξ	-1	0	1
$P(\xi = x_i)$	$\dfrac{1}{3}$	$\dfrac{1}{3}$	$\dfrac{1}{3}$

取 $\eta = \xi^2$,容易验证,ξ、η 不相关,但 ξ、η 不独立.

不过,对二维正态随机变量 (ξ, η) 而言,ξ、η 的独立性与不相关性是等价的,这就是下述定理.

定理 4.10 若 $(\xi, \eta) \sim N(a, \sigma_1^2; b, \sigma_2^2; r)$，则 ξ 与 η 相互独立的充要条件是 ξ 与 η 不相关.

证明 因 $(\xi, \eta) \sim N(a, \sigma_1^2; b, \sigma_2^2; r)$，由定理 3.3 知 ξ、η 独立的充要条件是 $r = 0$，但由例 4.21，又有 $\rho_{\xi\eta} = r$，因而 ξ、η 独立的充要条件是 $\rho_{\xi\eta} = 0$，即 ξ、η 不相关.

4.3.4 矩

4.3.4.1 原点矩

设 ξ 是随机变量，若 $E|\xi|^k < \infty$，则称

$$m_k = E(\xi^k), \quad \alpha_k = E|\xi|^k \tag{4.39}$$

分别为 ξ 的 k 阶**原点矩**和 k 价**原点绝对矩**. ξ 的数学期望是 ξ 的一阶原点矩，即 $E(\xi) = m_1$.

4.3.4.2 中心矩

设 ξ 是随机变量，若 $E(\xi) < \infty$，且 $E|\xi - E(\xi)|^k < \infty$，则称

$$C_k = E[\xi - E(\xi)]^k, \quad \beta_k = E|\xi - E(\xi)|^k \tag{4.40}$$

分别为 ξ 的 k 阶**中心矩**和 k 阶**中心绝对矩**.

ξ 的方差是 ξ 的二阶中心矩，即 $D(\xi) = C_2$.

*例 4.23 设 $\xi \sim N(a, \sigma^2)$，求 ξ 的 k 阶中心矩和 k 阶中心绝对矩.

解 $C_k = E[\xi - E(\xi)]^k$

$$= \frac{1}{\sqrt{2\pi}\sigma} \int_{-\infty}^{\infty} (x-a)^k e^{-\frac{(x-a)^2}{2\sigma^2}} dx = \frac{\sigma^k}{\sqrt{2\pi}} \int_{-\infty}^{\infty} t^k e^{-\frac{t^2}{2}} dt.$$

当 k 为奇数时，由于被积函数是奇函数，故

$$C_k = 0.$$

当 k 为偶函数时，令 $t^2 = 2z$，则有

$$C_k = \frac{2\sigma^k}{\sqrt{2\pi}} \int_0^{\infty} t^k e^{-\frac{t^2}{2}} dt = \sqrt{\frac{2}{\pi}} \sigma^k 2^{\frac{k-1}{2}} \int_0^{\infty} z^{\frac{k-1}{2}} e^{-z} dz$$

$$= \frac{1}{\sqrt{\pi}} \sigma^k 2^{\frac{k}{2}} \Gamma\left(\frac{k+1}{2}\right) = \sigma^k \cdot (k-1)!!.$$

综上所述

$$C_k = \begin{cases} 0, & k = 奇数, \\ \sigma^k \cdot (k-1)!!, & k = 偶数. \end{cases}$$

特别有 $C_0 = 1$，$C_2 = \sigma^2$，$C_4 = 3\sigma^4$，$C_6 = 15\sigma^6$.

下面求 k 阶中心绝对矩 β_k.

当 k 为偶数时，显然 $\beta_k = C_k$；

当 k 为奇数时，$\beta_k = E \mid \xi - E(\xi) \mid^k$

$$= \frac{1}{\sigma\sqrt{2\pi}} \int_{-\infty}^{\infty} \mid x - a \mid^k e^{-\frac{(x-a)^2}{2\sigma^2}} \, dx$$

$$= \sqrt{\frac{2}{\pi}} \sigma^k \int_0^\infty t^k e^{-\frac{t^2}{2}} \, dt$$

$$= \frac{1}{\sqrt{\pi}} 2^{\frac{k}{2}} \sigma^k \left(\frac{k-1}{2}\right)!.$$

综上所述

$$\beta_k = \begin{cases} \dfrac{1}{\sqrt{\pi}} 2^{\frac{k}{2}} \sigma^k \left(\dfrac{k-1}{2}\right)!, & k = \text{奇数}, \\[2mm] \sigma^k \cdot (k-1)!!, & k = \text{偶数}. \end{cases}$$

特别有 $\beta_0 = 1$，$\beta_1 = \sqrt{\dfrac{2}{\pi}}\sigma$，$\beta_2 = \sigma^2$，$\beta_3 = \dfrac{2\sqrt{2}}{\sqrt{\pi}}\sigma^3$，$\beta_4 = 3\sigma^4$，$\beta_5 = \dfrac{8\sqrt{2}}{\sqrt{\pi}}\sigma^5$，$\beta_6 = 15\sigma^6$.

4.3.4.3 混合矩

设 ξ，η 是随机变量，若 $E\mid \xi^k \eta^l \mid < \infty$（$k$ 和 l 都是正整数），则称 $E(\xi^k \eta^l)$ 为 ξ 和 η 的 $k+l$ **阶原点混合矩**. 若 $E(\mid \xi - E\xi \mid^k \mid \eta - E\eta \mid^l) < \infty$，则称 $E[(\xi - E\xi)^k (\eta - E\eta)^l]$ 为 ξ 和 η 的 $k+l$ **阶中心混合矩**. 显然协方差 $\mathrm{cov}(\xi, \eta)$ 是二阶中心混合矩.

已见前面研究的一些数字特征——数学期望、方差、协方差均是某种矩. 矩是最广泛的一种数字特征，在概率论和数理统计的研究中占有重要的地位.

4.3.4.4 偏态系数

类似于例 4.23 中关于正态分布中心矩的计算，容易验证，一个对称的概率分布（自然是指关于均值对称），其所有的奇数阶中心矩（若它们存在）都等于零. 此外，对任意的概率分布，其一阶中心矩均为零. 因此，任一个不为零的三阶或三阶以上的奇数阶中心矩，都可用来度量分布的偏态（或不对称）程度. 这种度量中最简单的是三阶中心矩 C_3. 对于单峰分布，当分布曲线在大于平均值的一端有"长尾"、在小于平均值的一端有"短尾"时，一般成立 $\displaystyle\int_{x>a} \mid x - a \mid^3 f(x) \, dx > \int_{x<a} \mid x - a \mid^3 f(x) \, dx$（$a$ 是均值，$f(x)$ 是密度函数）. 于是，$C_3 > 0$，此时称分布为**正偏态**，"长尾"在正的一边如图 4.1；类似地，当 $C_3 < 0$ 时，称分布为**负偏态**，"长尾"在负的一边如图 4.2.一般说来，正偏态时，期望值大于中位数；负偏态时，期望值小于中位数.

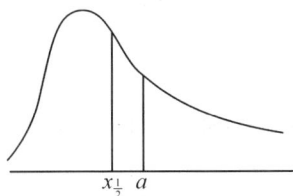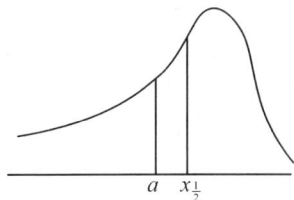

图 4.1　正偏态　　　　　　图 4.2　负偏态

C_3 具有三次量纲，为了给出一个无量纲的数以便比较不同分布的偏态程度，我们定义**偏态系数** C_S 为

$$C_S = \frac{E[\xi - E(\xi)]^3}{(\sqrt{D(\xi)})^3} = \frac{C_3}{\sigma_\xi^3}. \tag{4.41}$$

这里用分布的标准差而不用分布的均值做分母，是为了不受坐标平移的影响. C_S 的值没有一定界限，当 $|C_S| > 2$，就算偏态程度很大了.

习　题　**4.3**

（A）

1. 下列事实是等价的吗？

(1) $\mathrm{cov}(\xi, \eta) = 0$；

(2) ξ 与 η 不相关；

(3) $E(\xi\eta) = E(\xi) \cdot E(\eta)$；

(4) $D(\xi + \eta) = D(\xi) + D(\eta)$.

2. 下列命题中哪些对？哪些错？为什么？

(1) 若 ξ 与 η 独立，则 ξ 与 η 不相关；

(2) 若 ξ 与 η 不相关，则 ξ 与 η 独立；

(3) 若 ξ 与 η 相关，则 ξ 与 η 不独立；

(4) 若 ξ 与 η 不独立，则 ξ 与 η 相关.

3. 设 $\xi \sim U[-1, 1]$，求 ξ 与 ξ^2 的相关系数.

4. 设 (ξ, η) 的密度函数为

$$f(x, y) = \begin{cases} 8xy, & 0 \leqslant x \leqslant y, 0 \leqslant y \leqslant 1, \\ 0, & \text{其余}. \end{cases}$$

试求 $\mathrm{cov}(\xi, \eta)$、$\rho_{\xi\eta}$ 及 $D(\xi - 2\eta)$.

5. 设 ξ 与 η 独立且具有相同正态分布 $N(a, \sigma^2)$，求 $\zeta_1 = \alpha\xi + \beta\eta$ 和 $\zeta_2 = \alpha\xi -$

$\beta\eta$ 的相关系数(α、β 为常数).

6. 设 ξ,η,ζ 是三个随机变量,且 $D(\xi)=5$,$D(\eta)=3$,$D(\zeta)=2$,$\text{cov}(\xi,\eta)=2$,$\text{cov}(\xi,\zeta)=-3$,$\text{cov}(\eta,\zeta)=0$. 试求:

(1) $D(\xi-2\eta+\zeta)$;

(2) $\text{cov}(\xi+\eta,\xi-\eta+\zeta)$.

7. 设 (ξ,η) 服从圆 $x^2+y^2\leqslant1$ 内的均匀分布,试证 ξ 与 η 不相关,但它们不独立.

8. 若随机变量 ξ 与 η 都只取两个值,且 ξ 与 η 不相关,试证 ξ 与 η 独立.

(B)

1. 将一颗均匀的骰子独立地掷 n 次,分别以 ξ 和 η 记为 n 次中出现一点和六点的次数,求 $\text{cov}(\xi,\eta)$.

2. 袋内有 n 张卡片,号码为 1,2,$\cdots$,n,从中依次不放回地抽出 k 张卡片,求所得号码之和的方差.

3. 设 ξ,η 是两个随机变量,$E(\xi)=E(\eta)=0$,$D(\xi)=D(\eta)=1$,$\text{cov}(\xi,\eta)=\rho$,证明:

$$E[\max(\xi^2,\eta^2)]\leqslant1+\sqrt{1-\rho^2}.$$

§4.4 条件数学期望

4.4.1 条件数学期望的定义

定义 4.5 设 (ξ,η) 是二维离散型随机变量,其分布列为

$$p_{ij}=P(\xi=x_i,\eta=y_j),\ i,j=1,2,\cdots,$$

若对某 y_j,$P(\eta=y_j)>0$,那么在 $\eta=y_j$ 的条件下,ξ 的条件分布列是

$$P(\xi=x_i\mid\eta=y_j)=\frac{P(\xi=x_i,\eta=y_j)}{P(\eta=y_j)}=\frac{p_{ij}}{p_{\cdot j}},\quad i=1,2,\cdots.$$

如果有 $\sum\limits_{i=1}^{\infty}\mid x_i\mid P(\xi=x_i\mid\eta=y_j)<\infty$,则称

$$E(\xi\mid\eta=y_j)=\sum_{i=1}^{\infty}x_iP(\xi=x_i\mid\eta=y_j) \tag{4.42}$$

为随机变量 ξ 在条件 $\eta=y_j$ 下的**条件数学期望**.

定义 4.6 设 (ξ,η) 是二维连续型随机变量,其密度函数为 $f(x,y)$,若对某 y,$f_\eta(y)>0$,那么在 $\eta=y$ 的条件下,ξ 的条件密度函数是 $f_{\xi\mid\eta}(x\mid y)=$

$\dfrac{f(x, y)}{f_\eta(y)}$. 如果 $\displaystyle\int_{-\infty}^{\infty} |x| f_{\xi|\eta}(x \mid y)\mathrm{d}x < \infty$, 则称

$$E(\xi \mid \eta = y) = \int_{-\infty}^{\infty} x f_{\xi|\eta}(x \mid y)\mathrm{d}x \tag{4.43}$$

为随机变量 ξ 在条件 $\eta = y$ 下的**条件数学期望**.

例 4.24 已知二维离散型随机变量 (ξ, η) 的分布列为

ξ＼η	1	2	3
1	$\dfrac{1}{6}$	$\dfrac{1}{9}$	$\dfrac{1}{18}$
2	$\dfrac{1}{6}$	$\dfrac{1}{9}$	$\dfrac{1}{18}$
3	$\dfrac{1}{6}$	$\dfrac{1}{9}$	$\dfrac{1}{18}$

求 $E(\xi \mid \eta = 2)$.

解 易知 $\quad P(\eta = 2) = p_{\cdot 2} = \displaystyle\sum_{i=1}^{3} p_{i2} = \dfrac{1}{9} + \dfrac{1}{9} + \dfrac{1}{9} = \dfrac{1}{3}$,

于是在 $\eta = 2$ 的条件下 ξ 的条件分布列为

$$P(\xi = i \mid \eta = 2) = \dfrac{p_{i2}}{p_{\cdot 2}} = 3 \times \dfrac{1}{9} = \dfrac{1}{3}, \quad i = 1, 2, 3.$$

所以

$$E(\xi \mid \eta = 2) = \sum_{i=1}^{3} iP(\xi = i \mid \eta = 2) = \dfrac{1}{3} \sum_{i=1}^{3} i = 2.$$

例 4.25 设 (ξ, η) 是服从正态分布 $N(a, \sigma_1^2; b, \sigma_2^2; r)$ 的二维正态随机变量, 求 $E(\xi \mid \eta = y)$.

解 在第 3 章例 3.12 中已知 $\eta = y$ 的条件下 ξ 的条件密度函数为

$$f_{\xi|\eta}(x \mid y) = \dfrac{1}{\sqrt{2\pi}(\sigma_1 \sqrt{1-r^2})} \exp\left\{-\dfrac{1}{2(\sigma_1 \sqrt{1-r^2})^2}\left[x - \left(a + \dfrac{\sigma_1}{\sigma_2}r(y-b)\right)\right]^2\right\},$$

这正是正态分布 $N\left(a + \dfrac{\sigma_1}{\sigma_2}r(y-b), \sigma_1^2(1-r^2)\right)$ 的密度函数, 故

$$E(\xi \mid \eta = y) = \int_{-\infty}^{+\infty} x f_{\xi|\eta}(x \mid y)\mathrm{d}x = a + \dfrac{\sigma_1}{\sigma_2}r(y-b),$$

值得注意的是它是 y 的线性函数.

正如条件概率具有概率的性质一样,条件数学期望也具有与数学期望类似的性质.例如 $E\big[\sum\limits_{i=1}^{n}\xi_i \mid \eta = y\big] = \sum\limits_{i=1}^{n} E(\xi_i \mid \eta = y)$ 仍然成立,等等.

4.4.2 用条件数学期望计算数学期望

若条件数学期望 $E(\xi \mid \eta = y)$ 对 η 取的各个值都存在,就可以把它看成 y 的函数,从而自然地引入如下定义:

定义 4.7 用 $E(\xi \mid \eta)$ 表示随机变量 η 的如下函数:当 $\eta = y$ 时,$E(\xi \mid \eta)$ 取值 $E(\xi \mid \eta = y)$,称 $E(\xi \mid \eta)$ 为 ξ 关于 η 的**条件数学期望**.

根据条件数学期望的定义及随机变量函数的数学期望公式,容易了解:

(1) 当 η 是离散型随机变量时,有

$$E\big[E(\xi \mid \eta)\big] = \sum_{i=1}^{\infty} E(\xi \mid \eta = y_i) P(\eta = y_i); \qquad (4.44)$$

(2) 当 η 是连续型随机变量时,有

$$E\big[E(\xi \mid \eta)\big] = \int_{-\infty}^{\infty} E(\xi \mid \eta = y) f_{\eta}(y) \mathrm{d}y. \qquad (4.45)$$

定理 4.11 设 (ξ, η) 是二维随机变量,$E(\xi) < \infty$,若 ξ 与 η 相互独立,则

$$E(\xi \mid \eta) = E(\xi). \qquad (4.46)$$

证明 仅就连续型的情况进行证明,对离散型的情形作为练习,留给读者证明.

设 (ξ, η) 是二维连续型随机变量,由独立性有

$$f(x, y) = f_{\xi}(x) f_{\eta}(y),$$

其中 $f(x, y)$,$f_{\xi}(x)$,$f_{\eta}(y)$ 分别是 (ξ, η) 的密度函数和边际密度函数,这时条件密度函数 $f_{\xi|\eta}(x \mid y) = f_{\xi}(x)$,于是当 $\eta = y$ 时

$$
\begin{aligned}
E(\xi \mid \eta = y) &= \int_{-\infty}^{\infty} x f_{\xi|\eta}(x \mid y) \mathrm{d}x \\
&= \int_{-\infty}^{\infty} x f_{\xi}(x) \mathrm{d}x = E(\xi),
\end{aligned}
$$

上式对一切 y 成立,所以

$$E(\xi \mid \eta) = E(\xi).$$

定理的直观意义是容易理解的.既然 ξ 与 η 是独立的,那么不管 η 取什么值,对 ξ 取值的统计规律都没有影响,也就不会影响它的平均值.

定理 4.12　设 (ξ, η) 是二维随机变量，$E(\xi)<\infty$，则

$$E[E(\xi \mid \eta)] = E(\xi). \tag{4.47}$$

它称为全数学期望公式.

证明　仅就连续型的情形进行证明，对离散型的情形，仍然作为练习留给读者证明.

设 (ξ, η) 是二维连续型随机变量，其密度函数为 $f(x, y)$，这时，当 $\eta = y$ 时，$E(\xi \mid \eta)$ 取值为 $E(\xi \mid \eta = y) = \displaystyle\int_{-\infty}^{\infty} x f_{\xi\mid\eta}(x \mid y)\mathrm{d}x$，于是，由随机变量函数的数学期望公式，有

$$
\begin{aligned}
E[E(\xi \mid \eta)] &= \int_{-\infty}^{\infty} E(\xi \mid \eta = y) f_\eta(y)\mathrm{d}y \\
&= \int_{-\infty}^{\infty} \Big(\int_{-\infty}^{\infty} x f_{\xi\mid\eta}(x \mid y)\mathrm{d}x \Big) f_\eta(y)\mathrm{d}y \\
&= \int_{-\infty}^{\infty} \int_{-\infty}^{\infty} x f(x, y)\mathrm{d}x\mathrm{d}y \\
&= \int_{-\infty}^{\infty} x \Big(\int_{-\infty}^{\infty} f(x, y)\mathrm{d}y \Big)\mathrm{d}x \\
&= \int_{-\infty}^{\infty} x f_\xi(x)\mathrm{d}x = E(\xi).
\end{aligned}
$$

例 4.26　一矿工被困在有 3 个门的矿井中. 第一个门通过一坑道，沿此坑道走 3 小时可使他到达安全地点；第二个门通到使他走 5 小时后又转回原地的坑道；第三个门通到使他走 7 小时后回原地的坑道. 如设这矿工在任何时刻都等可能地选定其中一个门，试问他到达安全地点平均要花多长时间？

解　令 ξ 表示该矿工到达安全地点所需时间（单位：小时），η 表示他最初选定的门，应用全数学期望公式，有

$$
\begin{aligned}
E(\xi) &= E[E(\xi \mid \eta)] \\
&= E(\xi \mid \eta = 1)P(\eta = 1) + E(\xi \mid \eta = 2)P(\eta = 2) + E(\xi \mid \eta = 3)P(\eta = 3) \\
&= \frac{1}{3}[E(\xi \mid \eta = 1) + E(\xi \mid \eta = 2) + E(\xi \mid \eta = 3)],
\end{aligned}
$$

易知 $E(\xi \mid \eta = 1) = 3$；现在考虑计算 $E(\xi \mid \eta = 2)$. 设该矿工选择第二个门，他沿坑道走 5 小时后又转回原地，而一旦他返回原地，问题就与当初他还没有进第二个门之前一样. 因此，他要到达安全地点平均还需要 $E(\xi)$ 小时，故

$$E(\xi \mid \eta = 2) = 5 + E(\xi);$$

类似地,有

$$E(\xi \mid \eta = 3) = 7 + E(\xi),$$

从而

$$E(\xi) = \frac{1}{3}[3 + 5 + E(\xi) + 7 + E(\xi)].$$

解得

$$E(\xi) = 15.$$

所以他到达安全地点平均要花 15 小时.

例 4.27 某电力公司每月可以供应某工厂的电力服从[10, 30](单位:10^4 千瓦·小时)上的均匀分布,而该工厂每月实际生产所需要的电力服从[10, 20]上的均匀分布. 如果工厂能从电力公司得到足够的电力,则每 10^4 千瓦·小时电可以创造 30 万元的利润;若工厂从电力公司得不到足够的电力,不足部分由工厂通过其他途径自行解决,则每 10^4 千瓦·小时电只有 10 万元利润. 问该厂每月的平均利润为多大?

解 设电力公司每月供应该厂的电力为 ξ,工厂每月实际需要的电力为 η,工厂每月的利润为 ζ 万元,由题设条件知

$$\zeta = \begin{cases} 30\eta, & \eta \leqslant \xi, \\ 30\xi + 10 \times (\eta - \xi), & \eta > \xi. \end{cases}$$

于是当 $20 \leqslant x \leqslant 30$ 时,有

$$E(\zeta \mid \xi = x) = \int_{10}^{20} 30y \cdot \frac{1}{10} dy = 450,$$

当 $10 \leqslant x < 20$ 时,有

$$E(\zeta \mid \xi = x) = \int_{10}^{x} 30y \cdot \frac{1}{10} dy + \int_{x}^{20} (10y + 20x) \cdot \frac{1}{10} dy$$

$$= \frac{3}{2} \times (x^2 - 100) + \frac{1}{2} \times (20^2 - x^2) + 2x \times (20 - x)$$

$$= 50 + 40x - x^2,$$

由全数学期望公式

$$E(\zeta) = E[E(\zeta \mid \xi)]$$

$$= \frac{1}{20} \int_{10}^{20} (50 + 40x - x^2) dx + \frac{1}{20} \int_{20}^{30} 450 dx$$

$$= 25 + 300 - \frac{7}{6} \times 100 + 225 \approx 433.$$

所以该工厂每月的平均利润为 433 万元.

例 4.28 设在某一天内,走进某百货店的顾客数是均值等于 50 的随机变量,且这些顾客所花的钱数为均值都等于 8 元的相互独立随机变量. 此外,每个顾客所花的钱数和进入该商店的顾客数独立. 试问在这一天内,顾客们在该商店所花费钱数的平均值为多少?

解 令 η 表示走进该商店的顾客数,ξ_i 表示第 i 个顾客所花的钱数,$i = 1$,2,$\cdots$,η,则 η 个顾客所花费的总钱数为 $\sum\limits_{i=1}^{\eta} \xi_i$,据题意,$E(\eta) = 50$,$E(\xi_1) = E(\xi_2) = \cdots = E(\xi_\eta) = 8$.

应用全数学期望公式,有

$$E\left(\sum_{i=1}^{\eta} \xi_i\right) = E\left[E\left(\sum_{i=1}^{\eta} \xi_i \mid \eta\right)\right].$$

注意到 η 与 ξ_i 相互独立,又对一切 j 有

$$E\left[\sum_{i=1}^{\eta} \xi_i \mid \eta = j\right] = E\left[\sum_{i=1}^{j} \xi_i\right] = jE(\xi_1), \qquad j = 1, 2, \cdots,$$

所以

$$E\left[\sum_{i=1}^{\eta} \xi_i \mid \eta\right] = \eta E(\xi_1),$$

从而

$$E\left[\sum_{i=1}^{\eta} \xi_i\right] = E[\eta E(\xi_1)] = E(\eta)E(\xi_1)$$
$$= 50 \times 8 = 400.$$

所以顾客们在该商店平均共花费 400 元.

条件数学期望在实际问题中具有广泛的应用. 例如某少年体校希望在小学中选拔一定数量的小学生进行重点培养. 在众多素质(诸如弹跳、灵敏度、耐力等)的要求中,显然,其身高是一个非常重要的因素. 于是就产生这样一个问题,在一大群各项素质(包括目前的身高)都差不多的七、八岁的小朋友中,用什么办法来选拔一定数量将来(十年以后)身材会比较高的幼苗进行重点培养呢?科学工作者发现了小孩的足长与他长大成人后的身高之间有密切的关系. 我国的体育科研人员对 16 个省市的几万名青少年儿童进行了观测,建立了下述预测公式:

$$\text{成年身高} = k \times (\text{少儿当年足长}),(\text{单位:cm}), \tag{4.48}$$

其中系数 k 对不同性别、不同年龄组的儿童有不同的数值,其具体数值如下表:

性别 年龄	男	女
7	9.218	8.735
8	8.930	8.418
9	8.572	8.075
10	8.242	7.759

很自然,人们会问上述预测公式是怎样建立的? 理论依据是什么? 其实这正是现在所讨论的条件数学期望. 对 $n(n$ 取定)岁的少年儿童来说,设其成年后的身高为 ξ,当年足长为 η,则 (ξ, η) 是一个二维随机变量,一般认为它们的联合分布是正态分布. 如果已知 η 的值,设为 y,可以近似地用 $\eta = y$ 的条件下 ξ 的条件数学期望来估计 ξ 的值,即用 $E(\xi \mid \eta = y)$ 作为 ξ 的预测值. 由例 4.25 知道,这时 $E(\xi \mid \eta = y)$ 是 y 的线性函数,这就是上述成年身高的预测公式(4.48).

习 题 4.4

（A）

1. 设二维随机变量 (ξ, η) 的分布列为

ξ \ η	-1	0	1
0	0.1	0.2	0
1	0.05	0.1	0.1
2	0.05	0.15	0.05
3	0.1	0.05	0.05

求 $E(\xi \mid \eta = -1)$ 和 $E(\xi \mid \eta = 1)$.

2. 设随机变量 ξ 与 η 相互独立,分别服从参数为 λ_1 与 λ_2 的泊松分布,求 $E(\xi \mid \xi + \eta = n)$.

3. 设二维随机变量 (ξ, η) 的密度函数为

$$f(x, y) = \begin{cases} 3x, & 0 < y < x, 0 < x < 1, \\ 0, & \text{其余.} \end{cases}$$

求 $E\left(\xi \mid \eta = \dfrac{1}{2}\right)$.

4. 设二维随机变量 (ξ, η) 的密度函数为

$$f(x, y) = \frac{\mathrm{e}^{-\frac{x}{y}} \mathrm{e}^{-y}}{y}, \quad 0 < x < \infty, 0 < y < \infty,$$

求 $E(\xi \mid \eta = y)$ $(y > 0)$.

5. 设每天到达货站的货物件数 ξ 具有分布列

ξ	10	11	12	13	14	15
$P(\xi = x_i)$	0.05	0.10	0.10	0.20	0.35	0.20

如果每天到达的货物中次品的概率是相同的,都等于 0.10,试求每天运到的货物中次品件数 η 的数学期望.

(B)

1. 接连掷一枚均匀骰子,设 ξ 与 η 分别表示为获得 6 点和 5 点所需的投掷次数,求 $E(\xi \mid \eta = 1)$.

2. 某人被困在有 3 个门的密室中,第一个门通到一地道,沿此地道行走 2 天后,结果使他又转回原地;第二个门通到使他行走 4 天后也转回原地的地道;第三个门通到使他行走 1 天后能得到自由的地道.设该人始终以概率 0.5、0.3 及 0.2 分别选择第一、第二及第三个门,试问等该人走出地道获得自由时平均需要多少天?

3. 从电梯最低层(入口)向上共有 N 层楼(N 个出口),假定开始时乘电梯的人数服从参数为 λ 的泊松分布,而每个人要求哪一层停下离开是彼此独立且等可能的,求所有乘客都走出电梯时,该电梯停止次数的数学期望.

第 5 章 大数定律和中心极限定理

§5.1 大数定律

大数定律和下一节要介绍的**中心极限定理**是概率与数理统计学中极为重要的两类极限定理. 通常, 把叙述在什么条件下, 一随机变量序列的算术平均值 (按某种意义) 收敛于某数的定理称为"大数定律"; 而把在什么条件下, 大量的随机变量之和具有近似于正态分布的定理归为"中心极限定理". 它们深刻揭示了自然界中广泛存在着的一类随机变量和的统计规律性.

定义 5.1 设 $\xi_1, \xi_2, \cdots, \xi_n, \cdots$ 为一列随机变量, 若存在随机变量 ξ, 使对任意 $\varepsilon > 0$, 有

$$\lim_{n \to \infty} P(|\xi_n - \xi| \geqslant \varepsilon) = 0, \tag{5.1}$$

或等价地有

$$\lim_{n \to \infty} P(|\xi_n - \xi| < \varepsilon) = 1, \tag{5.2}$$

则称随机变量序列 $\{\xi_n\}$ **依概率收敛**于随机变量 ξ, 并记作

$$\xi_n \xrightarrow{P} \xi.$$

显然 $\xi_n \xrightarrow{P} \xi$ 与 $\xi_n - \xi \xrightarrow{P} 0$ 是等价的.

定义 5.2 设 $\{\xi_n\}$ 为一随机变量序列, $E(\xi_n)(n \geqslant 1)$ 存在, 若

$$\frac{\sum_{i=1}^{n} \xi_i}{n} - \frac{\sum_{i=1}^{n} E(\xi_i)}{n} \xrightarrow{P} 0, \tag{5.3}$$

则称 $\{\xi_n\}$ 服从**大数定律**.

定理 5.1(马尔可夫大数定律) 设 $\{\xi_n\}$ 是一随机变量序列, 若成立

$$\lim_{n \to \infty} \frac{1}{n^2} D\left(\sum_{i=1}^{n} \xi_i\right) = 0, \tag{5.4}$$

则$\{\xi_n\}$服从大数定律.

证明 对任意给定的$\varepsilon > 0$,由切比雪夫不等式,有

$$P\left\{\left|\frac{\sum\limits_{i=1}^{n}\xi_i}{n} - \frac{\sum\limits_{i=1}^{n}E(\xi_i)}{n}\right| \geqslant \varepsilon\right\} \leqslant \frac{D\left(\frac{1}{n}\sum\limits_{i=1}^{n}\xi_i\right)}{\varepsilon^2}$$

$$= \frac{D\left(\sum\limits_{i=1}^{n}\xi_i\right)}{n^2 \cdot \varepsilon^2}.$$

根据条件(5.4)式,得

$$\lim_{n\to\infty}P\left\{\left|\frac{\sum\limits_{i=1}^{n}\xi_i}{n} - \frac{\sum\limits_{i=1}^{n}E(\xi_i)}{n}\right| \geqslant \varepsilon\right\} = 0,$$

所以$\{\xi_n\}$服从大数定律.

定理 5.1 中的条件式(5.4)通常称为**马尔可夫条件**.

例5.1 设ξ_k的分布列是:$P(\xi_k = \sqrt{\ln k}) = \dfrac{1}{2}$,$P(\xi_k = -\sqrt{\ln k}) = \dfrac{1}{2}$,$k = 1, 2, \cdots$;且$\xi_1, \xi_2, \cdots, \xi_n \cdots$ 相互独立,试证$\{\xi_n\}$服从大数定律.

证明 只要验证马尔可夫条件就够了.现有$E(\xi_k) = 0$,$D(\xi_k) = \ln k$,从而

$$\frac{D\left(\sum\limits_{i=1}^{n}\xi_i\right)}{n^2} = \frac{\sum\limits_{i=1}^{n}D(\xi_i)}{n^2} = \frac{\sum\limits_{i=1}^{n}\ln i}{n^2} < \frac{\ln n}{n} \to 0 (n\to\infty).$$

定理 5.2(伯努利大数定律) 设μ_n是n重伯努利试验中事件A发生的次数,而p是事件A在每次试验中发生的概率,则对任意$\varepsilon > 0$,都有

$$\lim_{n\to\infty}P\left(\left|\frac{\mu_n}{n} - p\right| < \varepsilon\right) = 1. \tag{5.5}$$

证明 令

$$\xi_i = \begin{cases} 1, & \text{在第}i\text{次试验中事件}A\text{发生}, \\ 0, & \text{在第}i\text{次试验中事件}A\text{不发生}, \end{cases}$$
$$i = 1, 2, \cdots, n,$$

则$\xi_1, \xi_2, \cdots, \xi_n$是相互独立的,且

$$E(\xi_i) = p, \quad D(\xi_i) = p(1-p), \quad i = 1, 2, \cdots, n,$$

而

$$\mu_n = \sum_{i=1}^{n} \xi_i,$$

于是

$$\frac{\mu_n}{n} - p = \frac{\sum\limits_{i=1}^{n} \xi_i}{n} - \frac{\sum\limits_{i=1}^{n} E(\xi_i)}{n},$$

$$\frac{D(\sum\limits_{i=1}^{n} \xi_i)}{n^2} = \frac{\sum\limits_{i=1}^{n} D(\xi_i)}{n^2} = \frac{np(1-p)}{n^2} = \frac{p(1-p)}{n}$$

$$\longrightarrow 0 \quad (n \longrightarrow \infty).$$

从而根据定理 5.1 有

$$\lim_{n \to \infty} P\left(\left| \frac{\sum\limits_{i=1}^{n} \xi_i}{n} - \frac{\sum\limits_{i=1}^{n} E(\xi_i)}{n} \right| < \varepsilon \right) = 1,$$

即

$$\lim_{n \to \infty} P\left(\left| \frac{\mu_n}{n} - p \right| < \varepsilon \right) = 1.$$

在第 1 章中曾经引进事件概率的统计定义,指出这是一种描述性的定义,在数学上不严格,因为那里关于"频率稳定于概率"的意思是很不明确的. 伯努利大数定律从数学上讲清楚了这个问题. "频率稳定于概率"的含义是:事件 A 的频率 $\dfrac{\mu_n}{n}$ 依概率收敛于它的概率 p, 也即当 n 充分大时可以以任何接近于 1 的概率断言: $\dfrac{\mu_n}{n}$ 将落在以 p 为中心的 ε 领域 (ε 可事先指定).

伯努利大数定律还从理论上回答了第 1 章提到的通过试验来确定概率的方法:做 n 次独立的重复试验,以 μ_n 表示 n 次试验中事件 A 发生的次数,那么可以以很大的概率确信: $p \approx \dfrac{\mu_n}{n}$.

例 5.2 抛掷一颗均匀的骰子,为了至少有 95% 的把握使六点向上的频率与概率 $\dfrac{1}{6}$ 之差落在 0.01 的范围之内,问需要抛掷多少次?

解 问题是求满足不等式

$$P\left(\left| \frac{\mu_n}{n} - \frac{1}{6} \right| < 0.01 \right) \geqslant 0.95$$

的 n.

参照定理 5.2 的证明过程,显见 $D(\mu_n) = npq = \dfrac{5n}{36}$. 由切比雪夫不等式得

$$P\left(\left|\frac{\mu_n}{n} - \frac{1}{6}\right| < 0.01\right) \geqslant 1 - \frac{D\left(\frac{\mu_n}{n}\right)}{(0.01)^2} = 1 - \frac{5}{36(0.01)^2 n}.$$

欲使 $\quad P\left(\left|\dfrac{\mu_n}{n} - \dfrac{1}{6}\right| < 0.01\right) \geqslant 0.95$,只要

$$1 - \frac{5}{36(0.01)^2 n} \geqslant 0.95,$$

解上述不等式,求得

$$n \geqslant 27\,778.$$

本例说明,如果在 100 个房间的每一间内都抛掷一颗骰子 27\,778 次,则在大约 95 间房内观察到的频率与 $\dfrac{1}{6}$ 的差将会在 0.01 的范围内.

前面讲的两个大数定律都是在方差满足一定条件的情形下才能成立. 然而在许多问题中,特别是在数理统计学中,往往不能满足上述要求,而仅知道随机变量序列 $\{\xi_n\}$ 是相互独立同分布. 对于这种情形,有下面的结论.

定理 5.3(辛钦大数定律) 设 $\{\xi_n\}$ 为一相互独立同分布的随机变量序列,且数学期望存在,$E(\xi_i) = a$,则对任意的 $\varepsilon > 0$,成立

$$\lim_{n \to \infty} P\left(\left|\frac{1}{n}\sum_{i=1}^{n}\xi_i - a\right| < \varepsilon\right) = 1. \tag{5.6}$$

辛钦大数定律为实际生活中经常采用的算术平均值法则提供了理论根据. 它断言:如果诸 ξ_i 是具有数学期望、相互独立、同分布的随机变量,则当 n 充分大时,算术平均值 $\dfrac{\xi_1 + \xi_2 + \cdots + \xi_n}{n}$ 一定以接近于 1 的概率落在真值 a 的任意小的领域内. 据此,如果要测定一个物体某指标值 a,可以独立重复地测量 n 次,得到一组数据:$x_1, x_2, \cdots, x_n$,当 n 充分大时,可以确信:

$$a \approx \frac{x_1 + x_2 + \cdots + x_n}{n}.$$

辛钦大数定律也是数理统计学中参数估计理论的基础,通过下面第 8 章的学习,对它会有更深入的认识.

此外,辛钦大数定律还为求解某一类问题提供了一种近似方法. 假设某问题的解可归结为随机变量 ξ 的数学期望 $E(\xi)$,于是,欲求该问题的解,只要计算 $E(\xi)$. 为此,可在计算机上模拟产生一组相互独立且与 ξ 具有相同分布的随机变量 ξ_1,

$\xi_2, \cdots, \xi_n$ 的值,设为 $x_1, x_2, \cdots, x_n$,根据辛钦大数定律,当 n 充分大时,就有

$$E(\xi) \approx \frac{x_1 + x_2 + \cdots + x_n}{n}.$$

同样,如果问题的解宜归结为随机变量 ξ 函数 $g(\xi)$ 的数学期望 $E(g(\xi))$,那么也可运用上述方法求得问题的近似解.事实上,若 $\xi_1, \xi_2, \cdots, \xi_n, \cdots$ 是一列相互独立的与 ξ 具有相同分布的随机变量,且 $E(g(\xi))$ 存在,根据定理 3.5,易知 $g(\xi_1)$,$g(\xi_2), \cdots, g(\xi_n), \cdots$ 也是一列相互独立同分布的随机变量,于是由辛钦大数定律可知

$$\lim_{n \to \infty} P\left(\left| \frac{1}{n} \sum_{i=1}^{n} g(\xi_i) - E(g(\xi)) \right| < \varepsilon \right) = 1.$$

据此,在计算机上模拟产生一组相互独立与 ξ 具有相同分布的随机变量 ξ_1,$\xi_2, \cdots, \xi_n$ 的值 $x_1, x_2, \cdots, x_n$,当 n 充分大时,就有

$$E(g(\xi)) \approx \frac{g(x_1) + g(x_2) + \cdots + g(x_n)}{n}.$$

诸如这样在计算机上通过模拟试验计算随机变量或随机变量函数的数学期望,从而获得问题近似解的方法就是前面提到过的蒙特卡罗方法.

例 5.3 用蒙特卡罗方法求定积分

$$J = \int_0^1 x^2 e^{\sin(x e^x)} dx$$

的近似值.

解 首先把定积分 J 归结为某随机变量 ξ 或其函数的数学期望,本题宜归结为某随机变量 ξ 函数的数学期望.ξ 有多种选择的方法,譬如选取这样的 ξ,它的密度函数为

$$f(x) = \begin{cases} 2x, & 0 \leqslant x \leqslant 1, \\ 0, & \text{其余.} \end{cases}$$

根据随机变量函数的数学期望公式,有

$$J = \int_0^1 x^2 e^{\sin(x e^x)} dx = E\left(\frac{\xi}{2} e^{\sin(\xi e^{\xi})} \right).$$

然后在计算机上模拟产生一列相互独立且都具有上述密度函数的随机变量 ξ_1,$\xi_2, \cdots, \xi_n$ 的值 $x_1, x_2, \cdots, x_n$,于是

$$J \approx \frac{1}{2n} \sum_{i=1}^{n} x_i e^{\sin(x_i e^{x_i})}.$$

读者也许会问,在计算机上又如何模拟产生具有上述密度函数的一列相互独立同分布的随机变量 ξ_1,ξ_2,$\cdots$,ξ_n 的值 x_1,x_2,$\cdots$,x_n 呢? 我们知道,通常在计算机内部都附有产生随机数(在第 2 章均匀分布中曾指出,它是服从 $[0,1]$ 上的均匀分布)的软件包,通过该软件包可以在计算机上产生一组相互独立的随机数的值 r_1,r_2,$\cdots$,r_n,由此在计算机上生成 $x_1=\sqrt{r_1}$,$x_2=\sqrt{r_2}$,$\cdots$,$x_n=\sqrt{r_n}$(根据例 2.25 的结论,若 r 为随机数,则 $\xi=\sqrt{r}$ 具有密度函数 $f(x)=2x$,$0 \leqslant x \leqslant 1$),综上所述,可以求得 J 的近似值为

$$J \approx \frac{1}{2n} \sum_{i=1}^{n} \sqrt{r_i}\, \mathrm{e}^{\sin(\sqrt{r_i}\, \mathrm{e}^{\sqrt{r_i}})}.$$

习 题 5.1

(A)

1. $\xi_n \xrightarrow{P} \xi$ 能否理解为:对给定的 $\varepsilon > 0$,可以找到一个 N,使得当 $n > N$ 时,$|\xi_n - \xi| < \varepsilon$? 为什么?

2. 若 $\xi_n \xrightarrow{P} \xi$,$\eta_n \xrightarrow{P} \eta$,试证:

$$\xi_n - \eta_n \xrightarrow{P} \xi - \eta.$$

3. 设 $\{\xi_n\}$ 是一随机变量序列,ξ_n 的密度函数为:$f_n(x) = \dfrac{n}{\pi(1+n^2 x^2)}$,$-\infty < x < \infty$,$n = 1,2,\cdots$,试证 $\xi_n \xrightarrow{P} 0$.

4. 设 $\{\xi_n\}$ 为一具有有限方差的相互独立、同分布的随机变量序列,它们的数学期望均为 a,试证:$\dfrac{2}{n(n+1)} \sum_{i=1}^{n} i\xi_i \xrightarrow{P} a$.

5. 设 $\{\xi_n\}$ 为一相互独立的随机变量序列,ξ_n 的分布列是

$$P(\xi_n = 0) = 1 - \frac{1}{\ln(n+2)},\quad P[\xi_n = \pm\ln(n+2)] = \frac{1}{2\ln(n+2)},\quad n = 1,2,\cdots,$$

证明 $\{\xi_n\}$ 服从大数定律.

6. (**切比雪夫大数定律**) 设 $\{\xi_n\}$ 为一相互独立的随机变量序列,如果有常数 C,使 $D(\xi_n) \leqslant C$,$n = 1,2,\cdots$,那么 $\{\xi_n\}$ 服从大数定律.

7. 在每次试验中事件 A 以概率 $\dfrac{1}{2}$ 发生,是否可以用大于 0.97 的概率确信:在 1 000 次试验中,事件 A 发生的次数在 400 与 600 范围内?

8. 从装有 3 个白球与 1 个黑球的箱子中,有放回地取 n 个球,设 μ_n 是白球出现的次数,问 n 需要多大才能使得

$$P\left(\left|\frac{\mu_n}{n} - p\right| \leqslant 0.001\right) \geqslant 0.99$$

成立? 其中 p 是每一次取得白球的概率.

9. 设 $\{\xi_n\}$ 为相互独立同分布的随机变量序列,它们的密度函数均为

$$f(x) = \begin{cases} \dfrac{2}{x^3}, & x \geqslant 1, \\ 0, & x < 1. \end{cases}$$

证明 $\{\xi_n\}$ 服从大数定律.

10. 用蒙特卡罗方法计算定积分 $J = \displaystyle\int_{-4}^{4} x^3 \sin(x^8 e^x) \, dx$.

（B）

1. 设 $\xi_n \xrightarrow{P} \xi$, $\eta_n \xrightarrow{P} \eta$, 试证: $\xi_n \eta_n \xrightarrow{P} \xi\eta$.

2. 设随机变量序列 ξ_1, ξ_2, $\cdots$, ξ_n, $\cdots$ 满足下列条件: 当 $|n - m| \geqslant 2$ 时, ξ_n 与 ξ_m 不相关,且对一切 n, $D(\xi_n) \leqslant c$（常数）,证明 $\{\xi_n\}$ 服从大数定律.

3. 用蒙特卡罗方法计算定积分 $J = \displaystyle\int_{0}^{\infty} e^{-x^4} \sin x \, dx$.

§5.2　中心极限定理

在随机变量的概率分布中,正态分布占有重要的地位,因为实践中遇到的受种种随机因素影响的随机变量常常是服从正态分布或近似地服从正态分布的. 在自然界为什么广泛存在着正态分布? 本节要讲的中心极限定理回答了这个问题.

所谓**中心极限定理**指的是有关大量随机变量和的极限分布是正态分布的定理. 对它的研究开始于 18 世纪,在长达两个世纪的时期内成了概率论研究的中心课题. 在这里,将不加证明地介绍几个常见的中心极限定理,着重指出它的应用和意义.

5.2.1　独立同分布的中心极限定理

定理 5.4　设 ξ_1, ξ_2, $\cdots$ 为相互独立的随机变量序列,各有数学期望 a 及方差 σ^2,则当 $n \to \infty$ 时,

$$\zeta_n = \frac{\xi_1 + \xi_2 + \cdots + \xi_n - na}{\sigma \sqrt{n}}$$

的分布趋于标准正态分布,也就是

$$\lim_{n \to \infty} P(\zeta_n < x) = \frac{1}{\sqrt{2\pi}} \int_{-\infty}^{x} e^{-\frac{t^2}{2}} dt. \tag{5.7}$$

定理 5.4 称为**林德伯格-莱维(Lindeberg-Levy)定理**. 它表明:当 n 充分大时, $\zeta_n = \dfrac{\xi_1 + \xi_2 + \cdots + \xi_n - na}{\sigma\sqrt{n}}$ 的分布近似于 N(0, 1),从而, $\xi_1 + \xi_2 + \cdots + \xi_n = na + \sigma\sqrt{n}\zeta_n$ 具有近似分布 N(na, $n\sigma^2$),这意味许多个相互独立、同分布且存在方差的随机变量之和近似服从正态分布. 该结论在数理统计的大样本理论中有着广泛的应用,同时也提供了计算独立同分布随机变量之和的近似概率的简便方法.

例 5.4 有 20 个独立的噪声电压 ξ_i, $i = 1, 2, \cdots, 20$,它们为一个所谓的"加法器"所接收(参见图 5.1). 令 η 为接收到的电压的总和,即 $\eta = \sum\limits_{i=1}^{20} \xi_i$,又设各随机变量 ξ_i 均匀地分布于 $[0, 10]$ 内,试计算总输入电压超过 105 伏的概率.

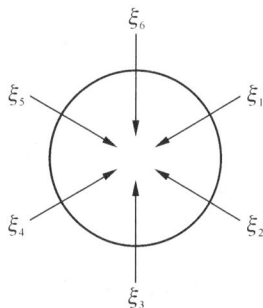

图 5.1

解 根据问题的条件有

$$E(\xi_i) = 5(伏), \quad D(\xi_i) = \frac{100}{12}(伏^2),$$

由定理 5.4, $\dfrac{\sum\limits_{i=1}^{20} \xi_i - 100}{\dfrac{10}{\sqrt{12}}\sqrt{20}}$ 近似地服从 N(0, 1) 分布,从而

$$P(\eta > 105) = P\left(\frac{\eta - 100}{\dfrac{10}{\sqrt{12}}\sqrt{20}} > \frac{105 - 100}{\dfrac{10}{\sqrt{12}}\sqrt{20}} \right)$$

$$\approx 1 - \Phi(0.387) \approx 0.349.$$

例 5.5 掷 10 个均匀骰子,求掷出的点数之和在 30 到 40 之间的概率.

解 设 ξ_i 表示第 i 个骰子掷出的点数, $i = 1, 2, \cdots, 10$,因为 $E(\xi_i) = \dfrac{7}{2}$, $D(\xi_i) = \dfrac{35}{12}$,由定理 5.4 得

$$P\left(30 \leqslant \sum_{i=1}^{10} \xi_i \leqslant 40 \right) = P\left(\frac{30 - 35}{\sqrt{\dfrac{350}{12}}} \leqslant \frac{\sum\limits_{i=1}^{10} \xi_i - 35}{\sqrt{\dfrac{350}{12}}} \leqslant \frac{40 - 35}{\sqrt{\dfrac{350}{12}}} \right)$$

$$\approx 2\Phi\left(\sqrt{\frac{6}{7}}\right) - 1 \approx 0.645.$$

例 5.6 报名听教育学课的学生人数是均值为 100 的泊松随机变量. 负责这门课程的教授决定,如果报名的人数不少于 120 人,就分成两班讲授;如果少于 120 人,就集中在一个班讲授,试问该教授将讲授两个班的概率为多大?

解 精确的解是 $\mathrm{e}^{-100}\sum\limits_{i=120}^{\infty}\dfrac{(100)^i}{i\,!}$,但没有给出具体的数字答案. 如果想到均值为 100 的泊松随机变量等于 100 个均值为 1 的独立泊松随机变量之和,就可以用定理 5.4 求其近似值. 设 η 表示报名听课的学生人数,有

$$P(\eta \geqslant 120) = P\left[\frac{\eta - 100}{\sqrt{100}} \geqslant \frac{120 - 100}{\sqrt{100}}\right]$$
$$\approx 1 - \Phi(2)$$
$$\approx 0.022\,7.$$

作为定理 5.4 的一种特别情况,有下面的棣莫弗-拉普拉斯极限定理,它是人们最早认识的中心极限定理.

定理 5.5(棣莫弗-拉普拉斯极限定理) 设 μ_n 是 n 重伯努利试验中事件 A 发生的次数,而 $p(0 < p < 1)$ 是事件 A 在每次试验中发生的概率,则对任意 x,成立

$$\lim_{n \to \infty} P\left(\frac{\mu_n - np}{\sqrt{npq}} < x\right) = \frac{1}{\sqrt{2\pi}} \int_{-\infty}^{x} \mathrm{e}^{-\frac{t^2}{2}} \mathrm{d}t, \qquad (5.8)$$

其中 $q = 1 - p$.

证明 参照定理 5.2 的证明过程,μ_n 可表示为 n 个相互独立且服从同一个二点分布 $b(1, p)$ 的随机变量 $\xi_1, \xi_2, \cdots, \xi_n$ 之和,于是

$$\frac{\mu_n - np}{\sqrt{npq}} = \frac{\xi_1 + \xi_2 + \cdots + \xi_n - np}{\sqrt{pq}\,\sqrt{n}},$$

其中 p、pq 正好是诸 ξ_i 的数学期望和方差,由定理 5.4 可知式(5.8)成立.

定理 5.5 断言:$\dfrac{\mu_n - np}{\sqrt{npq}}$ 的分布近似于 N(0, 1) 分布,从而 μ_n 的分布近似于 N(np, npq) 分布,由于 μ_n 服从二项分布 $b(n, p)$,所以上述断言也称为**二项分布的正态近似**,而式(5.8)称为二项分布收敛于正态分布,它有助于计算出二项分布随机变量 μ_n 落入某范围内的概率的近似值. 可有下列的结论:

$$(1) \ P(a < \mu_n < b) = P\left(\frac{a-np}{\sqrt{npq}} < \frac{\mu_n - np}{\sqrt{npq}} < \frac{b-np}{\sqrt{npq}}\right)$$

$$\approx \Phi\left(\frac{b-np}{\sqrt{npq}}\right) - \Phi\left(\frac{a-np}{\sqrt{npq}}\right). \tag{5.9}$$

实践证明,这一近似对于 $n > 10$,只要 p 接近 $\frac{1}{2}$ 时是有效的;如果 p 接近于 0 或 1,则 n 应稍为大一些,以保证良好的近似.

(2) 在应用二项分布的正态近似时,是用一个连续随机变量的分布来近似于一个离散随机变量的分布. 因此必须注意所包含的区间的端点. 例如,对于连续随机变量 ξ, $P(\xi = a) = 0$;而对于离散随机变量 ξ,这个概率可以是正的. 为此,对 μ_n 落在包含区间端点的概率计算要作修正,经验表明,下面的修正能改进近似:

$$P(a \leqslant \mu_n \leqslant b) \approx P\left(a - \frac{1}{2} < \mu_n < b + \frac{1}{2}\right)$$

$$\approx \Phi\left(\frac{b+\frac{1}{2}-np}{\sqrt{npq}}\right) - \Phi\left(\frac{a-\frac{1}{2}-np}{\sqrt{npq}}\right). \tag{5.10}$$

(3) 由式(5.10)得

$$P(\mu_n = k) = P\left(k - \frac{1}{2} < \mu_n < k + \frac{1}{2}\right)$$

$$\approx \Phi\left(\frac{k+\frac{1}{2}-np}{\sqrt{npq}}\right) - \Phi\left(\frac{k-\frac{1}{2}-np}{\sqrt{npq}}\right)$$

$$= \frac{1}{\sqrt{2\pi}} \int_{\frac{k-\frac{1}{2}-np}{\sqrt{npq}}}^{\frac{k+\frac{1}{2}-np}{\sqrt{npq}}} e^{-\frac{t^2}{2}} \, dt. \tag{5.11}$$

对(5.11)式应用积分中值定理,有

$$P(\mu_n = k) \approx \frac{1}{\sqrt{npq}} \cdot \frac{1}{\sqrt{2\pi}} e^{-\frac{(k-np)^2}{2npq}} \tag{5.12}$$

$$= \frac{1}{\sqrt{npq}} \varphi\left(\frac{k-np}{\sqrt{npq}}\right).$$

只要 n 充分大,(5.12)式对一切 $p(0 < p < 1)$ 都适用. 但实用中,当 p 较小(一般 $p \leqslant 0.1$)、np 大小适中时,$P(\mu_n = k)$ 的计算用在第 2 章指出的泊松近似,会取得良好的效果;而当 np 较大时,则采用(5.12)式的近似计算. 表 5.1 中可看出对于 n、k 及 p 各种不同的值,近似公式(5.12)的准确性.

表 5.1

k	$n=8$ $p=0.2$		$n=8$ $p=0.5$		$n=25$ $p=0.2$	
---	近似值	精确值	近似值	精确值	近似值	精确值
0	0.130	0.168	0.005	0.004	0.009	0.004
1	0.306	0.336	0.030	0.031	0.027	0.024
2	0.331	0.294	0.104	0.109	0.065	0.071
3	0.164	0.147	0.220	0.219	0.121	0.136
4	0.037	0.046	0.282	0.273	0.176	0.187
5	0.004	0.009	0.220	0.219	0.199	0.196
6	0.000	0.001	0.104	0.109	0.176	0.163
7	0.000	0.000	0.030	0.031	0.121	0.111
8	0.000	0.000	0.005	0.004	0.065	0.062
9	—	—	—	—	0.027	0.029

例 5.7 利用式(5.9)估计例 5.2 中的试验次数 n.

解 有 $p=\dfrac{1}{6}$，$q=\dfrac{5}{6}$，由式(5.9)得

$$P\left(\left|\frac{\mu_n}{n}-\frac{1}{6}\right|<0.01\right)=P\left(\left(\frac{1}{6}-0.01\right)n<\mu_n<\left(\frac{1}{6}+0.01\right)n\right)$$

$$\approx\Phi\left(\frac{\left(\frac{1}{6}+0.01\right)n-\frac{n}{6}}{\sqrt{n\cdot\frac{1}{6}\cdot\frac{5}{6}}}\right)-\Phi\left(\frac{\left(\frac{1}{6}-0.01\right)n-\frac{n}{6}}{\sqrt{n\cdot\frac{1}{6}\cdot\frac{5}{6}}}\right)$$

$$=2\Phi(0.012\sqrt{5n})-1.$$

欲使 $P\left(\left|\dfrac{\mu_n}{n}-\dfrac{1}{6}\right|<0.01\right)\geqslant0.95$，只要 $2\Phi(0.012\sqrt{5n})-1\geqslant0.95$，即 $\Phi(0.012\sqrt{5n})\geqslant0.975$，查表得

$$0.012\sqrt{5n}\geqslant1.96,$$

从而

$$n\geqslant5\,336.$$

把本例与例 5.2 作一比较,可以看出利用(5.9)式估计 n 比起用切比雪夫不等式作出的估计要精确得多.

例 5.8 有一批种子,其中良种占 $\frac{1}{4}$,从中任取 6 000 粒,问能以 0.99 的概率保证其中良种的比例与 $\frac{1}{4}$ 相差多少?

解 一粒种子或者是良种或者不是良种,只有这两种结果,因此取一粒种子可以看作是一次伯努利试验,且良种的概率 $p = \frac{1}{4}$, 6 000 粒种子就相当于 $n = 6\,000$ 的伯努利概型. 记 $\mu_{6\,000}$ 为 6 000 粒种子中的良种数,那么 $\mu_{6\,000}$ 是一个二项随机变量,良种比例为 $\frac{\mu_{6\,000}}{6\,000}$. 据题意要确定 ε,使

$$P\left(\left|\frac{\mu_{6\,000}}{6\,000} - \frac{1}{4}\right| < \varepsilon\right) \geqslant 0.99.$$

由式(5.9),经适当运算后有

$$P\left(\left|\frac{\mu_{6\,000}}{6\,000} - \frac{1}{4}\right| < \varepsilon\right) \approx 2\Phi(80\sqrt{5}\varepsilon) - 1 \geqslant 0.99,$$

即 $\Phi(80\sqrt{5}\varepsilon) \geqslant 0.995$,查表得 $80\sqrt{5}\varepsilon = 2.575$, $\varepsilon = 0.014\,4$.

例 5.9 某工厂生产了一批螺丝钉,这批螺丝钉大约有 5% 是次品,如果检查了 1 000 只螺丝钉,问下列事件的概率是多少?

(1) 恰有 40 只次品;

(2) 次品数不少于 40 只;

(3) 次品数在 40 只至 60 只之间.

解 一只螺丝钉或者是次品,或者非次品,只有这两种结果,因此检查一只螺丝钉可以看作是一次伯努利试验,且次品的概率是 $p = 0.05$,检查 1 000 只螺丝钉就相当于 $n = 1\,000$ 的伯努利概型. 若记 $\mu_{1\,000}$ 为 1 000 只螺丝钉中的次品数,那么 $\mu_{1\,000}$ 是一个二项随机变量. 根据题意,问题归结为计算 $P(\mu_{1\,000} = 40)$、 $P(\mu_{1\,000} \geqslant 40)$ 及 $P(40 \leqslant \mu_{1\,000} \leqslant 60)$. 由(5.12)式及(5.10)式,有

$$(1)\ P(\mu_{1\,000} = 40) \approx \frac{1}{\sqrt{1\,000 \times 0.05 \times 0.95}} \cdot \varphi\left(\frac{40 - 1\,000 \times 0.05}{\sqrt{1\,000 \times 0.05 \times 0.95}}\right)$$

$$= \frac{\varphi(-1.451)}{6.892}.$$

查表得: $P(\mu_{1\,000} = 40) \approx \frac{0.139\,2}{6.892} = 0.020\,2$,而精确值为 $0.021\,3$,说明准确度甚高.

(2) $P(\mu_{1\,000} \geqslant 40) = P(40 \leqslant \mu_{1\,000} \leqslant 1\,000)$

$$\approx \Phi\left(\frac{1\,000+\dfrac{1}{2}-1\,000\times 0.05}{\sqrt{1\,000\times 0.05\times 0.95}}\right)-\Phi\left(\frac{40-\dfrac{1}{2}-1\,000\times 0.05}{\sqrt{1\,000\times 0.05\times 0.95}}\right)$$

$$=\Phi(137.914)-\Phi(-1.524)$$

$$\approx 1-\Phi(-1.524)=\Phi(1.524),$$

查表得：$P(\mu_{1\,000}\geqslant 40)\approx 0.936.$

$$(3)\ P(40\leqslant \mu_{1\,000}\leqslant 60)\approx \Phi\left(\frac{60+\dfrac{1}{2}-1\,000\times 0.05}{\sqrt{1\,000\times 0.05\times 0.95}}\right)$$

$$-\Phi\left(\frac{40-\dfrac{1}{2}-1\,000\times 0.05}{\sqrt{1\,000\times 0.05\times 0.95}}\right)$$

$$=2\Phi(1.524)-1,$$

查表得：$P(40\leqslant \mu_{1\,000}\leqslant 60)\approx 0.872.$

值得注意的是，(2)、(3)的精确值分别是：

$$P(\mu_{1\,000}\geqslant 40)=\sum_{i=40}^{1\,000}C_{1\,000}^{i}(0.05)^{i}(0.95)^{1\,000-i},$$

$$P(40\leqslant \mu_{1\,000}\leqslant 60)=\sum_{i=40}^{60}C_{1\,000}^{i}(0.05)^{i}(0.95)^{1\,000-i},$$

然而要直接计算这些概率是相当困难的.

例 5.10　一个车间有 150 台机床相互独立地工作，每台机床工作时需要电力都是 5 千瓦，因为换料、检修等原因，每台机床平均只有 60% 的时间工作.试问要供给这个车间多少电才能以 99.87% 的概率保证这个车间的用电？

解　因为每台需电 5 千瓦，共 150 台，若能供电 750 千瓦，无疑这个车间就能正常生产.但由于每台机床平均只有 60% 的时间工作，故平均来说某时刻在工作着的机床只有 90 台，显然供电 750 千瓦太多了，特别在电力紧张的情况下，若这个车间供电多了，必然会造成其他车间或其他单位供电不足而影响了正常生产，造成不必要的损失；若只供应 450 千瓦，那又太少了，因为虽然平均来说某时刻在工作着的机床只有 90 台，但有时实际开工的机床会超过 90 台，若只供应 450 千瓦，此时必造成因缺乏电力而使机床无法正常运转.那么到底要供应多少电力才能既节约电又保证正常生产呢？利用(5.10)式可满意地回答这个问题.

观察一台机床在某时刻的工作情况，只有工作或不工作这两种结果，因此一台机床工作与否可看作一次伯努利试验，并且机床工作的概率 $p=0.6$，150 台机床

就相当于 $n = 150$ 的伯努利概型. 若以 μ_{150} 表示 150 台机床在某时刻工作的台数,那么 μ_{150} 是一个二项随机变量. 现假定要供给 H 千瓦电,问题是要计算满足 $P(5\mu_{150} \leqslant H) \geqslant 0.9987$ 的最小正数 H. 由 (5.10) 式,有

$$P(5\mu_{150} \leqslant H) = P\left(0 \leqslant \mu_{150} \leqslant \frac{H}{5}\right)$$

$$\approx \Phi\left(\frac{\frac{H}{5} + \frac{1}{2} - 150 \times 0.6}{\sqrt{150 \times 0.6 \times 0.4}}\right) - \Phi\left(\frac{-\frac{1}{2} - 150 \times 0.6}{\sqrt{150 \times 0.6 \times 0.4}}\right)$$

$$= \Phi\left(\frac{H - 447.5}{30}\right) - \Phi(-15.083)$$

$$\approx \Phi\left(\frac{H - 447.5}{30}\right) \geqslant 0.9987,$$

查表得:

$$\frac{H - 447.5}{30} \geqslant 3,$$

$$H \geqslant 537.5,$$

从而 $H = 537.5$(千瓦).

这个结论表示 $P(5\mu_{150} \leqslant 537.5) \geqslant 0.9987$. 所以若供电 537.5 千瓦,则由于供电不足而影响生产的可能性小于 0.0013,即在八小时的时间中可能有不超过 $0.0013 \times 8 \times 60 = 0.624$ 分钟的时间会受影响,这在一般情况下是允许的.

5.2.2 独立非同分布的中心极限定理

上面讨论了独立同分布的中心极限定理,那里虽然没有提出随机变量序列 $\{\xi_n\}$ 的具体分布形式,但除了独立性之外还假定了同分布,这是比较高的要求,有时也脱离了实际. 例如,在任一给定时间,一个城市的耗电量 η 是由大量单独的耗电者需用电量 ξ_i 的总和: $\eta = \sum\limits_i \xi_i$,说诸 ξ_i 具有独立性是合理的;但是很难说 ξ_i 是同分布的随机变量. 因而,有必要考虑独立非同分布的极限定理. 下面介绍一条比较常见的独立非同分布的中心极限定理.

定理 5.6 设 $\{\xi_n\}$ 是相互独立的随机变量序列,它们存在数学期望和方差:

$$E(\xi_i) = a_i, \quad D(\xi_i) = \sigma_i^2, \quad i = 1, 2, \cdots.$$

记 $B_n^2 = \sum\limits_{i=1}^{n} \sigma_i^2$,若存在正数 δ,使得

$$\lim_{n \to \infty} \frac{1}{B_n^{2+\delta}} \sum_{i=1}^{n} E \mid \xi_i - a_i \mid^{2+\delta} = 0, \tag{5.13}$$

则对任何实数 x,成立

$$\lim_{n \to \infty} P\left(\frac{\sum_{i=1}^{n}(\xi_i - a_i)}{B_n} < x \right) = \frac{1}{\sqrt{2\pi}} \int_{-\infty}^{x} e^{-\frac{t^2}{2}} dt. \tag{5.14}$$

定理 5.6 称为**李雅普诺夫(Ляпунов)定理**,式(5.13)称为**李雅普诺夫条件**. 现说明李雅普诺夫条件的意义. 设

$$A_i = \left\{ \frac{\mid \xi_i - a_i \mid}{B_n} \geqslant \varepsilon \right\},$$

根据推论 1.3,有

$$P\left(\max_{1 \leqslant i \leqslant n} \frac{\mid \xi_i - a_i \mid}{B_n} \geqslant \varepsilon \right) = P(A_1 \bigcup A_2 \bigcup \cdots \bigcup A_n)$$

$$\leqslant \sum_{i=1}^{n} P(A_i) \leqslant \frac{1}{\varepsilon^{2+\delta} \cdot B_n^{2+\delta}} \sum_{i=1}^{n} \mid \xi_i - a_i \mid^{2+\delta}.$$

由李雅普诺夫条件可知,对任意的 $\varepsilon > 0$,有

$$\lim_{n \to \infty} P\left(\max_{1 \leqslant i \leqslant n} \frac{\mid \xi_i - a_i \mid}{B_n} \geqslant \varepsilon \right) = 0,$$

由此得

$$\lim_{n \to \infty} P\left(\max_{1 \leqslant i \leqslant n} \frac{\mid \xi_i - a_i \mid}{B_n} < \varepsilon \right) = 1,$$

这就是说,当 $n \to \infty$ 时,和式 $\dfrac{\sum_{i=1}^{n}(\xi_i - a_i)}{B_n}$ 中的各项 $\dfrac{\xi_i - a_i}{B_n}$ 一致地依概率收敛于 0, 它意味着和式中的各项"均匀地小".

因此,李雅普诺夫定理可以解释如下:假定被研究的随机变量可以表示为大量 独立随机变量的总和,且总和中的每个单独的随机变量对于总和又不起主要作用, 那么可以认为这个随机变量近似地服从正态分布.

例如,一个城市的用水量可看成是大量的单独居民户的用水量的总和;一个物 理试验的测量误差是由许多观测不到的、可加的微小误差所组成;一个年级数学成 绩的总分是该年级每个学生成绩的总和. 根据李雅普诺夫定理,它们往往近似地服 从正态分布. 类似的例子不胜枚举,这一切回答了第 2 章讲到的以及本节开头提到 的自然界中为什么广泛存在着正态分布这一问题.

习 题 5.2

(A)

1. 一射手打靶,他以概率 0.5 得 10 分、以 0.3 得 9 分、以 0.1 得 8 分、以 0.05 得 7 分、以 0.05 得 6 分,共射击了 100 次,问取得多于 950 分的概率多大?

2. 一个计算器在加数时,把每一个数舍入为最靠近它的整数,设所有舍入误差是相互独立的且在(-0.5,0.5)上服从均匀分布,试问:

(1) 若将 1 500 个数相加,总误差超过 15 的概率是多少?

(2) 要使得总误差量小于 10 的概率为 0.9,一共应相加多少个数?

3. 假设 30 台电子仪器 D_1,D_2,$\cdots$,D_{30} 按如下方式使用:服从当 D_1 失效,D_2 即运行,当 D_2 失效,D_3 即运行,等等,设 D_i 的失效时间是一个参数为 $0.1\left(\dfrac{1}{小时}\right)$ 的指数分布随机变量,令 ξ 表示这 30 台仪器正常运行的总时间,问 ξ 超过 350 小时的概率是多少?

4. 用棣莫弗-拉普拉斯极限定理解答习题 5.1(A)组的第 7 题及第 8 题.

5. 将一枚均匀的硬币掷 900 次,要使出现正面的频率与其概率之差的绝对值不超过 ϵ 的概率为 0.77,求 ϵ.

6. 已知生男孩的概率近似地等于 0.515,问 10 000 个新生婴儿中下列事件的概率各是多少?

(1) 男孩数恰有 5 000 个;

(2) 男孩数在 3 000 至 8 000 个;

(3) 男孩数不多于女孩数.

7. 活到 20 岁的人,在生命的第 21 个年头死亡的概率等于 0.006. 今有 10 000 名20 岁的人参加人寿保险,并且每个被保险者每年交纳保险费 12 元,若被保险者死亡,则保险公司付给他的继承人 1 000 元,问:

(1) 至年底为止,保险公司亏本的概率是多少?

(2) 保险公司年收入超过 60 000 元、40 000 元的概率各是多少?

8. 某电视机厂每月生产 10 000 台电视机,但它的显像管车间的正品率为 0.8,为了以 0.999 的概率保证出厂的电视机都装上正品的显像管,问该车间每月应生产多少只显像管?

9. 某学校共有学生 1 200 名,假定每个学生平均只有 25% 的时间在用水,且每小时的用水量为 a 吨,各学生用水是相互独立的,试问学校的水塔每小时要提供多少吨水,才能以 99% 的把握保证学生的用水?

10. 通常在计算机内附有产生服从 $[0,1]$ 上均匀分布的随机数软件包. 根据这个软件包可以在计算机上生成一列相互独立且都服从 $[0,1]$ 上均匀分布的随机

数的值 r_1，r_2，$\cdots$，然后用 $\sum\limits_{i=1}^{12} r_i - 6$ 近似地作为标准正态随机变量的值. 试问这种在计算机上形成标准正态随机变量值的依据是什么？

（B）

1. 技术部门抽查产品，已知一批产品有 475 个，其废品率为 0.05，试以 0.95 的概率来估计其中废品个数的范围.

2. 投掷一枚均匀的骰子 100 次，令 ξ_i 表示第 i 次掷出的点数，求 $P\left(\prod\limits_{i=1}^{100} \xi_i \leqslant 4^{100}\right)$ 的近似值.

3. 某人在街上卖报，设每个走过他身旁的人均以概率 $\dfrac{1}{3}$ 买报，以 ξ 表示他刚卖掉前 100 份报纸时走过他身旁的人的总数. 试用中心极限定理证明 ξ 近似服从正态分布，并计算 $P(\xi \leqslant 300)$ 的值.

第6章 马尔可夫链

§6.1 马尔可夫链的定义

在前面几章,研究的对象主要是一个或几个随机变量,然而有许多随机现象仅用一个或几个随机变量去描述,就不能揭示其全部的统计规律性,必须要用一族无限多个随机变量去描述. 例如,医院不断地登记新生婴儿的性别,以 0 表示"男",以 1 表示"女",并以 ξ_n 表示第 n 次登记的数字,ξ_n 是一随机变量,它取值 0 或 1,不断地登记下去时,便得到一族无限可列个随机变量 ξ_1, ξ_2, $\cdots$, ξ_n, $\cdots$,即随机变量序列 $\{\xi_n, n=1, 2, \cdots\}$. 又如,考虑纺织机所纺出的某一根棉纱,以 ξ_t 表示 t 时纺出的纱的横截面直径,由于工作条件随 t 变化而起伏不同,一般 ξ_t 也随 t 而变,于是得到一族无限不可列个随机变量 ξ_t, $t \in [0, \infty)$,或用 $\{\xi_t, t \in [0, \infty)\}$ 表示. 如果每隔一小时观察一次,连续不断地记录,就得到 $\{\xi_n, n=0, 1, 2, \cdots\}$. 像上述那样的一族无限多个随机变量,称之为**随机过程**. 显然,随机过程也可粗糙地理解为随时间变化的随机变量,它描述了这类随机现象随时间的变化过程. 本章讨论的马尔可夫(Марков)链是一类特殊的随机过程,由于有一些实际问题可以归结为马尔可夫链,因此对马尔可夫链的研究,无论从理论或是实际应用来说都是极具意义的.

下面介绍马尔可夫链的定义:

定义 6.1 设 $\{\xi_n, n=0, 1, 2, \cdots\}$ 为一仅取整数值的随机变量序列,其取值全体记为 S,它包含的整数个数可以是有限的,也可以是无限的. 如果对于所有 $n \geqslant 0$, 及一切可能的 $j, i_0, i_1, \cdots, i_{n-1}, i \in S$, 成立

$$P\{\xi_{n+1} = j \mid \xi_0 = i_0, \xi_1 = i_1, \cdots, \xi_{n-1} = i_{n-1}, \xi_n = i\} \qquad (6.1)$$
$$= P\{\xi_{n+1} = j \mid \xi_n = i\},$$

则称 $\{\xi_n, n=0, 1, 2, \cdots\}$ 为**马尔可夫链**.

在马尔可夫链中,随机变量 ξ_n 的序号"n"通常代表时间,S 称为**状态空间**,"$\xi_n = i$"表示马尔可夫链在时刻 n 处于状态 i,最初时刻的随机变量 ξ_0 的分布列称为**初始分布**.

定义 6.1 中的条件表明马尔可夫链的"下一个状态"$\xi_{n+1} = j$ 仅依赖于"现在状态"$\xi_n = i$，而与"过去状态"$\xi_0 = i_0$，$\xi_1 = i_1$，$\cdots$，$\xi_{n-1} = i_{n-1}$ 无关,这种性质称为**马尔可夫性或无后效性**.

例 6.1　考察甲、乙两人交换掷骰子的试验,如甲掷出的骰子点数超过 1 点,仍由甲继续掷,否则交换给乙掷;如乙掷出的骰子点数超过 2 点,则乙继续掷,否则交给甲接着掷.通过由丙掷硬币来决定谁先掷,若出现正面向上,则由甲先掷,若出现正面向下,则由乙先掷.以 ξ_0 表示最初由甲掷的次数,以 ξ_1，ξ_2，$\cdots$，ξ_n，$\cdots$表示其后由甲掷的次数,由于下一次试验的结果仅与当前试验的结果有关,而与过去的试验无关,所以 $\{\xi_n, n = 0, 1, 2, \cdots\}$ 构成了一个马尔可夫链,其状态空间 $S = \{0, 1\}$,初始分布为 $P(\xi_0 = 1) = \dfrac{1}{2}$，$P(\xi_0 = 0) = \dfrac{1}{2}$.

例 6.2　有标号为 1, 2, 3 的三个盒子,在第 i 盒中装有标号 1 的球 1 个,标号 2 的球 2^i 个,标号 3 的球 3^i 个 $(i = 1, 2, 3)$. 开始任取一盒 i_0,从中任取一球,记下它的标号,设为 i_1;下一步则转移到 i_1 号的盒,再从中任取一球,记下它的标号,设为 i_2;下一步将移到 i_2 号的盒再取一球等等. 每次所取的球皆放回原盒,记 ξ_0 为最初任取一盒的标号,ξ_1，ξ_2，$\cdots$，ξ_n，$\cdots$表示这之后取盒的标号,由于下一次所取盒的标号仅同现在所取盒的标号有关,而与过去所取盒的标号无关,所以 $\{\xi_n, n = 0, 1, 2, \cdots\}$ 是一个马尔可夫链,其状态空间 $S = \{1, 2, 3\}$,初始分布为

$$P(\xi_0 = i) = \frac{1}{3}, i = 1, 2, 3.$$

例 6.3　设 $\{\xi_n, n \geq 0\}$ 为一列独立同分布的整值随机变量,其分布列为

$$P(\xi_n = k) = p_k, k = 0, \pm 1, \pm 2, \cdots.$$

定义 $\eta_n = \sum\limits_{i=0}^{n} \xi_i$,证明 $\{\eta_n, n \geq 0\}$ 是马尔可夫链.

证明　显然 $S = \{\cdots, -n, \cdots, -2, -1, 0, 1, 2, \cdots, n, \cdots\}$,对所有 $n \geq 0$,及一切可能的 $j, i_0, i_1, \cdots, i_{n-1}, i \in S$,注意到 $\xi_0, \xi_1, \xi_2, \cdots, \xi_n, \cdots$ 是相互独立的,有

$$P(\eta_{n+1} = j \mid \eta_0 = i_0, \eta_1 = i_1, \cdots, \eta_{n-1} = i_{n-1}, \eta_n = i)$$

$$= \frac{P(\eta_0 = i_0, \eta_1 = i_1, \cdots, \eta_{n-1} = i_{n-1}, \eta_n = i, \eta_{n+1} = j)}{P(\eta_0 = i_0, \eta_1 = i_1, \cdots, \eta_{n-1} = i_{n-1}, \eta_n = i)}$$

$$= \frac{P(\xi_0 = i_0, \xi_1 = i_1 - i_0, \cdots, \xi_{n-1} = i_{n-1} - i_{n-2}, \xi_n = i - i_{n-1}, \xi_{n+1} = j - i)}{P(\xi_0 = i_0, \xi_1 = i_1 - i_0, \cdots, \xi_{n-1} = i_{n-1} - i_{n-2}, \xi_n = i - i_{n-1})}$$

$$= \frac{P(\xi_0 = i_0) \prod\limits_{k=1}^{n-1} P(\xi_k = i_k - i_{k-1}) \cdot P(\xi_n = i - i_{n-1}) P(\xi_{n+1} = j - i)}{P(\xi_0 = i_0) \prod\limits_{k=1}^{n-1} P(\xi_k = i_k - i_{k-1}) \cdot P(\xi_n = i - i_{n-1})}$$

概率与统计

$$= P(\xi_{n+1} = j - i) = p_{j-i}.$$

同理可得

$$P(\eta_{n+1} = j \mid \eta_n = i) = P(\xi_{n+1} = j - i) = p_{j-i},$$

从而

$$P(\eta_{n+1} = j \mid \eta_0 = i_0, \eta_1 = i_1, \cdots, \eta_{n-1} = i_{n-1}, \eta_n = i)$$

$$= P(\eta_{n+1} = j \mid \eta_n = i).$$

所以 $\{\eta_n, n \geqslant 0\}$ 是马尔可夫链.

习　题　6.1

（A）

1. 举例说明什么是随机过程.

2. 一质点在一圆周上作随机游动,圆上共有 10 个格子,质点在每单位时刻游动一次,它以概率 p 顺时针游动一格或以概率 $q = 1 - p$ 逆时针游动一格. 试用一马尔可夫链表示这种随机游动,并写出它的状态空间.

3. 袋中有 a 个球,球为黑色的或白色的,任意地从袋中取出一球,然后放回一个另一种颜色的球(如取出的球为黑色,换成白色球再放入袋中). 若在袋里有 k 个白球,则称系统处于状态 k,用马尔可夫链描述这个模型.

4. 交替地掷一均匀硬币及骰子,以 ξ_0 表示最初掷出的点数,以 ξ_1, ξ_2, $\cdots$ 表示这之后掷出的点数(掷硬币出现正面向上作为 7 点,出现反面向上作为 8 点). 假设最初掷均匀硬币或骰子是等可能,试证 $\{\xi_n, n \geqslant 0\}$ 为一马尔可夫链,并写出它的初始分布和状态空间.

5. 设 $\{\xi_n, n \geqslant 0\}$ 是一独立同分布的随机变量序列,且 $P(\xi_n = 1) = p > 0$, $P(\xi_n = -1) = q > 0$, $p + q = 1$, $n = 0, 1, 2, \cdots$. 设 $S_n = \sum_{i=0}^{2n-1} \xi_n$,证明 $\{S_n, n \geqslant 1\}$ 是一马尔可夫链并求其初始分布.

§6.2　转　移　概　率

一般来说,马尔可夫链 $\{\xi_n, n = 0, 1, 2, \cdots\}$ 中的条件概率 $P\{\xi_{n+1} = j \mid \xi_n = i\}$ 随着 n 的变化而变化,如果它与 n 无关,则称 $\{\xi_n, n = 0, 1, 2, \cdots\}$ 为**齐次马尔可夫链**. 例如在例 6.1、例 6.2 中所述的马尔可夫链均是齐次马尔可夫链. 以后只讨论这种马尔可夫链,且状态个数是有限的,并将齐次二字省去,不失其一般性. 设 $S = \{1, 2, \cdots, k\}$,令

$$P\{\xi_{n+1} = j \mid \xi_n = i\} = p_{ij}, \quad i, j \in S, \tag{6.2}$$

它称为由状态 i 经过一步转移到达状态 j 的一步转移概率,简称为**转移概率**.

因为条件概率是非负的,且从任何一个状态 i 出发,经过一步转移后,必然出现属于 S 中的另一个状态,所以转移概率具有性质:

(1) $p_{ij} \geqslant 0, \ i, j \in S$; \hfill (6.3)

(2) $\displaystyle\sum_{j=1}^{k} p_{ij} = 1, \ i \in S.$ \hfill (6.4)

为方便起见,常把转移概率排成一个方阵

$$\boldsymbol{P} = \begin{bmatrix} p_{11} & \cdots & p_{1k} \\ \vdots & & \vdots \\ p_{k1} & \cdots & p_{kk} \end{bmatrix} \tag{6.5}$$

称为**一步转移概率矩阵**,简称为**转移概率矩阵**.

例 6.4 分别写出例 6.1 和例 6.2 中所述马尔可夫链的转移概率矩阵.

解 例 6.1 中所述的马尔可夫链的状态空间 $S = \{0, 1\}$,容易得到

$$P\{\xi_{n+1} = 0 \mid \xi_n = 0) = \frac{2}{3}, \ P\{\xi_{n+1} = 1 \mid \xi_n = 0) = \frac{1}{3},$$

$$P\{\xi_{n+1} = 0 \mid \xi_n = 1) = \frac{1}{6}, \ P\{\xi_{n+1} = 1 \mid \xi_n = 1) = \frac{5}{6}.$$

其转移概率矩阵为

$$\begin{array}{cc} & \begin{array}{cc} 0 & \quad 1 \end{array} \\ \begin{bmatrix} \dfrac{2}{3} & \dfrac{1}{3} \\[2mm] \dfrac{1}{6} & \dfrac{5}{6} \end{bmatrix} & \begin{array}{c} 0 \\[2mm] 1 \end{array} \end{array}.$$

类似地,可以求得例 6.2 中所述的马尔可夫链的转移概率矩阵为

$$\boldsymbol{P} = \begin{array}{cc} \begin{array}{ccc} 1 & \quad 2 & \quad 3 \end{array} \\ \begin{bmatrix} \dfrac{1}{6} & \dfrac{1}{3} & \dfrac{1}{2} \\[2mm] \dfrac{1}{14} & \dfrac{2}{7} & \dfrac{9}{14} \\[2mm] \dfrac{1}{36} & \dfrac{2}{9} & \dfrac{3}{4} \end{bmatrix} & \begin{array}{c} 1 \\[2mm] 2 \\[2mm] 3 \end{array} \end{array}.$$

例 6.5 考察质点在直线上非负整数点集 $\{0, 1, 2, \cdots, k\}$ 上的随机游动. 若某时刻质点处于状态 $i(0 < i < k)$,则下一步质点将以概率 $p(0 < p < 1)$ 向右移

动一点到达 $i+1$，以概率 q 向左移动一点到达 $i-1(q=1-p)$；若某时刻质点处于状态 $i=0$ 或 k，则下一步质点将以概率 1 停留在原来的状态。质点从 $i_0(0<i_0<k)$ 出发，记 ξ_0 为初始时刻质点所处的位置，$\xi_1,\xi_2,\cdots,\xi_n,\cdots$ 为其后时刻质点所处的位置。容易明白 $\{\xi_n,n\geqslant 0\}$ 是一个马尔可夫链，其转移概率矩阵为

$$
\boldsymbol{P}=\begin{array}{c}
\begin{array}{cccccc} 0 & 1 & 2 & 3 & \cdots & k \end{array}\\
\begin{bmatrix}
1 & 0 & 0 & 0 & \cdots & 0\\
q & 0 & p & 0 & \cdots & 0\\
0 & q & 0 & p & \cdots & 0\\
\vdots & & & & & \vdots\\
0 & 0 & 0 & 0 & \cdots & 1
\end{bmatrix}
\begin{array}{c} 0\\ 1\\ 2\\ \vdots\\ k \end{array}
\end{array}.
$$

上面讨论了一步转移概率，现在研究在时刻 n 处于状态 i 经二步转移到达状态 j 的二步转移概率 $P(\xi_{n+2}=j\mid\xi_n=i)$。

定理 6.1 设 $\{\xi_n,n\geqslant 0\}$ 为一马尔可夫链，其状态空间 $S=\{1,2,\cdots,k\}$，则对一切 $n\geqslant 0$，及所有的 $i,j\in S$，成立

$$P(\xi_{n+2}=j\mid\xi_n=i)=\sum_{l=1}^{k}p_{il}p_{lj}. \tag{6.6}$$

证明 根据条件概率的定义及乘法公式有

$$P(\xi_{n+2}=j\mid\xi_n=i)$$

$$=\frac{P(\xi_n=i,\xi_{n+2}=j)}{P(\xi_n=i)}$$

$$=\frac{P\big[\xi_n=i,\bigcup_{l=1}^{k}(\xi_{n+1}=l),\xi_{n+2}=j\big]}{P(\xi_n=i)}$$

$$=\frac{\sum_{l=1}^{k}P(\xi_n=i,\xi_{n+1}=l,\xi_{n+2}=j)}{P(\xi_n=i)}$$

$$=\frac{\sum_{l=1}^{k}P(\xi_n=i)P(\xi_{n+1}=l\mid\xi_n=i)P(\xi_{n+2}=j\mid\xi_n=i,\xi_{n+1}=l)}{P(\xi_n=i)}$$

$$=\sum_{l=1}^{k}p_{il}P(\xi_{n+2}=j\mid\xi_n=i,\xi_{n+1}=l).$$

另一方面

$$P(\xi_{n+2}=j\mid\xi_n=i,\xi_{n+1}=l)$$

$$= \frac{P(\xi_n = i, \ \xi_{n+1} = l, \ \xi_{n+2} = j)}{P(\xi_n = i, \ \xi_{n+1} = l)}$$

$$= \frac{\sum\limits_{i_0, i_1, \cdots, i_{n-1} \in S} P(\xi_0 = i_0, \ \xi_1 = i_1, \ \cdots, \ \xi_{n-1} = i_{n-1}, \ \xi_n = i, \ \xi_{n+1} = l, \ \xi_{n+2} = j)}{P(\xi_n = i) P(\xi_{n+1} = l \mid \xi_n = i)}$$

$$= \frac{1}{P(\xi_n = i) p_{il}} \sum_{i_0, i_1, \cdots, i_{n-1} \in S} \left[P(\xi_0 = i_0, \ \cdots, \ \xi_{n-1} = i_{n-1}, \ \xi_n = i) \right.$$

$$\left. \cdot P(\xi_{n+1} = l \mid \xi_0 = i_0, \ \cdots, \ \xi_n = i) P(\xi_{n+2} = j \mid \xi_0 = i_0, \ \cdots, \ \xi_{n+1} = l) \right]$$

$$= \frac{1}{P(\xi_n = i) p_{il}} \sum_{i_0, i_1, \cdots, i_{n-1} \in S} \left[P(\xi_0 = i_0, \ \xi_1 = i_1, \ \cdots, \ \xi_n = i) \right.$$

$$\left. \cdot P(\xi_{n+1} = l \mid \xi_n = i) P(\xi_{n+2} = j \mid \xi_{n+1} = l) \right]$$

$$= \frac{P(\xi_n = i) p_{il} p_{lj}}{P(\xi_n = i) p_{il}} = p_{lj},$$

从而

$$P(\xi_{n+2} = j \mid \xi_n = i) = \sum_{l=1}^{k} p_{il} p_{lj}.$$

上式表明对于马尔可夫链来说,其二步转移概率可通过一步转移概率得到且也与 n 无关,记为 $p_{ij}^{(2)}$,即 $P(\xi_{n+2} = j \mid \xi_n = i) = p_{ij}^{(2)}$,有

$$p_{ij}^{(2)} = \sum_{l=1}^{k} p_{il} p_{lj}. \tag{6.7}$$

容易看出,它的右边是转移概率矩阵 $\boldsymbol{P}$ 的第 i 行与转移概率矩阵 $\boldsymbol{P}$ 的第 j 列的对应元素乘积的和. 于是如果用 $\boldsymbol{P}^{(2)}$ 表示矩阵

$$\boldsymbol{P}^{(2)} = \begin{bmatrix} p_{11}^{(2)} & p_{12}^{(2)} & \cdots & p_{1k}^{(2)} \\ p_{21}^{(2)} & p_{22}^{(2)} & \cdots & p_{2k}^{(2)} \\ \vdots & & & \vdots \\ p_{k1}^{(2)} & p_{k2}^{(2)} & \cdots & p_{kk}^{(2)} \end{bmatrix}, \tag{6.8}$$

它称为**二步转移概率矩阵**,则有 $\boldsymbol{P}^{(2)} = \boldsymbol{PP} = \boldsymbol{P}^2$.

同理,可以通过一步转移概率计算马尔可夫链的 $m(m > 2)$ 步转移概率. 即如果令 $P(\xi_{n+m} = j \mid \xi_n = i) = p_{ij}^{(m)}$ 为 m 步转移概率矩阵 $\boldsymbol{P}^{(m)}$ 的第 i 行第 j 列的元素,则

$$\boldsymbol{P}^{(m)} = \underbrace{\boldsymbol{PP}\cdots\boldsymbol{P}}_{m \uparrow} = \boldsymbol{P}^m. \tag{6.9}$$

下面为方便起见,约定 $p_{ij}^{(1)} = p_{ij}$,$\boldsymbol{P}^{(1)} = \boldsymbol{P}$.

容易理解,对任意正整数 m,及一切 $i, j \in S$,恒有 $\sum_{j=1}^{k} p_{ij}^{(m)} = 1$.

定理 6.2 设 $\{\xi_n, n \geq 0\}$ 为一马尔可夫链,其状态空间 $S = \{1, 2, \cdots, k\}$,则对所有的 $i, j \in S$ 及任意的 $r(0 < r < m)$,恒有

$$p_{ij}^{(m)} = \sum_{l=1}^{k} p_{il}^{(r)} p_{lk}^{(m-r)}, \tag{6.10}$$

其中 $m \geq 2$. 上式称为**切普曼-柯尔莫哥洛夫**(Chapman-Колмогоров)**方程**.

证明 据上面所述及矩阵性质,有

$$\boldsymbol{P}^{(m)} = \boldsymbol{P}^n = \boldsymbol{P}^r \cdot \boldsymbol{P}^{m-r} = \boldsymbol{P}^{(r)} \boldsymbol{P}^{(m-r)},$$

从而 $\boldsymbol{P}_{ij}^{(m)}$ 等于矩阵 $\boldsymbol{P}^{(r)}$ 的第 i 行与矩阵 $\boldsymbol{P}^{(m-r)}$ 的第 j 列的对应元素乘积之和,即 $\sum_{l=1}^{k} p_{il}^{(r)} p_{lk}^{(m-r)}$.

切普曼-柯尔莫哥洛夫方程的直观意义是很明显的. 它表达了系统在时刻 n 处于状态 i,然后经 m 步转移于时刻 $(n+m)$ 到达状态 j 的转移概率,等于系统在时刻 n 由状态 i 出发,先经 r 步转移于 $(n+r)$ 时刻到达状态空间 S 中的任一状态 l 的转移概率乘上系于 $(n+r)$ 时刻,由状态 l 出发再经 $(m-r)$ 转移到达状态 j 的转移概率的乘积,且对 S 中所有状态求和.

定理 6.3 设 $\{\xi_n, n \geq 0\}$ 为一马尔可夫链,其状态空间为 $S = \{1, 2, \cdots, k\}$,初始分布为 $P(\xi_0 = i) = p_i (i = 1, 2, \cdots, k)$,则对任意的 $j \in S$,及所有 $n \geq 1$,成立

$$P(\xi_n = j) = \sum_{i=1}^{k} p_i p_{ij}^{(n)}. \tag{6.11}$$

证明 根据全概率公式,有

$$P(\xi_n = j) = \sum_{i=1}^{k} P(\xi_0 = i) P(\xi_n = j \mid \xi_0 = i) = \sum_{i=1}^{k} p_i p_{ij}^{(n)}.$$

例 6.6 将一只老鼠放在图 6.1 所示的迷宫内,每隔单位时间老鼠在迷宫中移动一次,随机地移动到相邻的格子中去. 若其所在的格子有 r 条通路可离开原格子,则老鼠以 $\frac{1}{r}$ 的概率选择每一条通道. 试用马尔可夫链描述老鼠的移动,并求其状态空间及一步、二步转移概率矩阵.

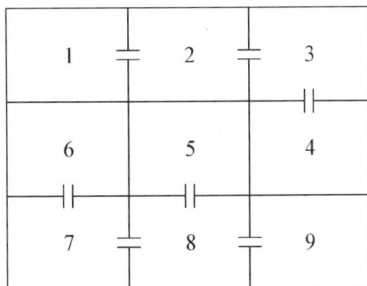

图 6.1

解 设 ξ_0 为老鼠最初位于格子的标号,ξ_1,

ξ_2，$\cdots$，ξ_n，$\cdots$为这之后老鼠移动到达的格子标号,则$\{\xi_n,\ n\geqslant 0\}$为一马尔可夫链,其状态空间$S=\{1,2,3,\cdots,9\}$,一步转移概率矩阵为

$$
\mathbf{P}=\begin{array}{c}
\begin{array}{ccccccccc}
1 & 2 & 3 & 4 & 5 & 6 & 7 & 8 & 9
\end{array}\\
\left[\begin{array}{ccccccccc}
0 & 1 & 0 & 0 & 0 & 0 & 0 & 0 & 0\\
\frac{1}{2} & 0 & \frac{1}{2} & 0 & 0 & 0 & 0 & 0 & 0\\
0 & \frac{1}{2} & 0 & \frac{1}{2} & 0 & 0 & 0 & 0 & 0\\
0 & 0 & 1 & 0 & 0 & 0 & 0 & 0 & 0\\
0 & 0 & 0 & 0 & 0 & 0 & 0 & 1 & 0\\
0 & 0 & 0 & 0 & 0 & 0 & 1 & 0 & 0\\
0 & 0 & 0 & 0 & 0 & \frac{1}{2} & 0 & \frac{1}{2} & 0\\
0 & 0 & 0 & 0 & \frac{1}{3} & 0 & \frac{1}{3} & 0 & \frac{1}{3}\\
0 & 0 & 0 & 0 & 0 & 0 & 0 & 1 & 0
\end{array}\right]
\begin{array}{c}
1\\2\\3\\4\\5\\6\\7\\8\\9
\end{array}
\end{array}.
$$

二步转移概率矩阵为

$$
\mathbf{P}^2=\begin{array}{c}
\begin{array}{ccccccccc}
1 & 2 & 3 & 4 & 5 & 6 & 7 & 8 & 9
\end{array}\\
\left[\begin{array}{ccccccccc}
\frac{1}{2} & 0 & \frac{1}{2} & 0 & 0 & 0 & 0 & 0 & 0\\
0 & \frac{3}{4} & 0 & \frac{1}{4} & 0 & 0 & 0 & 0 & 0\\
\frac{1}{4} & 0 & \frac{3}{4} & 0 & 0 & 0 & 0 & 0 & 0\\
0 & \frac{1}{2} & 0 & \frac{1}{2} & 0 & 0 & 0 & 0 & 0\\
0 & 0 & 0 & 0 & \frac{1}{3} & 0 & \frac{1}{3} & 0 & \frac{1}{3}\\
0 & 0 & 0 & 0 & 0 & \frac{1}{2} & 0 & \frac{1}{2} & 0\\
0 & 0 & 0 & 0 & \frac{1}{6} & 0 & \frac{2}{3} & 0 & \frac{1}{6}\\
0 & 0 & 0 & 0 & \frac{1}{6} & 0 & \frac{5}{6} & 0 & 0\\
0 & 0 & 0 & 0 & \frac{1}{3} & 0 & \frac{1}{3} & 0 & \frac{1}{3}
\end{array}\right]
\begin{array}{c}
1\\2\\3\\4\\5\\6\\7\\8\\9
\end{array}
\end{array}.
$$

例 6.7 某国销售 A，B，C，D 四种啤酒,据某项调查表明,消费者购买哪一种啤酒,仅与前一次购买的啤酒种类有关,而与这之前购买的啤酒种类无关. 现在,

对 A，B，C，D 四种啤酒分别标以号码 1，2，3，4，用 ξ_0 表示消费者最初所买啤酒的号码(也就是商标)，用 ξ_n 表示消费者这之后于第 n 季度所买啤酒的号码，$n=1$，2，$\cdots$，则 $\{\xi_n, n \geqslant 0\}$ 为马尔可夫链，其状态空间 $S=\{1, 2, 3, 4\}$．已知 A，B，C，D 四种啤酒最初的市场占有率分别为 0.4，0.2，0.3，0.1，消费者前后两次购买的倾向如表 6.1 所示.

表 6.1

		下　次　购　买			
		A	B	C	D
上	A	0.9	0.05	0.03	0.02
次	B	0.1	0.8	0.05	0.05
购	C	0.08	0.1	0.8	0.02
买	D	0.1	0.1	0.1	0.7

试求 A，B，C，D 四种啤酒在第一季度和第二季度各拥有的市场占有率.

解　问题归结为计算 $P(\xi_1 = i)$，$i = 1, 2, 3, 4$，及 $P(\xi_2 = i)$，$i = 1, 2$，$3, 4$.

根据题意，马尔可夫链 $\{\xi_n, n \geqslant 0\}$ 的初始分布为

ξ_0	1	2	3	4
$P(\xi_0 = x_i)$	0.4	0.2	0.3	0.1

其转移概率矩阵

$$
\boldsymbol{P} = \begin{array}{cccc} 1 & 2 & 3 & 4 \\ A & B & C & D \end{array} \begin{bmatrix} 0.9 & 0.05 & 0.03 & 0.02 \\ 0.1 & 0.8 & 0.05 & 0.05 \\ 0.08 & 0.1 & 0.8 & 0.02 \\ 0.1 & 0.1 & 0.1 & 0.7 \end{bmatrix} \begin{array}{cc} A & 1 \\ B & 2 \\ C & 3 \\ D & 4 \end{array},
$$

二步转移概率矩阵

$$
\boldsymbol{P}^{(2)} = \boldsymbol{P}^2 = \begin{bmatrix} 0.819\,4 & 0.09 & 0.555 & 0.035\,1 \\ 0.179 & 0.655 & 0.088 & 0.078 \\ 0.148 & 0.166 & 0.649\,4 & 0.036\,6 \\ 0.178 & 0.165 & 0.158 & 0.499 \end{bmatrix}.
$$

由定理 6.3，有

(1) $P(\xi_1 = 1) = \sum_{i=1}^{4} P(\xi_0 = i) p_{i1}^{(1)} = 0.414$;

类似地

$$P(\xi_1 = 2) = 0.22;$$

$$P(\xi_1 = 3) = 0.272;$$

$$P(\xi_1 = 4) = 0.094.$$

所以 A，B，C，D 四种啤酒第一季度的市场占有率分别为 0.414，0.22，0.272，0.094.

(2) $P(\xi_2 = 1) = \sum_{i=1}^{4} P(\xi_0 = i) p_{i1}^{(2)} = 0.425\,76$;

类似地

$$P(\xi_2 = 2) = 0.233\,3;$$

$$P(\xi_2 = 3) = 0.250\,42;$$

$$P(\xi_2 = 4) = 0.090\,52.$$

所以 A，B，C，D 四种啤酒第二季度的市场占有率分别为 $0.425\,76$，$0.233\,3$，$0.250\,42$，$0.090\,52$.

从本例的计算结果可以看出，这四种啤酒的市场占有率随着时间的推移而发生变化. 自然进一步想知道随着经过无限长一段时间后，四种啤酒在市场上的占有率的变化趋势：是否稳定，其值如何，这就涉及到下一节要讨论的马尔可夫链的遍历性问题.

习 题 6.2

(A)

1. 设马尔可夫链的转移概率矩阵为

$$\boldsymbol{P} = \begin{bmatrix} \dfrac{1}{2} & \dfrac{1}{3} & \dfrac{1}{6} \\ \dfrac{1}{3} & \dfrac{1}{3} & \dfrac{1}{3} \\ \dfrac{1}{3} & \dfrac{1}{2} & \dfrac{1}{6} \end{bmatrix},$$

试问此链共有几个状态？求二步转移概率矩阵.

2. 一个质点在正整数点集$\{1, 2, 3, 4\}$上作随机游动，在 1 点以概率 p 向右移动一步,以概率 $q = 1 - p$ 停留在原地;在 4 点以概率 p 停留在原地,以概率 q 向左移动一步;在 2 点、3 点上以概率 p 向右移动一步,以概率 q 向左移动一步,求转移概率矩阵.

3. 从 1,2,3,4,5,6 六个数中,等可能地取出一数,取后还原,不断独立地取下去. 如果在前 n 次(包括第 n 次)中所取得的最大数是 j,就说质点在第 n 步时处于状态 j,这质点的运动构成一马尔可夫链,试写出状态空间及转移概率矩阵.

4. N 个黑球和 N 个白球分装在两个袋子里,每个袋里各装 N 个,每次从两个袋中随机地各取出一球,互相交换后放回袋中,以 ξ_n 表示 n 次交换后第一个袋里的黑球数目,试求马尔可夫链 $\{\xi_n, n \geqslant 0\}$ 的转移概率矩阵.

5. 设 A,B,C 三家公司共同占领了一个地区某类商品的市场. 开始时,A,B,C 三家公司分别拥有市场的 30%,30%,40% 的份额. 经过一段时间的销售,各公司的销售情形发生了如下的变化:

A 公司保留了原有顾客的 60%,有 20% 流失到 B,20% 流失到 C;

B 公司保留了原有顾客的 80%,有 10% 流失到 A,10% 流失到 C;

C 公司保留了原有顾客的 50%,有 30% 流失到 A,20% 流失到 B.

若这种趋势继续下去,试用马尔可夫链的方法确定在第一周期及第二周期中各公司所拥有的市场份额.

§6.3 遍 历 性

定义 6.2 设 $\{\xi_n, n \geqslant 0\}$ 为马尔可夫链,其状态空间为 S,若对一切 $i, j \in S$,存在不依赖于 i 的常数 π_j,使得

$$\lim_{n \to \infty} p_{ij}^{(n)} = \pi_j, \tag{6.12}$$

则称马尔可夫链 $\{\xi_n, n \geqslant 0\}$ 具有**遍历性**.

遍历性的直观意义是:不论系统自哪一状态出发,当转移步数 n 充分大时,转移到状态 j 的概率都接近于 π_j. 因而反过来可以用 π_j 作为 $p_{ij}^{(n)}$ 的近似值而只要 n 相当大.

从定义可见 $\pi_j \geqslant 0$,如果诸 π_j 还满足 $\sum_{j \in S} \pi_j = 1$,这时 π_j 称为**极限概率**,$\{\pi_j, j \in S\}$ 称为**极限概率分布**.

定理 6.4 设马尔可夫链 $\{\xi_n, n \geqslant 0\}$ 是遍历的,其状态空间 S 是有限的,设 $S = \{1, 2, \cdots, k\}$,则 $\{\pi_j, j = 1, 2, \cdots, k\}$ 是一个极限概率分布,且对任意 $j \in S$,成立

$$\lim_{n \to \infty} P(\xi_n = j) = \pi_j. \tag{6.13}$$

证明 已有 $\pi_j \geqslant 0, j = 1, 2, \cdots, k$, 而

$$\sum_{j=1}^{k} \pi_j = \sum_{j=1}^{k} (\lim_{n \to \infty} p_{ij}^{(n)})$$
$$= \lim_{n \to \infty} (\sum_{j=1}^{k} p_{ij}^{(n)})$$
$$= \lim_{n \to \infty} 1 = 1,$$

所以 $\{\pi_j, j = 1, 2, \cdots, k\}$ 是一个极限概率分布.

另一方面, 对任意 $j \in S$, 有

$$\lim_{n \to \infty} P(\xi_n = j) = \lim_{n \to \infty} \sum_{i=0}^{k} P(\xi_0 = i) p_{ij}^{(n)}$$
$$= \sum_{i=0}^{k} P(\xi_0 = i)(\lim_{n \to \infty} p_{ij}^{(n)})$$
$$= \sum_{i=0}^{k} P(\xi_0 = i)\pi_j = \pi_j.$$

定理表明极限概率 π_j 可以看作是 n 很大时, 马尔可夫链在第 n 时刻处于状态 j 的概率.

现在要问, 在什么条件下, 马尔可夫链是遍历的, 如何得到诸极限概率, 现有下面的定理.

定理 6.5 设 $\{\xi_n, n \geqslant 0\}$ 为马尔可夫链, 其状态空间 $S = \{1, 2, \cdots, k\}$, 若存在正整数 l, 使对一切的 $i, j \in S$ 恒有

$$p_{ij}^{(l)} > 0,$$

则 $\{\xi_n, n \geqslant 0\}$ 是遍历的, 并且 $\pi_j (j = 1, 2, \cdots, k)$ 是方程组

$$\pi_j = \sum_{i=1}^{k} \pi_i p_{ij}, \quad j = 1, 2, \cdots, k, \tag{6.14}$$

在满足条件

$$\pi_j > 0, \quad j = 1, 2, \cdots, k, \tag{6.15}$$

和

$$\sum_{j=1}^{k} \pi_j = 1 \tag{6.16}$$

下的唯一解.

定理的证明是很复杂的, 已超出本课程的要求, 现着重介绍它的应用.

例 6.8 考虑质点在点集 $\{1, 2, 3\}$ 上的随机游动: 质点自 1 出发, 下一步停留

概率与统计

在 1 的概率为 q，到达 2 的概率为 p；自 2 出发，到达 1 及 3 的概率分别为 q 与 p；自 3 出发，停留在 3 及到达 2 的概率各为 p 与 q，这里 $0 < p < 1$，$q = 1 - p$. 记 ξ_0 为初始时刻质点所处的位置，ξ_1，ξ_2，$\cdots$，ξ_n，$\cdots$ 为这之后质点所处位置，试说明马尔可夫链 $\{\xi_n, n \geqslant 0\}$ 是遍历的，并求 π_j，$j = 1, 2, 3$.

解 容易算得，马尔可夫链 $\{\xi_n, n \geqslant 0\}$ 的一步、二步转移概率矩阵分别为

$$\boldsymbol{P} = \begin{bmatrix} q & p & 0 \\ q & 0 & p \\ 0 & q & p \end{bmatrix},$$

$$\boldsymbol{P}^2 = \begin{bmatrix} q^2 + pq & pq & p^2 \\ q^2 & 2pq & p^2 \\ q^2 & pq & pq + p^2 \end{bmatrix}.$$

所以对一切 $i, j \in \{1, 2, 3\}$，恒有 $p_{ij}^{(2)} > 0$，根据定理 6.5 所述马尔可夫链是遍历的，其中极限概率 π_1，π_2，π_3 是方程组

$$\begin{cases} \pi_1 = \pi_1 q + \pi_2 q \\ \pi_2 = \pi_1 p + \pi_3 q \\ \pi_3 = \pi_2 p + \pi_3 p \end{cases}$$

在满足条件 $\pi_j > 0$ 和 $\sum_{j=1}^{3} \pi_j = 1$ 下的解.

可解得

$$\pi_2 = \frac{p}{q} \pi_1,$$

$$\pi_3 = \left(\frac{p}{q}\right)^2 \pi_1,$$

$$\pi_1 \left[1 + \left(\frac{p}{q}\right) + \left(\frac{p}{q}\right)^2\right] = 1.$$

当 $p = q = \dfrac{1}{2}$ 时，有

$$\pi_1 = \pi_2 = \pi_3.$$

这表示在极限情况，处于状态 1 或 2 或 3 是等可能的，这个结果与直观的认识是吻合的. 因为此时质点从任一状态出发向右或向左游动的可能性相等，因而当该质点游动相当长时间后处于任一状态的可能性也是相同的.

当 $p \neq q$ 时，有

$$\pi_j = \frac{1 - \frac{p}{q}}{1 - \left(\frac{p}{q}\right)^3} \left(\frac{p}{q}\right)^{j-1}, \ j = 1, 2, 3.$$

从上式可见,当 $p > q$ 时,π_j 随 j 的增大而增大. 从直观上来看,这个结果是很自然的,因为此时质点从任一状态出发向右游动的可能性大于向左移动的可能性,因而当该质点游动相当长的时间后,处于右面状态(例如状态 3)的可能性比处于左面状态的可能性(例如状态 2)大. 当 $p < q$ 时,则有相反的结果.

例 6.9 试问:例 6.7 中的四种啤酒 A,B,C,D,在经过很长一段时间以后,它们所拥有的市场占有率各稳定在何值?

解 根据定理 6.5,例 6.7 中所述的马尔可夫链是遍历的,由定理 6.4,问题归结为计算诸极限概率 π_1,π_2,π_3,π_4,它们是方程组

$$\begin{cases} \pi_1 = 0.9\pi_1 + 0.1\pi_2 + 0.08\pi_3 + 0.1\pi_4 \\ \pi_2 = 0.05\pi_1 + 0.8\pi_2 + 0.1\pi_3 + 0.1\pi_4 \\ \pi_3 = 0.03\pi_1 + 0.05\pi_2 + 0.8\pi_3 + 0.1\pi_4 \\ \pi_4 = 0.02\pi_1 + 0.05\pi_2 + 0.02\pi_3 + 0.7\pi_4 \end{cases}$$

在满足条件 $\pi_j > 0$ 和 $\sum_{j=1}^{4} \pi_j = 1$ 下的解.

经过计算可得

$$\pi_1 = 0.482, \ \pi_2 = 0.253, \ \pi_3 = 0.179, \ \pi_4 = 0.086.$$

可见,经过很长一段时间以后,四种啤酒 A,B,C,D 所拥有的市场占有率大致分别稳定在 48%,25%,18% 和 9%. 商家可根据这种趋势,合理安排好这四种啤酒的货源.

例 6.10 某地区有甲、乙、丙三家灭虫剂生产公司,历史上,这三家的产品分别拥有该地区 50%,30% 和 20% 的销售市场. 不久前,丙公司制定了一项把甲、乙两公司的顾客吸引到本公司来的销售与服务方针,三家公司所提供的虫害控制服务是以季度为基础的. 市场调查表明,在丙公司新方针的影响下,甲公司的老顾客中只有 70% 仍将购买甲的产品,而有 10% 和 20% 的顾客将分别转向乙、丙两公司;乙公司能保持原有顾客的 80%,余下的各一半将转而购买甲、丙产品;丙公司能保持原有顾客的 90%,余下的各有一半转向甲、乙的产品. 假定这种销售趋势一直保持不变,试求:

(1) 甲、乙、丙三家公司在第一季度和第二季度各拥有的市场销售份额;

(2) 甲、乙、丙三家公司最终将各占多大的市场份额?

解 设 $\xi_0 = 1, 2, 3$ 分别表示顾客最初购买甲、乙或丙公司的产品份额,$\xi_n =$

1，2，3分别表示顾客在这之后第 n 季度购买甲、乙或丙公司的产品份额，$n = 1$，2，…，易见 $\{\xi_n, n \geqslant 0\}$ 是马尔可夫链且是遍历的，其初始分布为

ξ_0	1	2	3
$P(\xi_0 = x_i)$	0.5	0.3	0.2

转移概率矩阵为

$$\boldsymbol{P} = \begin{bmatrix} 0.7 & 0.1 & 0.2 \\ 0.1 & 0.8 & 0.1 \\ 0.05 & 0.05 & 0.9 \end{bmatrix}.$$

(1) 问题归结为计算 $P(\xi_1 = i)$，$i = 1, 2, 3$；$P(\xi_2 = i)$，$i = 1, 2, 3$. 可求出：第一季度的销售份额

$$(P(\xi_1 = 1), P(\xi_1 = 2), P(\xi_1 = 3))$$
$$= (P(\xi_0 = 1), P(\xi_0 = 2), P(\xi_0 = 3))\boldsymbol{P}$$
$$= (0.5, 0.3, 0.2) \begin{bmatrix} 0.7 & 0.1 & 0.2 \\ 0.1 & 0.8 & 0.1 \\ 0.05 & 0.05 & 0.9 \end{bmatrix}$$
$$= (0.39, 0.3, 0.31).$$

第二季度的销售份额

$$(P(\xi_2 = 1), P(\xi_2 = 2), P(\xi_2 = 3))$$
$$= (P(\xi_0 = 1), P(\xi_0 = 2), P(\xi_0 = 3))\boldsymbol{P}^2$$
$$= (0.39, 0.3, 0.31)\boldsymbol{P}$$
$$= (0.39, 0.3, 0.31) \begin{bmatrix} 0.7 & 0.1 & 0.2 \\ 0.1 & 0.8 & 0.1 \\ 0.05 & 0.05 & 0.9 \end{bmatrix}$$
$$= (0.319, 0.294, 0.387).$$

即在第一季度，甲、乙、丙三公司分别占有市场 39%，30% 和 31% 的销售份额，在第二季度三公司分别占有市场 31.9%，29.4% 和 38.7% 的销售份额.

(2) 问题归结为计算诸极限概率 π_1，π_2，π_3，由线性方程组

$$\begin{cases} \pi_1 = 0.7\pi_1 + 0.1\pi_2 + 0.05\pi_3 \\ \pi_2 = 0.1\pi_1 + 0.8\pi_2 + 0.05\pi_3 \\ \pi_3 = 0.2\pi_1 + 0.1\pi_2 + 0.9\pi_3 \\ \pi_1 + \pi_2 + \pi_3 = 1 \end{cases}$$

解得

$$(\pi_1, \pi_2, \pi_3) = (0.176\,5, 0.235\,3, 0.588\,2).$$

因此,甲、乙、丙三公司最终将分别占有 17.65%,23.53%,58.82% 的市场销售份额.

例 6.11 一个大型化工厂每季度都要对其所有化工过程用泵进行检查,每次检查可把泵按其外壳的腐蚀状况确定为下列五种状态中的一种:

状态 1:优秀状态,完好如新;

状态 2:良好状态,稍有腐蚀;

状态 3:及格状态,轻度腐蚀;

状态 4:可用状态,大面积腐蚀;

状态 5:不能使用状态.

目前,该厂采用的是"一种状态"的维修策略,即只有一种状态 5 被指定为需要修理的状态,修理费用为每台泵 1 000 元.工厂希望能找到一个可减少泵的总修理费用的维修策略.可供考虑的还有"二种状态"和"三种状态"的维修策略,"二种状态"策略是指定状态 4 和 5 都是需要修理的状态;而"三种状态"策略是任一台泵只要处于状态 3,4,5 就都送去修理.估计平均修理费用对处于状态 3 的泵为每台 400 元,处于状态 4 的泵为每台 450 元,并假定任一台泵经过修理后在下一季度都将处于状态 1.以往的资料表明,在某季度处于状态 i 的泵到下一季度到达状态 j 的概率如表 6.2 所示.

表 6.2

		下 一 季 度 状 态				
		1	2	3	4	5
上一季度状态	1	0	0.6	0.2	0.1	0.1
	2	0	0.3	0.4	0.2	0.1
	3	0	0	0.4	0.4	0.2
	4	0	0	0	0.5	0.5
	5	0	0	0	0	1

试分别求出在各种维修策略下该厂每台泵经长期使用后的每季度的平均修理费用,该厂的最优维修策略是什么?

解 用 η_1,η_2,η_3 分别表示三种维修策略下每台泵经长期使用后的季度维修费用,用 $\xi_n = 1, 2, 3, 4$ 或 5 分别表示第 n 季度任一台泵处于状态 1,2,3,4 或 5,则 $\{\xi_n, n \geqslant 1\}$ 是一马尔可夫链.在"一种状态"策略、"二种状态"策略和"三种状态"策略下,可以通过计算相应的多步转移概率矩阵知道对应的马尔可夫链均是遍历的.根据定理 6.4,问题归结为这三种策略各自在状态 1,2,3,4,5 的相应极限概率 π_1, π_2, π_3, π_4, π_5.

在"一种状态"策略下,转移概率矩阵为

$$\boldsymbol{P} = \begin{bmatrix} 0 & 0.6 & 0.2 & 0.1 & 0.1 \\ 0 & 0.3 & 0.4 & 0.2 & 0.1 \\ 0 & 0 & 0.4 & 0.4 & 0.2 \\ 0 & 0 & 0 & 0.5 & 0.5 \\ 1 & 0 & 0 & 0 & 0 \end{bmatrix},$$

由方程组

$$\begin{cases} \pi_1 = \pi_5 \\ \pi_2 = 0.6\pi_1 + 0.3\pi_2 \\ \pi_3 = 0.2\pi_1 + 0.4\pi_2 + 0.4\pi_3 \\ \pi_4 = 0.1\pi_1 + 0.2\pi_2 + 0.4\pi_3 + 0.5\pi_4 \\ \pi_5 = 0.1\pi_1 + 0.1\pi_2 + 0.2\pi_3 + 0.5\pi_4 \\ \pi_1 + \pi_2 + \pi_3 + \pi_4 + \pi_5 = 1 \end{cases},$$

解得

$$(\pi_1, \pi_2, \pi_3, \pi_4, \pi_5) = (0.199, 0.170, 0.180, 0.252, 0.199),$$

因此每台泵经长期使用后每季度的平均维修费用为

$$E(\eta_1) = 1\,000 \times 0.199 = 199 \text{ 元}.$$

在"二种状态"策略下,转移概率矩阵为

$$\boldsymbol{P} = \begin{bmatrix} 0 & 0.6 & 0.2 & 0.1 & 0.1 \\ 0 & 0.3 & 0.4 & 0.2 & 0.1 \\ 0 & 0 & 0.4 & 0.4 & 0.2 \\ 1 & 0 & 0 & 0 & 0 \\ 1 & 0 & 0 & 0 & 0 \end{bmatrix},$$

通过计算,可得

$$(\pi_1, \pi_2, \pi_3, \pi_4, \pi_5) = (0.266, 0.288, 0.241, 0.168, 0.097),$$

$$E(\eta_2) = 450 \times 0.168 + 1\,000 \times 0.097 = 172.6 \text{ 元}.$$

在"三种状态"策略下,转移概率矩阵为

$$P = \begin{bmatrix} 0 & 0.6 & 0.2 & 0.1 & 0.1 \\ 0 & 0.3 & 0.4 & 0.2 & 0.1 \\ 1 & 0 & 0 & 0 & 0 \\ 1 & 0 & 0 & 0 & 0 \\ 1 & 0 & 0 & 0 & 0 \end{bmatrix},$$

经过计算,可得

$$(\pi_1, \pi_2, \pi_3, \pi_4, \pi_5) = (0.35, 0.3, 0.19, 0.095, 0.065),$$

$$E(\eta_3) = 400 \times 0.19 + 450 \times 0.095 + 1\,000 \times 0.065$$

$$= 183.75 \ 元.$$

由上可见,三种可供选择的维修策略的每台泵每季度的平均维修费用分别为199 元,172.6 元和183.75 元."二种状态"策略下的费用最小,因此最优维修策略是"二种状态".

例 6.12 某校将学生的每次统考成绩分成四个等级:优秀(90~100 分),良好(75~89 分),及格(60~74 分)和不及格(0~59 分),假设每次统考成绩仅与前一次有关. 根据历次统考情况表明,同一年级的甲、乙两班学生前后任何两次统考成绩的倾向分别如表 6.3 及表 6.4 所示,

表 6.3

甲 班		下 次 统 考 成 绩			
		优秀	良好	及格	不及格
上次统考成绩	优秀	0.6	0.35	0.05	0
	良好	0.3	0.6	0.1	0
	及格	0	0.4	0.5	0.1
	不及格	0	0.2	0.5	0.3

表 6.4

乙 班		下 次 统 考 成 绩			
		优秀	良好	及格	不及格
上次统考成绩	优秀	0.5	0.4	0.1	0
	良好	0.2	0.6	0.2	0
	及格	0	0.3	0.6	0.1
	不及格	0	0.1	0.8	0.1

试用马尔可夫链的方法求甲、乙两班经多次统考后最终的成绩,并比较两班中哪一

班的最终统考成绩更好些.

解 用 1，2，3，4 分别表示某班学生的统考成绩处于优秀、良好、及格和不及格的状态. 用 $\xi_n = 1$，2，3，4 分别表示某班学生第 n 次统考成绩为优秀、良好、及格和不及格. 根据题意，可以认为 $\{\xi_n, n \geqslant 1\}$ 是马尔可夫链，其状态空间 $S = \{1，2，3，4\}$，问题归结为计算甲、乙两班各自的诸极限概率 $\pi_1, \pi_2, \pi_3, \pi_4$.

在甲班的情况下，其转移概率矩阵是

$$\begin{bmatrix} 0.6 & 0.35 & 0.05 & 0 \\ 0.3 & 0.6 & 0.1 & 0 \\ 0 & 0.4 & 0.5 & 0.1 \\ 0 & 0.2 & 0.5 & 0.3 \end{bmatrix},$$

由方程组

$$\begin{cases} \pi_1 = 0.6\pi_1 + 0.3\pi_2 \\ \pi_2 = 0.35\pi_1 + 0.6\pi_2 + 0.4\pi_3 + 0.2\pi_4 \\ \pi_3 = 0.05\pi_1 + 0.1\pi_2 + 0.5\pi_3 + 0.5\pi_4, \\ \pi_4 = 0.1\pi_3 + 0.3\pi_4 \\ \pi_1 + \pi_2 + \pi_3 + \pi_4 = 1 \end{cases}$$

解得

$$(\pi_1, \pi_2, \pi_3, \pi_4) = (0.35, 0.47, 0.15, 0.03).$$

在乙班的情况下，其转移概率矩阵是

$$\begin{bmatrix} 0.5 & 0.4 & 0.1 & 0 \\ 0.2 & 0.6 & 0.2 & 0 \\ 0 & 0.3 & 0.6 & 0.1 \\ 0 & 0.1 & 0.8 & 0.1 \end{bmatrix},$$

通过计算，可得

$$(\pi_1, \pi_2, \pi_3, \pi_4) = (0.18, 0.44, 0.34, 0.04).$$

比较甲、乙两班的最终统考成绩，甲班要优于乙班.

本例的意义在于不能以一次、二次或若干次的统考成绩来比较班级的学习情况，应着重看他们学习情况的发展趋势.

习 题 6.3

（A）

1. 设马尔可夫链的转移概率矩阵为

$$\boldsymbol{P} = \begin{bmatrix} 0 & \dfrac{1}{2} & \dfrac{1}{2} \\ \dfrac{1}{2} & 0 & \dfrac{1}{2} \\ \dfrac{1}{2} & \dfrac{1}{2} & 0 \end{bmatrix},$$

试问此链是否是遍历的？如是，则求出其极限概率分布.

2. 试求习题 6.2(A) 第 5 题中三家公司最终将各拥有多大的市场份额？

3. 为适应日益扩大的旅游事业的需要，某城市的 A,B,C 三个照相馆组成一个经营部，联合经营出租相机的业务，旅游者可由 A,B,C 三处的任何一处租用相机，用完后，还到 A,B,C 三处中任何一处即可. 估计转移概率如表 6.5 所示.

表 6.5

			还 相 机 处		
			A	B	C
租相机处		A	0.2	0.8	0
		B	0.8	0	0.2
		C	0.1	0.3	0.6

今欲选择 A,B,C 之一附设相机维修店，问该点设于何处为好？

4. 考虑例 6.10 的销售问题，为了对付日益下降的销售趋势，甲公司考虑二种对付策略. 可供选择的第一种策略称为保留策略，即该公司力图保留其原有顾客的较大百分比. 为实现这一目标，甲公司将对连续两个季度购货的顾客以价格优待，这样估计可使其保留率从 70% 提高到 85%，新的转移概率矩阵为

$$\begin{bmatrix} 0.85 & 0.1 & 0.05 \\ 0.1 & 0.8 & 0.1 \\ 0.05 & 0.05 & 0.9 \end{bmatrix}.$$

可供选择的第二种策略是争取策略. 甲公司可通过直接写信或其他广告宣传，来尽力争取另外两家公司的顾客，在此策略下的转移概率矩阵是

$$\begin{bmatrix} 0.7 & 0.1 & 0.2 \\ 0.15 & 0.75 & 0.1 \\ 0.15 & 0.05 & 0.8 \end{bmatrix}.$$

(1) 试分别求出在甲公司的保留策略和争取策略下，三家公司将最终分别拥有的市场份额；

（2）如果实行两种策略的代价相当,问甲公司应采取哪一种策略?

5. 设 $\{\xi_n, n \geqslant 0\}$ 为具有遍历性的马尔可夫链,其状态空间 $S = \{1, 2, \cdots, k\}$,转移概率矩阵为 (p_{ij}),试证:诸极限概率 π_j 满足下列的方程组:

$$\pi_j = \sum_{i=1}^{k} \pi_i p_{ij}, \quad j = 1, 2, \cdots, k.$$

第 **7** 章　统计量及其分布

§7.1　总体与样本

前 6 章研究的问题属于概率论的范畴,自本章开始我们讨论数理统计的主要内容.

7.1.1　数理统计学的任务

在概率论中,我们主要讨论了概率论的一些基本概念与方法. 它的一个基本特点是:假定所研究的随机变量的概率分布已知,然后在此基础上来讨论其种种性质. 然而在实际问题中,经常遇到需要我们去确定一个随机变量的概率分布或它的某些数字特征.

例 7.1　确定某灯泡厂年产灯泡的次品率. 灯泡的质量通常用其寿命这个指标来衡量,若规定寿命不足 3 000 小时为次品,那么确定该厂年产灯泡的次品率可以归结为求灯泡寿命 ξ 这个随机变量的分布函数 $F(x)$,因为当 $F(x)$ 已知时,$P(x \leqslant 3\,000) = F(3\,000)$ 就是所要确定的次品率.

如何确定灯泡寿命 ξ 的分布函数呢？ 一个天真而又自然的想法是:把每个灯泡的寿命都测试出来,根据所测试的结果,就可以确定出 ξ 的分布函数. 然而这种做法在实际工作中是不可行的,因为灯泡的寿命试验具有破坏性,一旦我们获得所有灯泡的寿命数据,这批灯泡也就全部报废了. 因此,在灯泡的寿命试验中,一般只能从整批灯泡中选取若干个来进行寿命测试. 这就产生一个问题,如何从试验所得到的局部数据来推断整批灯泡寿命 ξ 的分布函数呢？

其次,在实际问题中导致只能测试局部数据的原因不仅仅是由于某些试验具有破坏性,更主要的则是有些试验需要耗费大量的人力、物力、财力和时间. 因此,从局部观察来推断整体是一个带有普遍性的问题. 数理统计学就是解决这类问题的一门学科.

由于数理统计所研究的问题具有普遍的意义,因此它的应用也就十分广泛. 目前已应用于教育科学、工程技术、管理科学、自然科学以及社会科学等领域. 例如,教育科学中的教学质量的评价,工业生产中的产品质量控制,气象学中的天气预报,地震学中的地震预报,临床医学中的疾病分析,药学中的药品疗效检验,农业生

概率与统计

产中的产量估计,人口学中的优生学等都渗透了数理统计的方法.

7.1.2　总体、个体与样本

在数理统计中,把所研究对象的全体称为**总体**,而总体中的每一个对象称为**个体**.例如,在例 7.1 中,该厂年产灯泡寿命的全体就是总体,而每个灯泡的寿命即为个体.注意,灯泡的寿命一般是随个体变化而变化的,它是一个随机变量,其取值的全体即为该灯泡厂年产灯泡寿命这一总体.我们关心的是这个总体的分布或其相关性质.由此看来,一个总体和一个随机变量(或分布)相互对应,因此,今后我们把总体与随机变量(或分布)等同起来,讲总体的分布就是指它所对应的随机变量的分布.当总体对应于一个随机变量时称该总体是一维的,否则称为多维的(如在研究某市高一学生的身高和体重时,身高和体重就构成一个二维总体).本教材重点讨论一维总体的情况,今后若无特殊声明,所述总体都是一维的.

为了要对总体 ξ 的某些性质进行推断,必须从总体中随机抽取若干个个体来获取总体的部分信息.假定从总体 ξ 中抽取了 n 个个体 ξ_1, ξ_2, $\cdots$, ξ_n,我们称 $(\xi_1$, ξ_2, $\cdots$, $\xi_n)$ 为取自总体 ξ 的一个**样本**,n 称为**样本容量**.注意:样本具有双重性,在试验之前,由于我们并不知道 $(\xi_1$, ξ_2, $\cdots$, $\xi_n)$ 是什么,它的取值具有一定的随机性,因此 $(\xi_1$, ξ_2, $\cdots$, $\xi_n)$ 为随机变量;而在试验之后我们得到的是一个具体的数据 $(x_1$, x_2, $\cdots$, $x_n)$,它是 $(\xi_1$, ξ_2, $\cdots$, $\xi_n)$ 的一个具体的取值,故称其为**样本观察值**或**样本值**,样本值的全体称为**样本空间**.

为了能由样本对总体作出较可靠的推断,就希望样本能较好地代表总体.为此,需要对抽样方法提出一些要求,最常用的要求是下面两个:

(1) 代表性(随机性):ξ_1, ξ_2, $\cdots$, ξ_n 与总体 ξ 同分布;

(2) 简单性(独立性):ξ_1, ξ_2, $\cdots$, ξ_n 相互独立.

我们称满足上述两个要求的样本为**简单随机样本**.通常,对总体 ξ 的 n 次独立重复观察,其结果是一简单随机样本.基于这个原理,下面介绍两种在实际问题中经常采用的获取简单随机样本的方法.

7.1.2.1　抽签法

抽签法是利用抽签原理进行抽样的一种方法.具体做法是:先把总体中每一个个体编上号并对应地写在签上,然后将签充分混合,从中随机抽取 $n(n$ 为样本容量)个签,与被抽到的签号相应的个体作为样本的分量.

抽签法中又有有放回抽样和无放回抽样两种,其中有放回抽样所得到的样本为简单随机样本;在总体所含个体数目比较大、样本容量比较小时,无放回抽样所得的样本也可近似看作简单随机样本.

抽签法的特点是简单、易行.如在抽查某班学生的学习成绩时,可以将学生的学号写在签上,然后进行抽签.

7.1.2.2 随机数表法

随机数表法是借助于随机数表进行抽样的方法.随机数表是由 0～9 这十个数字随机排列而成的(如附表 7).第一张随机数表由铁皮特(Tippet)在 1927 年给出.

利用随机数表进行抽样是现代最简单、有效的方法.下面我们通过例子来说明如何使用附表 7 来进行随机抽样.

例 7.2 假定需要从 70 个晶体管中抽取 5 个来进行检验.这时可先将 70 个晶体管顺次编号为:00,01,02,…,69,然后任意决定表中的一个数作为起始数,按向右顺序逐次取两位数,如遇到超过 69 或重复出现的数,就删去,当数取到表格边缘时,换下一行继续取.例如,取表格中的第 2 行第 43 列的数作为起始数,则依次可得下列两位数:51,79,89,73,16,76,62,27,66,…,删去大于 69 的数,得到下面的 5 个数

$$51,16,62,27,66.$$

编号为这些号码的晶体管,就作为我们所要检验的对象.

例 7.3 欲从某校 5 个平行班中抽取 8 名学生进行成绩测试,这时可先对学生进行多维编号,如编制成 $(x_i;y_iz_i)$,其中第一个数代表班级,第二、三个数组成的两位数代表该生在该班中的编号.编好号后可按例 7.2 介绍的方法顺次取三位数.如从表中第 14 行第 3 列开始取,则得 $(3,62)$,$(8,19)$,$(9,55)$,$(0,92)$,$(2,61)$,$(1,97)$,$(0,05)$,$(6,76)$.第一位大于 4 的可用它除以 5 取余数,后两位数大于该班编号的话,也可相应进行.比如 5 个班均有 50 名学生时,我们可将后两位数除以 50 取余数,这样就得到下列 8 组数:

$$(3,12),(3,19),(4,05),(0,42),(2,11),(1,47),(0,05),(1,26).$$

编号为这些号码的学生,就作为我们所要测试的对象.

利用随机数表所获取的样本可视为简单随机样本.

由于本课程只对简单随机样本进行讨论,因此,若无声明,以后所述样本都是指简单随机样本.

对于简单随机样本,其样本的分布由总体的分布所确定.例如,若总体 ξ 具有分布函数 $F(x)$,则样本 $(\xi_1,\xi_2,\cdots,\xi_n)$ 的联合分布函数为

$$F(x_1,x_2,\cdots,x_n)=\prod_{i=1}^{n}F(x_i).$$

习 题 7.1

(A)

1. 为了了解电气工程及其自动化专业本科毕业生的就业情况,调查了某地区

35 名 2006 年毕业的电气工程及其自动化专业本科生实习期满后的月薪情况.
试问:

    (1) 该研究的总体是什么?

    (2) 该研究的样本是什么?

    (3) 样本容量是多少?

    2. 为什么说样本在试验之前是一多维随机变量,而试验之后却是一组数据呢?

    3. 假定某班级有 50 人,需从中任选 4 人参加某体能测试,试利用随机数表确定被测试的对象.

    4. 设总体 ξ 服从二点分布 $b(1, p)$,即 $P(\xi=1)=p$, $P(\xi=0)=1-p$, $(\xi_1, \xi_2, \cdots, \xi_n)$ 为取自 ξ 的样本,试写出它的样本空间及样本的分布列.

    5. 某厂生产的电容器的使用寿命 ξ 服从参数为 λ 的指数分布,为了研究其平均寿命,从中抽取一个样本容量为 n 的样本 $(\xi_1, \xi_2, \cdots, \xi_n)$,试写出该样本的密度函数.

§7.2　样本数据的整理与显示

    在实际问题中,直接呈现给我们的是数据(即样本值),我们必须对其进行整理,使得看似杂乱无章的数据能够呈现出一定的规律性,并期望从中看出总体 ξ 的分布形态.

7.2.1　经验分布函数

    设 $(x_1, x_2, \cdots, x_n)$ 是取自总体 ξ 的样本值,将 $x_1, x_2, \cdots, x_n$ 按从小到大排列为 $x_{(1)} \leqslant x_{(2)} \leqslant \cdots \leqslant x_{(n)}$, $(x_{(1)}, x_{(2)}, \cdots, x_{(n)})$ 称为次序样本,令

$$F_n(x) = \begin{cases} 0, & x \leqslant x_{(1)}, \\ \dfrac{1}{n}, & x_{(1)} < x \leqslant x_{(2)}, \\ \vdots & \vdots \\ \dfrac{k}{n}, & x_{(k)} < x \leqslant x_{(k+1)}, \\ \vdots & \vdots \\ 1, & x > x_{(n)}, \end{cases}$$

显然, $F_n(x)$ 满足分布函数的性质,因此 $F_n(x)$ 为一分布函数. 我们称 $F_n(x)$ 为**经验分布函数**. 根据辛钦大数定律不难知道, $F_n(x)$ 依概率收敛于总体的分布函数 $F(x)$. 实际上,格里文科证明了下面一个更强的结果:

    定理 7.1(格里文科定理)　设 $F(x)$ 为总体 ξ 的分布函数、$F_n(x)$ 为 ξ 的经验

分布函数,则

$$P(\lim_{n \to +\infty} \sup_{-\infty < x < +\infty} | F_n(x) - F(x) | = 0) = 1$$

定理 7.1 表明,当 n 相当大时,经验分布函数是总体分布函数的一个良好的近似.

7.2.2　频数频率分布表、样本数据的图形显示

7.2.2.1　频数频率分布表

样本数据的整理是统计研究的基础,上一段介绍的经验分布函数是数据的一种整理方法.但在样本量比较大,且总体为连续型时,数据整理的最常用的方法之一是给出其频数分布表或频率分布表,其方法如下:

设 $(x_1, x_2, \cdots, x_n)$ 是取自总体 ξ 的样本值,取 a 适当小于 $\min\{x_1, x_2, \cdots, x_n\}$,$b$ 适当大于 $\max\{x_1, x_2, \cdots, x_n\}$,用分点 $a = a_0 < a_1 < \cdots < a_{m-1} < a_m = b$ 将区间 $[a, b)$ 分成 m 个小区间,统计 $x_1, x_2, \cdots, x_n$ 中落入 $[a_{i-1}, a_i)$ 中的个数 f_i,将所得数据填入下表,即得频数(频率)分布表:

表 7.1　频数频率分布表

概率与统计

组序	分组区间	组中值	频数	频率	累计频率%
1	$[a_0, a_1)$	$\tilde{x}_1 = (a_0 + a_1)/2$	f_1	f_1/n	f_1
2	$[a_1, a_2)$	$\tilde{x}_2 = (a_1 + a_2)/2$	f_2	f_2/n	$f_1 + f_2$
…	…	…	…	…	…
i	$[a_{i-1}, a_i)$	$\tilde{x}_i = (a_{i-1} + a_i)/2$	f_i	f_i/n	$f_1 + f_2 + \cdots + f_i$
…	…	…	…	…	…
m	$[a_{m-1}, a_m)$	$\tilde{x}_m = (a_{m-1} + a_m)/2$	f_m	f_m/n	100
合计			n	1	

7.2.2.2　直方图

频数频率分布表在许多场合通常以图形来表示.

令

$$\tilde{h}_n(x) = \begin{cases} 0, & x < a, \\ f_i, & a_{i-1} \leqslant x < a_i, \ i = 1, 2, \cdots, m, \\ 0, & x \geqslant a_m. \end{cases}$$

$$\tilde{f}_n(x) = \begin{cases} 0, & x < a, \\ \dfrac{f_i}{n \Delta a_i}, & a_{i-1} \leqslant x < a_i, \ i = 1, 2, \cdots, m, \\ 0, & x \geqslant a_m. \end{cases}$$

$\widetilde{h}_n(x)$、$\widetilde{f}_n(x)$的图形呈直方形,分别称为**频数直方图**、**频率直方图**(图7.1).注意,$\widetilde{f}_n(x)$满足密度函数的非负性、规范性,即$\widetilde{f}_n(x)$为一密度函数,通常称它为**频率密度函数**.频率密度函数是总体密度函数的一个近似.事实上,若总体的密度为$f(x)$,则由大数定律:

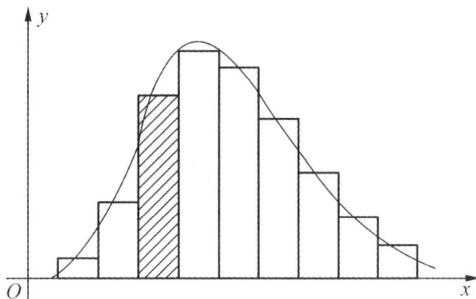

图 7.1 直方图

$$f_i/n \approx P(a_{i-1} \leqslant \xi < a_i) = \int_{a_{i-1}}^{a_i} f(x)\mathrm{d}x \approx f(\widetilde{x}_i)\Delta a_i,$$

所以,当$a_{i-1} \leqslant x < a_i$时,$f(x) \approx f(\widetilde{x}_i) \approx \dfrac{f_i}{n\Delta a_i} = \widetilde{f}_n(x)$.

说明:在作频率直方图时,组数不宜太多,也不宜太少.组数太多的话,每组所占的区间就很狭窄,它不仅造成了计算上的麻烦,而且也可能因随机因素的影响导致有的组内数据稀少甚至没有,从而人为地使直方图的某些部位产生陡峭,不能较好地反映数据所提供的信息;如果组数较少,则组内数据的变化情况就会被掩盖,直方图也就失去其应用价值.下面看一个例子.

例7.4 统计某班 31 名男生的身高,将其结果分别成 10 组或 5 组,得到下面的表7.2:

表 7.2

身高区间	人数(f_i)	$\dfrac{f_i}{n\Delta a_i}$	身高区间	人数(f_i)	$\dfrac{f_i}{n\Delta a_i}$
$[160, 161)$	2	0.064 5	$[160, 162)$	5	0.080 6
$[161, 162)$	3	0.096 8			
$[162, 163)$	5	0.161 3	$[162, 164)$	9	0.145 2
$[163, 164)$	4	0.129 0			
$[164, 165)$	7	0.225 8	$[164, 166)$	10	0.161 3
$[165, 166)$	3	0.096 8			
$[166, 167)$	4	0.129 0	$[166, 168)$	6	0.096 8
$[167, 168)$	2	0.064 5			
$[168, 169)$	1	0.032 2	$[168, 170)$	1	0.016 1
$[169, 170)$	0	0.000 0			

根据表中的数据即可绘出直方图(图7.2、图7.3).从图中可以看出,图7.2由于组

数太多,一些偶然因素造成了它变化奇突,从而在反映身高分布上不如图 7.3.

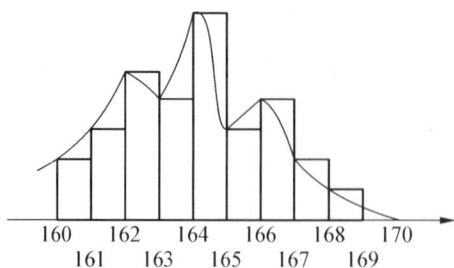

图 7.2

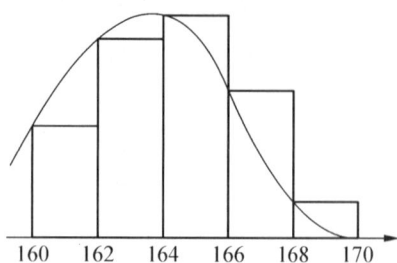

图 7.3

那么,在实际问题中究竟该怎样确定组数呢? 原则上讲,组数的多少决定于数据的多少和被研究对象的性质. 一般讲,样本容量较小时分为 5~6 组,样本容量在 100 左右时分为 7~10 组,样本容量在 200 左右时分为 9~13 组,样本容量在 300 左右时分为 12~20 组. 分组通常采用等分的方法.

7.2.2.3 茎叶图

除直方图外,另一种常用的方法是**茎叶图**,下面我们从一个例子谈起.

例 7.5 从某中学数学考试的学生中抽取一个容量为 50 的样本,成绩如下:

61	63	96	52	59	45	32	82	68	68	66	70	76	91	82	86	77
69	88	86	93	71	75	72	67	57	76	84	92	40	53	48	87	97
81	75	71	64	74	80	69	78	68	36	48	73	66	90	58	60

试作出其茎叶图.

茎叶图是将一个数值分为两部分,前面一部分(十位以上的数)称为**茎**,后面部分(个位)称为**叶**,如

数值	分开	茎	和	叶
63	6|3	6	和	3

然后画一根竖线,在竖线的左侧写上茎,右侧写上叶,茎相同的叶写在同一行或分两行(前一行写个位在 $[0,5)$ 中的数,下一行写个位数在 $[5,10)$ 中的数),数值从小到大,这就形成茎叶图.

```
3 | 2 6
4 | 0 5 8 8
5 | 2 3 7 8 9
6 | 0 1 3 3 4 6 6 7 8 8 9 9
7 | 0 1 1 2 3 4 5 5 6 6 7 8
8 | 0 0 1 2 2 4 6 7 8
9 | 0 1 2 3 6 7
```

茎叶图的外观很像横放的直方图,但茎叶图中的叶增加了具体的数值,使我们对数据的具体取值一目了然,从而保留了数据中的全部信息.

在要比较两组样本时,可画出它们的**背靠背的茎叶图**,这是一个简单直观而有效的对比方法.

例 7.6 下面的数据是某厂两个车间某天各 40 名员工生产的产品数量:

甲 车 间										乙 车 间									
50	52	56	61	61	62	64	65	65	65	56	66	67	67	68	68	72	72	74	75
67	67	67	68	71	72	74	74	76	76	75	75	75	76	76	76	76	78	78	79
77	77	78	82	83	85	87	88	90	91	80	81	81	83	83	83	84	84	84	86
86	92	86	93	93	97	100	100	103	105	86	87	87	88	92	92	93	95	98	107

为对其进行比较,我们将这些数据放到一个背靠背的茎叶图上:

```
        甲车间                              乙车间
                    6 2 0 | 5 | 6
  8 7 7 7 5 5 5 4 2 1 1 | 6 | 6 7 7 8 8
        8 7 7 6 6 4 4 2 1 | 7 | 2 2 4 5 5 5 6 6 6 8 8 9
        8 7 6 6 5 3 2 | 8 | 0 1 1 3 3 3 4 4 4 6 6 7 7 8
            7 3 2 1 0 | 9 | 2 2 3 5 8
            5 3 0 0 | 10 | 7
```

在上面的茎叶图中,茎在中间,左边是甲车间的叶,右边是乙车间的叶.从茎叶图上可以看出,甲车间员工的产量偏于上方,而乙车间的产量大多位于中间,乙车间的平均产量要高于甲车间,乙车间各员工的产量比较集中,而甲车间员工的产量则比较分散.

习 题 7.2

(A)

1. 从总体 ξ 中抽取了一个容量为 5 的样本,样本值为(−2.1, 1.5, −1, 0, 2.3),试求 ξ 的经验分布函数.

2. 研究某地区小学五年级男生身高的分布,抽取了 120 名男生进行测量. 得到如下数据(单位:厘米):

128.1	144.4	150.3	146.2	140.6	139.7
134.1	124.3	147.9	143.0	143.1	142.7
126.0	125.6	127.7	154.4	142.7	141.2
133.4	131.0	126.4	130.3	146.3	146.8

142.7	137.6	136.9	<u>122.7</u>	131.8	147.7
135.8	134.8	139.1	139.9	132.3	134.7
138.4	136.6	136.2	141.6	141.0	138.4
145.1	141.4	139.9	140.6	140.2	131.0
150.4	142.7	144.3	136.4	134.5	132.3
152.7	148.1	139.6	138.9	136.1	135.9
140.3	137.3	134.6	145.2	128.2	135.9
140.2	136.6	139.5	136.7	139.8	129.1
141.4	139.5	136.2	138.4	138.1	132.9
142.9	144.7	138.8	138.3	135.3	140.6
142.2	152.1	142.4	142.7	136.2	135.0
154.3	147.9	141.3	143.8	138.1	139.7
127.4	146.0	155.8	141.2	146.4	139.4
140.8	127.7	150.7	<u>160.3</u>	148.5	147.5
138.9	123.1	126.0	150.0	143.7	156.9
133.1	142.8	136.8	133.1	144.5	142.4

取 $a = 122$，$b = 162$，试将 $[a, b)$ 区间 10 等分，作出频数、频率分布图和频率直方图.

3. 某公司对其 250 名职工上班所需时间进行调查，下面是其不完整的频率分布表：

所需时间(单位:分)	频 率
0～10	0.10
10～20	0.24
20～30	
30～40	0.18
40～50	0.14

(1) 试将频率分布表补充完整；

(2) 该公司上班所需时间在半小时以内有多少人？

4. 根据调查，某集团公司的中层管理人员的月薪数据如下(单位:百元)

52	71	63	41	38	43	38	39	72	64
55	52	66	67	58	56	45	56	47	69

试画出茎叶图.

5. 经验分布函数作为分布函数其类型是离散型的吗？如果是，试求出其对应的分布列.

§7.3 统 计 量

7.3.1 统计量的概念

采集样本的目的是为了获取信息.因此必须对样本进行提炼、加工,把我们所关心的信息集中起来.上一节介绍的表和图形是一类整理加工的形式,它使人们从中获取了对总体的初步认识.当人们需要从样本中获取对总体各种参数的认识时,最常用的方法是构造样本的函数,不同的函数反映总体不同的特征.

定义7.1 如果样本$(\xi_1,\xi_2,\cdots,\xi_n)$的函数$g(\xi_1,\xi_2,\cdots,\xi_n)$为随机变量且不含任何未知参数,则称$g(\xi_1,\xi_2,\cdots,\xi_n)$为**统计量**,而$g(x_1,x_2,\cdots,x_n)$称为统计量$g(\xi_1,\xi_2,\cdots,\xi_n)$的**观察值**.

例如,$g(\xi_1,\xi_2,\cdots,\xi_n)=\dfrac{1}{n}\sum\limits_{i=1}^{n}\xi_i$ 是一个统计量;若$\xi\sim N(a,\sigma^2)$,其中a已知,σ^2未知,则$\sum\limits_{i=1}^{n}(\xi_i-a)^2$ 与$3\xi_1$是统计量,而$\sum\limits_{i=1}^{n}\left(\dfrac{\xi_i}{\sigma}\right)^2$不是统计量.

下面及§7.4中我们将介绍数理统计中常用统计量及其抽样分布.

7.3.2 样本矩

设$(\xi_1,\xi_2,\cdots,\xi_n)$为取自总体$\xi$的样本,称

$$\bar{\xi}=\frac{1}{n}\sum_{i=1}^{n}\xi_i$$

为**样本均值**.称

$$S^2=\frac{1}{n}\sum_{i=1}^{n}(\xi_i-\bar{\xi})^2$$

为**样本方差**;称

$$\hat{\sigma}_\xi=S=\sqrt{S^2}$$

为**样本标准差**.称

$$S^{*2}=\frac{1}{n-1}\sum_{i=1}^{n}(\xi_i-\bar{\xi})^2$$

为**样本修正方差**.一般地,称

$$\hat{M}_k=\frac{1}{n}\sum_{i=1}^{n}\xi_i^k$$

为样本 **k 阶原点矩**;称

$$\hat{C}_k = \frac{1}{n}\sum_{i=1}^{n}(\xi_i - \bar{\xi})^k$$

为样本 **k 阶中心矩**.

样本均值为一阶原点矩,样本方差为二阶中心矩.

样本平均数的观察值记为 $\bar{x}$,即 $\bar{x} = \frac{1}{n}\sum_{i=1}^{n}x_i$,样本方差的观察值记为 s^2,即

$$s^2 = \frac{1}{n}\sum_{i=1}^{n}(x_i - \bar{x})^2.$$

设 (ξ, η) 为二维总体,$((\xi_1, \eta_1),(\xi_2, \eta_2),\cdots,(\xi_n, \eta_n))$ 是取自该总体的样本,称统计量 $\frac{1}{n}\sum_{i=1}^{n}\xi_i^k \eta_i^l$ 为样本 **k + l 阶原点混合矩**,$\frac{1}{n}\sum_{i=1}^{n}(\xi_i - \bar{\xi})^k(\eta_i - \bar{\eta})^l$ 为样本 **k + l 阶中心混合矩**,特别称 $\frac{1}{n}\sum_{i=1}^{n}(\xi_i - \bar{\xi})(\eta_i - \bar{\eta})$ 为**样本相关矩**,记为 $\hat{\sigma}_{\xi\eta}$;称统计量 $r = \hat{\rho}_{\xi\eta} = \frac{\hat{\sigma}_{\xi\eta}}{\hat{\sigma}_{\xi}\hat{\sigma}_{\eta}}$ 为**样本相关系数**.

关于样本均值、样本方差,我们很容易证明下面的性质:

定理 7.2 设 $(x_1, x_2, \cdots, x_n)$ 为样本值,则

(1) $\sum_{i=1}^{n}(x_i - \bar{x}) = 0$;

(2) $\sum_{i=1}^{n}(x_i - c)^2 = \sum_{i=1}^{n}(x_i - \bar{x})^2 + n(\bar{x} - c)^2$,$\min_c \sum_{i=1}^{n}(x_i - c)^2 = \sum_{i=1}^{n}(x_i - \bar{x})^2$.

定理 7.2(1)说明,在 $\bar{x}$ 确定后,偏差平方和 $\sum_{i=1}^{n}(x_i - \bar{x})^2$ 中的 n 个偏差 $x_1 - \bar{x}$、$x_2 - \bar{x}$、$\cdots$、$x_n - \bar{x}$ 只有 $n-1$ 个数据可以自由变动,因此,在 s^2、s^{*2} 中人们乐于用 s^{*2},并称 $n-1$ 为 $\sum_{i=1}^{n}(x_i - \bar{x})^2$ 的自由度.

在定理 7.2(2)中令 $c = 0$ 得

$$\sum_{i=1}^{n}(x_i - \bar{x})^2 = \sum_{i=1}^{n}x_i^2 - n(\bar{x})^2 = \sum_{i=1}^{n}x_i^2 - \frac{\left(\sum_{i=1}^{n}x_i\right)^2}{n}.$$

从而

$$s^2 = \frac{1}{n}\sum_{i=1}^{n}x_i^2 - (\bar{x})^2 \qquad (7.1)$$

这是样本方差常用的计算公式.

在样本由频数分布表给出时,样本均值、样本方差的近似公式为

$$\bar{x} \approx \frac{\tilde{x}_1 f_1 + \tilde{x}_2 f_2 + \cdots + \tilde{x}_m f_m}{n}; \tag{7.2}$$

$$s^2 \approx \frac{1}{n} \sum_{i=1}^{m} f_i (\tilde{x}_i - \bar{x})^2 \approx \frac{1}{n} \sum_{i=1}^{m} f_i \tilde{x}_i^2 - (\bar{x})^2. \tag{7.3}$$

其中 m 为数组,$\tilde{x}_i$ $\tilde{x}_i$ 为第 i 组的组中值,f_i 为第 i 组的频数,$\sum_{i=1}^{m} f_i = n$.

定理 7.3 设 $(x_1, x_2, \cdots, x_n)$ 为样本(值),令 $y_i = d(x_i - c)$,则

$$\bar{y} = d(\bar{x} - c), \quad \sum_{i=1}^{n} (y_i - \bar{y})^2 = d^2 \sum_{i=1}^{n} (x_i - \bar{x})^2.$$

特别是,当 $d = 1$ 时,有

$$\sum_{i=1}^{n} (y_i - \bar{y})^2 = \sum_{i=1}^{n} (x_i - \bar{x})^2. \tag{7.4}$$

该性质说明样本方差具有平移不变性.

定理 7.4 设 $(\xi_1, \xi_2, \cdots, \xi_n)$ 为取自总体 ξ 的样本,$E(\xi) = a$、$D(\xi) = \sigma^2$ 存在,$\bar{\xi}$、S^2 为样本均值、样本方差,则

$$E(\bar{\xi}) = a, \quad D(\bar{\xi}) = \frac{\sigma^2}{n}, \quad E(S^2) = \frac{n-1}{n}\sigma^2.$$

证明 $E(\bar{\xi}) = a$,$D(\bar{\xi}) = \frac{\sigma^2}{n}$ 易证. 下证 $E(S^2) = \frac{n-1}{n}\sigma^2$. 由于样本方差具有平移不变性,故不妨设 $a = 0$. 因为 $\sum_{i=1}^{n} (\xi_i - \bar{\xi})^2 = \sum_{i=1}^{n} \xi_i^2 - n(\bar{\xi})^2$,所以

$$E(\sum_{i=1}^{n} (\xi_i - \bar{\xi})^2) = \sum_{i=1}^{n} E(\xi_i^2) - nE[(\bar{\xi})^2] = n\sigma^2 - n \times \frac{\sigma^2}{n} = (n-1)\sigma^2,$$

故

$$E(S^2) = \frac{n-1}{n}\sigma^2.$$

若 $c_3 = E(X - E(X))^3$ 存在,我们进而还可以证明:

$$\text{cov}(\bar{\xi}, S^2) = \frac{(n-1)c_3}{n^2}.$$

事实上,由于协方差和样本方差都具有平移不变性,因此假定 $a = 0$,从而 $E(\bar{\xi}) = 0$,

$$\text{cov}(\sum_{i=1}^{n} \xi_i, \sum_{i=1}^{n} (\xi_i - \bar{\xi})^2) = E(\sum_{i=1}^{n} \xi_i \sum_{i=1}^{n} (\xi_i - \bar{\xi})^2) = E\left[\sum_{i=1}^{n} \xi_i \sum_{i=1}^{n} \xi_i^2 - \frac{(\sum_{i=1}^{n} \xi_i)^3}{n}\right]$$

$$= \sum_{i=1}^{n} E(\xi_i^3) - \frac{\sum_{i=1}^{n} E(\xi_i^3)}{n} = (n-1)c_3 \text{（这里略去了数学期}$$

望等于 0 的项)，

故 $$\text{cov}(\bar{\xi}, S^2) = \frac{1}{n} \times \frac{1}{n} \times (n-1)c_3 = \frac{(n-1)c_3}{n^2}.$$

7.3.3 次序统计量

除了样本矩外，另一类常见的统计量是次序统计量，它在实际和理论中都有较广泛的应用．本段主要介绍次序统计量的概念及与其相关的一些统计量．

7.3.3.1 次序统计量

设 $(\xi_1, \xi_2, \cdots, \xi_n)$ 为取自总体 X 的样本，$(x_1, x_2, \cdots, x_n)$ 为样本值，将 x_1，$x_2, \cdots, x_n$ 按从小到大排列为 $x_{(1)} \leqslant x_{(2)} \leqslant \cdots \leqslant x_{(n)}$，定义 $\xi_{(i)}$ 如下：当 $(\xi_1, \xi_2, \cdots, \xi_n)$ 取 $(x_1, x_2, \cdots, x_n)$ 时，$\xi_{(i)} = x_{(i)}$，称 $\xi_{(i)}$ 为第 i 个**次序统计量**．其中 $\xi_{(1)} = \min\{\xi_1, \xi_2, \cdots, \xi_n\}$ 称为样本的**最小次序统计量**；$\xi_{(n)} = \max\{\xi_1, \xi_2, \cdots, \xi_n\}$ 称为**最大次序统计量**．

次序统计量的概念实际上在 §7.2 经验分布函数中已经使用．

7.3.3.2 样本中位数与样本分位数

样本中位数也是一个常见的统计量，它是次序统计量的函数．通常如下定义：设 $\xi_{(1)}, \xi_{(2)}, \cdots, \xi_{(n)}$ 是次序统计量，则**样本中位数** $\hat{x}_{0.5}$ 定义为

$$\hat{x}_{0.5} = \begin{cases} \xi_{\left(\frac{n+1}{2}\right)}, & n \text{ 为奇数}, \\ \frac{1}{2}\left(\xi_{\left(\frac{n}{2}\right)} + \xi_{\left(\frac{n}{2}+1\right)}\right), & n \text{ 为偶数}. \end{cases}$$

更一般地，**样本 p 分位数** $\hat{x}_p$ 的定义如下：

$$\hat{x}_p = \begin{cases} \xi_{(\lceil np+1 \rceil)}, & np \text{ 不是整数}, \\ \frac{1}{2}\left(\xi_{(np)} + \xi_{(np+1)}\right), & np \text{ 为整数}. \end{cases}$$

通常，样本均值在概括数据方面具有一定的优越性．但样本均值也有不足之处．设我们有 5 个数据 3，5，9，10，13，则其样本均值为 $(3+5+9+10+13) \div 5 = 8$．如果我们不小心将 13 错输入为 133（比如在计算机输入是将 3 连按 2 下），则均值即变为 $(3+5+9+10+133) \div 5 = 32$．这说明均值受极端数值影响较大，与之相比，中位数则不受极端数据的影响，我们把这种性质称为稳健性．

7.3.3.3 样本偏度

当我们考虑分布是否对称时常需要用到偏度和峰度. 设 $\hat{C}_2$、$\hat{C}_3$ 分别为样本二阶、三阶中心矩,称

$$\hat{P} = \frac{\hat{C}_3}{\hat{C}_2^{3/2}}$$

为样本偏度.

样体偏度 $\hat{P}$ 反映了总体分布密度曲线的对称性信息. 如果数据完全对称,则不难看出 $\hat{C}_3 = 0$,如果数据不对称,则一般 $\hat{C}_3 \neq 0$. 这里用 $\hat{C}_3$ 除以 $\hat{C}_2^{3/2}$ 是为了消除量纲的影响. $\hat{P}$ 是个相对数,它很好地刻画了数据分布的偏斜方向和程度. 如果 $\hat{P} = 0$ 表示样本对称,如果 $\hat{P} > 0$ 表示样本的右尾长,即样本中有几个较大的数据,这反映总体分布是正偏的或右偏的,如果 $\hat{P} < 0$ 表示分布的左尾长,即样本中有几个较小的数,这反映总体分布是负偏的或左偏的.

7.3.3.4 五数概括与箱线图

次序统计量还可以用来描述总体分布的形态——五数概括与箱线图. 它没有用样本矩描述来得精确,但往往直观和简单.

设 $\xi_{(1)}$,$\xi_{(2)}$,$\cdots$,$\xi_{(n)}$ 是次序统计量,我们容易计算得下面五个数:最小观测值 $\xi_{(1)}$,第一 4 分位数 $Q_1 = \hat{x}_{0.25}$,中位数(第二 4 分位数)$\hat{x}_{0.5}$,第三 4 分位数 $Q_3 = \hat{x}_{0.75}$,最大观测值 $\xi_{(n)}$. 所谓五数概括就是用这五个数来大致描述这一批数据的轮廓.

五数概括的图形表示称为箱线图. 箱线图由箱子和线段组成,作法如下:(1)画一个箱子,其两侧恰为第一 4 分位数和第三 4 分位数,在中位数位置上画一条竖线,它在箱子内. 这个箱子包含了样本中 50% 的数据;(2)在箱子左右两侧各引出一条水平线,分别至最小值和最大值为止,每条线段包含了样本中 25% 的数据.

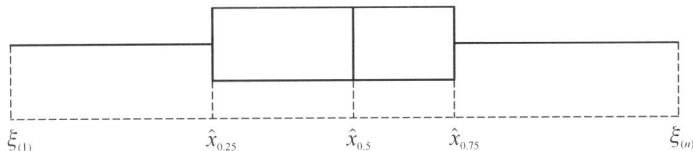

图 7.4

箱线图可用来对样本数据分布的形状进行大致的判断. 例如,可根据中位数线位于箱内左侧、中间、右侧可以识别分布的左偏、对称,还是右偏.

习 题 7.3

(A)

1. 设总体 ξ 服从泊松分布 $P(\lambda)$,其中 λ 未知,$(\xi_1,\xi_2,\cdots,\xi_n)$ 为取自 ξ 的一个

样本.

(1) 试指出 $\xi_1 + \xi_2$, $\max(\xi_1, \xi_2, \cdots, \xi_n)$, $\xi_n + 3\lambda$, $(\xi_n - \xi_1)^2$ 中哪些是统计量, 哪些不是?

(2) 当样本容量 $n = 5$, 且 $(0, 1, 0, 1, 1)$ 为样本的一个样本值时, 试计算样本均值和样本方差.

2. 设 $(x_1, x_2, \cdots, x_n)$ 为样本值, 试证明:

(1) $\displaystyle\sum_{i=1}^{n}(x_i - \bar{x}) = 0$;

(2) $\displaystyle\sum_{i=1}^{n}(x_i - c)^2 = \sum_{i=1}^{n}(x_i - \bar{x})^2 + n(\bar{x} - c)^2$.

3. 设 (x_1, y_1), (x_2, y_2), $\cdots$, (x_n, y_n) 为二维总体的样本值, 证明: 对于任意的常数 c, d, 有 $\displaystyle\sum_{i=1}^{n}(x_i - c)(y_i - d) = \sum_{i=1}^{n}(x_i - \bar{x})(y_i - \bar{y}) + n(\bar{x} - c)(\bar{y} - d)$

4. 证明: 对于容量为 2 的样本值 (x_1, x_2), 其样本方差为

$$s^2 = \frac{1}{4}(x_1 - x_2)^2.$$

5. 有一个频数分布表如下:

区　　间	组中值	频　　数
$(145, 155)$	150	4
$(155, 165)$	160	8
$(165, 175)$	170	6
$(175, 185)$	180	2

试求该样本的样本均值、样本标准差、样本偏度.

6. 对下列数据构造箱线图:

472	425	447	377	341	369	412	419
400	382	366	425	399	398	423	384
418	392	372	418	374	385	439	428
429	428	430	413	405	381	403	479
381	443	441	433	419	379	386	387

(B)

1. 设 $\bar{\xi}_n$、S_n^2 分别为样本 $(\xi_1, \xi_2, \cdots, \xi_n)$ 的样本均值和样本方差, 由于需要, 又独立地获取另一个个体 ξ_{n+1}. 试证:

(1) $\bar{\xi}_{n+1} = \dfrac{n}{n+1}\bar{\xi}_n + \dfrac{1}{n+1}\xi_{n+1} = \bar{\xi}_n + \dfrac{1}{n+1}(\xi_{n+1} - \bar{\xi}_n)$;

(2) $S_{n+1}^2 = \dfrac{n}{n+1}\Big[S_n^2 + \dfrac{1}{n+1}(\xi_{n+1} - \bar{\xi}_n)^2\Big]$.

其中$\bar{\xi}_{n+1}$、S_{n+1}^2表示样本$(\xi_1, \xi_2, \cdots, \xi_n, \xi_{n+1})$的样本均值和样本方差.

2. 样本k阶原点矩、k阶中心矩的观察值与总体的经验分布函数的矩有什么关系,根据这种关系你能说明样本均值、样本方差与总体均值、方差之间的联系吗?

3. 如果总体的二阶矩存在,$(\xi_1, \xi_2, \cdots, \xi_n)$为样本,证明$\xi_i - \bar{\xi}$与$\xi_j - \bar{\xi}(i \neq j)$的相关系数为$-1/(n-1)$.

§7.4 抽 样 分 布

统计量的分布称为**抽样分布**.计算统计量的分布是数理统计中经常遇到的一个重要问题.

7.4.1 三个重要的分布

在讨论抽样分布时,需要涉及到三个重要的分布:χ^2分布、t分布和 F 分布.下面我们分别对这三个分布的形式和由来予以介绍.

7.4.1.1 χ^2 分布

如果随机变量ξ的密度函数为

$$f(x) = \begin{cases} \dfrac{1}{2^{\frac{n}{2}}\Gamma\left(\dfrac{n}{2}\right)} x^{\frac{n}{2}-1} e^{-\frac{x}{2}}, & x > 0, \\ 0, & x \leqslant 0. \end{cases}$$

其中$\Gamma\left(\dfrac{n}{2}\right)$是 Γ 函数 $\Gamma(x) = \displaystyle\int_0^{+\infty} t^{x-1} e^{-t} dt$ 在 $x = n/2$ 处的值,则称随机变量ξ服从自由度为 n 的**χ^2 分布**,记作$\xi \sim \chi^2(n)$.

$\chi^2(n)$分布是由皮尔逊(Karl Pearson)在 1900 年发现的.图 7.5 显示了 χ^2 分布的分布曲线.

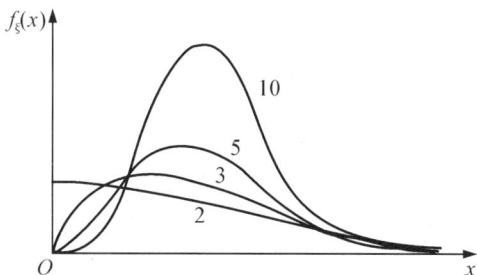

图 7.5

χ^2 分布具有下列性质:

定理 7.5 设 ξ 与 η 相互独立,且 $\xi \sim \chi^2(m)$,$\eta \sim \chi^2(n)$,则 $\xi + \eta \sim \chi^2(m+n)$.

该定理的证明通过运用第三章中独立随机变量和的卷积公式是容易得到的.

定理 7.5 表明 χ^2 分布具有可加性.

运用归纳法及定理 7.5 不难推出下面的结论.

推论 7.1 设 ξ_1,ξ_2,$\cdots$,ξ_n 相互独立,且都服从 $\chi^2(1)$ 分布,则 $\sum\limits_{i=1}^{n} \xi_i \sim \chi^2(n)$.

由推论 7.1 及第二章例 2.26 的结论:若 $\xi \sim N(0,1)$,则 $\xi^2 \sim \chi^2(1)$,可得下面的结论:

推论 7.2 设 ξ_1,ξ_2,$\cdots$,ξ_n 相互独立,且都服从 $N(0,1)$ 分布,则 $\sum\limits_{i=1}^{n} \xi_i^2 \sim \chi^2(n)$.

推论 7.3 设 ξ_1,ξ_2,$\cdots$,ξ_n 相互独立,$\xi_i \sim N(a_i, \sigma_i^2)$;$i = 1, 2, \cdots, n$,则

$$\sum_{i=1}^{n} \left(\frac{\xi_i - a_i}{\sigma_i} \right)^2 \sim \chi^2(n).$$

从推论 7.2、推论 7.3 可以看出 χ^2 分布的由来. 由推论 7.2 及正态分布的数字特征还可以知道:若 $\xi \sim \chi^2(n)$,则 $E(\xi) = n$.

7.4.1.2　t 分布

如果随机变量 ξ 的密度函数为

$$f(x) = \frac{\Gamma\left(\frac{n+1}{2}\right)}{\sqrt{n\pi}\,\Gamma\left(\frac{n}{2}\right)} \left(1 + \frac{x^2}{n}\right)^{-\frac{n+1}{2}},$$

则称随机变量 ξ 服从自由度为 n 的 **t 分布**,记作 $\xi \sim t(n)$. t 分布又称为**学生氏分布**,是英国统计学家哥塞特(Gosset)在 1908 年以笔名"Student"发表的研究成果. t 分布的发现打破了正态分布一统天下的局面,开创了小样本统计推断的新纪元. 图 7.6 显示了 t 分布的分布曲线.

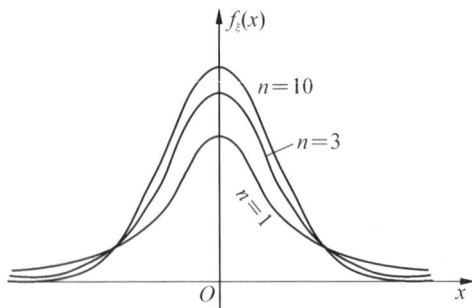

图 7.6

t 分布具有下列性质：

定理 7.6 设 ξ 与 η 相互独立，且 $\xi \sim N(0, 1)$，$\eta \sim \chi^2(n)$，则

$$\frac{\xi}{\sqrt{\eta/n}} \sim t(n).$$

该定理的证明仅需运用第三章中独立随机变量商的密度函数公式，只是推导稍许繁琐，这里从略。从定理 7.6 可以看出 t 分布的由来。

关于 t 分布有下面一些认识：

（1）自由度为 1 的 t 分布就是标准柯西分布，它的均值不存在。

（2）$n > 1$ 时，t 分布的数学期望存在且为 0。

（3）当自由度较大（如 $n \geqslant 30$）时，t 分布可以用 $N(0, 1)$ 分布来近似。

7.4.1.3 F 分布

如果随机变量 ξ 的密度函数为

$$f(x) = \begin{cases} \dfrac{\Gamma\left(\dfrac{m+n}{2}\right)}{\Gamma\left(\dfrac{m}{2}\right)\Gamma\left(\dfrac{n}{2}\right)} m^{\frac{m}{2}} n^{\frac{n}{2}} x^{\frac{m}{2}-1} (mx+n)^{-\frac{m+n}{2}}, & x > 0, \\ 0, & x \leqslant 0. \end{cases}$$

则称随机变量 ξ 服从第一自由度为 m、第二自由度为 n 的 **F 分布**，记作 $\xi \sim F(m, n)$。F 分布是由费希尔（R. A. Fisher）于 1924 年建立的。图 7.7 显示了 F 分布的分布曲线。

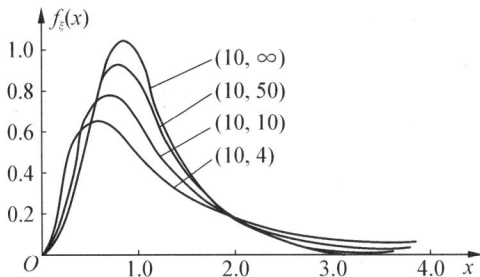

图 7.7

F 分布具有下列性质：

定理 7.7 设 ξ 与 η 相互独立，且 $\xi \sim \chi^2(m)$，$\eta \sim \chi^2(n)$，则

$$\frac{\xi/m}{\eta/n} \sim F(m, n).$$

该定理的证明类似于定理 7.6,也仅需用到独立随机变量商的密度函数公式.从定理 7.7 可以看出 F 分布的由来.基于 F 分布的由来,人们通常把 F 分布的第一自由度称为分子自由度,第二自由度称为分母自由度.由定理 7.7 易得:

推论 7.4 若 $F \sim F(m, n)$,则 $\dfrac{1}{F} \sim F(n, m)$.

7.4.2 抽样分布

由于统计量是随机变量(样本)的函数,因此寻求统计量的分布(即抽样分布)往往是十分困难的.许多统计量我们只能求得它的极限分布,然而统计量的极限分布只适用于大样本问题(即在样本容量较大的情况下所讨论的统计问题).在常见的小样本问题(即在样本容量较小的情况下讨论的统计问题)中,必须知道统计量的精确分布,这就给我们提出了一个复杂的问题.然而,由于常见的总体大都服从或近似服从正态分布,对于正态总体的抽样分布人们已经作了比较充分的讨论,这主要归功于著名统计学家费希尔大约在 1925 年给出的下面定理.

定理 7.8(费希尔定理) 设 ξ_1,ξ_2,$\cdots$,ξ_n 为取自正态总体 $N(a, \sigma^2)$ 的样本,则

(1) $\bar{\xi} \sim N(a, \sigma^2/n)$;

(2) $nS^2/\sigma^2 \sim \chi^2(n-1)$;

(3) $\bar{\xi}$ 与 S^2 相互独立.

(1)由正态分布的性质知成立.(2)、(3)的证明需要用到线性代数中的正交变换,读者可以参见有关教材的证明.

根据费希尔定理,我们可以得到下面一些结论.

定理 7.9 设 ξ_1,ξ_2,$\cdots$,ξ_n 为取自正态总体 $N(a, \sigma^2)$ 的一个样本,则

$$Z = \sqrt{n}\,\frac{\bar{\xi} - a}{\sigma} \sim N(0, 1).$$

该定理的证明可直接由定理 7.8 中(1)得到.

定理 7.10 设 ξ_1,ξ_2,$\cdots$,ξ_n 为取自正态总体 $N(a, \sigma^2)$ 的一个样本,则

$$T = \sqrt{n-1}\,\frac{\bar{\xi} - a}{S} \sim t(n-1).$$

证明 由定理 7.8、定理 7.9 知 $\sqrt{n}\,\dfrac{\bar{\xi} - a}{\sigma} \sim N(0, 1)$,$\dfrac{nS^2}{\sigma^2} \sim \chi^2(n-1)$,且 $\sqrt{n}\,\dfrac{\bar{\xi} - a}{\sigma}$ 与 nS^2/σ^2 相互独立,从而由定理 7.6 得

$$\sqrt{n}\,\frac{\overline{\xi}-a}{\sigma}\bigg/\sqrt{\frac{nS^2}{(n-1)\sigma^2}}=\sqrt{n-1}\,\frac{\overline{\xi}-a}{S}=T\sim\mathrm{t}(n-1).$$

定理 7.11 设 $(\xi_1,\xi_2,\cdots,\xi_m)$ 和 $(\eta_1,\eta_2,\cdots,\eta_n)$ 分别取自两个相互独立的正态总体 $\mathrm{N}(a_1,\sigma_1^2)$ 及 $\mathrm{N}(a_2,\sigma_2^2)$ 的样本,则

$$Z=\frac{\overline{\xi}-\overline{\eta}-(a_1-a_2)}{\sqrt{\dfrac{\sigma_1^2}{m}+\dfrac{\sigma_2^2}{n}}}\sim\mathrm{N}(0,1).$$

证明 由定理 7.8 知 $\overline{\xi}\sim\mathrm{N}(a_1,\sigma_1^2/m)$,$\overline{\eta}\sim\mathrm{N}(a_2,\sigma_2^2/n)$,且由两总体的独立性知 $\overline{\xi}$ 与 $\overline{\eta}$ 也独立,于是 $\overline{\xi}-\overline{\eta}\sim\mathrm{N}\Big(a_1-a_2,\dfrac{\sigma_1^2}{m}+\dfrac{\sigma_2^2}{n}\Big)$,故

$$Z=\frac{\overline{\xi}-\overline{\eta}-(a_1-a_2)}{\sqrt{\dfrac{\sigma_1^2}{m}+\dfrac{\sigma_2^2}{n}}}\sim\mathrm{N}(0,1).$$

定理 7.12 设 $(\xi_1,\xi_2,\cdots,\xi_m)$ 和 $(\eta_1,\eta_2,\cdots,\eta_n)$ 分别是取自两个相互独立的正态总体 $\mathrm{N}(a_1,\sigma^2)$ 及 $\mathrm{N}(a_2,\sigma^2)$ 的样本,则

$$T=\frac{\overline{\xi}-\overline{\eta}-(a_1-a_2)}{\sqrt{\dfrac{mS_1^2+nS_2^2}{m+n-2}}\sqrt{\dfrac{1}{m}+\dfrac{1}{n}}}\sim\mathrm{t}(m+n-2)$$

其中 S_1^2、S_2^2 分别为总体 $\mathrm{N}(\mu_1,\sigma^2)$ 及 $\mathrm{N}(\mu_2,\sigma^2)$ 的样本方差.

证明 定理 7.11 知 $Z=\dfrac{\overline{\xi}-\overline{\eta}-(a_1-a_2)}{\sigma\sqrt{\dfrac{1}{m}+\dfrac{1}{n}}}\sim\mathrm{N}(0,1)$,由定理 7.8 知

$mS_1^2/\sigma^2\sim\chi^2(m-1)$,$nS_2^2/\sigma^2\sim\chi^2(n-1)$ 且 $\overline{\xi}$、$\overline{\eta}$、S_1^2、S_2^2 相互独立,从而由定理 7.5 知 $W=\dfrac{mS_1^2+nS_2^2}{\sigma^2}\sim\chi^2(m+n-2)$,并且易知 Z 与 W 独立,于是由定理 7.6 得

$$Z\bigg/\sqrt{\frac{W}{m+n-2}}=\frac{\overline{\xi}-\overline{\eta}-(a_1-a_2)}{\sqrt{\dfrac{mS_1^2+nS_2^2}{m+n-2}}\sqrt{\dfrac{1}{m}+\dfrac{1}{n}}}=T\sim\mathrm{t}(m+n-2).$$

定理 7.13 设 $(\xi_1,\xi_2,\cdots,\xi_m)$ 和 $(\eta_1,\eta_2,\cdots,\eta_n)$ 分别是取自两个相互独立的正态总体 $\mathrm{N}(a_1,\sigma_1^2)$ 及 $\mathrm{N}(a_2,\sigma_2^2)$ 的样本,则

$$F=\frac{(n-1)mS_1^2\sigma_2^2}{(m-1)nS_2^2\sigma_1^2}\sim\mathrm{F}(m,n).$$

若 $\sigma_1^2 = \sigma_2^2$，则 $F = \dfrac{(n-1)mS_1^2}{(m-1)nS_2^2} = \dfrac{S_1^{*2}}{S_2^{*2}} \sim \mathrm{F}(m, n)$.

证明 由定理 7.8 知 $\dfrac{mS_1^2}{\sigma^2} \sim \chi^2(m-1)$，$nS_2^2/\sigma^2 \sim \chi^2(n-1)$ 且 S_1^2、S_2^2 相互独立，从而由定理 7.7 得

$$\frac{\dfrac{mS_1^2}{\sigma_1^2} \Big/ (m-1)}{\dfrac{nS_2^2}{\sigma_2^2} \Big/ (n-1)} = \frac{(n-1)mS_1^2\sigma_2^2}{(m-1)nS_2^2\sigma_1^2} = F \sim \mathrm{F}(m, n).$$

习 题 7.4

(A)

1. 设 $\xi_1, \xi_2, \cdots, \xi_m, \eta_1, \eta_2, \cdots, \eta_n$ 相互独立，且都服从 $N(0, 1)$ 分布，试证明

$$\frac{n(\xi_1^2 + \xi_2^2 + \cdots + \xi_m^2)}{m(\eta_1^2 + \eta_2^2 + \cdots + \eta_n^2)} \sim \mathrm{F}(m, n).$$

2. 证明：若 $\xi \sim \mathrm{t}(n)$，则 $\xi^2 \sim \mathrm{F}(1, n)$.

3. 设总体 ξ 服从正态分布 $N(a, \sigma^2)$，从中抽取一个容量为 25 的样本 $(\xi_1, \xi_2, \cdots, \xi_{25})$，试求 $P\left(10.52\sigma^2 < \sum_{i=1}^{25}(\xi_i - a)^2 < 18.94\sigma^2\right)$.

4. 某大型罐头厂出口的鲜片蘑菇罐头的净重量服从正态分布 $N(a, \sigma^2)$，其中 $a = 184$ 克，$\sigma = 2.5$ 克，今从中随机抽取 25 个罐头，

(1) 试求样本均值 $\bar{\xi}$ 超过 184.5 克的概率；

(2) 若要以 0.9713 的概率保证 $\bar{\xi}$ 不低于某一额定重量 b，试求 b 的值.

5. 华森无线电厂从甲、乙两个电子元件厂各购进一大批同型号的电子元件，已知甲、乙两厂产品的寿命分别服从 $N(4\,900, 100^2)$、$N(4\,800, 100^2)$ 分布（单位：小时），今从甲、乙两厂来货中各随机抽取 100 件，试求抽自甲厂元件的平均寿命比抽自乙厂的多 100（小时）以上的概率.

6. 已知用卡尺测量某物体的长度，其结果服从均值为 a（mm），标准差为 2（mm）的正态分布，试问应重复测量多少次，才能保证：

(1) $|\bar{\xi} - a| < 0.1$（mm）的概率不小于 99.2%；

(2) $E(|\bar{\xi} - a|^2) \leqslant 0.1$.

(B)

1. 设 $(\xi_1, \xi_2, \cdots, \xi_{10})$ 为 $N(0, 0.3^2)$ 的一个样本，试确定常数 c，使得 $c\eta$ 服从 χ^2 分布，其中 $\eta = (\xi_1 + \xi_2 + \cdots + \xi_5)^2 + (\xi_6 + \xi_7 + \cdots + \xi_{10})^2$.

2. 设 $(\xi_1, \xi_2, \cdots, \xi_9)$ 是来自正态总体 ξ 的样本，$\eta_1 = \dfrac{1}{6}\sum\limits_{i=1}^{6}\xi_i$，$\eta_2 = \dfrac{1}{3}(\xi_7 +$
$\xi_8 + \xi_9)$，$S^{*2} = \dfrac{1}{2}\sum\limits_{i=7}^{9}(\xi_i - \eta_2)^2$，$\zeta = \dfrac{\sqrt{2}(\eta_1 - \eta_2)}{S^*}$，证明统计量 ζ 服从 t(2) 分布.

3. 设总体 ξ 服从 $N(a, \sigma^2)$，$\bar{\xi}$、S_n^2 分别为 $(\xi_1, \xi_2, \cdots, \xi_n)$ 的样本均值和样本方差，又设 $\xi_{n+1} \sim N(a, \sigma^2)$，且 ξ_{n+1} 与 $\xi_1, \xi_2, \cdots, \xi_n$ 相互独立，试求统计量

$$\frac{\xi_{n+1} - \bar{\xi}}{S_n}\sqrt{\frac{n-1}{n+1}}$$

的抽样分布.

第 **8** 章 参 数 估 计

在实际问题中,总体的分布函数的类型往往是知道的,未知的只是其中的某些参数.此时要对总体的分布进行推断,只要估计其中的参数就行了.其次,在有些问题中,人们直接感兴趣的往往不是总体的分布,而是要估计总体的某个特征数,这些特征数可以是分布中的参数或视为分布的参数,也可以是参数的函数.例如,单位产品的缺陷数 ξ 通常服从泊松分布 $P(\lambda)$.但人们直接关心的是单位产品的合格率 $P(\xi=0)=e^{-\lambda}$,它是参数 λ 的函数.因此参数估计是一个经常遇到的问题.

一般场合下,我们将参数记为 θ,θ 的所有可能取值组成的集合称为参数空间,记为 Θ.

参数估计通常有两种方法:一是点估计,另一是区间估计.其中点估计是基础.

§8.1   参数点估计的几种方法

设总体 ξ 的分布函数为 $F(x,\theta)$,其中 θ 是未知参数.怎样利用总体的样本 $(\xi_1,\xi_2,\cdots,\xi_n)$ 对 θ 进行(点)估计呢? 我们先分析一个具体的例子:设 ξ 服从指数分布 $E(1/\theta)$,其中 ξ 的均值 θ 未知,由辛钦大数定律知 $\bar{\xi}=\dfrac{1}{n}\sum\limits_{i=1}^{n}\xi_i$ 依概率收敛于 θ,所以可以用 $\bar{\xi}$ 作为 θ 的估计. $\bar{\xi}=\dfrac{1}{n}\sum\limits_{i=1}^{n}\xi_i$ 是样本 $(\xi_1,\xi_2,\cdots,\xi_n)$ 的函数且不含任何未知参数,即 $\bar{\xi}$ 为统计量.由此看来,所谓参数的点估计,实际上是构造一个用于估计 θ 的统计量 $\hat{\theta}=\hat{\theta}(\xi_1,\xi_2,\cdots,\xi_n)$,我们称它为 θ 的**估计量**,而 $\hat{\theta}(x_1,x_2,\cdots,x_n)$ 称为 θ 的**估计值**.

若总体 ξ 的分布函数 $F(x,\theta_1,\theta_2,\cdots,\theta_k)$ 含有 k 个未知参数 $\theta_1,\theta_2,\cdots,\theta_k$,那么 $\theta_1,\theta_2,\cdots,\theta_k$ 的点估计问题就是建立分别作为 $\theta_1,\theta_2,\cdots,\theta_k$ 估计量的 k 个统计量 $\hat{\theta}_1(\xi_1,\xi_2,\cdots,\xi_n),\hat{\theta}_2(\xi_1,\xi_2,\cdots,\xi_n),\cdots,\hat{\theta}_k(\xi_1,\xi_2,\cdots,\xi_n)$.

这里涉及到两个问题:(1)如何给出估计,即估计的方法有哪些? (2)如何对不同的估计进行评价,即衡量估计量好坏的标准是什么? 本节先讨论问题(1).

点估计的方法有很多,最常用的有两种:矩法、极大似然法.

8.1.1 矩法

由辛钦大数定律可知,当总体 ξ 的 j 阶矩 $m_j = E(\xi^j)$ 存在时,样本 j 阶矩 $\hat{M}_j$ 依概率收敛于 m_j. 这就启发我们想到,在利用样本进行参数估计时,可以先确定总体参数与矩的关系,然后通过用样本矩去替代总体相应矩的方法来获得未知参数的估计. 这种估计思想称为矩法,它由英国统计学家皮尔逊在 1900 年提出. 下面介绍矩法在一般场合下的做法.

设总体 ξ 的分布函数 $F(x, \theta_1, \theta_2, \cdots, \theta_k)$,其中 $(\theta_1, \theta_2, \cdots, \theta_k) \in \Theta$ 是未知参数,$(\xi_1, \xi_2, \cdots, \xi_n)$ 为样本,$(x_1, x_2, \cdots, x_n)$ 为样本值. 假定总体 ξ 的 k 阶原点矩 m_k 存在,则对于所有的 $j(0 < j < k)$,m_j 都存在,显然 m_j 一般依赖于 $(\theta_1, \theta_2, \cdots, \theta_k)$,即

$$m_j = m_j(\theta_1, \theta_2, \cdots, \theta_k), \quad j = 1, 2, \cdots k.$$

假定由上式可以确定 θ_j 为 m_1、m_2、$\cdots$、m_k 的函数 $\theta_j = \theta_j(m_1, m_2, \cdots, m_k)$,则诸 θ_j 的矩法估计量为

$$\hat{\theta}_j = \theta_j(\hat{M}_1, \hat{M}_2, \cdots, \hat{M}_k).$$

其中 $\hat{M}_1, \hat{M}_2, \cdots, \hat{M}_k$ 是前 k 个样本原点矩:$\hat{M}_j = \frac{1}{n}\sum_{i=1}^{n} \xi_i^j$. 进一步,如果我们要估计 θ_1、θ_2、$\cdots$、θ_k 的函数 $h = h(\theta_1, \theta_2, \cdots, \theta_k)$,则 h 的矩法估计量为

$$\hat{h} = h(\hat{\theta}_1, \hat{\theta}_2, \cdots, \hat{\theta}_k).$$

例 8.1 设总体 ξ 服从参数为 λ 的指数分布,$(\xi_1, \xi_2, \cdots, \xi_n)$ 为样本,试求 λ 的矩法估计量.

解 由于未知参数只有一个 λ,且 $E(\xi) = 1/\lambda$,即 $\lambda = 1/E(\xi)$,故 λ 的矩法估计量为

$$\hat{\lambda} = \frac{1}{\bar{\xi}}.$$

注意:由于 $E(\xi^2) = 2/\lambda^2$,即 $\lambda = 2/\sqrt{E(\xi^2)}$,因此,从矩法思想来看,$\lambda$ 的矩法估计量也可以取为

$$\hat{\lambda}_1 = 2\Big/\sqrt{\hat{M}_2}.$$

这说明矩法估计量可能是不唯一的,这是矩法估计的一个缺点. 此时通常应该尽可能采用由低阶矩逐次到高阶进行替换的原则.

由于总体方差和原点矩的关系与样本方差和原点矩的关系一致,因此,根据矩法估计思想,在作矩的替换时可以用原点矩,也可以用中心矩. 由此看到,在总体均

值、方差未知时,它们的矩法估计量分别为样本均值和样本方差.

例8.2 设总体 ξ 服从区间 $[\theta_1, \theta_1+\theta_2]$ 上的均匀分布,θ_1、θ_2 为参数($\theta_2 > 0$),$(\xi_1, \xi_2, \cdots, \xi_n)$ 为样本,试求 θ_1、θ_2 的矩法估计量.

解 由于未知参数有两个,且 $E(\xi) = \theta_1 + \dfrac{\theta_2}{2}$,$D(\xi) = \dfrac{\theta_2^2}{12}$,即有

$$\theta_1 = E(\xi) - \sqrt{3D(\xi)}, \ \theta_2 = 2\sqrt{3D(\xi)}.$$

由此得 θ_1、θ_2 的矩法估计为

$$\hat{\theta}_1 = \overline{x} - \sqrt{3}S, \ \hat{\theta}_2 = 2\sqrt{3}S.$$

8.1.2 极大似然估计

极大似然法是由费希尔在 1912 年提出,但其思想在正态总体的场合可以追溯到高斯 1821 年提出的最小二乘法.该方法至今仍是数理统计中参数估计的最重要的方法.

看一个例子:设总体 ξ 服从二点分布 b$(1, p)$,即

$$P(\xi = x) = p^x(1-p)^{1-x}, \ x = 0, 1,$$

现已知 $p = 0.8$ 或 $p = 0.2$,但到底是什么,需要作出估计(选择)? 为此,从总体中抽取一个样本容量为 2 的样本 (ξ_1, ξ_2),则样本具有分布列

$$L(x_1, x_2; p) = P(\xi_1 = x_1, \xi_2 = x_2) = p^{x_1+x_2}(1-p)^{2-(x_1+x_2)}, \ x_1, x_2 = 0, 1.$$

如果样本值为 $(1, 1)$,则出现该样本值的概率在 $p = 0.8$ 时为 0.64,在 $p = 0.2$ 时为 0.04.若要基于该样本值对 p 作出选择的话,则无疑会选择 $p = 0.8$,因为在 $p = 0.8$ 时出现样本值 $(1, 1)$ 的概率远大于 $p = 0.2$ 时.这种选择依据实际上体现了这样一种思想,即参数 p 的选择应对所出现的观察结果最有利,亦即 p 的选择应使观察结果出现的概率最大.这就是极大似然思想.下面介绍极大似然思想在一般场合下的应用.

设总体 ξ 具有分布列 $P(\xi = x) = P(x; \theta_1, \theta_2, \cdots, \theta_k)$,或具有密度函数 $f(x; \theta_1, \theta_2, \cdots, \theta_k)$,其中 $(\theta_1, \theta_2, \cdots, \theta_k) \in \Theta$ 是未知参数,$(\xi_1, \xi_2, \cdots, \xi_n)$ 为取自总体 ξ 的样本,则样本具有分布列

$$L(x_1, \cdots, x_n; \theta_1, \cdots, \theta_k) = \prod_{i=1}^{n} P(\xi_i = x_i) = \prod_{i=1}^{n} P(x_i; \theta_1, \cdots, \theta_k),$$

或具有密度函数

$$L(x_1, \cdots, x_n; \theta_1, \cdots, \theta_k) = \prod_{i=1}^{n} f(x_i; \theta_1, \cdots, \theta_k).$$

前者就是样本$(\xi_1, \cdots, \xi_n)$取$(x_1, \cdots, x_n)$的概率,后者反映了样本$(\xi_1, \cdots, \xi_n)$落入$(x_1, \cdots, x_n)$某领域内概率$\prod\limits_{i=1}^{n} f(x_i; \theta_1, \cdots, \theta_k) dx_i$的大小. 根据极大似然思想,$\theta_1, \theta_2, \cdots, \theta_k$的选择应对观察结果$(x_1, \cdots, x_n)$的出现最有利,即应选择适合

$$L(x_1, \cdots, x_n; \hat{\theta}_1, \cdots, \hat{\theta}_k) = \max_{\theta \in \Theta} L(x_1, \cdots x_n; \theta_1, \cdots, \theta_k)$$

的$\hat{\theta}_1, \cdots, \hat{\theta}_k$来分别作为$\theta_1, \cdots, \theta_k$的估计.

在上面的讨论中,$(x_1, \cdots, x_n)$被视为固定,变化的量是$(\theta_1, \theta_2, \cdots, \theta_k)$,因此,可简记$L(x_1, \cdots, x_n; \theta_1, \cdots, \theta_k) = L(\theta_1, \cdots, \theta_k)$,并把它称为$(\theta_1, \cdots, \theta_k)$的**似然函数**(它与样本的分布列、密度函数形式上一样,只是变量理解上的差别).

用上述方法求出来的结果实际上是$\theta_1, \cdots, \theta_k$的估计值$\hat{\theta}_1(x_1, \cdots, x_n), \cdots, \hat{\theta}_k(x_1, \cdots, x_n)$,将$(x_1, \cdots, x_n)$换为$(\xi_1, \cdots, \xi_n)$即得估计量$\hat{\theta}_1(\xi_1, \cdots, \xi_n), \cdots, \hat{\theta}_k(\xi_1, \cdots, \xi_n)$,我们分别称它们为$\theta_1$、$\cdots$、$\theta_k$的**极大似然法估计量**.

根据上面的讨论,求参数的极大似然法估计可以归结到求似然函数L的最大值点问题. 由于L与$\ln L$同时达到最大值,故只需求$\ln L$的最大值点,后者在计算上比前者方便. $\ln L$称为**对数似然函数**. 由高等数学的知识,$\ln L$的最大值点一般是下面方程组的解

$$\begin{cases} \dfrac{\partial \ln L(\theta_1, \cdots, \theta_k)}{\partial \theta_1} = 0, \\ \qquad\vdots \\ \dfrac{\partial \ln L(\theta_1, \cdots, \theta_k)}{\partial \theta_k} = 0. \end{cases}$$

该方程(组)称为**似然方程(组)**.

例 8.3　设一个试验有三个可能结果,其发生的概率分别为

$$p_1 = \theta^2, \quad p_2 = 2\theta(1-\theta), \quad p_3 = (1-\theta)^2,$$

其中θ为参数. 现做了n次试验,观察到三种结果发生的次数分别为n_1, n_2, $n_3 (n_1 + n_2 + n_3 = n)$,求$\theta$的极大似然法估计值.

解　θ的似然函数为

$$L(\theta) = (\theta^2)^{n_1} [2\theta(1-\theta)]^{n_2} [(1-\theta)^2]^{n_3} = 2^{n_2} \theta^{2n_1+n_2} (1-\theta)^{2n_3+n_2},$$

其对数似然函数为

$$\ln L(\theta) = (2n_1 + n_2) \ln \theta + (2n_3 + n_2) \ln(1-\theta) + n_2 \ln 2.$$

关于θ求导数并令其为0得似然方程

$$\frac{2n_1 + n_2}{\theta} - \frac{2n_3 + n_2}{1-\theta} = 0.$$

解之得

$$\hat{\theta} = \frac{2n_1 + n_2}{2(n_1 + n_2 + n_3)} = \frac{2n_1 + n_2}{2n}.$$

由于

$$\frac{\mathrm{d}^2 \ln L(\theta)}{\mathrm{d}\theta^2} = -\frac{2n_1 + n_2}{\theta^2} - \frac{2n_3 + n_2}{(1-\theta)^2} < 0,$$

所以 $\hat{\theta}$ 为 θ 的极大似然法估计.

例 8.4 设总体 $\xi \sim P(\lambda)$,其中 $\lambda > 0$ 为参数,试求 λ 的极大似然法估计量.

解 λ 的似然函数为

$$L(\lambda) = \prod_{i=1}^{n} P(x_i; \lambda) = \prod_{i=1}^{n} \frac{\lambda^{x_i}}{x_i!} \mathrm{e}^{-\lambda} = \frac{\lambda^{\sum\limits_{i=1}^{n} x_i}}{\prod\limits_{i=1}^{n} x_i!} \mathrm{e}^{-n\lambda},$$

其对数似然函数为

$$\ln L(\lambda) = -n\lambda + \sum_{i=1}^{n} x_i \ln \lambda - \ln \prod_{i=1}^{n} x_i!.$$

关于 λ 求导数得

$$\frac{\mathrm{d}\ln L(\lambda)}{\mathrm{d}\lambda} = -n + \frac{\sum\limits_{i=1}^{n} x_i}{\lambda} = \frac{\sum\limits_{i=1}^{n} x_i - n\lambda}{\lambda}.$$

解似然方程得 $\hat{\lambda} = \frac{1}{n} \sum\limits_{i=1}^{n} x_i = \bar{x}$,易知 $\hat{\lambda}$ 为 $\ln L(\lambda)$ 的最大值点(以后不再一一指出),所以 $\hat{\lambda} = \bar{\xi}$ 为 λ 的极大似然法估计量.

例 8.5 设总体 $\xi \sim N(a, \sigma^2)$.

(1) 若 a 已知,σ^2 均未知,试求 σ^2 的极大似然法估计量.

(2) 若 a、σ^2 均未知,试求 a、σ^2 的极大似然法估计量.

解 (1) σ^2 的似然函数为

$$L(\sigma^2) = \prod_{i=1}^{n} f(x_i; \sigma^2) = \prod_{i=1}^{n} \left[\frac{1}{\sqrt{2\pi}\sigma} \mathrm{e}^{-\frac{(x_i-a)^2}{2\sigma^2}} \right]$$

$$= \frac{1}{(\sqrt{2\pi}\sigma)^n} \exp\left[-\frac{1}{2\sigma^2} \sum_{i=1}^{n} (x_i - a)^2 \right].$$

其对数似然函数为

$$\ln L(\sigma^2) = -\frac{n}{2}\ln(2\pi) - \frac{n}{2}\ln\sigma^2 - \frac{1}{2\sigma^2}\sum_{i=1}^{n}(x_i - a)^2.$$

关于 σ^2 求导数得

$$\frac{\mathrm{d}\ln L(\sigma^2)}{\mathrm{d}(\sigma^2)} = -\frac{n}{2\sigma^2} + \frac{1}{2\sigma^4}\sum_{i=1}^{n}(x_i - a)^2 = \frac{\sum_{i=1}^{n}(x_i - a)^2 - n\sigma^2}{2\sigma^4}.$$

解似然方程得 $\hat{\sigma}^2 = \frac{1}{n}\sum_{i=1}^{n}(x_i - a)^2$，所以 σ^2 的极大似然法估计量为

$$\hat{\sigma}^2 = \frac{1}{n}\sum_{i=1}^{n}(\xi_i - a)^2.$$

（2）a、σ^2 的对数似然函数为

$$\ln L(a, \sigma^2) = -\frac{n}{2}\ln(2\pi) - \frac{n}{2}\ln\sigma^2 - \frac{1}{2\sigma^2}\sum_{i=1}^{n}(x_i - a)^2.$$

分别关于 a、σ^2 求偏导,得似然方程组

$$\begin{cases} \dfrac{\partial\ln L(a, \sigma^2)}{\partial a} = \dfrac{1}{\sigma^2}\sum_{i=1}^{n}(x_i - a) = 0, \\ \dfrac{\partial\ln L(a, \sigma^2)}{\partial(\sigma^2)} = -\dfrac{n}{2\sigma^2} + \dfrac{1}{2\sigma^4}\sum_{i=1}^{n}(x_i - a)^2 = 0. \end{cases}$$

得 $\hat{a} = \frac{1}{n}\sum_{i=1}^{n}x_i = \bar{x}$、$\hat{\sigma}^2 = \frac{1}{n}\sum_{i=1}^{n}(x_i - \bar{x})^2$，所以 $\hat{a} = \bar{\xi}$，$\hat{\sigma}^2 = S^2$ 分别为 a、σ^2 的极大似然法估计量.

将例 8.4、例 8.5 和例 8.1 及例后的说明相对照,不难看出,对于正态分布、泊松分布中的参数,矩法估计量与极大似然法估计量是相同的.

例 8.6 设总体 ξ 服从区间 $[\theta_1, \theta_1 + \theta_2]$ 上的均匀分布,θ_1、θ_2 为参数（$\theta_2 > 0$),试求 θ_1、θ_2 的极大似然法估计量.

解 似然函数为

$$L(\theta_1, \theta_2) = \prod_{i=1}^{n}f(x_i; \sigma^2) = \frac{1}{\theta_2^n}\prod_{i=1}^{n}I_{\{\theta_1 \leqslant x_i \leqslant \theta_1 + \theta_2\}} = \frac{1}{\theta_2^n}I_{\{\theta_1 \leqslant x_{(1)}, \theta_2 \geqslant x_{(n)} - \theta_1\}}.$$

其中 $I_{\{x \in A\}}$ 为示性函数:$x \in A$ 时 $I_{\{x \in A\}} = 1$, $x \notin A$ 时, $I_{\{x \in A\}} = 0$. 要使 $L(\theta_1, \theta_2)$ 达到最大,首先一点是示性函数的取值应为 1,其次 $\frac{1}{\theta_2^n}$ 应尽可能大. 由于 $\frac{1}{\theta_2^n}$ 是 θ_2 的单调递减函数,所以 θ_2 的取值应尽可能小,但在示性函数为 1 的范围为 $\theta_1 \leqslant x_{(1)}$, $\theta_2 \geqslant x_{(n)} - \theta_1$ 内,要使得 θ_2 最小,又必须 θ_1 最大,所以 $\theta_1 = \hat{\theta}_1 = x_{(1)}$, $\theta_2 = \hat{\theta}_2 = x_{(n)} - x_{(1)}$

时 $L(\theta_1, \theta_2)$ 最大，故 $\hat{\theta}_1 = \xi_{(1)}$，$\hat{\theta}_2 = \xi_{(n)} - \xi_{(1)}$ 分别为 θ_1、θ_2 的极大似然法估计量.

由例 8.2、例 8.6 知，未知参数的矩法估计量和极大似然法估计量不一定相同.

习 题 8.1

（A）

1. 甲、乙两台机床同时生产一种零件，在 10 天中，两台机床每天出的次品数分别为

甲	0	1	0	2	2	0	3	1	2	4
乙	2	3	1	1	0	2	1	1	0	1

试由这些数据判断哪台机床的性能好.

2. 设某门课程的一次考试中，第 i 个人的考试成绩为 x_i（$i = 1, 2, \cdots, n$），$\bar{x}$、s^2 分别为 $(x_1, x_2, \cdots, x_n)$ 的样本均值和样本方差，则称 $x_i^* = \dfrac{x_i - \bar{x}}{s}$ 为第 i 个人该门课程的标准分. 下表是某研究生班 9 位同学期末考试中甲、乙两门课程的考试成绩：

课程	序　号								
	1	2	3	4	5	6	7	8	9
	成　绩								
甲	96	92	85	83	80	70	66	62	50
乙	82	70	92	73	66	63	61	52	53

试问，9 位同学中谁的总分最高；在标准分的意义下又是哪位同学最好.

3. 设总体 ξ 的分布列为

$$P(\xi = k) = 1/N, \quad k = 1, 2, \cdots, N.$$

其中 N 为未知参数，试求 N 的矩法估计量.

4. 设总体 ξ 具有下列分布列，试分别求所给分布中未知参数的矩法估计量和极大似然法估计量.

（1）$P(\xi = k) = p^k(1-p)^{1-k}$，$k = 0, 1$，其中 p 为未知参数，$0 < p < 1$；

（2）$P(\xi = k) = pq^{k-1}$，$k = 1, 2, \cdots$，其中 p 为未知参数，$q = 1 - p$，$0 < p < 1$.

5. 设总体 ξ 具有下列密度函数，试分别求所给分布中未知参数的矩法估计量和极大似然法估计量.

(1) $f(x) = \begin{cases} \alpha x^{\alpha-1}, & x \in (0,1), \\ 0, & x \notin (0,1), \end{cases}$ 　其中 α 是未知参数，$\alpha > 0$；

(2) $f(x) = \begin{cases} \lambda e^{\lambda x}, & x > 0, \\ 0, & x \leqslant 0, \end{cases}$ 　其中 λ 是未知参数，$\lambda > 0$；

(3) $f(x) = \begin{cases} \dfrac{1}{\theta}, & 0 \leqslant x \leqslant \theta, \\ 0, & \text{其余}, \end{cases}$ 　其中 θ 为未知参数，$\theta > 0$.

6. 某箱中装有若干同类产品(有正品也有次品)，今有放回地抽取一个样本容量为 n 的样本，发现其中有 k 件正品，试求箱子中正品数与次品数之比 R 的极大似然法估计.

（B）

1. 甲、乙两个校对员彼此独立地对同一本书的样稿进行校对，校完后，甲发现 a 个错字，乙发现 b 个错字，其中共同发现的错字有 c 个，试用矩法估计该书样稿的总错字个数.

2. 为了估计湖中的鱼数 N，今在湖中捉出 r 条鱼做上标记并放回湖中，然后隔一阶段再从湖中同时捉出 s 条鱼. 结果发现其中有 ξ_1 条鱼上有标记. 试求 N 的极大似然法估计.

3. 设总体 ξ 服从区间 $[\theta, \theta+1]$ 上的均匀分布，$(\xi_1, \xi_2, \cdots, \xi_n)$ 为取自 ξ 的样本，试求 θ 的极大似然法估计量，并说明 θ 的极大似然法估计量是否唯一.

4. 设 $(\xi_1, \xi_2, \cdots, \xi_n)$ 是取自双参数指数分布

$$ f(x) = \begin{cases} \dfrac{1}{\theta} e^{-\frac{x-\mu}{\theta}}, & x \geqslant \mu, \\ 0, & x < \mu \end{cases} $$

的一个样本，试求 μ、θ 的极大似然法估计量.

§8.2　点估计的评价标准

我们已经看到，点估计有各种不同的求法，为了在不同的点估计间进行比较选择，就必须对各种点估计的好坏给出评价的标准.

数理统计中给出了众多的估计量的评价标准，对于同一估计量使用不同的评价标准可能会得到完全不同的结论. 因此，在评价某一个估计量好坏时首先要说明是哪一个标准下的，否则所论好坏就毫无意义. 评价估计量好坏的标准通常有三个：一致性、无偏性、有效性.

8.2.1　一致性

一般讲，$\hat{\theta} \neq \theta$，但人们总希望当 $n \to \infty$ 时，$\hat{\theta}$ 在某种意义下充分接近于 θ. 这就

引导出下面的概念.

设 $\hat{\theta}_n = \hat{\theta}_n(\xi_1, \cdots, \xi_n)$ 为未知参数 θ 的估计量，n 为样本容量，若 $\forall \varepsilon > 0$，有

$$\lim_{n \to +\infty} P(|\hat{\theta}_n - \theta| < \varepsilon) = 1,$$

则称 $\hat{\theta}_n$ 为 θ 的**一致估计量**（或相合估计量）.

由大数定律知，样本均值、样本方差分别是总体均值、方差的一致估计量. 一般讲，矩法估计量都具有一致性.

定理 8.1 设 $\hat{\theta}_n = \hat{\theta}_n(\xi_1, \cdots, \xi_n)$ 是 θ 的估计量，若

$$\lim_{n \to +\infty} E(\hat{\theta}_n) = \theta, \quad \lim_{n \to +\infty} D(\hat{\theta}_n) = 0,$$

则 $\hat{\theta}_n$ 为 θ 的一致估计量.

证明 $\forall \varepsilon > 0$，由于 $\lim\limits_{n \to +\infty} E(\hat{\theta}_n) = \theta$，故当 n 充分大时有

$$|E(\hat{\theta}_n) - \theta| < \varepsilon/2$$

注意到此时若 $|\hat{\theta}_n - E(\hat{\theta}_n)| < \varepsilon/2$，则

$$|\hat{\theta}_n - \theta| \leqslant |\hat{\theta}_n - E(\hat{\theta}_n)| + |E(\hat{\theta}_n) - \theta| < \varepsilon,$$

故

$$\{|\hat{\theta}_n - E(\hat{\theta}_n)| < \varepsilon/2\} \subset \{|\hat{\theta}_n - \theta| < \varepsilon\}.$$

从而

$$\{|\hat{\theta}_n - \theta| \geqslant \varepsilon\} \subset \{|\hat{\theta}_n - E(\hat{\theta}_n)| \geqslant \varepsilon/2\}.$$

利用定理的条件、概率的性质及切比雪夫不等式

$$P(|\hat{\theta}_n - \theta| \geqslant \varepsilon) \leqslant P(|\hat{\theta}_n - E(\hat{\theta}_n)| \geqslant \varepsilon/2) \leqslant 4D(\hat{\theta}_n)/\varepsilon^2 \to 0.$$

所以 $\hat{\theta}_n$ 为 θ 的一致估计量.

例 8.7 设总体 ξ 服从区间 $[0, \theta]$ 上的均匀分布，证明 $\hat{\theta} = \xi_{(n)}$ 为 θ 的一致估计量.

证明 由例 8.6 易知 $\hat{\theta} = \xi_{(n)}$ 为 θ 的极大似然法估计，因为 $\hat{\theta} = \xi_{(n)}$ 的密度函数为

$$f(x) = nx^{n-1}/\theta^n, \quad 0 \leqslant x \leqslant \theta.$$

所以

$$E(\hat{\theta}) = \int_0^\theta \frac{nx^n}{\theta^n} \mathrm{d}x = \frac{n}{n+1}\theta \to \theta,$$

$$E(\hat{\theta}^2) = \int_0^\theta \frac{nx^{n+1}}{\theta^n} \mathrm{d}x = \frac{n}{n+2}\theta^2.$$

$$D(\hat{\theta}) = E(\hat{\theta}^2) - ([E(\hat{\theta})]^2 = \frac{n}{n+2}\theta^2 - \left(\frac{n}{n+1}\theta\right)^2 = \frac{n}{(n+1)^2(n+2)}\theta^2 \to 0.$$

概率与统计

故由定理 8.1 知 $\hat{\theta} = \xi_{(n)}$ 为 θ 的一致估计量.

一致性主要适用于大样本问题.

8.2.2 无偏性

上面已经提到,在一次估计中,一般讲 $\hat{\theta} \neq \theta$,有时 $\hat{\theta} > \theta$,有时 $\hat{\theta} < \theta$,但人们希望在重复使用中没有系统误差. 这就引导出下面的概念.

设 $\hat{\theta} = \hat{\theta}(\xi_1, \cdots, \xi_n)$ 为未知参数 θ 的估计量,若

$$E(\hat{\theta}) = \theta,$$

则称 $\hat{\theta}$ 为 θ 的**无偏估计量**,否则称为**有偏估计**.

我们通过一个例子来说明无偏性的意义.

某商店到工厂进 A 商品 N 件,每件价格 a 元,若 A 商品的次品率 θ 的估计为 $\hat{\theta}$,厂、商约定:商店付给工厂 $aN(1-\hat{\theta})$ 元. 此时,厂、商对 $\hat{\theta}$ 与 θ 的偏差会有所计较,若 $\hat{\theta} > \theta$,则工厂会有所损失;如 $\hat{\theta} < \theta$,则商店就要吃亏. 然而厂、商的合作是一种长期行为,尽管在一次交易中某方可能要有损失,但双方都希望在长期的经营中相互之间互不吃亏. 这就要求 $\hat{\theta}$ 为 θ 的无偏估计量.

例 8.8 设 $(\xi_1, \cdots, \xi_n)$ 为取自总体 ξ 的样本,$E(\xi) = a$,$D(\xi) = \sigma^2$,显然,$\bar{\xi}$ 为 a 的无偏估计量. 一般地,如果 α_i 满足 $\sum_{i=1}^{n} \alpha_i = 1$,则 $\sum_{i=1}^{n} \alpha_i \xi_i$ 是 a 的无偏估计量. 又由定理 7.4 知 $E(S^2) = \dfrac{n-1}{n}\sigma^2$,所以 S^2 不是 σ^2 的无偏估计量. 因为 $S^{*2} = \dfrac{n}{n-1}S^2$,故

$$E(S^{*2}) = \frac{n}{n-1}E(S^2) = \frac{n}{n-1} \times \frac{n-1}{n}\sigma^2 = \sigma^2.$$

即 S^{*2} 是 σ^2 的无偏估计量.

虽然 S^2 不是 σ^2 的无偏估计,但 $E(S^2) = \dfrac{n-1}{n}\sigma^2 \to \sigma^2$. 一般地,如果 $\lim_{n \to +\infty} E(\hat{\theta}) = \theta$,则称 $\hat{\theta}$ 为 θ 的**渐近无偏估计量**.

注意 S^{*2} 可以看作是对 S^2 进行修正而得到的:$S^{*2} = \dfrac{n}{n-1}S^2$. 一般地,若 $\hat{\theta}$ 是 θ 的有偏估计,且 $E(\hat{\theta}) = a + b\theta$,则 $(\hat{\theta} - a)/b$ 为 θ 的无偏估计.

注意,在第 7 章定理 7.12 的条件下,$S_w^{*2} = \dfrac{(m-1)S_1^{*2} + (n-1)S_2^{*2}}{m+n-2}$ 是 σ^2 的无偏估计量.

8.2.3 有效性

例 8.8 指出,若 α_i 满足 $\sum_{i=1}^{n} \alpha_i = 1$,则 $\sum_{i=1}^{n} \alpha_i \xi_i$ 是 a 的无偏估计量,这说明一个参数的无偏估计往往不唯一.那么在这些无偏估计量中又如何来评价它们的好坏呢?换句话说,如果 $\hat{\theta}_1$、$\hat{\theta}_2$ 都是 θ 的无偏估计量,则怎样来比较 $\hat{\theta}_1$、$\hat{\theta}_2$ 的优劣呢? 一个很自然的标准就是看 $\hat{\theta}_1$、$\hat{\theta}_2$ 中哪一个更稳定在 θ 的邻近,即看 $E(\hat{\theta}_i - \theta)^2$ 的大小($i = 1, 2$),由于 $E(\hat{\theta}_i) = \theta$,故 $E(\hat{\theta}_i - \theta)^2 = D(\hat{\theta}_i)$,$i = 1, 2$.为此引出下面的概念.

设 $\hat{\theta}_1$、$\hat{\theta}_2$ 是 θ 的两个无偏估计量,如果

$$D(\hat{\theta}_1) \leqslant D(\hat{\theta}_2),$$

则称 $\hat{\theta}_1$ 较 $\hat{\theta}_2$ 有效.

例 8.9 设总体 ξ 的方差存在,$E(\xi) = a$,$D(\xi) = \sigma^2$,(ξ_1, ξ_2) 为 ξ 的样本,则 $\hat{\theta}_1 = \frac{1}{2}\xi_1 + \frac{1}{2}\xi_2$、$\hat{\theta}_2 = \frac{1}{3}\xi_1 + \frac{2}{3}\xi_2$ 是 a 的两个无偏估计量,且

$$D(\hat{\theta}_1) = \frac{\sigma^3}{2}, \ D(\hat{\theta}_2) = \frac{5\sigma^2}{9},$$

$D(\hat{\theta}_1) < D(\hat{\theta}_2)$,所以 $\hat{\theta}_1$ 较 $\hat{\theta}_2$ 有效.一般地,若 $(\xi_1, \cdots, \xi_n)$ 为 ξ 的样本,则 $\bar{\xi}$ 较 $\sum_{i=1}^{n} \alpha_i \xi_i$(其中 $\sum_{i=1}^{n} \alpha_i = 1$)有效.

事实上,由于 $0 \leqslant s^2 = \frac{1}{n}\sum_{i=1}^{n} x_i^2 - (\bar{x})^2$,取 $x_i = \alpha_i$(此时 $\bar{x} = \frac{1}{n}\sum_{i=1}^{n} \alpha_i = \frac{1}{n}$),则有

$$\frac{1}{n}\sum_{i=1}^{n} \alpha_i^2 - \frac{1}{n^2} \geqslant 0, \text{即} \sum_{i=1}^{n} \alpha_i^2 \geqslant \frac{1}{n}.$$

而

$$D(\bar{\xi}) = \frac{\sigma^2}{n}, \ D\left(\sum_{i=1}^{n} \alpha_i \xi_i\right) = \left(\sum_{i=1}^{n} \alpha_i^2\right)\sigma^2,$$

故 $D(\bar{\xi}) \leqslant D\left(\sum_{i=1}^{n} \alpha_i \xi_i\right)$,因此 $\bar{\xi}$ 较 $\sum_{i=1}^{n} \alpha_i \xi_i$ 有效.

例 8.10 在例 8.7 中,我们指出均匀分布总体 $U[0, \theta]$ 中 θ 的极大似然法估计 $\hat{\theta} = \xi_{(n)}$ 是 θ 的一致估计量,由于 $E(\hat{\theta}) = \frac{n}{n+1}\theta$,所以 $\hat{\theta} = \xi_{(n)}$ 不是 θ 的无偏估计量,但是 θ 的渐近无偏估计量.对 $\hat{\theta} = \xi_{(n)}$ 进行修正:$\hat{\theta}_1 = \frac{n+1}{n}\xi_{(n)}$,则 $\hat{\theta}_1$ 是 θ 的

概率与统计

无偏估计量.

$$D(\hat{\theta}_1) = \left(\frac{n+1}{n}\right)^2 D(\hat{\theta})$$

$$= \left(\frac{n+1}{n}\right)^2 \frac{n}{(n+1)^2(n+2)}\theta^2 = \frac{1}{n(n+2)}\theta^2.$$

另一方面,由矩法,我们可以得到 θ 的另一无偏估计 $\hat{\theta}_2 = 2\bar{\xi}$,

$$D(\hat{\theta}_2) = D(2\bar{\xi}) = 4 \times \frac{\theta^2}{12n} = \frac{\theta^2}{3n}.$$

由此 $\hat{\theta}_1$ 较 $\hat{\theta}_2$ 有效.

8.2.4　最小方差性

根据有效性,如果 θ 的一个无偏估计量 $\hat{\theta}$ 满足:对于 θ 的任一无偏估计量 $\hat{\theta}'$,都有

$$D(\hat{\theta}) \leqslant D(\hat{\theta}'),$$

则 $\hat{\theta}$ 应是 θ 的一个很好的估计,我们称它为 θ 的**一致最小方差无偏估计量**.

关于一致最小方差无偏估计量,有如下一个判断准则.

定理 8.2　设 $(\xi_1, \cdots, \xi_n)$ 是取自总体 ξ 的一个样本,$\hat{\theta} = \hat{\theta}(\xi_1, \cdots, \xi_n)$ 是 θ 的一个无偏估计,$D(\hat{\theta}) < +\infty$,如果对于任一满足 $E(\eta) = 0$ 的 $\eta = h(\xi_1, \cdots, \xi_n)$,都有

$$\text{Cov}(\hat{\theta}, \eta) = 0,$$

则 $\hat{\theta}$ 是 θ 的一致最小方差无偏估计量.

证明　对于 θ 的任意一个无偏估计 $\hat{\theta}'$,令 $\eta = \hat{\theta}' - \hat{\theta}$,则

$$E(\eta) = E(\hat{\theta}') - E(\hat{\theta}) = 0.$$

于是

$$D(\hat{\theta}') = E(\hat{\theta}' - \theta)^2 = E[(\hat{\theta}' - \hat{\theta}) + (\hat{\theta} - \theta)]^2$$

$$= E(\hat{\theta}' - \hat{\theta})^2 + E(\hat{\theta} - \theta)^2 + 2E(\hat{\theta}' - \hat{\theta})(\hat{\theta} - \theta)$$

$$= E(\eta^2) + D(\hat{\theta}) + 2\text{cov}(\hat{\theta}, \eta) = E(\eta^2) + D(\hat{\theta}) \geqslant D(\hat{\theta}).$$

定理得证.

例 8.11　设 $(\xi_1, \cdots, \xi_n)$ 是取自指数分布 $E(\frac{1}{\theta})$ 的样本,则 $\bar{\xi}$ 是 θ 的无偏估计量,设 $\eta = h(\xi_1, \cdots, \xi_n)$ 满足 $E(\eta) = 0$,即有

$$E(\eta) = \int_0^{+\infty} \cdots \int_0^{+\infty} h(x_1, \cdots, x_n) \prod_{i=1}^n \left\{\frac{1}{\theta} e^{-x_i/\theta}\right\} dx_1 \cdots dx_n = 0.$$

亦即

$$\int_0^{+\infty}\cdots\int_0^{+\infty} h(x_1,\cdots,x_n)e^{-(x_1+\cdots+x_n)/\theta}dx_1\cdots dx_n = 0.$$

两端对 θ 求导,得

$$\int_0^{+\infty}\cdots\int_0^{+\infty} \frac{n\bar{x}}{\theta^2} h(x_1,\cdots,x_n)e^{-(x_1+\cdots+x_n)/\theta}dx_1\cdots dx_n = 0.$$

这说明 $E(\bar{\xi}\,\eta)=0$,从而

$$\mathrm{cov}(\bar{\xi},\,\eta)=E(\bar{\xi}\,\eta)-E(\bar{\xi})E(\eta)=0.$$

因此由定理 8.2 知 $\bar{\xi}$ 是 θ 的一致最小方差无偏估计量.

定理 8.2 提供了判别一致最小方差无偏估计量的一种方法,但应用起来不是很方便.下面我们探讨另一条途径.思路是:先讨论 θ 的无偏估计量方差的下界,然后去寻找一个无偏估计量,使其方差恰好达到该下界,则该估计量即为 θ 的一致最小方差无偏估计量.1945—1946 年间,克莱姆—拉奥(Cramer-Rao)在适当的条件下给出了无偏估计量 $\hat{\theta}$ 的方差的下界:

$$D(\hat{\theta}) \geqslant \frac{1}{nI(\theta)}. \tag{8.1}$$

其中 $I(\theta)=E\left[\frac{\partial}{\partial\theta}\ln p(\xi;\theta)\right]^2$ 称为**费希尔信息量**,而 $I(\theta)$ 中的 $p(x;\theta)$ 为总体 ξ 的概率函数(离散型场合指分布列,连续型场合指密度函数).不等式(8.1)称为 C - R 不等式,方差达到 C - R 不等式下界的 θ 的无偏估计量 $\hat{\theta}$ 称为 θ 的**有效估计**,有效估计显然是一致最小方差无偏估计量.

例 8.12 设总体 $\xi\sim b(1,\,p)$,证明 $\bar{\xi}$ 为 p 的有效估计.

证明 由例 8.8 知 $\bar{\xi}$ 为 p 的无偏估计量.因为 ξ 的分布列为

$$p(x;\,p)=p^x(1-p)^{1-x},\quad x=0,\,1,$$

于是

$$\ln p(x;\,p)=x\ln p+(1-x)\ln(1-p),$$

$$\frac{\partial}{\partial p}\ln p(x;\,p)=\frac{x}{p}-\frac{1-x}{1-p}=\frac{x-p}{p(1-p)},$$

从而

$$I(p)=E\left[\frac{\partial}{\partial p}\ln p(\xi;\,p)\right]^2=E\left(\frac{\xi-p}{p(1-p)}\right)^2=\frac{1}{p^2(1-p)^2}E(\xi-p)^2$$

$$=\frac{1}{p^2(1-p)^2}D(\xi)=\frac{1}{p(1-p)},$$

$$D(\bar{\xi})=\frac{p(1-p)}{n}=\frac{1}{nI(p)}.$$

故 $\bar\xi$ 为 p 的有效估计.

类似地:若总体 $\xi \sim P(\lambda)$,则 $\bar\xi$ 为 λ 的有效估计.

例 8.13 设总体 $\xi \sim N(a, \sigma^2)$,证明 $\bar\xi$ 为 a 的有效估计.

证明 由例 8.8 知 $\bar\xi$ 为 a 的无偏估计量.因为 ξ 的密度函数为

$$p(x; a) = \frac{1}{\sqrt{2\pi}\sigma} e^{-\frac{(x-a)^2}{2\sigma^2}},$$

于是

$$\ln p(x; a) = -\frac{(x-a)^2}{2\sigma^2} - \ln(\sqrt{2\pi}\sigma),$$

$$\frac{\partial}{\partial a} \ln p(x; a) = \frac{x-a}{\sigma^2},$$

从而

$$I(a) = E\left[\frac{\partial}{\partial a} \ln p(\xi; a)\right]^2 = E\left(\frac{\xi - a}{\sigma^2}\right)^2$$

$$= \frac{1}{\sigma^4} E(\xi - a)^2 = \frac{1}{\sigma^4} D(\xi) = \frac{1}{\sigma^2},$$

$$D(\bar\xi) = \frac{\sigma^2}{n} = \frac{1}{nI(\sigma^2)}.$$

故 $\bar\xi$ 为 a 的有效估计.

值得指出,就上面介绍的一些评价估计量好坏的标准来看,参数的极大似然法估计量一般比矩法具有更优良的性质.对此,我们不准备作进一步的讨论,但读者从两个方法本身可以初步体会出这一点.在寻求参数的矩法估计量时,只涉及总体的一些数字特征,并未用到总体的分布,因此矩法估计量实际上只集中了总体的部分信息,从而在体现总体分布的特征上往往性质较差,只是在样本容量 n 较大的情况下,才有一致性保障它的优良性;而寻求参数的极大似然法估计量时需要用到总体的分布,因此它更多地集中了总体的信息,从而在体现总体分布的特征上往往具有比较好的性质.然而,正是因为在求极大似然法估计量时需要用到总体的分布,所以它在应用上又没有矩法来得简单.

习 题 8.2

(A)

1. 设总体 ξ 服从区间 $[\theta, 2\theta]$ 上的均匀分布,证明 θ 的矩法估计量 $\hat\theta = \frac{2}{3}\bar\xi$ 为 θ 的无偏估计和一致估计量.

2. 设总体均值 a 和方差 σ^2 都存在,试证明统计量

$$\hat{a} = \frac{2}{n(n+1)} \sum_{i=1}^{n} i\xi_i$$

是 a 的一致无偏估计,其中 $(\xi_1, \xi_2, \cdots, \xi_n)$ 为取自总体的样本.

3. 设总体 $\xi \sim N(a, 1)$,其中 a 是未知参数,(ξ_1, ξ_2) 为取自 ξ 的一个样本,试验证

$$\hat{a}_1 = \frac{2}{3}\xi_1 + \frac{1}{3}\xi_2,$$

$$\hat{a}_2 = \frac{1}{4}\xi_1 + \frac{3}{4}\xi_2,$$

$$\hat{a}_3 = \frac{1}{5}\xi_1 + \frac{4}{5}\xi_2.$$

都是 a 的无偏估计量,并指出其中哪一个方差最小.

4. 设 $(\xi_1, \xi_2, \cdots, \xi_m)$,$(\eta_1, \eta_2, \cdots, \eta_n)$ 为取自总体 ξ 的两个样本,试适当选择 k,使

$$\hat{\sigma}^2 = k\Big[\sum_{i=1}^{m} (\xi_i - \bar{\xi})^2 + \sum_{i=1}^{n} (\eta_i - \bar{\eta})^2 \Big]$$

为总体方差 σ^2 的无偏估计量.

5. 设 $\hat{\theta}_1$、$\hat{\theta}_2$ 是 θ 的两个独立的无偏估计量,且 $\hat{\theta}_1$ 的方差是 $\hat{\theta}_2$ 的方差的 3 倍,试求常数 c_1、c_2,使 $c_1\hat{\theta}_1 + c_2\hat{\theta}_2$ 为 θ 的无偏估计,且在这种形式的无偏估计中方差最小.

6. 设 $\hat{\theta}$ 是 θ 的无偏估计,且 $D(\hat{\theta}) > 0$,试证明 $\hat{\theta}^2$ 不是 θ^2 的无偏估计.

7. 设总体 ξ 服从参数为 λ 的泊松分布,$(\xi_1, \xi_2, \cdots, \xi_n)$ 为取自总体 ξ 的样本,$\bar{\xi}$ 为样本均值,S^{*2} 为样本修正方差,α 为实数,证明 $\alpha\bar{\xi} + (1-\alpha)S^{*2}$ 为 λ 的无偏估计量.

8. 设总体 ξ 服从参数为 λ 的泊松分布,$(\xi_1, \xi_2, \cdots, \xi_n)$ 为取自总体 ξ 的样本,试求 λ^2 的无偏估计量.

9. 设总体 ξ 服从参数为 λ 的泊松分布,$(\xi_1, \xi_2, \cdots, \xi_n)$ 为取自总体 ξ 的样本,试证明 $\bar{\xi} = \frac{1}{n}\sum_{i=1}^{n}\xi_i$ 为 λ 的无偏、一致、有效估计.

10. 设总体 ξ 服从参数为 $1/\theta$ 的指数分布,$(\xi_1, \xi_2, \cdots, \xi_n)$ 为取自总体 ξ 的样本,试证明 $\bar{\xi} = \frac{1}{n}\sum_{i=1}^{n}\xi_i$ 为 θ 的无偏、一致、有效估计.

(B)

1. 设总体 ξ 服从区间 $[0, \theta]$ 上的均匀分布,$(\xi_1, \xi_2, \cdots, \xi_n)$ 为取自总体 ξ 的

样本,

　　(1) 试证明 $\hat{\theta} = \max(\xi_1, \xi_2, \cdots, \xi_n)$ 为 θ 的一致估计;

　　(2) 试适当选择 k,使 $k\hat{\theta} = k\max(\xi_1, \xi_2, \cdots, \xi_n)$ 为 θ 的无偏估计.

　　2. 设总体 $\xi \sim N(a, \sigma^2)$,$(\xi_1, \xi_2, \cdots, \xi_n)$ 为取自该总体的一个样本,试问下列 3 个统计量

$$S_1^2 = \frac{1}{n-1} \sum_{i=1}^{n} (\xi_i - \bar{\xi})^2,$$

$$S_2^2 = \frac{1}{n} \sum_{i=1}^{n} (\xi_i - \bar{\xi})^2,$$

$$S_3^2 = \frac{1}{n+1} \sum_{i=1}^{n} (\xi_i - \bar{\xi})^2$$

中哪一个对 σ^2 的均方误差 $E(S_i^2 - \sigma^2)^2$ 最小$(i=1, 2, 3)$?

　　3. 设 $(\xi_1, \xi_2, \cdots, \xi_n)$ 为取自总体 ξ 的样本,试适当选择 k,使 $\hat{\sigma}^2 = k \sum_{i=1}^{n-1} (\xi_{i+1} - \xi_i)^2$ 为总体方差 σ^2 的无偏估计.

§8.3　区　间　估　计

8.3.1　区间估计的概念

　　用 $\hat{\theta}$ 来对未知参数 θ 进行点估计,即使是无偏有效估计,也会由于样本的随机性使得估计值与参数的真值之间可能有一定的差距. 这种差距(或估计的精度)是多少呢? 点估计本身并没有回答. 由于 $\hat{\theta}$ 是随机变量,要说明估计的精度,就是要说明在一定的概率下,$\hat{\theta}$ 与 θ 的偏差有多大. 譬如在概率 $\frac{9}{10}$ 的意义下有 $|\hat{\theta} - \theta| < \varepsilon$,即随机区间 $(\hat{\theta} - \varepsilon, \hat{\theta} + \varepsilon)$ 包含 θ 的概率为 $\frac{9}{10}$. 这种在一定概率意义下,求包含 θ 的随机区间就是参数区间估计问题. 区间估计是实际应用中经常采用的一种方法,因为 θ 是未知的,说 θ 恰好等于什么,没有讲 θ 大致在什么范围内来得现实. 区间估计的一般提法是:

　　设 θ 为总体 ξ 的一个参数,$(\xi_1, \xi_2, \cdots, \xi_n)$ 是取自总体的 ξ 样本,$\alpha(0 < \alpha < 1)$ 为某一实数,若存在两个统计量 $\hat{\theta}_L(\xi_1, \cdots, \xi_n)$、$\hat{\theta}_U(\xi_1, \cdots, \xi_n)$ 使得

$$P(\hat{\theta}_L < \theta < \hat{\theta}_U) = 1 - \alpha, \tag{8.2}$$

则称随机区间 $(\hat{\theta}_L, \hat{\theta}_U)$ 为 θ 的**置信水平**(或**置信系数**)为 $1-\alpha$ 的**置信区间**;$\hat{\theta}_L$、$\hat{\theta}_U$ 分别称为 θ 的**置信下、上限**,统称为**置信限**. 用一个区间来估计未知参数就叫做区

间估计.

由等式 $P(\hat{\theta}_L < \theta < \hat{\theta}_U) = 1 - \alpha$ 可知,随机区间 $(\hat{\theta}_L, \hat{\theta}_U)$ 包含 θ 的概率为 $1 - \alpha$,不包含 θ 的概率为 α. 它的意义是,如果获得了样本 $(\xi_1, \cdots, \xi_n)$ 的 N 个样本值 $(x_1^{(i)}, \cdots, x_n^{(i)})$ $(i = 1, 2, \cdots, N)$,那么在 N 个区间 $(\hat{\theta}_L(x_1^{(i)}, \cdots, x_n^{(i)}), \hat{\theta}_U(x_1^{(i)}, \cdots, x_n^{(i)}))$ $(i = 1, 2, \cdots, N)$ 中包含 θ 的大约有 $N(1 - \alpha)$ 个,不包含 θ 的大约有 $N\alpha$ 个. 如 $\alpha = 0.05$,$N = 100$,则在所获得的 100 个区间中包含 θ 的约有 95 个,而不包含 θ 的只约有 5 个. 这样,当我们获得样本值 $(x_1, \cdots, x_n)$ 后,就可以估计 θ 在区间 $(\hat{\theta}_L(x_1, \cdots, x_n), \hat{\theta}_U(x_1, \cdots, x_n))$ 内,虽然一次估计的正确与否不能明确断言,但若用此法对 θ 重复进行多次估计时,判断正确的大约占 $1 - \alpha$,且 $1 - \alpha$ 越大(即 α 越小),估计的确信度就愈高. 需注意的是,$\hat{\theta}_L(x_1, \cdots, x_n)$,$\hat{\theta}_U(x_1, \cdots, x_n)$ 是两个确定的数,而 θ 是参数,因此 $(\hat{\theta}_L(x_1, \cdots, x_n), \hat{\theta}_U(x_1, \cdots, x_n))$ 包含 θ 的概率已没有意义. 正是基于这种原因,我们提出了置信水平的概念. 根据上面的讨论,置信水平反映的是区间 $(\hat{\theta}_L, \hat{\theta}_U)$ 包含 θ 的可靠程度.

8.3.2 枢轴量法

构造未知参数 θ 的置信区间的最常用的方法有两个,一是枢轴量法,另一是借助于假设检验(第 9 章)的接受域来构造. 我们主要介绍枢轴量法,先看一个例子.

例 8.14 设 $(\xi_1, \xi_2, \cdots, \xi_n)$ 为取自均匀分布总体 U$[0, \theta]$ 的样本,试求参数 θ 的置信水平为 $(1 - \alpha)$ 的置信区间.

解 参数 θ 的最大似然估计为 $\hat{\theta} = \xi_{(n)}$,考虑 $\eta = \xi_{(n)}/\theta = \max\limits_{1 \leqslant i \leqslant n}\left\{\dfrac{\xi_i}{\theta}\right\}$,它是样本的函数,且含有参数 θ. 由于 $\xi_i \sim$ U$[0, \theta]$,因而 $\dfrac{\xi_i}{\theta} \sim$ U$[0, 1]$,故 η 的密度函数为 $f(x) = nx^{n-1}$,$0 \leqslant x \leqslant 1$,分布函数为

$$F(x) = x^n, \quad 0 < x \leqslant 1, \tag{8.3}$$

它与参数 θ 无关. 今选取 c、d,使之适合

$$P(c < \eta < d) = 1 - \alpha \text{ 即 } P\left(c < \frac{\xi_{(n)}}{\theta} < d\right) = 1 - \alpha, \tag{8.4}$$

即

$$P\left(\frac{\xi_{(n)}}{d} < \theta < \frac{\xi_{(n)}}{c}\right) = 1 - \alpha,$$

所以 $\left(\dfrac{\xi_{(n)}}{d}, \dfrac{\xi_{(n)}}{c}\right)$ 即为参数 θ 的置信水平为 $(1 - \alpha)$ 置信区间.

由 (8.3) 式,满足 (8.4) 式的 c、d 适合等式 $d^n - c^n = 1 - \alpha$,它不唯一,即一个未知参数同一置信水平下的置信区间不一定唯一,此时,人们乐于选择置信区间较

短(平均长度短)的一个. 因为,置信区间越短,估计就越精确. 本例给出的置信区间的长度取决于 $\dfrac{1}{c}-\dfrac{1}{d}$($0<c<d\leqslant 1$,$d^n-c^n=1-\alpha$)的大小,它在 $d=1$,$c=\sqrt[n]{\alpha}$ 时取得最小值,故

$$(\xi_{(n)},\ \xi_{(n)}/\sqrt[n]{\alpha}) \tag{8.5}$$

为 θ 的置信水平为($1-\alpha$)的最短置信区间.

需要说明的是,由于置信水平 $1-\alpha$ 反映了估计的可靠程度,因此自然希望 $1-\alpha$ 越接近于 1 越好,但由(8.5)式可以看出,$1-\alpha$ 越接近于 1,α 就越接近于 0,置信区间的长度也就愈长,从而估计的精度也就愈差. 从(8.5)式还可以看出,既要提升可靠程度,又要估计精度高,唯一的办法就是增加样本容量 n,而这在实际问题中往往是不现实的. 基于上述原因,人们一般都是在给定置信水平下去寻找最短置信区间.

求最短置信区间在许多场合下是很难做到的. 此时人们通常选取适合 $P(\eta\leqslant c)=\alpha/2$,$P(\eta\geqslant d)=\alpha/2$ 的 c、d,这样得到的置信区间称为**等尾置信区间**. 当 η 的分布是对称分布时,等尾置信区间一般为最短置信区间. 上例若采用等尾置信区间,其结果为 $\left(\xi_{(n)}/\sqrt[n]{1-\dfrac{\alpha}{2}},\ \xi_{(n)}/\sqrt[n]{\dfrac{\alpha}{2}}\right)$.

上例求置信区间的方法就是枢轴量法. 其步骤一般为

1. 设法构造一个样本和 θ 的函数 $\eta=g(\xi_1,\cdots,\xi_n;\theta)$ 使得 η 的分布不依赖于未知参数,一般称具有这种性质的 η 为**枢轴量**.

2. 适当选取两个常数 c、d,使对给定的 α($0<\alpha<1$),有

$$P(c<\eta<d)=1-\alpha.$$

3. 假如能将不等式 $c<\eta<d$ 恒等变形为 $\hat{\theta}_L<\theta<\hat{\theta}_U$,则有

$$P(\hat{\theta}_L<\theta<\hat{\theta}_U)=1-\alpha,$$

从而($\hat{\theta}_L$,$\hat{\theta}_U$)即为 θ 的 $1-\alpha$ 置信区间.

上述构造置信区间的关键在于枢轴量 η 的构造,一般由 θ 的点估计变形产生.

8.3.3 单个正态总体参数的区间估计

正态总体 $N(a,\sigma^2)$ 是最常见的总体,本段主要讨论它的两个参数的置信区间.

8.3.3.1 σ 已知时 a 的置信区间

由于 a 的点估计为 $\bar{\xi}$,从其着手考虑枢轴量

$$U = \frac{\bar{\xi} - a}{\sigma / \sqrt{n}}.$$

由于 $\bar{\xi} \sim N\left(a, \frac{\sigma^2}{n}\right)$, 故

$$U \sim N(0, 1).$$

因为 $N(0, 1)$ 分布是对称的分布, 所以等尾置信区间是最短的置信区间. 对于确定的 α, 查正态分布 $N(0, 1)$ 表确定 u_α, 使得 $P(|U| < u_\alpha) = 1 - \alpha$, 即 $\Phi(u_\alpha) = 1 - \frac{\alpha}{2}$, 于是

$$P\left(\bar{\xi} - \frac{\sigma}{\sqrt{n}} u_\alpha < a < \bar{\xi} + \frac{\sigma}{\sqrt{n}} u_\alpha\right) = 1 - \alpha.$$

因此, a 的置信水平为 $1 - \alpha$ 的置信区间为

$$\left(\bar{\xi} - \frac{\sigma}{\sqrt{n}} u_\alpha, \ \bar{\xi} + \frac{\sigma}{\sqrt{n}} u_\alpha\right).$$

例 8.15 某灯泡厂的灯泡寿命(单位: 小时)服从 $N(a, 8)$ 分布, 今从中抽取一个容量为 10 的样本, 测得 $\bar{x} = 1\ 147$, 试求平均寿命的置信区间 ($\alpha = 0.05$).

解 因为 $\alpha = 0.05$, 查 $N(0, 1)$ 表得 $u_\alpha = 1.96$,

$$\bar{x} - \frac{\sigma}{\sqrt{n}} u_\alpha = 1\ 147 - \frac{\sqrt{8}}{\sqrt{10}} \times 1.96 \approx 1\ 145.25,$$

$$\bar{x} + \frac{\sigma}{\sqrt{n}} u_\alpha = 1\ 147 + \frac{\sqrt{8}}{\sqrt{10}} \times 1.96 \approx 1\ 148.75,$$

所以, a 的置信水平为 0.95 的置信区间为 $(1\ 145.25,\ 1\ 148.75)$.

8.3.3.2 σ 未知时 a 的置信区间

由于 σ^2 未知, 上面的枢轴量已不符合要求, 我们用 σ^2 的无偏估计量 S^{*2} 来替代 σ^2, 即考虑枢轴量

$$T = \frac{\bar{\xi} - a}{\frac{S^*}{\sqrt{n}}} = \frac{\bar{\xi} - a}{\frac{S}{\sqrt{n-1}}},$$

由定理 7.10 知 $T \sim t(n-1)$, 对于确定的 α, 查 $t(n-1)$ 表确定 t_α, 使得 $P(|T| < t_\alpha) = 1 - \alpha$, 即 $P\{t > t_\alpha\} = \frac{\alpha}{2}$, 于是

$$P\left(\bar{\xi} - \frac{S^*}{\sqrt{n}} t_\alpha < a < \bar{\xi} + \frac{S^*}{\sqrt{n}} t_\alpha\right) = 1 - \alpha.$$

因此，a 的置信水平为 $1-\alpha$ 的置信区间为

$$\left(\bar{\xi}-\frac{S^*}{\sqrt{n}}t_\alpha,\ \bar{\xi}+\frac{S^*}{\sqrt{n}}t_\alpha\right).$$

例 8.16 假定新生婴儿（男孩）的体重服从正态分布，今随机抽取 12 名新生婴儿，测得 $\bar{x}=3\,057$（克），$s^*=375.3$，试求新生婴儿平均体重的置信概率为 95% 的置信区间.

解 因为 $\alpha=0.05$，$n=12$，σ 未知. 查 t(11) 表得 $t_\alpha=2.201$，

$$\bar{x}-\frac{s^*}{\sqrt{n}}t_\alpha=3\,057-\frac{375.3}{\sqrt{12}}\times 2.201\approx 2\,818.54,$$

$$\bar{x}+\frac{s^*}{\sqrt{n}}t_\alpha=3\,057+\frac{375.3}{\sqrt{12}}\times 2.201\approx 3\,295.46,$$

所以，a 的置信水平为 0.95 的置信区间为 (2 818.54，3 295.46).

8.3.3.3 大样本下非正态总体均值的近似置信区间

由中心极限定理知，在 n 较大时 $U=\dfrac{\bar{\xi}-a}{\sigma/\sqrt{n}}$ 近似服从正态分布 N(0，1)，从而在 n 较大时，我们依然可借助 N(0，1) 分布来建立近似置信区间，这里一般要求 $n\geqslant 30$. 在总体方差未知时，仍可用 N(0，1) 分布来建立置信区间，此时只要将 U 中的 σ^2 换为 S^{*2}，相应的近似置信区间为 $\left(\bar{\xi}-\dfrac{S^*}{\sqrt{n}}u_\alpha,\ \bar{\xi}+\dfrac{S^*}{\sqrt{n}}u_\alpha\right)$.

8.3.3.4 σ^2 的置信区间

关于 σ^2 的置信区间也可以分 a 已知和未知两种情况. 但在实际问题中，σ^2 未知而 a 已知是十分罕见的，所以我们只在 a 未知的条件下讨论 σ^2 的置信区间.

由于 σ^2 的无偏估计量是 S^{*2}，由定理 7.5 知，$\chi^2=(n-1)S^{*2}/\sigma^2=nS^2/\sigma^2\sim\chi^2(n-1)$，因此，可选用 χ^2 作为枢轴量. 由于 χ^2 分布不是对称的分布，寻找最短的置信区间很难实现，故采用等尾置信区间. 对于确定的 α，查 $\chi^2(n-1)$ 分布表确定 $\chi^2_{\frac{\alpha}{2}}$、$\chi^2_{1-\frac{\alpha}{2}}$，使得 $P(\chi^2\geqslant\chi^2_{\frac{\alpha}{2}})=\dfrac{\alpha}{2}$，$P(\chi^2\leqslant\chi^2_{1-\frac{\alpha}{2}})=\dfrac{\alpha}{2}$，即 $P(\chi^2>\chi^2_{1-\frac{\alpha}{2}})=1-\dfrac{\alpha}{2}$，从而

$$P(\chi^2_{1-\frac{\alpha}{2}}<\chi^2<\chi^2_{\frac{\alpha}{2}})=1-\alpha,$$

$$P\left(\frac{(n-1)S^{*2}}{\chi^2_{\frac{\alpha}{2}}}<\sigma^2<\frac{(n-1)S^{*2}}{\chi^2_{1-\frac{\alpha}{2}}}\right)=1-\alpha,$$

因此，σ^2的置信水平为$1-\alpha$的置信区间为

$$\left(\frac{(n-1)S^{*2}}{\chi^2_{\frac{\alpha}{2}}}, \frac{(n-1)S^{*2}}{\chi^2_{1-\frac{\alpha}{2}}}\right).$$

σ的置信水平为$1-\alpha$的置信区间为

$$\left(\frac{\sqrt{(n-1)}S^*}{\chi_{\frac{\alpha}{2}}}, \frac{\sqrt{(n-1)}S^*}{\chi_{1-\frac{\alpha}{2}}}\right).$$

例 8.17　在例 8.16 中求新生婴儿体重的方差的置信水平为 95％的置信区间.

解　因为 $\alpha = 0.05$, $n = 12$, 查 $\chi^2(11)$ 表得 $\chi^2_{\frac{\alpha}{2}} = 21.920$, $\chi^2_{1-\frac{\alpha}{2}} = 3.816$,

$$\frac{(n-1)S^{*2}}{\chi^2_{\frac{\alpha}{2}}} = \frac{11 \times 375.3^2}{21.92} \approx 70\,682.07,$$

$$\frac{(n-1)S^{*2}}{\chi^2_{1-\frac{\alpha}{2}}} = \frac{11 \times 375.3^2}{3.816} \approx 406\,014.41,$$

因此，σ^2的置信水平为 0.95 的置信区间为$(70\,682.07, 406\,014.41)$.

8.3.4　两个正态总体下的置信区间

设$(\xi_1, \xi_2, \cdots, \xi_m)$和$(\eta_1, \eta_2, \cdots, \eta_n)$分别取自两个相互独立的正态总体 $N(a_1, \sigma_1^2)$ 及 $N(a_2, \sigma_2^2)$的样本，$\bar{\xi}$、$\bar{\eta}$ 分别为它们的样本均值，S_1^{*2}、S_2^{*2} 分别为它们的样本修正方差. 下面讨论两个均值差和两个方差比的置信区间.

8.3.4.1　$a_1 - a_2$ 的置信区间

均值差的置信区间问题是历史上著名的 Behrens-Fisher 问题，它是 Behrens 在 1929 年从实际问题中提出的问题. 它的几种特殊情况已获得圆满解决，但其一般情况至今尚有学者讨论. 下面我们分几种情况来加以介绍.

(1) σ_1^2、σ_2^2已知时

由定理 7.11，$U = \dfrac{\bar{\xi} - \bar{\eta} - (a_1 - a_2)}{\sqrt{\dfrac{\sigma_1^2}{m} + \dfrac{\sigma_2^2}{n}}} \sim N(0, 1)$，我们可选择 U 作为枢轴量，

沿用前面的方法可知 $a_1 - a_2$ 的 $1-\alpha$ 置信区间为

$$\left(\bar{\xi} - \bar{\eta} - \sqrt{\frac{\sigma_1^2}{m} + \frac{\sigma_2^2}{n}}u_\alpha, \ \bar{\xi} - \bar{\eta} + \sqrt{\frac{\sigma_1^2}{m} + \frac{\sigma_2^2}{n}}u_\alpha\right).$$

(2) $\sigma_1^2 = \sigma_2^2 = \sigma^2$ 未知时

由定理 7.12，

$$T = \frac{\bar{\xi} - \bar{\eta} - (a_1 - a_2)}{\sqrt{\dfrac{mS_1^2 + nS_2^2}{m+n-2}} \sqrt{\dfrac{1}{m} + \dfrac{1}{n}}}$$

$$= \frac{\bar{\xi} - \bar{\eta} - (a_1 - a_2)}{\sqrt{\dfrac{(m-1)S_1^{*2} + (n-1)S_2^{*2}}{m+n-2}} \sqrt{\dfrac{1}{m} + \dfrac{1}{n}}}$$

$$= \frac{\bar{\xi} - \bar{\eta} - (a_1 - a_2)}{S_w^* \sqrt{\dfrac{1}{m} + \dfrac{1}{n}}}$$

服从 $t(m+n-2)$，其中 $S_w^{*2} = \dfrac{(m-1)S_1^{*2} + (n-1)S_2^{*2}}{m+n-2}$，因此可选用 T 作为枢轴量. $a_1 - a_2$ 的 $1-\alpha$ 置信区间为

$$\left(\bar{\xi} - \bar{\eta} - S_w^* \sqrt{\frac{1}{m} + \frac{1}{n}} t_\alpha, \ \bar{\xi} - \bar{\eta} + S_w^* \sqrt{\frac{1}{m} + \frac{1}{n}} t_\alpha \right).$$

其中 t_α 由 $t(m+n-2)$ 分布表确定.

（3）$\sigma_2^2 / \sigma_1^2 = \theta$ 已知时

这种情况的处理方法与（2）类似，只需注意到

$$\bar{\xi} - \bar{\eta} \sim N\left(a_1 - a_2, \frac{\sigma_1^2}{m} + \frac{\sigma_2^2}{n} \right) = N\left(a_1 - a_2, \sigma_1^2 \left(\frac{1}{m} + \frac{\theta}{n} \right) \right),$$

$$\frac{(m-1)S_1^{*2} + (n-1)S_2^{*2}/\theta}{\sigma_1^2} = \frac{(m-1)S_1^{*2}}{\sigma_1^2} + \frac{(n-1)S_2^{*2}}{\sigma_2^2} \sim \chi^2(m+n-2).$$

由于 $\bar{\xi}$、$\bar{\eta}$、S_1^{*2}、S_2^{*2} 相互独立，故仍可构造服从 $t(m+n-2)$ 分布的枢轴量

$$T = \frac{\bar{\xi} - \bar{\eta} - (a_1 - a_2)}{\sqrt{\dfrac{(m-1)S_1^{*2} + (n-1)S_2^{*2}/\theta}{m+n-2}} \sqrt{\dfrac{1}{m} + \dfrac{\theta}{n}}} \sim t(m+n-2).$$

记 $S_t^{*2} = \dfrac{(m-1)S_1^{*2} + (n-1)S_2^{*2}/\theta}{m+n-2}$，则 $a_1 - a_2$ 的 $1-\alpha$ 置信区间为

$$\left(\bar{\xi} - \bar{\eta} - S_t^* \sqrt{\frac{1}{m} + \frac{\theta}{n}} t_\alpha, \ \bar{\xi} - \bar{\eta} + S_t^* \sqrt{\frac{1}{m} + \frac{\theta}{n}} t_\alpha \right).$$

（4）m 和 n 都较大时的近似置信区间

当 m 和 n 都较大时，记 $S_0^{*2} = \dfrac{S_1^{*2}}{m} + \dfrac{S_2^{*2}}{n}$，取枢轴量 $T = \dfrac{\bar{\xi} - \bar{\eta} - (a_1 - a_2)}{S_0^*}$，

可以证明

$$\frac{\bar{\xi} - \bar{\eta} - (a_1 - a_2)}{S_0^*} \sim N(0, 1).$$

由此，$a_1 - a_2$ 的 $1 - \alpha$ 近似置信区间为

$$(\bar{\xi} - \bar{\eta} - S_0^* u_\alpha, \ \bar{\xi} - \bar{\eta} + S_0^* u_\alpha).$$

该置信区间在大样本情形对非正态总体也适用.

(5) 成对样本的置信区间

如果 $((\xi_1, \eta_1), (\xi_2, \eta_2), \cdots, (\xi_n, \eta_n))$ 为取自二维正态总体的样本，令 $\zeta_i = \xi_i - \eta_i (i = 1, 2, \cdots, n)$，则 $(\zeta_1, \zeta_2, \cdots, \zeta_n)$ 可以看作单个正态总体的样本，此时 $a_1 - a_2$ 的置信区间可以转化为单个正态总体均值的置信区间.

例 8.18 为比较两个小麦品种的产量，选择 18 块条件相似的试验田，采用相同的耕作方法做试验，结果播种甲品种的 8 块试验田的单位面积产量和播种乙品种的 10 块试验田的单位面积产量(单位:kg)分别为：

甲品种　628　583　510　554　612　523　530　615
乙品种　535　433　398　470　567　480　498　560　503　426

假定每个品种的单位面积产量均服从正态分布且方差相同，试求这两个品种平均单位面积产量差的置信区间(取 $\alpha = 0.05$).

解 记甲品种的单位面积产量为 ξ，乙品种的单位面积产量为 η，由样本值可计算得到 $\bar{x} = 569.38, s_1^{*2} = 2\,110.55, \bar{y} = 487.00, s_2^{*2} = 3\,256.22, m = 8, n = 10, m + n - 2 = 16, \alpha = 0.05.$ 查 $t(16)$ 分布表得 $t_\alpha = 2.120$，因为

$$s_w^* = \sqrt{\frac{(m-1)s_1^{*2} + (n-1)s_2^{*2}}{m + n - 2}}$$

$$= \sqrt{\frac{7 \times 2\,110.55 + 9 \times 3\,256.22}{16}} \approx 52.488\,0,$$

$$\bar{x} - \bar{y} - s_w^* \sqrt{\frac{1}{m} + \frac{1}{n}} t_\alpha = 569.38 - 487.00 - 52.488\,0 \times 2.120 \approx 29.60,$$

$$\bar{x} - \bar{y} + s_w^* \sqrt{\frac{1}{m} + \frac{1}{n}} t_\alpha = 569.38 - 487.00 + 52.488\,0 \times 2.120 \approx 135.16,$$

故两个品种平均单位面积产量差的 0.95 置信区间为 $(29.60, 135.16)$.

8.3.4.2 $\dfrac{\sigma_1^2}{\sigma_2^2}$ 的置信区间

由定理 7.13，$F = \dfrac{(n-1)mS_1^2\sigma_2^2}{(m-1)nS_2^2\sigma_1^2} = \dfrac{S_1^{*2}/\sigma_1^2}{S_2^{*2}/\sigma_2^2} \sim F(m-1, n-1)$，因此可取 F 为枢轴量. 对于确定的 α，查 $F(m-1, n-1)$ 分布表确定 $F_{\frac{\alpha}{2}}$、$F_{1-\frac{\alpha}{2}}$，使得

$P(F \geqslant F_{\frac{\alpha}{2}}) = \frac{\alpha}{2}$，$P(F \leqslant F_{1-\frac{\alpha}{2}}) = \frac{\alpha}{2}$，从而

$$P(F_{1-\frac{\alpha}{2}} < F < F_{\frac{\alpha}{2}}) = 1 - \alpha$$

$$P\left(\frac{\frac{S_1^{*2}}{S_2^{*2}}}{F_{\frac{\alpha}{2}}} < \sigma_1^2/\sigma_2^2 < \frac{\frac{S_1^{*2}}{S_2^{*2}}}{F_{1-\frac{\alpha}{2}}} \right) = 1 - \alpha.$$

所以 $\dfrac{\sigma_1^2}{\sigma_2^2}$ 的 $1-\alpha$ 置信区间为

$$\left(\frac{\frac{S_1^{*2}}{S_2^{*2}}}{F_{\frac{\alpha}{2}}}, \ \frac{\frac{S_1^{*2}}{S_2^{*2}}}{F_{1-\frac{\alpha}{2}}} \right).$$

例 8.19 两台自动车床加工的轴长分别服从两独立总体 $N(a_1, \sigma_1^2)$、$N(a_2, \sigma_2^2)$ 分布，今从中分别抽取容量为 25、13 的两独立样本，测得 $s_1^{*2} = 6.38$，$s_2^{*2} = 5.15$. 试求 $\dfrac{\sigma_1^2}{\sigma_2^2}$ 的置信水平为 0.90 的置信区间.

解 因为 $m = 25$，$n = 13$，$\alpha = 0.10$，查 $F(24, 12)$ 表得 $F_{\frac{\alpha}{2}} = 2.51$，查 $F(12, 24)$ 表得 $\dfrac{1}{F_{1-\frac{\alpha}{2}}} = 2.18$，因为

$$\frac{s_1^{*2}/s_2^{*2}}{F_{\frac{\alpha}{2}}} = \frac{6.38/5.15}{2.51} \approx 0.494,$$

$$\frac{s_1^{*2}/s_2^{*2}}{F_{1-\frac{\alpha}{2}}} = (6.38/5.15) \times 2.18 \approx 2.701,$$

故 σ_1^2/σ_2^2 的置信水平为 0.90 的置信区间为 $(0.494, 2.701)$.

现将正态分布参数的置信区间列表如下：

表 8.1 正态分布参数的置信区间

待估参数	条 件		置信区间	自由度
a	已知 σ^2	$\xi \sim N(a, \sigma^2)$ $\xi_1, \xi_2, \cdots, \xi_n$	$\left(\bar{\xi} - \dfrac{\sigma}{\sqrt{n}} u_\alpha, \ \bar{\xi} + \dfrac{\sigma}{\sqrt{n}} u_\alpha \right)$	
	未知 σ^2		$\left(\bar{\xi} - \dfrac{S^*}{\sqrt{n}} t_\alpha, \ \bar{\xi} + \dfrac{S^*}{\sqrt{n}} t_\alpha \right)$	$n-1$
σ^2			$\left(\dfrac{(n-1)S^{*2}}{\chi_{\frac{\alpha}{2}}^2}, \ \dfrac{(n-1)S^{*2}}{\chi_{1-\frac{\alpha}{2}}^2} \right)$	$n-1$

待估参数	条　件		置信区间	自由度
$a_1 - a_2$	已知 σ_1^2、σ_2^2	$\xi \sim N(a_1, \sigma_1^2)$ $\xi_1, \xi_2, \cdots, \xi_m$ $\eta \sim N(a_2, \sigma_2^2)$ $\eta_1, \eta_2, \cdots, \eta_n$	$\left(\bar{\xi} - \bar{\eta} - \sqrt{\dfrac{\sigma_1^2}{m} + \dfrac{\sigma_2^2}{n}} u_\alpha, \ \bar{\xi} - \bar{\eta} + \sqrt{\dfrac{\sigma_1^2}{m} + \dfrac{\sigma_2^2}{n}} u_\alpha \right)$	
	$\sigma_1^2 = \sigma_2^2 = \sigma^2$ 未知		$\left(\bar{\xi} - \bar{\eta} - \sqrt{\dfrac{(m-1)S_1^{*2} + (n-1)S_2^{*2}}{m+n-2}} \sqrt{\dfrac{1}{m} + \dfrac{1}{n}} t_\alpha, \right.$ $\left. \bar{\xi} - \bar{\eta} + \sqrt{\dfrac{(m-1)S_1^{*2} + (n-1)S_2^{*2}}{m+n-2}} \sqrt{\dfrac{1}{m} + \dfrac{1}{n}} t_\alpha \right)$	$m+n-2$
$\dfrac{\sigma_1^2}{\sigma_2^2}$			$\left(\dfrac{\frac{S_1^{*2}}{S_2^{*2}}}{F_{\frac{\alpha}{2}}}, \ \dfrac{\frac{S_1^{*2}}{S_2^{*2}}}{F_{1-\frac{\alpha}{2}}} \right)$	$(m-1, n-1)$

8.3.5　非正态总体中未知参数的置信区间

对于非正态总体中均值的置信区间在第三段中已经提及. 对于其他一些未知参数的置信区间,一般比较难以寻找,其主要原因是上述所使用的一些样本函数的分布不易确定. 下面我们举一个例子,读者可以通过它体会建立非正态总体中未知参数的置信区间的方法.

例 8.20　研究产品的次品率 p 时,可考虑服从二点分布的总体 ξ,此时

$$\xi = \begin{cases} 1, & \text{若产品为次品}, \\ 0, & \text{若产品为合格品}. \end{cases}$$

假定 $(\xi_1, \xi_2, \cdots, \xi_n)$ 是取自该总体的一个样本. 试求 p 的 $1-\alpha$ 置信区间.

解　易知,p 的极大似然法估计量为 $\hat{p} = \bar{\xi}$,考虑

$$\eta = g(\xi_1, \xi_2, \cdots, \xi_n) = \frac{\sum\limits_{i=1}^{n} \xi_i - np}{\sqrt{np(1-p)}} = \frac{\bar{\xi} - p}{\sqrt{\dfrac{p(1-p)}{n}}},$$

由中心极限定理知,当 n 较大时,η 近似服从 $N(0, 1)$ 分布. 取 η 为枢轴量,对于给定的 α,查 $N(0, 1)$ 表确定 u_α 使得 $\Phi(u_\alpha) = 1 - \alpha/2$,于是

$$P\left(\left| \frac{\bar{\xi} - p}{\sqrt{\dfrac{p(1-p)}{n}}} \right| < u_\alpha \right) \approx 1 - \alpha.$$

概率与统计

而 $\left| \dfrac{\bar{\xi} - p}{\sqrt{\dfrac{p(1-p)}{n}}} \right| < u_\alpha$ 可以写成 $(\bar{\xi} - p)^2 < u_\alpha^2 \dfrac{p(1-p)}{n}$，或

$$p^2 \left(1 + \frac{u_\alpha^2}{n}\right) - p\left(2\bar{\xi} + \frac{u_\alpha^2}{n}\right) + (\bar{\xi})^2 < 0, \tag{8.6}$$

该不等式的左边是关于 p 的一个二次三项式,它的两个零点 $\hat{p}_1$、$\hat{p}_2$ 为

$$\hat{p}_1 = \frac{\bar{\xi} + \dfrac{u_\alpha^2}{2n} - \dfrac{u_\alpha}{\sqrt{n}} \sqrt{\bar{\xi}(1-\bar{\xi}) + \dfrac{u_\alpha^2}{4n}}}{1 + \dfrac{u_\alpha^2}{n}},$$

$$\hat{p}_2 = \frac{\bar{\xi} + \dfrac{u_\alpha^2}{2n} + \dfrac{u_\alpha}{\sqrt{n}} \sqrt{\bar{\xi}(1-\bar{\xi}) + \dfrac{u_\alpha^2}{4n}}}{1 + \dfrac{u_\alpha^2}{n}}.$$

由此知不等式(8.6)的解为 $\hat{p}_1 < p < \hat{p}_2$,所以 $(\hat{p}_1, \hat{p}_2)$ 为 p 的 $1-\alpha$ 置信区间.

习 题 8.3

（A）

1. 某厂生产的化纤强度服从正态分布,长期以来其标准差稳定在 $\sigma = 0.85$. 现抽取一个容量为 25 的样本测定其强度,算得样本均值为 $\bar{x} = 2.25$,试求这批化纤平均强度的置信水平为 0.95 的置信区间.

2. 随机地从一批钉子中抽取 16 枚,测得长度如下(单位:cm):

| 2.14 | 2.10 | 2.13 | 2.15 | 2.13 | 2.12 | 2.13 | 2.10 |
| 2.15 | 2.12 | 2.14 | 2.10 | 2.13 | 2.11 | 2.14 | 2.11 |

设钉长服从正态分布,试在下列两种情况下求钉长均值 a 的置信水平为 0.90 的置信区间:

(1) 若已知 $\sigma = 0.10$(cm);

(2) 若 σ 未知.

3. 已知某次数学竞赛的成绩服从正态分布. 今从竞赛的学生中随机抽取 10 名学生,其数学竞赛的成绩如下:

56　73　61　80　76　91　75　63　61　64

试分别求数学竞赛平均成绩的置信水平为 0.95、0.99 的置信区间.

4. 对于方差 σ^2 为已知的正态总体,问样本容量 n 为多大时,才能使得总体均值的置信水平为 0.95 的置信区间的长度不大于 L?

5. 已知水平锻造机生产的产品尺寸 ξ 服从正态分布 $N(a, \sigma^2)$，今从中随机抽取 20 件产品，得如下尺寸数据：

31.44　31.44　31.72　31.04　31.48　32.22　31.17　31.58　31.87　31.88
31.98　31.68　31.84　31.62　31.96　31.88　31.29　31.73　32.12　31.49

试求 σ^2 及 σ 的置信水平为 0.95 的置信区间.

6. 随机地抽取某种炮弹 9 发做试验，得炮口速度的方差的无偏估计 $s^{*2} = 11 (m/s^2)$，设炮口速度服从 $N(a, \sigma^2)$，试分别求炮口速度的标准差 σ 及方差 σ^2 的置信水平为 0.90 的置信区间.

7. 设 $\bar{x} = 19.8$ 为取自总体 $N(a_1, 25)$ 的容量为 10 的样本均值，$\bar{y} = 24$ 为取自总体 $N(a_2, 36)$ 的容量为 12 的样本均值，且两总体相互独立，试求 $a_1 - a_2$ 的置信水平为 0.90 的置信区间.

8. 把条件相似的 21 名学生随机分成两组，用不同的方法进行一学期纵跳训练后测得他们的纵跳成绩如下（单位：cm）：

甲组(ξ)　57　65　62　60　63　58　57　60　58　60
乙组(η)　57　59　56　56　57　58　57　60　65　57　55

由经验知，$\xi \sim N(a_1, \sigma^2)$，$\eta \sim N(a_2, \sigma^2)$，试求 $a_1 - a_2$ 的置信水平为 0.99 的置信区间.

9. 某自动车床加工同类型套筒，假定套筒的直径服从正态分布. 现从两个不同班次的产品中各抽验了 5 个套筒，测量它们的直径，得如下数据：

A 班　　2.066　　2.063　　2.068　　2.060　　2.067
B 班　　2.058　　2.057　　2.063　　2.059　　2.060

试求方差比 σ_A^2/σ_B^2 的置信水平为 0.90 的置信区间.

（B）

1. 设总体 ξ 的密度函数为

$$f(x) = \begin{cases} \dfrac{2}{\theta^2}(\theta - x), & 0 < x < \theta, \\ 0, & 其余. \end{cases}$$

其中 θ 为未知参数，假定 ξ_1 是 ξ 的一个容量为 1 的样本，试求 θ 的置信水平为 0.90 的置信区间.

2. 从一批货物中随机抽取样本容量为 100 的样本，经检验发现有 16 个次品，试求这批货物次品率 p 的置信水平为 0.95 的置信区间.

3. 设 $(\xi_1, \xi_2, \cdots, \xi_n)$ 为取自泊松总体 $P(\lambda)$ 的样本，试在样本容量 n 较大的情况下求 λ 的置信水平为 $1 - \alpha$ 的置信区间.

第 9 章　参数假设检验

§9.1　假设检验的基本思想与概念

9.1.1　假设检验问题的提出

统计推断的另一种形式是要利用样本来对总体的某种特性的假设给出检验. 请看下面的例子：

例 9.1　某仪器的测量误差 $\xi \sim N(\theta, 1)$（单位：mm），我们希望 $\theta = 0$，是否成立呢？ 现抽样调查，重复测量 9 次得如下数据：

$$-1、1、1.5、2、0.9、0.8、1.6、-0.6、0.5$$

问由此样本能否认为 $\theta = 0$. 对此，可先建立假设 $H_0: \theta = 0$，然后利用样本来检验假设 H_0 是否成立.

例 9.2　厂、商进货中的谈判. 厂、商对次品率通常约定一个数字 p_0，若 $p \leqslant p_0$，商家接受该批产品，否则拒绝. 然而，商店到工厂进货时必须对厂家的产品进行抽样，看其次品率 p 是否真实不超过 p_0. 这个问题可以归结为检验假设 $H_0: p \leqslant p_0$ 是否成立.

例 9.3　在某条公路上观察汽车通过的频繁情况. 取 15 秒为一个时间单位，记下通过此路的汽车的辆数，共（连续）观察了 200 个时间单位，其数据如下：

汽车的辆数	0	1	2	3	4	$\geqslant 5$
单位时间的个数	92	68	28	11	1	0

若以 ξ 表示单位时间内通过该公路的汽车辆数，试问 ξ 是否服从泊松分布. 该问题就是要利用上述样本来对假设 $H_0: \xi \sim$ 泊松分布给出检验.

以上三例的共性都是要由样本来对总体的某种假设进行检验. 我们把检验这些假设是否成立的方法称为**假设检验**. 如果假设是对总体分布中参数所作出的，则称该假设为**参数假设**. 例 9.1、例 9.2 中的假设就是参数假设，检验参数假设的方法称为**参数假设检验**. 如果假设是对总体分布或与总体分布相关的性质所作出的，则称该假设为**非参数假设**,例 9.3 中的假设为非参数假设.本章主要研究参数假设检验问题.

通常把需要我们检验真伪的假设称为**原假设**或**零假设**,记作 H_0. 在实际应用中一般将不轻易加以否定的假设作为原假设.当原假设 H_0 被拒绝时而接受的假设,称为**备择假设**或**对立假设**,记为 H_1.

9.1.2 假设检验的基本思想

下面通过对例 9.1 的检验来阐述假设检验的基本思想、方法和步骤.

(1) 由题意,本题需要检验的原假设是 $H_0:\theta=0$,备择假设是 $H_1:\theta\neq 0$. 原假设和备择假设通常可以联合起来写作:

$$H_0:\theta=0 \text{ vs } H_1:\theta\neq 0.$$

这里"vs"是 versus 的缩写,它表示"对"的意思,即表示 H_0 对 H_1 的假设检验问题.

(2) 由于 $\bar{\xi}$ 较好地反映了总体均值 θ 的信息,故可以从 $\bar{\xi}$ 着手考虑检验.因为 $\bar{\xi}=\dfrac{1}{9}\sum_{i=1}^{9}\xi_i\sim N\left(\theta,\left(\dfrac{1}{3}\right)^2\right)$,从而 $3(\bar{\xi}-\theta)\sim N(0,1)$. 若 H_0 成立,则

$$U=3\bar{\xi}\sim N(0,1).$$

由直观和 $E(U)=0$ 表明,U 应在 0 的邻近取值,偏离 0 较远的可能性较小,而可能性较小的事件在一次试验中不应该发生.如若发生,则应怀疑原假设的成立.因此拒绝原假设 H_0 的标准应是 $|U-0|$ 较大.我们将拒绝原假设的样本值的全体称为**拒绝域**.本例拒绝域的形式应为 $\{(x_1,x_2,\cdots,x_n):|u-0|\geqslant c\}$.

(3) c 应如何确定呢?根据(2)的分析,应从"$|U-0|$ 较大的可能性较小"出发来定出 c. 为此,必须给定可能性较小的标准(小概率事件的标准)α,概率不超过 α 的事件称为可能性较小的事件(小概率事件).在假设检验中,α 称为**检验水平**.

(4) 确定 c 使得 $P(|U-0|\geqslant c)\leqslant\alpha$(简单地 $P(|U|\geqslant c)=\alpha$),若 $|U-0|\geqslant c$,则应视为 $|U-0|$ 较大.

由于 $U\sim N(0,1)$,对于给定的 α,查 $N(0,1)$ 表确定 $c=u_\alpha$,使 $P(|U|\geqslant u_\alpha)=\alpha$,从而检验的拒绝域为 $\{(x_1,x_2,\cdots,x_n):|u|\geqslant u_\alpha\}$. 称 $c=u_\alpha$ 为拒绝域的临界值.

(5) 根据样本值计算统计量 U 的观察值 u 并与临界值 u_α 比较,若 $|u|\geqslant u_\alpha$,则与前面的分析不符,从而拒绝 H_0;否则没有拒绝 H_0 的理由,只能接受 H_0.

本例中,取 $\alpha=0.05$,查 $N(0,1)$ 表得 $u_\alpha=1.96$,由样本值算得 $u\approx 2.23$. 因为 $|u|\geqslant u_\alpha=1.96$,故拒绝 H_0,即认为测量误差的均值不为 0.

由上例的讨论可以看出假设检验所依据的基本原理是:小概率事件在一次试验中实际不发生.检验中拒绝原假设的思想类同于数学中的反证法:即先假定原假

概率与统计

设成立,然后去寻找矛盾. 这里寻找矛盾的方法是用一个样本(例子)来和所依据的基本原理产生冲突.

假设检验一般具有五个步骤:(1)提出假设 $H_0:\theta\in\Theta_0$ vs $H_1:\theta\in\Theta_1(\Theta_0$ 是参数空间 Θ 的某个子集,Θ_1 一般为 $\Theta-\Theta_0$).(2)确定拒绝域 $\mathscr{X}_0$ 的形式.$\mathscr{X}_0$ 是 n 维样本空间 $\mathscr{X}$ 的一个子集. 直接构造相对比较困难,通常由某个统计量 T 来导出,我们称 T 为**检验函数**. 注意,统计量 T 的值域是一维的,通过对它取值的限制(一维问题)来产生拒绝域往往比较方便. 所以今后我们会简单地把拒绝域所对应的检验函数的取值范围 D 称为拒绝域. 譬如在例 9.1 中,拒绝域 $\mathscr{X}_0=\{(x_1,\ x_2,\ \cdots,\ x_n):$ $|u|\geqslant u_\alpha\}$ 所对应的检验函数 U 的取值范围是 $U\in D=(-\infty,\ -u_\alpha]\bigcup[u_\alpha,\ +\infty]$.(3)给定检验水平 $\alpha(\alpha$ 即为小概率事件的标准).(4)由 α 定出拒绝域 $\mathscr{X}_0$(或 D),$\mathscr{X}_0$ 的补集 $\mathscr{X}_1=\mathscr{X}-\mathscr{X}_0$ 称为接受域.(5)计算检验函数 T 的观察值 t,看其是落入拒绝域还是落入接受域中,前者拒绝 H_0,后者接受 H_0.

上述五个步骤中关键是检验函数及相应的拒绝域的构造.

注意:假设检验中的接受域和上一章关于置信区间的讨论有密切的关系.

9.1.3 假设检验中的两类错误

由于假设检验处理的是随机问题,因此假设检验的结果和真实情况可能吻合也可能不吻合,即假设检验有可能要犯错误. 其错误有两类:

第一类错误:原假设 H_0 实际上成立,但被拒绝,从而犯了拒真错误. 犯这类错误的原因是假设检验所依据的原理"小概率事件在一次试验中实际不发生"并非必然性原理,概率小的事件也有发生的可能性. 犯第一类错误的概率为

$$\alpha=P((\xi_1,\ \xi_2,\ \cdots,\ \xi_n)\in\mathscr{X}_0\mid H_0\ \text{为真}).$$

α 一般即为检验水平.

第二类错误:原假设 H_0 实际上不成立,但被接受,从而犯了受伪错误. 犯这类错误的概率通常记为

$$\beta=P((\xi_1,\ \xi_2,\ \cdots,\ \xi_n)\in\mathscr{X}_1\mid H_1\ \text{为真}).$$

譬如,在所举的例 9.1 中,拒绝域的形式为 $\{|U|\geqslant c\}=\{|3\bar\xi|\geqslant c\}$,由于 $\bar\xi=\frac{1}{9}\sum_{i=1}^{9}\xi_i\sim N\left(\theta,\ \left(\frac{1}{3}\right)^2\right)$,从而 $3\bar\xi\sim N(3\theta,\ 1)$,

$$P(|3\bar\xi|\geqslant c)=P(3\bar\xi\geqslant c)+P(3\bar\xi\leqslant-c)$$
$$=P(3(\bar\xi-\theta)\geqslant c-3\theta)+P(3(\bar\xi-\theta)\leqslant-c-3\theta)$$
$$=2-\Phi(c-3\theta)-\Phi(c+3\theta).$$

$H_0:\theta=0$ 成立时犯第一类的错误为:

$$\alpha=2(1-\Phi(c)).$$

H_1 成立时犯第二类的错误为：

$$\beta = \beta(\theta) = P(|3\bar{\xi}| < c) = 1 - P(|3\bar{\xi}| \geqslant c) = \Phi(c - 3\theta) + \Phi(c + 3\theta) - 1.$$

由上式可以看出，α 减小，则 c 增大，从而 β 增大；反之 β 减小，则 c 亦减小，从而 α 增大；要使得 α、β 都小，在固定的样本容量下是不可能的. 由于 α 便于控制，因此英国统计学家 Neyman 和 E. S. Pearson 提出了在控制犯第一类错误概率 α 的情况下，尽可能使犯第二类错误的概率 β 小的折中原则；在这个原则下，要比较检验法的好坏，也就是在相同的 α 下，比较 β 的大小，β 越小，则检验法越好. 更简单的检验原则是 Fisher 的**显著性检验**，它只控制犯第一类错误的概率 α，从而可不涉及备择假设. 上面介绍的例 9.1 的检验严格上讲就是显著性检验. 我们后面所讨论的检验也基本上是显著性检验.

说明：(1) 由于在假设检验中犯第一类错误的概率是被控制住的，因此假设检验在拒绝原假设时理由比较充分. 一般情况是，如果没有充分的理由，不会得到拒绝原假设的结论，即原假设在一定程度上受到保护. 正是由于此，除数学处理上的需要外，人们乐于把不轻易加以否定的或希望得到的结论的反面作为原假设. 例如，在教学方法的改革中，由于传统教学法是几千年来教学经验的总结，具有一定的优越性，教师和教学管理工作者一般不会轻易放弃，因此在教改试验中，人们通常都是保守的将"新教学法不如传统教学法"作为原假设，只有在新教学法具有明显的优越性时，才会推广新教学法.

(2) 虽然显著性假设检验只涉及犯第一类错误的概率，但不能把 α 取得太小（因为 α 小则 β 就会大）. 最常用的是取 $\alpha = 0.05$，有时也选择 $\alpha = 0.10$ 或 $\alpha = 0.01$. 具体如何取，还要和实际问题结合，如果犯第一类错误后果比较严重，则应将 α 取得小一点；如果犯第二类错误后果比较严重，则应将 α 在小的前提下取得适当大一点.

从下一节起我们将从直观上建立各种假设的检验方法，主要是给出检验函数和相应的拒绝域，并且所给出的检验法都是最好或比较好的.

习 题 9.1

(A)

1. 设 α 为犯第一类错误的概率，β 为犯第二类错误的概率，试问 $\alpha + \beta = 1$ 吗？

2. 在假设检验中，是拒绝原假设比较有力，还是接受原假设理由充分呢？

3. 设总体 ξ 服从正态分布 $N(a, 1)$，考虑对假设 $H_0 : a = 0$ vs $H_1 : a = 1$ 的检验，拒绝域的形式为 $\bar{\xi} \in D = (-\infty, -\lambda] \bigcup [\lambda, +\infty)$. 今从总体中抽取一个容量为 16 的样本，试确定 λ，使得犯第一类错误的概率为 $\alpha = 0.05$，并在 $a = 1$ 时求出相应犯第二类错误的概率 β.

4. 设 $(\xi_1, \xi_2, \cdots, \xi_n)$ 为取自正态分布 $N(a, 1)$ 的样本，考虑如下假

设检验问题

$$H_0:a = 2 \text{ vs } H_1:a = 3,$$

若检验的拒绝域为 $\bar{\xi} \in D = [2.6, +\infty)$,确定:

(1) 当 $n = 20$ 时求检验犯第一类错误的概率 α 和犯第二类错误的概率 β;

(2) 如果要使得犯第二类错误的概率 $\beta \leqslant 0.01$,则 n 最小应为多少?

(3) 证明,当 $n \to +\infty$ 时,$a \to 0$,$\beta \to 0$.

(B)

1. 设 $(\xi_1, \xi_2, \cdots, \xi_{10})$ 为取自总体 b(1, p) 的样本,考虑如下检验问题

$$H_0:p = 0.2 \text{ vs } H_1:p = 0.4$$

取拒绝域为 $\bar{\xi} \in D = [0.5, 1]$,求该检验犯两类错误的概率.

2. 设 $(\xi_1, \xi_2, \cdots, \xi_n)$ 为取自总体 U$[0, \theta]$ 的样本,考虑检验问题

$$H_0:\theta \geqslant 3 \text{ vs } H_1:\theta < 3$$

拒绝域取为 $\xi_{(n)} \in D = [0, 2.5]$,试求该检验犯第一类错误概率的最大值 α,若要使该最大值 α 不超过 0.05,n 至少应取多大?

§9.2 正态总体均值的假设检验

9.2.1 单个正态总体均值的检验

设总体 $\xi \sim N(a, \sigma^2)$,$(\xi_1, \xi_2, \cdots, \xi_n)$ 为取自 ξ 的样本.

9.2.1.1 σ^2 已知时均值的 U 检验

(1) 检验 $H_0:a = a_0 \text{ vs } H_1:a \neq a_0$.

该检验与例 9.1 的检验类似. 由于 $\bar{\xi} \sim N(a, \dfrac{\sigma^2}{n})$,从而 $\dfrac{\bar{\xi} - \alpha}{\dfrac{\sigma}{\sqrt{n}}} \sim$

N(0, 1),为此选择检验函数

$$U = \frac{\bar{\xi} - a_0}{\dfrac{\sigma}{\sqrt{n}}}. \qquad (9.1)$$

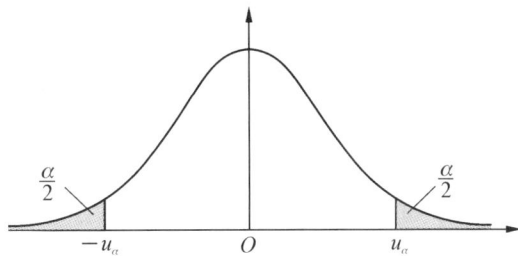

图 9.1

H_0 成立时,$U \sim N(0, 1)$,直观及 $E(U) = 0$ 都表明,U 应在 0 的邻近取值,不应太偏离 0,因此拒绝域的形式为 $\{|U| \geqslant c\}$(如图 9.1)). 对于给定的检验水平 α,查

N(0,1)分布表确定 $c=u_\alpha$，使 $P(|U|\geqslant u_\alpha)=\alpha$ 即 $\Phi(u_\alpha)=1-\dfrac{\alpha}{2}$，由此得检验的拒绝域 $U\in D=(-\infty,-u_\alpha]\bigcup[u_\alpha,+\infty)$.

这种拒绝域选在分布两侧的检验称为**双边检验**.

(2) 检验 $H_0:a\leqslant a_0$ vs $H_1:a>a_0$.

考虑(9.1)式给出的检验函数 U. 在 H_0 成立时,直观及 $E(U)=\dfrac{a-a_0}{\dfrac{\sigma}{\sqrt{n}}}\leqslant 0$ 表明,U 不应太大,因此,拒绝域的形式应为 $\{U\geqslant c\}$(如图 9.2)).由于此时 U 的分布依赖于未知参数 a,但 $\dfrac{\bar{\xi}-a}{\dfrac{\sigma}{\sqrt{n}}}\sim N(0,1)$,对于给定的 α,查 N(0,1)分布表确定 $c=u_{2\alpha}$,使 $P\left(\dfrac{\bar{\xi}-a}{\dfrac{\sigma}{\sqrt{n}}}\geqslant u_{2\alpha}\right)=\alpha$ 即 $\Phi(u_{2\alpha})=1-\alpha$,在 H_0 成立时,

$$\frac{\bar{\xi}-a}{\dfrac{\sigma}{\sqrt{n}}}\geqslant\frac{\bar{\xi}-a_0}{\dfrac{\sigma}{\sqrt{n}}}.$$

从而

$$\left\{\frac{\bar{\xi}-a_0}{\dfrac{\sigma}{\sqrt{n}}}\geqslant u_{2\alpha}\right\}\subset\left\{\frac{\bar{\xi}-a}{\dfrac{\sigma}{\sqrt{n}}}\geqslant u_{2\alpha}\right\},$$

所以,

$$P\left(\frac{\bar{\xi}-a_0}{\dfrac{\sigma}{\sqrt{n}}}\geqslant u_{2\alpha}\right)\leqslant P\left(\frac{\bar{\xi}-a}{\dfrac{\sigma}{\sqrt{n}}}\geqslant u_{2\alpha}\right)=\alpha.$$

这表明在 H_0 成立时 $\{U\geqslant u_{2\alpha}\}$ 是小概率事件. 由此,该检验的检验函数仍取为(9.1)式中的 U,拒绝域为 $U\in D=[u_{2\alpha},+\infty)$.

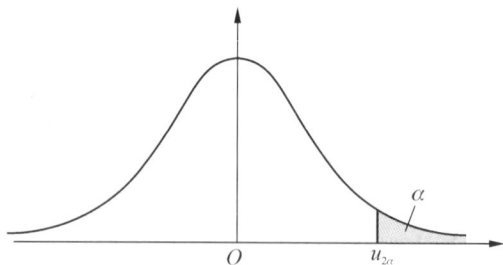

图 9.2

这种拒绝域选在分布右侧的检验称为**右单边检验**.

（3）检验 $H_0 : a \geqslant a_0$ vs $H_1 : a < a_0$.

仿照（2）的分析，检验函数为（9.1）中的 U，拒绝域的形式应为 $\{U \leqslant c\}$（如图9.3）)对于给定的 α，查 N(0，1)分布表确定 $c = -u_{2\alpha}$，使 $P\left[\dfrac{\bar{\xi} - a}{\dfrac{\sigma}{\sqrt{n}}} \leqslant -u_{2\alpha}\right] = \alpha$ 即

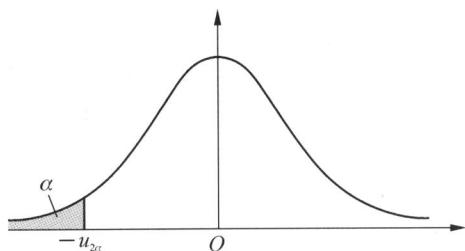

图 9.3

$\Phi(u_{2\alpha}) = 1 - \alpha$，在 H_0 成立时，$P(\{U \leqslant -u_{2\alpha}\}) \leqslant \alpha$，于是检验的拒绝域为 $U \in D = (-\infty, -u_{2\alpha}]$.

这种拒绝域选在分布左侧的检验称为**左单边检验**，右单边检验和左单边检验统称为**单边检验**.

读者不难发现，拒绝域的形式和备择假设的形式是有关的. 由于上述检验用的统计量都是 U，故常被称为 **U 检验**.

例 9.4　B 市某初级中学参加中考的数学成绩服从 $N(a, 8.6^2)$ 分布，今从该中学参加考试的学生中随机抽取 46 名，其数学平均分数为 63 分，已知 B 市中考的数学平均分数是 68 分，试问该校数学平均成绩与全市数学平均成绩有无差异 $(\alpha = 0.01)$？

解　根据题意提出假设 $H_0 : a = 68$ vs $H_1 : a \neq 68$；

由于 $\sigma = 8.6$ 已知，故采用 U 检验法中的双边检验；

对于 $\alpha = 0.01$，查 N(0，1)分布表得 $u_\alpha = 2.58$；

现 $n = 46$，$a_0 = 68$，$\bar{x} = 63$，计算 U 的观察值：

$$u = \frac{\bar{x} - a_0}{\dfrac{\sigma}{\sqrt{n}}} = \frac{63 - 68}{\dfrac{8.6}{\sqrt{46}}} \approx -3.943.$$

因为 $|u| \approx 3.943 > 2.58$，故拒绝 H_0，即认为该校数学平均成绩与全市数学平均成绩存在差异.

例 9.5　已知铁水中碳的百分含量为 $\xi \sim N(4.55, (0.108)^2)$. 现测定 5 炉，其含碳的百分含量分别为

$$4.28 \quad 4.40 \quad 4.42 \quad 4.35 \quad 4.37$$

如果方差不变，问均值 a 是否有下降（$\alpha = 0.05$）？

解　提出假设检验 $H_0 : a \geqslant 4.55$ vs $H_1 : a < 4.55$；

由于 $\sigma = 0.108$ 已知，故采用 U 检验法中的左单边检验；

对于 $\alpha = 0.05$，查 N(0，1)分布表得 $u_{2\alpha} = 1.645$；

现 $n = 5$，$a_0 = 4.55$，$\bar{x}$ 经计算为 4.364，计算 U 的观察值：

$$u = \frac{\overline{x} - a_0}{\dfrac{\sigma}{\sqrt{n}}} = \frac{4.364 - 4.55}{0.108 / \sqrt{5}} \approx -3.851.$$

因为 $u \approx -3.851 < -1.645$，故拒绝 H_0，即认为这批铁水中碳的含量有了下降.

9.2.1.2 σ^2 未知时均值的 t 检验

（1）检验 $H_0 : a = a_0$ vs $H_1 : a \neq a_0$.

由于 σ^2 未知，在(9.1)式 U 中用 σ^2 的无偏估计量 S^{*2} 来替代 σ^2，即考虑检验函数

$$T = \frac{\overline{\xi} - a_0}{\dfrac{S^*}{\sqrt{n}}}. \tag{9.2}$$

H_0 成立时，由定理 7.10 知，$T \sim t(n-1)$；类似于 9.2.1.1 中(1)的分析，采用双边检验；对于给定的 α，查 $t(n-1)$ 分布表确定 t_α，使得 $P(|T| \geqslant t_\alpha) = \alpha$，从而拒绝域为 $T \in D = (-\infty, -t_\alpha] \bigcup [t_\alpha, +\infty)$（如图 9.4）.

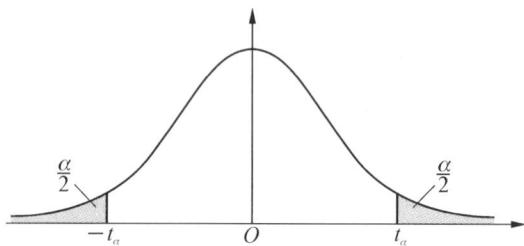

图 9.4

（2）检验 $H_0 : a \leqslant a_0$ vs $H_1 : a > a_0$.

类似于 9.2.1.1 中(2)的分析，检验函数取(9.2)式中的 T，采用右单侧检验；对于给定的 α 查 $t(n-1)$ 分布表确定 $t_{2\alpha}$，使

$$P\left[\frac{\overline{\xi} - a}{\dfrac{S^*}{\sqrt{n}}} \geqslant t_{2\alpha} \right] = \alpha \ \text{即} \ P\left[\left| \frac{\overline{\xi} - a}{\dfrac{S^*}{\sqrt{n}}} \right| \geqslant t_{2\alpha} \right] = 2\alpha.$$

在 H_0 为真时 $P(T \geqslant t_{2\alpha}) \leqslant \alpha$，故检验的拒绝域为 $T \in D = [t_{2\alpha}, +\infty)$.

（3）检验 $H_0 : a \geqslant a_0$ vs $H_1 : a < a_0$.

类似于 9.2.1.1 中(3)的分析，检验函数取(9.2)式中的 T，采用左单侧检验，检验的拒绝域为 $T \in D = (-\infty, -t_{2\alpha}]$（注意：此时在 H_0 为真时 $P(T \leqslant -t_{2\alpha}) \leqslant \alpha$）.

由于上述检验用的统计量都是 T，故常被称为 t 检验.

例 9.6 根据长期经验和资料的分析，某砖瓦厂生产砖的"抗断强度"服从正态分布. 今从该厂产品中随机抽取 6 块，测得抗断强度的样本平均数 $\overline{x} = 31.13$（单位：kg/cm^2），样本修正标准差 $S^* = 1.1$，试问这批砖的平均抗断强度能否认

为是 32.50(kg/cm²)（$\alpha = 0.05$）？

解 根据题意提出假设 $H_0 : a = 32.50$ vs $H_1 : a \neq 32.50$；

由于 σ 未知,故采用 t 检验法中的双边检验；

现 $n = 6$,对于 $\alpha = 0.05$,查 $t(5)$ 分布表得 $t_a = 2.571$；

因为 $a_0 = 32.50$,$\bar{x} = 31.13$,计算 T 的观察值：

$$t = \frac{\bar{x} - a_0}{\dfrac{S^*}{\sqrt{n}}} = \frac{32.50 - 31.13}{1.1 / \sqrt{6}} \approx 3.051.$$

因为 $|t| \approx 3.051 > 2.571$,故拒绝 H_0,即认为这批砖的平均抗断强度不能认为是 32.50.

9.2.2 两个正态总体均值差的检验

设 $(\xi_1, \xi_2, \cdots, \xi_m)$ 和 $(\eta_1, \eta_2, \cdots, \eta_n)$ 分别取自两个相互独立的正态总体 $N(a_1, \sigma_1^2)$ 及 $N(a_2, \sigma_2^2)$ 的样本,$\bar{\xi}、\bar{\eta}$ 分别为它们的样本均值,$S_1^{*2}、S_2^{*2}$ 分别为它们的样本修正方差.

9.2.2.1 $\sigma_1^2、\sigma_2^2$ 已知时均值差的 U 检验

(1) 检验 $H_0 : a_1 = a_2$ vs $H_1 : a_1 \neq a_2$.

由定理 7.11,$\dfrac{\bar{\xi} - \bar{\eta} - (a_1 - a_2)}{\sqrt{\dfrac{\sigma_1^2}{m} + \dfrac{\sigma_2^2}{n}}} \sim N(0, 1)$,故选用

$$U = \frac{\bar{\xi} - \bar{\eta}}{\sqrt{\dfrac{\sigma_1^2}{m} + \dfrac{\sigma_2^2}{n}}} \tag{9.3}$$

作为检验函数；H_0 成立时,$U \sim N(0, 1)$. 类似于 9.2.1.1(1)的讨论,采用双边检验法,检验的拒绝域为 $U \in D = (-\infty, -u_a] \cup [u_a, +\infty)$,其中 u_a 满足 $P(|U| \geqslant u_a) = \alpha$ 即 $\Phi(u_a) = 1 - \dfrac{\alpha}{2}$.

(2) 检验 $H_0 : a_1 \leqslant a_2$ vs $H_1 : a_1 > a_2$.

采用(9.3)式中的检验函数进行右单边检验,检验的拒绝域为：$U \in D = [u_{2a}, +\infty)$,其中 u_a 满足 $\Phi(u_{2a}) = 1 - \alpha$.

(3) 检验 $H_0 : a_1 \geqslant a_2$ vs $H_1 : a_1 < a_2$.

采用(9.3)式中的检验函数进行左单边检验,检验的拒绝域为：$U \in D = (-\infty, -u_{2a}]$,其中 u_a 满足 $\Phi(u_{2a}) = 1 - \alpha$.

上述检验方法也称为 U 检验.

9.2.2.2 $\sigma_1^2 = \sigma_2^2 = \sigma^2$ 未知时均值差的 t 检验

(1) 检验 $H_0 : a_1 = a_2$ vs $H_1 : a_1 \neq a_2$.

由定理 7.12 知

$$T = \frac{\bar{\xi} - \bar{\eta} - (a_1 - a_2)}{\sqrt{\dfrac{(m-1)S_1^{*2} + (n-1)S_2^{*2}}{m+n-2}} \sqrt{\dfrac{1}{m} + \dfrac{1}{n}}}$$

$$= \frac{\bar{\xi} - \bar{\eta} - (a_1 - a_2)}{S_w^* \sqrt{\dfrac{1}{m} + \dfrac{1}{n}}} \sim t(m+n-2),$$

选用检验函数

$$T = \frac{\bar{\xi} - \bar{\eta}}{S_w^* \sqrt{\dfrac{1}{m} + \dfrac{1}{n}}} \tag{9.4}$$

在 H_0 成立时,$T \sim t(m+n-2)$. 类似于 9.2.1.2 中(1)的讨论,采用双边检验法,检验的拒绝域为 $U \in D = (-\infty, -t_\alpha] \bigcup [t_\alpha, +\infty)$,其中 t_α 查 $t(m+n-2)$ 分布表由 $P(|T| \geqslant u_\alpha) = \alpha$ 确定.

(2) 检验 $H_0 : a_1 \leqslant a_2$ vs $H_1 : a_1 > a_2$.

采用(9.4)中的检验函数进行右单边检验,检验的拒绝域为 $T \in D = [t_{2\alpha}, +\infty)$,其中 $t_{2\alpha}$ 查 $t(m+n-2)$ 分布表满足

$$P\left[\frac{\bar{\xi} - \bar{\eta} - (a_1 - a_2)}{S_w^{*2} \sqrt{\dfrac{1}{m} + \dfrac{1}{n}}} \geqslant t_{2\alpha}\right] = \alpha, \text{即} \ P\left(\left|\frac{\bar{\xi} - \bar{\eta} - (a_1 - a_2)}{S_w^{*2} \sqrt{\dfrac{1}{m} + \dfrac{1}{n}}}\right| \geqslant t_{2\alpha}\right) = 2\alpha.$$

(注意:在 H_0 为真时 $P(T \geqslant t_{2\alpha}) \leqslant \alpha$).

(3) 检验 $H_0 : a_1 \geqslant a_2$ vs $H_1 : a_1 < a_2$.

采用(9.4)中的检验函数进行左单边检验,检验的拒绝域为 $T \in D = (-\infty, -t_{2\alpha}]$.

上述检验方法也称为 t 检验.

例 9.7 某厂铸造车间为提高铸件的耐磨性而试制了一种镍合金铸件以取代铜合金铸件,为此,从两种铸件中各抽取一个容量分别为 8 和 9 的样本,测得其硬度(一种耐磨性指标)为

镍合金:76.43 76.21 73.58 69.69 65.29 70.83 82.75 72.34;

铜合金:73.66 64.27 69.34 71.37 69.77 68.12 67.27 68.07 62.61.

根据经验,硬度服从正态分布,且方差保持不变,试在检验水平 $\alpha = 0.05$ 下判断镍合金的硬度是否有明显提高.

解 用 ξ、η 分别表示镍合金、铜合金的硬度,则由假定 $\xi \sim N(a_1, \sigma^2)$,$\eta \sim N(a_2, \sigma^2)$,且 ξ 与 η 显然相互独立.

由题意提出假设 $H_0 : a_1 \leqslant a_2$ vs $H_1 : a_1 > a_2$;

由于两总体方差未知,故采用 t 检验法中的右边检验;

现 $m = 8$,$n = 9$,$m + n - 2 = 15$,对于 $\alpha = 0.05$,查 $t(15)$ 分布表得 $t_{2\alpha} = 1.753$;

经计算 $\bar{x} = 73.39$,$\bar{y} = 68.2756$,$(m-1)S_1^{*2} = 191.7958$,$(n-1)S_2^{*2} = 91.1552$,从而

$$S_w^* = \sqrt{\frac{(m-1)S_1^{*2} + (n-1)S_2^{*2}}{m+n-2}}$$

$$= \sqrt{\frac{191.7958 + 91.1552}{15}} = 4.3432.$$

计算 T 的观察值:

$$t = \frac{\bar{x} - \bar{y}}{S_w^* \sqrt{\dfrac{1}{m} + \dfrac{1}{n}}} = \frac{73.39 - 68.2756}{4.3432 \times \sqrt{\dfrac{1}{8} + \dfrac{1}{9}}} \approx 2.4234.$$

因为 $t \approx 2.4234 > 1.753$,故拒绝 H_0,即判定镍合金硬度没有比铜合金硬度有所提高.

值得指出,在使用两总体均值差的 t 检验法时,必须注意两总体方差相等的要求.在两总体方差是否相等不明确的情况下,常见的处理方法是:先检验两总体的方差是否相等(其检验法将在下一节中介绍),只有通过检验,确认两总体方差相等后,才能再使用上面的 t 检验法.

但如果获取的两总体的样本是成对样本:(ξ_1, η_1),(ξ_2, η_2),$\cdots$,(ξ_n, η_n),则可令 $\zeta = \xi - \eta$,将问题转化成单个正态总体去研究.成对样本在对比试验中经常出现.

例 9.8 将智力水平、爱好等基本条件相同的学生匹配成 12 对,然后从每一对中各抽取一人组成甲组,余下的 12 人组成乙组.甲组由专业计算机教师讲授计算机课,乙组由语文教师兼讲计算机课,经过一阶段学习后采用统一试卷进行测试,其成绩如下:

配对号	1	2	3	4	5	6	7	8	9	10	11	12
甲组 ξ	92	80	91	65	70	82	98	81	96	88	83	75
乙组 η	80	82	81	56	75	72	90	71	82	80	73	63

试问甲组的成绩是否高于乙组($\alpha = 0.01$)?

解 本例虽可以看成两个总体,但两总体显然不独立,因此不能用两总体均值差的 t 检验法进行检验. 由于所给样本是成对样本. 可令 $\zeta = \xi - \eta$, 根据常识, $\zeta \sim N(a, \sigma^2)$; 这样,我们就把检验 $H_0 : E(\xi) \leqslant E(\eta)$ vs $H_1 : E(\xi) > E(\eta)$ 的问题转换成检验 $H_0 : a \leqslant 0$ vs $H_1 : a > 0$ 的问题. 此时可采用 9.2.1.2(2) 中的 t 检验法(右单边检验).

现 $n = 12$, 对于 $\alpha = 0.01$, 查 $t(11)$ 分布表得 $t_{2\alpha} = 2.718$;

因为 $a_0 = 0$, 由所给数据可以算得 ζ 的样本均值 $\bar{z} = 8$, 样本修正方差 $s^{*2} = 32.182$, 计算 T 的观察值:

$$t = \frac{\bar{z} - a_0}{\dfrac{S^*}{\sqrt{n}}} = \frac{8 - 0}{\sqrt{32.182}/\sqrt{12}} \approx 4.885;$$

由于 $4.885 > 2.718$, 因此拒绝 H_0, 即认为甲组的成绩明显高于乙组. 这个问题说明, 随意聘用一位老师来兼授一门与他专业不相近的课程是不利于提高教学质量的.

习 题 9.2

(A)

1. 已知某炼铁厂铁水含碳量服从正态分布 $N(4.55, 0.108^2)$, 现在测定了 9 炉铁水, 其平均含碳量为 4.484. 如果铁水含碳量的方差没有变化, 可否认为现在生产的铁水平均含碳量仍为 4.55 ($\alpha = 0.05$)?

2. 有一批枪弹, 出厂时其初速度 $\xi \sim N(950, 100)$ (单位:m/s). 经过较长时间储存, 取 9 发进行测试, 得如下数据:

$$914 \quad 920 \quad 910 \quad 934 \quad 953 \quad 945 \quad 912 \quad 924 \quad 940$$

根据经验, 枪弹经储存后其初速度仍服从正态分布, 且标准差保持不变, 问能否认为这批枪弹的初速度降低了 ($\alpha = 0.05$).

3. 某工厂生产的钢索的断裂强度服从正态分布 $N(a, \sigma^2)$, 其中 $\sigma = 40 \, \text{kg/cm}^2$. 现从一批这种钢索中抽取容量为 9 的一个样本, 测得断裂强度的平均值 $\bar{x}$ 较正常生产时的均值 a 大 $20 \, \text{kg/cm}^2$, 设方差不变, 问在 $\alpha = 0.01$ 下能否认为这批钢索质量有所提高?

4. 用热敏电阻测温仪间接测量地热勘探井底温度, 重复测量 7 次, 测得温度 (℃) 为:

$$112.0 \quad 113.4 \quad 111.2 \quad 112.0 \quad 114.5 \quad 112.9 \quad 113.6$$

假定测量的温度服从正态分布, 且井底温度的真正值为 112.6℃, 试问用热敏电阻测温仪间接测温是否准确 ($\alpha = 0.05$)?

5. 某种电子元件的使用寿命不应低于 1 000 h, 现在从一批这种元件中抽取 25 个, 测得元件寿命的平均值为 950 h, 标准差为 100 h, 设元件寿命服从正态分布,试问这批元件是否合格($\alpha = 0.05$)?

6. 某厂生产的一种镍合金铁线是乐器用的弦线,长期以来,其抗拉强度的均值为 10 560 kg/cm². 今新生产了一批弦线,随机地从中抽取 10 根做抗拉试验,测得其抗拉强度(单位:kg/cm²):

10 512　10 623　10 688　10 544　10 776　10 707　10 557　10 666　10 581　10 670

设弦线的抗拉强度服从正态分布,问这批弦线的抗拉强度是否较以往有所提高($\alpha = 0.05$)?

7. 某苗圃采用两种方案作杨树的育苗试验. 在两组试验中,已知苗高服从正态分布,且它们的方差分别是 $\sigma_1^2 = 20^2$,$\sigma_2^2 = 18^2$. 现各取 60 株作为样本,测得苗高的平均值 $\overline{x} = 59.34$,$\overline{y} = 49.16$(单位:cm),试判断两种试验方案下的苗高有无差异($\alpha = 0.05$).

8. 下面给出两种型号的计算器充电以后所能使用的时间(h)的观察值:

型号 A　5.5　5.6　6.3　4.6　5.3　5.0　6.2　5.8　5.1　5.2　5.9

型号 B　3.8　4.3　4.2　4.0　4.9　4.5　5.2　4.8　4.5　3.9　3.7　4.6

设两总体独立且服从方差相等的正态分布,问能否认为型号 A 的计算器平均使用时间比型号 B 来得长($\alpha = 0.01$)?

9. 从某锌矿的东、西两支矿脉中,各抽取样本容量分别为 9 与 8 的样本进行试验,得样本含锌平均数及样本修正方差如下:

$$\overline{x} = 0.230,\ s_1^{*2} = 0.133\,7;\ \overline{y} = 0.269,\ s_2^{*2} = 0.173\,6.$$

若东、西两支矿脉的含锌量独立且服从方差相等的正态分布,问东、西两支矿脉含锌量的平均值是否可以看作一样($\alpha = 0.05$)?

10. 从某小学五年级随机抽取 12 名学生,在学期初和学期末分别进行了阅读测试,其成绩如下:

被测对象	1	2	3	4	5	6	7	8	9	10	11	12
期初成绩	50	42	51	26	35	42	60	41	70	55	62	38
期末成绩	62	40	61	35	30	52	68	51	84	63	72	50

试问学期末成绩是否高于学期初成绩($\alpha = 0.01$)?

§9.3　正态总体方差的假设检验

9.3.1　单个正态总体方差的 χ^2 检验

设总体 $\xi \sim N(a, \sigma^2)$,$(\xi_1, \xi_2, \cdots, \xi_n)$ 为取自 ξ 的样本.

9.3.1.1 检验 $H_0: \sigma^2 = \sigma_0^2$ vs $H_1: \sigma^2 \neq \sigma_0^2$

由于 S^{*2} 比较集中地反映了 σ^2 的信息,故从 S^{*2} 着手考虑检验. 由定理7.5知,

$$\frac{(n-1)S^{*2}}{\sigma^2} \sim \chi^2(n-1),$$

因此,可选用统计量

$$\chi^2 = \frac{(n-1)S^{*2}}{\sigma_0^2} \tag{9.5}$$

作为检验函数. 在 H_0 为真的条件下,$\chi^2 \sim \chi^2(n-1)$,且 $E(\chi^2) = \frac{(n-1)E(S^{*2})}{\sigma_0^2} = n-1$,这说明 χ^2 远离 $n-1$ 的可能性较小,应采用双边检验. 对于给定的 α,查 $\chi^2(n-1)$ 分布表确定 $\chi_{\frac{\alpha}{2}}^2$、$\chi_{1-\frac{\alpha}{2}}^2$,使得 $P(\chi^2 \geqslant \chi_{\frac{\alpha}{2}}^2) = \frac{\alpha}{2}$,

$P(\chi^2 \leqslant \chi_{1-\frac{\alpha}{2}}^2) = \frac{\alpha}{2}$ 亦即 $P(\chi^2 > \chi_{1-\frac{\alpha}{2}}^2) = 1 - \frac{\alpha}{2}$,从而得检验的拒绝域为 $\chi^2 \in D = (0, \chi_{1-\frac{\alpha}{2}}^2] \bigcup [\chi_{\frac{\alpha}{2}}^2, +\infty)$(如图9.5).

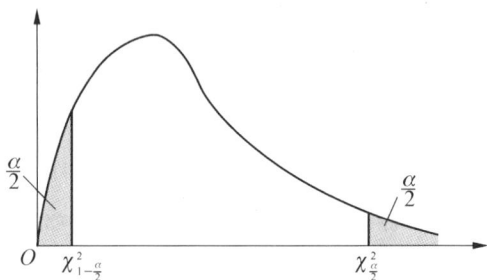

图 9.5

9.3.1.2 检验 $H_0: \sigma^2 \leqslant \sigma_0^2$ vs $H_1: \sigma^2 > \sigma_0^2$

考虑(9.5)式给出的检验函数 χ^2. 在 H_0 成立时,$E(\chi^2) = \frac{(n-1)E(S^{*2})}{\sigma_0^2} \leqslant n-1$,这表明 χ^2 远大于 $n-1$ 的可能性较小,应采用右单边检验. 由于此时 χ^2 的分布依赖于未知参数 σ^2,但 $\frac{(n-1)S^{*2}}{\sigma^2} \sim \chi^2(n-1)$,对于给定的 α,查 $\chi^2(n-1)$ 分布表确定 χ_α^2,使 $P\left(\frac{(n-1)S^{*2}}{\sigma^2} \geqslant \chi_\alpha^2\right) = \alpha$,在 H_0 成立时,

$$\frac{(n-1)S^{*2}}{\sigma^2} \geqslant \frac{(n-1)S^{*2}}{\sigma_0^2},$$

从而

$$\left\{\frac{(n-1)S^{*2}}{\sigma_0^2} \geqslant \chi_\alpha^2\right\} \subset \left\{\frac{(n-1)S^{*2}}{\sigma^2} \geqslant \chi_\alpha^2\right\},$$

所以,

$$P\left(\frac{(n-1)S^{*2}}{\sigma_0^2} \geqslant \chi_\alpha^2\right) \leqslant P\left(\frac{(n-1)S^{*2}}{\sigma^2} \geqslant \chi_\alpha^2\right) = \alpha.$$

这表明在 H_0 成立时 $\{\chi^2 \geqslant \chi_\alpha^2\}$ 是小概率事件;由此,检验的拒绝域为 $\chi^2 \in D = [\chi_\alpha^2, +\infty)$.

9.3.1.3 检验 $H_0: \sigma^2 \geqslant \sigma_0^2$ vs $H_1: \sigma^2 < \sigma_0^2$

类似于 9.3.1.2 的分析,检验函数为(9.5)中的 χ^2,采用左单边检验,检验的拒绝域为 $\chi^2 \in D = (0, \chi_{1-\alpha}^2]$,其中 $\chi_{1-\alpha}^2$ 查 $\chi^2(n-1)$ 分布表由 $P\left(\frac{(n-1)S^{*2}}{\sigma^2} \leqslant \chi_{1-\alpha}^2\right) = \alpha$ 确定(注意:在 H_0 成立时,$P(\chi^2 \leqslant \chi_{1-\alpha}^2) \leqslant \alpha$).

由于上述检验用的统计量都是 χ^2,故常被称为 **χ^2 检验**.

例 9.9 某厂生产的某种型号电池,其使用寿命长期以来服从方差 $\sigma^2 = 5\,000$ 的正态分布. 今有一批这种型号的电池,从生产情况看,使用寿命波动性较大. 为判断这种看法是否符合实际,从中随机抽取了 26 只电池,测出使用寿命的样本修正方差 $s^{*2} = 7\,200$. 问根据这个数字能否断定这批电池使用寿命的波动性较以往有显著变化($\alpha = 0.05$)?

解 设电池的使用寿命为 $\xi, \xi \sim N(a, \sigma^2)$. 本题是在水平 $\alpha = 0.01$ 下,检验假设

$$H_0: \sigma^2 = 5\,000 \text{ vs } H_1: \sigma^2 \neq 5\,000.$$

采用 χ^2 检验法中的双边检验. 现 $n = 26$,$n-1 = 25$,$\alpha = 0.05$,查 $\chi^2(25)$ 得 $\chi_{\frac{\alpha}{2}}^2 = 40.646$,$\chi_{1-\frac{\alpha}{2}}^2 = 13.120$.

因为 $\sigma_0^2 = 5\,000$,$s^{*2} = 7\,200$,计算 χ^2 的观察值:

$$\chi^2 = \frac{(n-1)s^{*2}}{\sigma_0^2} = \frac{25 \times 7\,200}{5\,000} = 36.$$

由于 $13.120 < \chi^2 = 36 < 40.646$,因此,接受假设 H_0,即可以断定这批电池使用寿命的波动性较以往没有多少变化.

例 9.10 在进行工艺改革时,一般若方差显著增大,可作相反方向的改革以减小方差;若方差变化不显著,可试行别的改革方案. 今进行某项工艺改革,加工 23 个活塞,测量其直径,计算得 $s^{*2} = 0.000\,66$. 假定改革前活塞直径的方差为 $0.000\,4$,问进一步改革的方向如何(设改革前后的活塞直径服从正态分布,$\alpha = 0.05$)?

解 要解决这个问题,先看改革后的直径的方差是否大于改革前的. 为此提出假设

$$H_0: \sigma^2 \leqslant 0.000\,4 \text{ vs } H_1: \sigma^2 > 0.000\,4.$$

采用 χ^2 检验法中的右单边检验. 现 $n=23$, 月 $n-1=22$, $\alpha=0.05$, 查 $\chi^2(22)$ 得 $\chi_{\alpha}^2=33.924$.

因为 $\sigma_0^2=0.0004$, $s^{*2}=0.00066$, 计算 χ^2 的观察值:

$$\chi^2=\frac{(n-1)s^{*2}}{\sigma_0^2}=\frac{22\times0.00066}{0.0004}=36.3.$$

由于 $\chi^2=36.3>33.924$, 故拒绝 H_0. 即认为改革后的活塞直径的方差大于改革前的, 因此下一步改革应朝相反方向进行.

9.3.2 两个正态总体方差比的 F 检验

设 $(\xi_1,\xi_2,\cdots,\xi_m)$ 和 $(\eta_1,\eta_2,\cdots,\eta_n)$ 分别取自两个相互独立的正态总体 $N(a_1,\sigma_1^2)$ 及 $N(a_2,\sigma_2^2)$ 的样本, S_1^{*2}、S_2^{*2} 分别为它们的样本修正方差.

9.3.2.1 检验 $H_0:\sigma_1^2=\sigma_2^2$ vs $H_1:\sigma_1^2\neq\sigma_2^2$

由定理 7.13, $\dfrac{S_1^{*2}/\sigma_1^2}{S_2^{*2}/\sigma_2^2}\sim F(m-1,n-1)$, 选取检验函数

$$F=\frac{S_1^{*2}}{S_2^{*2}}. \tag{9.6}$$

在 H_0 为真的条件下, $F\sim F(m-1,n-1)$, 且 $E(S_1^{*2})=\sigma_1^2$, $E(S_2^{*2})=\sigma_2^2$, 因此 F 应在 1 的邻近取值, "远离" 1 较远的可能性较小, 故采用双边检验. 给定检验水平 α 查 $F(m-1,n-1)$ 分布表确定 $F_{\frac{\alpha}{2}}$、$F_{1-\frac{\alpha}{2}}$, 使得

$$P\left(F\geqslant F_{\frac{\alpha}{2}}\right)=\frac{\alpha}{2},\ P\left(F\leqslant F_{1-\frac{\alpha}{2}}\right)=\frac{\alpha}{2},$$

即 $P\left(F>F_{1-\frac{\alpha}{2}}\right)=1-\dfrac{\alpha}{2}$, 从而得检验的拒绝域为 $F\in D=\left(0,F_{1-\frac{\alpha}{2}}\right]\bigcup\left[F_{\frac{\alpha}{2}},+\infty\right)$ (如图 9.6).

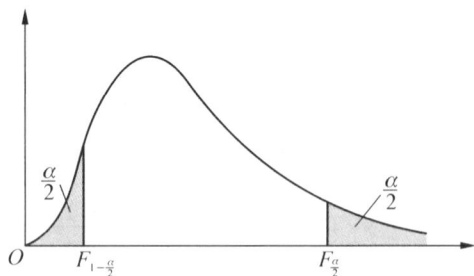

图 9.6

9.3.2.2 检验 $H_0:\sigma_1^2\leqslant\sigma_2^2$ vs $H_1:\sigma_1^2>\sigma_2^2$

检验函数为 (9.6) 中的 F, 采用右单边检验, 检验的拒绝域为 $F\in D=\left[F_{\alpha},+\infty\right)$, 其中 F_{α} 查 $F(m-1,n-1)$ 分布表由 $P\left(\dfrac{S_1^{*2}}{S_2^{*2}}\geqslant F_{\alpha}\right)=\alpha$ 确定 (注意: 在 H_0 成立时, $P(F\geqslant F_{\alpha})\leqslant\alpha$).

概率与统计

9.3.2.3 检验 $H_0 : \sigma_1^2 \geqslant \sigma_2^2$ vs $H_1 : \sigma_1^2 < \sigma_2^2$

检验函数为(9.6)中的 F,采用左单边检验,检验的拒绝域为 $F \in D = (0,$ $F_{1-\alpha}]$,其中 $F_{1-\alpha}$ 查 F$(m-1, n-1)$ 分布表由 $P\left(\dfrac{S_1^{*2}}{S_2^{*2}} \leqslant F_{1-\alpha}\right) = \alpha$ 确定(注意:在 H_0 成立时,$P(F \leqslant F_{1-\alpha}) \leqslant \alpha$).

由于上述检验用的统计量都是 F,故常被称为 **F 检验**.

在 §9.2 中我们已经指出,在使用两正态总体均值差的 t 检验法时,必须以两总体方差相等为前提.如果题设中未明确这一点,则应先进行方差相等的检验.看下面的例子.

例 9.11 某厂在例 9.7 中检验两总体方差是否相等($\alpha = 0.05$)?

解 由题意提出假设 $H_0 : \sigma_1^2 = \sigma_2^2$ vs $H_1 : \sigma_1^2 \neq \sigma_2^2$;

采用 F 检验法中的双边检验;

现 $m = 8$,$n = 9$,对于 $\alpha = 0.05$,查 F$(7, 8)$ 分布表得 $F_{\frac{\alpha}{2}} = 4.53$,查 F$(8, 7)$ 分布表得 $1/F_{1-\frac{\alpha}{2}} = 4.90$,从而 $F_{1-\frac{\alpha}{2}} = 0.204$;

由例 9.7 的计算知:$s_1^{*2} = 27.3994$,$s_2^{*2} = 11.3944$,计算 F 的观察值

$$F = \frac{S_1^{*2}}{S_2^{*2}} = \frac{27.3994}{11.3944} \approx 2.40.$$

由于 $0.204 < F = 2.40 < 4.53$,故接受 H_0,即认为两总体方差相等.

例 9.12 由一台机床加工同型号的零件,每周更换一次刀具.现从周一和周末的产品中各抽取若干件,测定其内径(内径的长度服从正态分布),得如下数据(单位:mm):

周一产品 11.35　11.33　11.21　11.18　11.22　11.36

周末产品 11.08　11.38　11.10　11.20　11.02　11.42　11.36　11.25

假定刀具磨损是引起加工精度变化的唯一原因,试问经过一周运转机床的加工精度是否降低了($\alpha = 0.05$)?

解 设周一产品的方差为 σ_1^2,周末产品的方差为 σ_2^2,则本例需检验的假设是:

$$H_0 : \sigma_1^2 \leqslant \sigma_2^2 \text{ vs } H_1 : \sigma_1^2 > \sigma_2^2.$$

采用 F 检验中的右单边检验:

现 $m = 6$,$n = 8$,对于 $\alpha = 0.05$,查 F$(5, 7)$ 分布表得 $F_\alpha = 3.97$.

由所给数据可以计算得 $s_1^{*2} = 0.0064$,$s_2^{*2} = 0.0229$,计算 F 的观察值

$$F = \frac{S_1^{*2}}{S_2^{*2}} = \frac{0.0064}{0.0229} \approx 0.2795.$$

由于 $F = 0.2795 < 3.97$,故接受 H_0,即不能否认加工的精度有所降低.

现将正态分布参数的检验列表如下：

表 9.1 正态分布参数的检验表

检验名称	条件	H_0	检验函数	拒绝域	自由度
U 检验	已知 σ^2 $\quad$ $\xi\sim N(a,\sigma^2)$ $\xi_1,\xi_2,\cdots,\xi_n$	$a=a_0$	$U=\dfrac{\bar\xi-a_0}{\sigma/\sqrt n}$	$(-\infty,-u_\alpha]\cup[u_\alpha,+\infty)$	
		$a\leq a_0$		$[u_{2\alpha},+\infty)$	
		$a\geq a_0$		$(-\infty,-u_{2\alpha}]$	
	已知 σ_1^2,σ_2^2 $\quad$ $\xi\sim N(a_1,\sigma_1^2),\ \eta\sim N(a_2,\sigma_2^2)$ $\xi_1,\xi_2,\cdots,\xi_m;\ \eta_1,\eta_2,\cdots,\eta_n$	$a_1=a_2$	$U=\dfrac{\bar\xi-\bar\eta}{\sqrt{\dfrac{\sigma_1^2}{m}+\dfrac{\sigma_2^2}{n}}}$	$(-\infty,-u_\alpha]\cup[u_\alpha,+\infty)$	
		$a_1\leq a_2$		$[u_{2\alpha},+\infty)$	
		$a_1\geq a_2$		$(-\infty,-u_{2\alpha}]$	
T 检验	未知 σ^2 $\quad$ $\xi\sim N(a,\sigma^2)$ $\xi_1,\xi_2,\cdots,\xi_n$	$a=a_0$	$T=\dfrac{\bar\xi-a_0}{S^*/\sqrt n}$	$(-\infty,-t_\alpha]\cup[t_\alpha,+\infty)$	$n-1$
		$a\leq a_0$		$[t_{2\alpha},+\infty)$	
		$a\geq a_0$		$(-\infty,-t_{2\alpha}]$	
	$\sigma_1^2=\sigma_2^2=\sigma^2$ 未知 $\quad$ $\xi\sim N(a_1,\sigma_1^2),\ \eta\sim N(a_2,\sigma_2^2)$ $\xi_1,\xi_2,\cdots,\xi_m;\ \eta_1,\eta_2,\cdots,\eta_n$	$a_1=a_2$	$T=\dfrac{\bar\xi-\bar\eta}{S_w^*\sqrt{\dfrac{1}{m}+\dfrac{1}{n}}}$	$(-\infty,-t_\alpha]\cup[t_\alpha,+\infty)$	$m+n-2$
		$a_1\leq a_2$		$[t_{2\alpha},+\infty)$	
		$a_1\geq a_2$		$(-\infty,-t_{2\alpha}]$	
χ^2 检验	$\xi\sim N(a,\sigma^2)$ $\xi_1,\xi_2,\cdots,\xi_n$	$\sigma^2=\sigma_0^2$	$\chi^2=\dfrac{(n-1)S_0^{*2}}{\sigma_0^2}$	$(0,\chi_{1-\alpha/2}^2]\cup[\chi_{\alpha/2}^2,+\infty)$	$n-1$
		$\sigma^2\leq\sigma_0^2$		$[\chi_\alpha^2,+\infty)$	
		$\sigma^2\geq\sigma_0^2$		$(0,\chi_{1-\alpha}^2]$	
F 检验	$\xi\sim N(a_1,\sigma_1^2),\ \eta\sim N(a_2,\sigma_2^2)$ $\xi_1,\xi_2,\cdots,\xi_m;\ \eta_1,\eta_2,\cdots,\eta_n$	$\sigma_1^2=\sigma_2^2$	$F=\dfrac{S_1^{*2}}{S_2^{*2}}$	$(0,F_{1-\alpha/2}]\cup[F_{\alpha/2},+\infty)$	$(m-1,n-1)$
		$\sigma_1^2\leq\sigma_2^2$		$[F_\alpha,+\infty)$	
		$\sigma_1^2\geq\sigma_2^2$		$(0,F_{1-\alpha})$	

习 题 9.3

（A）

1. 设维尼纶的纤度在正常情况下服从方差为 0.048^2 的正态分布. 某日抽取 5 根纤维, 测得其纤度为

$$1.32 \quad 1.36 \quad 1.55 \quad 1.44 \quad 1.40$$

问该天生产的维尼纶纤度的方差是否正常（ $\alpha = 0.10$ ）?

2. 某种导线要求其电阻的标准差不超过 0.005 欧姆, 今在生产的一批导线中抽取 9 根, 测得 $s^{*2} = 0.007^2$, 设总体服从正态分布, 问在 $\alpha = 0.05$ 下能否认为这批导线的标准差偏大?

3. 某市初二物理期末成绩实行统考. 今从该市甲、乙两校初二学生中各抽取若干人, 其物理统考成绩如下:

甲校 70 81 61 96 62 81 76 93 81 62 47

乙校 70 80 65 73 86 87 77 75 82 81 79 74 83

试问甲、乙两校初二物理成绩的稳定程度是否相同（ $\alpha = 0.05$ ）?

4. 有两台车床生产同一型号的滚珠. 已知两车床生产的滚珠的直径服从正态分布. 为比较两台车床所生产的滚珠的直径的精度, 从这两台车床的产品中分别抽取了 9 与 8 个, 测得它们的直径如下（单位: mm）:

甲车床	15.2	15.0	14.8	15.2	15.0	15.0	14.8	15.1	14.8
乙车床	15.0	14.5	15.2	15.5	14.8	15.1	15.2	14.8	

试问甲车床的精度是否好于乙车床（ $\alpha = 0.05$ ）?

5. 在研究杜鹃挥发性油的镇咳作用时, 从一批小白鼠中抽取 20 只分作两组, 每组 10 只, 一组给杜鹃油, 剂量 0.3 mg/g, 另一组给生理食盐水. 给药一小时后观察两组小白鼠在 SO_2 作用下的咳嗽的反应, 得结果如下表:

编号		1	2	3	4	5	6	7	8	9	10
咳嗽次数	杜鹃油	40.3	42.2	34.0	36.0	54.2	50.8	26.6	54.4	47.8	45.5
	盐水	51.4	62.8	65.2	52.0	63.4	44.6	29.6	41.6	41.6	43.0

假设两种情形下的咳嗽次数均服从正态分布, 试问杜鹃油在 $\alpha = 0.01$ 下是否具有疗效?

6. 某厂使用两种不同的原料生产同一类型产品, 随机抽取使用 A 原料生产的产品 22 件, 测得平均质量为 2.36（kg）, 样本修正标准差为 0.57（kg）; 抽取使用 B 原料生产的产品 24 件, 测得平均质量为 2.55（kg）, 样本修正标准差为 0.48（kg）. 设产品质量服从正态分布, 且两总体独立, 问能否认为使用原料 B 生产的产品平均质量较使用原料 A 的要好（ $\alpha = 0.05$ ）?

§9.4 其他分布参数的假设检验

9.4.1 指数分布参数的假设检验

指数分布是一类重要的分布,有着广泛的应用.设总体 $\xi \sim E(1/\theta)$,θ 为参数,它是分布的均值,$(\xi_1, \xi_2, \cdots, \xi_n)$ 为取自 ξ 的样本.现考虑关于 θ 的如下检验问题:

$$H_0 : \theta \leqslant \theta_0 \text{ vs } H_1 : \theta > \theta_0.$$

为寻找检验的统计量,我们考察参数 θ 的无偏估计量 $\bar{\xi}$.根据随机变量函数分布的求法易知 $2\xi/\theta \sim \chi^2(2)$,从而由 χ^2 分布的可加性(定理 7.4)知 $2n\bar{\xi}/\theta \sim \chi^2(2n)$.由此,我们可用选取检验函数

$$\chi^2 = 2n\bar{\xi}/\theta_0. \tag{9.7}$$

在 H_0 成立时,$\chi^2 \sim \chi^2(2n)$.采用右单边检验.对于给定的 α,查 $\chi^2(2n)$ 分布表确定 χ_α^2,使 $P(2n\bar{\xi}/\theta \geqslant \chi_\alpha^2) = \alpha$,在 H_0 成立时,$P(2n\bar{\xi}/\theta_0 \geqslant \chi_\alpha^2) \leqslant \alpha$.由此,检验的拒绝域为 $\chi^2 \in D = [\chi_\alpha^2, +\infty)$.

关于 θ 的另两种检验问题的处理方法是类似的.对于检验问题

$$H_0 : \theta \geqslant \theta_0 \text{ vs } H_1 : \theta < \theta_0,$$
$$H_0 : \theta = \theta_0 \text{ vs } H_1 : \theta \neq \theta_0,$$

检验的统计量仍然是(9.7)中的 χ^2,拒绝域分别是 $\chi^2 \in D = (0, \chi_{1-\alpha}^2]$ 和 $\chi^2 \in D = (0, \chi_{1-\frac{\alpha}{2}}^2] \bigcup [\chi_{\frac{\alpha}{2}}^2, +\infty)$.

例 9.13 假定要检验某种元件的平均寿命不小于 6 000 h,设元件寿命服从指数分布.现取 5 个元件投入试验,观察到如下 5 个寿命数据(单位:h):

$$395 \quad 4\,094 \quad 119 \quad 11\,572 \quad 6\,133$$

问根据上述数据能否认为这种元件的平均寿命不小于 6 000 h($\alpha = 0.05$)?

解 根据题意提出假设

$$H_0 : \theta \geqslant 6\,000 \text{ vs } H_1 : \theta < 6\,000,$$

采用左单边检验.现 $n = 5$,对于 $\alpha = 0.05$,查 $\chi^2(10)$ 分布表得 $\chi_{1-\alpha}^2 = 3.94$.由于 $\theta_0 = 6\,000$,根据所给数据可计算得 $\bar{x} = 4\,462.6$,故 χ^2 的观察值为

$$\chi^2 = 2n\bar{\xi}/\theta_0 = 2 \times 5 \times 4\,462.6/6\,000 = 7.437\,7.$$

因为 $\chi^2 = 7.437\,7 > 3.94$,故接受原假设,即可以认为平均寿命不小于 6 000 h.

9.4.2 比例 p 的检验

比例 p 可以看作相应事件发生的概率,即可以看作二点分布 $b(1, p)$ 中的参数.假定总体 $\xi \sim b(1, p)$,$(\xi_1, \xi_2, \cdots, \xi_n)$ 为取自 ξ 的样本,现考虑关于 p 的如下检验问题:

$$H_0 : p \leqslant p_0 \text{ vs } H_1 : p > p_0.$$

为寻找检验的统计量,我们考察参数 p 的无偏估计量 $\bar{\xi}$. 由于 $n\bar{\xi} = \sum_{i=1}^{n} \xi_i \sim b(n, p)$,在 $p = p_0$ 时,$n\bar{\xi} = \sum_{i=1}^{n} \xi_i \sim b(n, p_0)$,因此,我们可以用 $n\bar{\xi}$ 作为检验函数进行右单边检验.由于 $n\bar{\xi}$ 只取非负整数值,故可限制 c 在非负整数中.然而,一般情况下对于给定的 α,不一定能正好取一个 c 使

$$P(n\bar{\xi} \geqslant c) = \sum_{i=c}^{n} C_n^i p_0^i (1 - p_0)^{n-i} = \alpha, \tag{9.8}$$

恰好使得 (9.8) 成立的 c 是罕见的.这是在对离散型总体作假设检验中普遍会遇到的问题.在这种情况下,较常见的是找一个 c_0,使得

$$\sum_{i=c_0}^{n} C_n^i p_0^i (1 - p_0)^{n-i} > \alpha > \sum_{i=c_0+1}^{n} C_n^i p_0^i (1 - p_0)^{n-i}.$$

为保证检验水平不大于 α,可取 $c = c_{0+1}$,拒绝域为 $n\bar{\xi} \in D = [c_{0+1}, n]$.

对于检验问题

$$H_0 : p \geqslant p_0 \text{ vs } H_1 : p < p_0$$

处理的方法是类似的,检验的拒绝域为 $n\bar{\xi} \in D = [0, c]$. c 为满足

$$\sum_{i=0}^{c} C_n^i p_0^i (1 - p_0)^{n-i} \leqslant \alpha$$

的最大正整数.对于检验问题

$$H_0 : p = p_0 \text{ vs } H_1 : p \neq p_0$$

拒绝域为 $n\bar{\xi} \in D = [0, c_1] \bigcup [c_2, n]$. 其中 c_1、c_2 为满足

$$\sum_{i=0}^{c_1} C_n^i p_0^i (1 - p_0)^{n-i} \leqslant \alpha/2$$

的最大整数,c_2 为满足

$$\sum_{i=c_2}^{n} C_n^i p_0^i (1 - p_0)^{n-i} \leqslant \alpha/2$$

的最小整数.

例 9.14 某厂生产的产品优质品率一直保持在 40%. 近期对该厂生产的该类产品抽检 20 件, 其中优质品 7 件. 试问能否认为优质品率仍保持在 40%($\alpha = 0.05$)?

解 根据题意提出假设:

$$H_0 : p = 0.4 \text{ vs } H_1 : p \neq 0.4,$$

采用双边检验; 现 $n = 20$, $\alpha = 0.05$, $p_0 = 0.4$, 由于

$$P(n\bar{\xi} \leqslant 3) = 0.016 < 0.025 < P(n\bar{\xi} \leqslant 4) = 0.051,$$
$$P(n\bar{\xi} \geqslant 11) = 0.056\,5 > 0.025 > P(n\bar{\xi} \geqslant 12) = 0.021,$$

故取 $c_1 = 3$, $c_2 = 12$, 因为 $3 < 7 < 12$, 所以接受原假设 H_0.

9.4.3 大样本检验

前一小节我们介绍了对二点分布参数 p 的检验问题, 我们看到临界值的确定比较繁琐, 使用不方便. 如果样本容量较大, 我们可以用近似的检验方法——**大样本检验**.

设 $(\xi_1, \xi_2, \cdots, \xi_n)$ 为取自总体 ξ 的样本, ξ 的均值为 θ, 方差为 θ 的函数, 记为 $\sigma^2(\theta)$. 例如, 对于二点分布 $b(1, \theta)$, 其方差 $\theta(1-\theta)$ 是 θ 的函数. 下面考虑假设

$$H_0 : \theta = \theta_0 \text{ vs } H_1 : \theta \neq \theta_0,$$

的检验问题. 在样本容量 n 较大时, 由中心极限定理知, $\bar{\xi} \sim N(\theta, \sigma^2(\theta)/n)$. 故选用检验函数

$$U = \frac{\sqrt{n}(\bar{\xi} - \theta_0)}{\sqrt{\sigma^2(\theta_0)}}. \tag{9.9}$$

采用双边检验. 由于在 $\theta = \theta_0$ 时, $U \sim N(0, 1)$, 因此借助于 $N(0, 1)$ 可近似地确定出检验的拒绝域为 $U \in D = (-\infty, -u_\alpha] \bigcup [u_\alpha, +\infty)$, 其中 u_α 由确定 $\Phi(u_\alpha) = 1 - \alpha/2$.

对于假设 $H_0 : \theta \leqslant \theta_0$ vs $H_1 : \theta > \theta_0$ 和 $H_0 : \theta \geqslant \theta_0$ vs $H_1 : \theta < \theta_0$ 的检验方法类似, 检验函数为 (9.9) 中的 U, 检验的拒绝域分别为 $U \in D = [u_{2\alpha}, +\infty)$ 和 $U \in D = (-\infty, -u_{2\alpha}]$.

如果 ξ 的方差还依赖于另一未知参数, 则可以考虑检验函数

$$U = \frac{\sqrt{n}(\bar{\xi} - \theta_0)}{S^*}. \tag{9.10}$$

$H_0 : \theta = \theta_0$ 成立时, 中心极限定理仍保证 n 较大时 $U \sim N(0, 1)$. 因此假设检验的

方法和上面类似.

例 9.15 某厂生产一批产品,按照质量要求规定,其次品率不超过 5% 才能出厂. 今从这批产品中随机抽取 50 件,发现有 4 件次品,试问这批产品能否出厂 $(\alpha = 0.05)$?

解 以 ξ 任取一件产品的次品数,则 $\xi \sim b(1, \theta)$. 根据题意,本题要检验的假设为

$$H_0 : \theta \leqslant 0.05 \text{ vs } H_1 : \theta > 0.05.$$

本例要用上一段的方法来检验是比较困难的(临界值难以确定). 但由于样本容量 $n = 50$ 较大,因此采用大样本检验法(右单边检验);对于 $\alpha = 0.05$,查 N(0, 1) 得 $u_{2\alpha} = 1.645$;

现 $\theta_0 = 0.05$,由样本数据可算得 $\bar{x} = 0.08$,计算 U 的观察值

$$u = \frac{\sqrt{n}(\bar{x} - \theta_0)}{\sqrt{\theta_0(1 - \theta_0)}} = \frac{\sqrt{50} \times (0.08 - 0.05)}{\sqrt{0.05(1 - 0.05)}} \approx 0.973\,3,$$

由于 $u \approx 0.973\,3 < 1.645$,故接受原假设 H_0,即认为这批产品的次品率超过 5% 证据不足.

9.4.4 检验的 p 值

假设检验的结论通常是简单的. 在给定的显著水平下,不是拒绝原假设就是保留原假设. 然而有时也会出现这样的情况:在一个相对较大的显著水平(比如 $\alpha = 0.05$)下得到拒绝原假设的结论,而在一个较小的显著水平(比如 $\alpha = 0.01$)下却会得到相反的结论. 这种情况在理论上很容易理解:因为显著水平变小后会导致检验的拒绝域变小,于是原来落在拒绝域中的观测值就可能落入接受域,但这种情况在应用中会带来一些麻烦. 假如这时一个人主张选择显著水平 $\alpha = 0.05$,而另一个人主张选 $\alpha = 0.01$,则第一个人的结论是拒绝 H_0,而后一个人的结论是接受 H_0. 我们该如何处理这一问题呢? 下面从一个例子谈起.

例 9.16 一支香烟中的尼古丁含量 ξ 服从正态分布 N$(a, 1)$,质量标准规定 a 不能超过 1.5 mg. 现从某厂生产的香烟中随机抽取 20 支测得其中平均每支烟的尼古丁含量为 $\bar{x} = 1.97$ mg,试问该厂生产的香烟中的尼古丁含量是否符合质量标准的规定.

这是一个单侧假设检验问题. 原假设 $H_0 : a \leqslant 1.5$,备择假设 $H_1 : a > 1.5$;由于总体的标准差已知,故采用 U 检验. 由所给数据算得

$$u = \frac{\bar{x} - a}{\frac{\sigma}{\sqrt{n}}} = \frac{1.97 - 1.5}{\frac{1}{\sqrt{20}}} = 2.10.$$

对于下列一些检验水平,下表列出了相应的拒绝域和检验结论.

表 9.2

显著性水平	拒 绝 域	$u=2.10$ 对应的结论
$\alpha = 0.05$	$u \geqslant 1.645$	拒绝 H_0
$\alpha = 0.025$	$u \geqslant 1.96$	拒绝 H_0
$\alpha = 0.01$	$u \geqslant 2.33$	接受 H_0
$\alpha = 0.005$	$u \geqslant 2.58$	接受 H_0

我们看到,不同的 α 有不同的结论.

现在换一个角度来看,在 $a=1.5$ 时,U 的分布是 N(0, 1),由此可算得 $P(U \geqslant 2.10) = 0.0179$,若以 0.0179 为基准来看上述检验问题,可得:

当 $\alpha < 0.0179$ 时,$u_\alpha > 2.10$. 于是 2.10 就不在 $\{u \geqslant u_\alpha\}$ 中,此时应接受原假设 H_0;

当 $\alpha \geqslant 0.0179$ 时,$u_\alpha \leqslant 2.10$. 于是 2.10 就落在 $\{u \geqslant u_\alpha\}$ 中,此时应拒绝原假设 H_0.

由此可以看出,0.0179 是能用观测值 2.10 作出"拒绝 H_0"的最小检验水平,这就是 p 值.

一般讲,在一个假设检验问题中,利用观测值能够作出拒绝原假设的最小检验水平称为检验的 p 值.

引进检验的 p 值的概念有明显的好处. 第一,它比较客观,避免了事先确定显著水平;其次,由检验的 p 值与人们心目中的检验水平 α 进行比较可以很容易作出检验的结论:

如果 $\alpha \geqslant p$,则在显著水平 α 下拒绝 H_0;

如果 $\alpha < p$,则在显著水平 α 下应保留 H_0.

习 题 9.4

(A)

1. 从一批寿命服从指数分布的产品中抽取 10 件进行寿命试验,测得数据如下(单位:h):

1 643 1 629 426 132 1 522 432 1 759 1 074 528 283

根据这批数据能否认为其平均寿命不小于 1 100 h($\alpha = 0.05$)?

2. 某厂一种电子元件平均使用寿命为 1 200 h,为提高平均使用寿命,厂里进行技术革新. 今从技术革新后的电子元件中随机抽取 8 个进行寿命试验,得如下数据(单位:h):

2 686　2 001　2 082　792　1 660　4 105　1 416　2 089

假定技术革新后的电子元件寿命服从指数分布,问技术革新有没有取得效果($\alpha =$ 0.05)?

3. 有人称某地成年人中,大学毕业生比例低于 30%. 为检验之,随机调查该地 15 名成年人,发现有 3 名大学毕业生,问在 $\alpha = 0.05$ 下能否认为该人的看法正确? 并求出检验的 p 值.

4. 一个小学校长在报纸上看到这样的报道:"这一城市的初中学生平均每周看 8 h 电视". 她认为她所在的学校的学生看电视的时间明显小于该数字. 为此,她在该校随机调查了 100 个学生,得知平均每周看电视的时间 $\overline{x} = 6.5$ h,样本修正标准差为 $s^* = 2$ h. 问是否可以认为这位校长的看法是对的($\alpha = 0.05$)?

5. 某厂生产的产品不合格率为 10%,在一次例行检查中,随机抽取 80 件,发现有 11 件不合格品,问能否认为产品的不合格率仍为 10% ($\alpha = 0.05$)?

§9.5　似然比检验

由前面关于假设检验的一些讨论可知,假设检验的关键就是构造检验的拒绝域,而拒绝域通常是借助于统计量来建立的. 因此,如何选择检验的统计量及选择什么样的检验统计量是十分重要的问题. 然而,实际上选择检验的统计量,特别是求统计量的分布是比较困难的,在很多情况下用于检验的统计量最初是根据经验选取的. 奈曼-皮尔逊(Neyman—Pearson)在 1928 年提出了利用似然比获得检验统计量的一般方法,它至今仍然是寻求用于检验的统计量的重要方法.

同极大似然法估计法一样,似然比检验也是基于极大似然的直观想法,它有十分广泛的应用,而且由它构造出来的检验通常具有各种优良性.

我们先介绍似然比检验的直观背景. 设总体 ξ 是离散型或连续型随机变量,其密度函数 $f(x; \theta)$ 依赖于参数 $\theta \in \Theta$.

1. 首先考虑原假设和备择假设都是简单假设的情况: $H_0 : \theta = \theta_0$ vs $H_1 : \theta = \theta_1$. 此时相应的样本($\xi_1, \cdots, \xi_n$)的概率函数有两种假设:

$$H_0 : L(x_1, \cdots, x_n; \theta_0) = \prod_{i=1}^{n} f(x_i; \theta_0) \quad \text{vs} \quad H_1 : L(x_1, \cdots, x_n; \theta_1) = \prod_{i=1}^{n} f(x_i; \theta_1)$$

与极大似然法估计类似. 似然比检验基于如下直观的想法:在获取的样本值($x_1, \cdots, x_n$)固定的情况下,若 H_0 真实,最可能 $L(x_1, \cdots, x_n; \theta_0) > L(x_1, \cdots, x_n; \theta_1)$,否则最可能 $L(x_1, \cdots, x_n; \theta_0) < L(x_1, \cdots, x_n; \theta_1)$. 因此,若比值 $L(x_1, \cdots, x_n; \theta_1) / L(x_1, \cdots, x_n; \theta_0)$ 充分大,则应拒绝 H_0 ,这就是似然比检验的基本思想.

统计量

$$R(\xi_1, \xi_2, \cdots, \xi_n) = \frac{L(\xi_1, \cdots, \xi_n; \theta_1)}{L(\xi_1, \cdots, \xi_n; \theta_0)} \qquad (9.11)$$

叫做**似然比**,而以似然比为统计量构造的检验叫做**似然比检验**.

2. 下面考虑一般情况:$H_0: \theta \in \Theta_0$ vs $H_1: \theta \in \Theta_1$(其中 $\Theta = \Theta_0 \bigcup \Theta_1$ 为参数空间). 此时相应的样本($\xi_1, \xi_2, \cdots, \xi_n$)的概率函数有两种假设:

$$H_0: L(x_1, \cdots, x_n; \theta) = \prod_{i=1}^{n} f(x_i; \theta), \theta \in \Theta_0,$$

$$H_1: L(x_1, \cdots, x_n; \theta) = \prod_{i=1}^{n} f(x_i; \theta), \theta \in \Theta_1.$$

若 H_0 真实,则样本的分布似应有 $L_0(x_1, \cdots, x_n) = \sup_{\theta \in \Theta_0} \prod_{i=1}^{n} f(x_i; \theta)$,若 H_1 真实,则样本的分布似应有 $L_1(x_1, \cdots, x_n) = \sup_{\theta \in \Theta_1} \prod_{i=1}^{n} f(x_i; \theta)$. 仿照1,考虑似然比

$$R(\xi_1, \xi_2, \cdots, \xi_n) = \frac{\sup_{\theta \in \Theta_1} \prod_{i=1}^{n} f(\xi_i; \theta)}{\sup_{\theta \in \Theta_0} \prod_{i=1}^{n} f(\xi_i; \theta)}. \qquad (9.12)$$

借助于似然比(9.12)构造的显著性检验叫做(**广义**)**似然比检验**.

例 9.17 设 $\xi \sim N(a, \sigma^2)$,其中 σ^2 已知,试求检验假设

$$H_0: a = a_0 \text{ vs } H_1: a = a_1 \qquad (其中 a_1 > a_0)$$

的似然比检验.

解 由(9.11)式,似然比

$$R(\xi_1, \xi_2, \cdots, \xi_n) = \frac{L(\xi_1, \cdots, \xi_n; a_1)}{L(\xi_1, \cdots, \xi_n; a_0)} = \frac{(\sqrt{2\pi}\sigma)^{-n} \exp\left\{-\frac{1}{2\sigma^2} \sum_{i=1}^{n} (\xi_i - a_1)^2\right\}}{(\sqrt{2\pi}\sigma)^{-n} \exp\left\{-\frac{1}{2\sigma^2} \sum_{i=1}^{n} (\xi_i - a_0)^2\right\}}$$

$$= \exp\left\{-\frac{n}{2\sigma^2}(a_1 - a_0)(a_1 + a_0 - 2\bar{\xi})\right\}.$$

上面的似然比可作为检验的统计量,但使用起来稍有不便,我们作适当转化. 因为 $a_1 > a_0$,所以似然比 R 是 $\bar{\xi}$ 的增函数,$\exp\left\{-\frac{n}{2\sigma^2}(a_1 - a_0)(a_1 + a_0 - 2\bar{\xi})\right\} \geqslant c$ 等价于存在 λ 使 $\bar{\xi} \geqslant \lambda$. 基于 $\bar{\xi}$ 的分布,对于给定的 α,满足 $P(\bar{\xi} \geqslant \lambda) = \alpha$ 的 $\lambda = a_0 + u_{2\alpha}\frac{\sigma}{\sqrt{n}}$,故 $\bar{\xi} \in \left[a_0 + u_{2\alpha}\frac{\sigma}{\sqrt{n}}, +\infty\right)$,即 $U \in D = [u_{2\alpha}, +\infty)$ 为检验的拒绝域,

其中 $U = \dfrac{\bar{\xi} - a_0}{\dfrac{\sigma}{\sqrt{n}}}$.

习 题 9.5

(B)

1. 设总体 $\xi \sim N(a, \sigma^2)$,其中 σ^2 已知,试求检验假设

$$H_0 : a = a_0 \text{ vs } H_1 : a = a_1 (其中 a_1 < a_0)$$

的似然比检验.

2. 设总体 $\xi \sim b(1, p)$,试求检验假设

$$H_0 : p = p_0 \text{ vs } H_1 : p = p_1 (其中 p_0 > p_1)$$

的似然比检验.

3. 设总体 $\xi \sim N(a, \sigma^2)$,其中 σ^2 已知,试求检验假设

$$H_0 : a = a_0 \text{ vs } H_1 : a \neq a_0$$

的似然比检验.

第 **10** 章 非参数假设检验

§10.1 分布拟合检验

前面我们讨论的检验问题都是在总体分布形式已知的前提下对分布的参数建立假设并进行检验的,它们都属于参数假设检验问题.下面我们对总体分布的种种假设(如例 9.3)进行检验,这就是非参数假设检验所要解决的问题.先介绍分布的拟合检验.

10.1.1 χ^2 拟合优度检验

10.1.1.1 χ^2 拟合优度检验的方法

设总体 ξ 的值域可以表示成 k 个两两互不相交的子集的并.记 $A_i =$ "ξ 落入第 i 个子集",$i = 1, 2, \cdots, k$. 现对该总体作 n 次观察,A_i 发生的频数记为 n_i,$\sum_{i=1}^{k} n_i = n$,$i = 1, 2, \cdots, k$. 如今要检验的假设为

$$H_0: P(A_i) = p_i, \ i = 1, 2, \cdots, k. \tag{10.1}$$

其中诸 $p_i > 0$,且 $\sum_{i=1}^{k} p_i = 1$. 其备择假设是(10.1)中的诸等式至少有一个不成立.在实际问题中,此种备择假设可以省略不写.下面我们分两种情况讨论(10.1)的检验问题.

(1)诸 p_i 已知

如果 H_0 成立,在对于每一个 A_i,其频率 $\frac{n_i}{n}$ 与概率 p_i 应较接近,即 $\frac{n_i}{n} - p_i$ 应较小.据此,英国统计学家皮尔逊提出如下检验函数

$$\chi^2 = \sum_{i=1}^{k} \left(\frac{n_i}{n} - p_i \right)^2 \frac{n}{p_i} = \sum_{i=1}^{k} \frac{(n_i - np_i)^2}{np_i}, \tag{10.2}$$

上式中的因子 $\frac{1}{p_i}$ 是起调节作用的,因为较小的 p_i 所引起的误差 $\frac{n_i}{n} - p_i$ 更应引起

重视,即在和式中占的比重应较大.显然 H_0 成立时,χ^2 应较小,如果 χ^2 较大,则应拒绝 H_0.即检验应该为右单边检验.为了解 χ^2 的(极限)分布,我们看 $k=2$ 的特殊情况.此时 $p_2 = 1 - p_1$,$n_2 = n - n_1$,从而

$$\chi^2 = \frac{(n_1 - np_1)^2}{np_1} + \frac{(n_2 - np_2)^2}{np_2} = \frac{(n_1 - np_1)^2}{np_1} + \frac{(n_1 - np_1)^2}{n(1 - p_1)} = \frac{(n_1 - np_1)^2}{np_1(1 - p_1)}.$$

由中心极限定理,$\dfrac{n_1 - np_1}{\sqrt{np_1(1 - p_1)}}$ 的极限分布为标准正态分布 $N(0, 1)$,于是 $\chi^2 = \dfrac{(n_1 - np_1)^2}{np_1(1 - p_1)}$ 的极限分布为 $\chi^2(1)$.事实上,皮尔逊证明了由(10.2)定义的 χ^2 在 H_0 成立时的极限分布为 $\chi^2(k-1)$.借助于极限分布,可以定出检验的拒绝域为 $\chi^2 \in D = [\chi_\alpha^2, +\infty)$.其中 χ_α^2 查 $\chi^2(k-1)$ 分布表由 $P(\chi^2 \geqslant \chi_\alpha^2) = \alpha$ 确定.

由于检验函数 χ^2 实际上反映了频率和理论概率的拟合程度,故上述检验方法称为 χ^2 拟合优度检验.

(2) 诸 p_i 不完全已知

在实际问题中,p_i 往往不是已知的.最常见的情形是诸 p_i 依赖于 $r(r<k)$ 个未知参数 $\theta_1, \theta_2, \cdots, \theta_r$,即

$$p_i = p_i(\theta_1, \cdots, \theta_r), \ i = 1, 2, \cdots, k.$$

此时(10.2)中的 χ^2 不是统计量,我们可以先由样本给出 $\theta_1, \cdots, \theta_r$ 的极大似然法估计 $\hat{\theta}_1, \cdots, \hat{\theta}_r$,然后给出诸 p_i 的估计 $\hat{p}_i = p_i(\hat{\theta}, \cdots, \hat{\theta}_r)$,并在(10.2)中用 $\hat{p}_i$ 代 p_i,即考虑如下检验函数:

$$\chi^2 = \sum_{i=1}^{k} \frac{(n_i - n\hat{p}_i)^2}{n\hat{p}_i}. \tag{10.3}$$

费希尔证明了在 H_0 成立且 n 充分大时 χ^2 近似服从 $\chi^2(k-r-1)$,从而检验的拒绝域为 $\chi^2 \in D = [\chi_\alpha^2, +\infty)$,其中 χ_α^2 查 $\chi^2(k-r-1)$ 分布表由 $P(\chi^2 \geqslant \chi_\alpha^2) = \alpha$ 确定.

由于 χ^2 拟合优度检验要求 n 充分大,而 $p_i > 0$ 为定值,所以在应用上述方法进行检验时,应控制理论频数 np_i(或 $n\hat{p}_i$)的值不小于 5,否则合并 A_i 以满足要求.

10.1.1.2 总体 ξ 为离散型随机变量时分布的 χ^2 拟合优度检验

若总体 X 为离散型随机变量,需检验的原假设为

$$H_0 : 总体 \xi 具有分布列为 P(\xi = x_i) = p_i, \ i = 1, 2, \cdots.$$

此时一般取 $A_i = \{\xi = x_i\}$，并对满足 np_i（或 $n\hat{p}_i$）小于 5 的 A_i 适当合并以满足要求，然后用上面介绍的 χ^2 拟合优度检验法对原假设 H_0:进行检验.

例 10.1 试对例 9.3 中的假设给出检验（$\alpha = 0.10$）

解 本题是要在 $\alpha = 0.10$ 下检验的假设

$$H_0:\xi \sim \mathrm{P}(\lambda).$$

由于 λ 未知，我们先用极大似然法估计得

$$\hat{\lambda} = \bar{x} = (0 \times 92 + 1 \times 68 + 2 \times 28 + 3 \times 11 + 4 \times 1 + 5 \times 0)/200 = 0.8.$$

由于 ξ 的取值有 6 种情况:0，1，2，3，4 及大于等于 5，故取 $A_1 = \{X = 0\}$，$A_2 = \{X = 1\}$，$A_3 = \{X = 2\}$，$A_4 = \{X = 3\}$，$A_5 = \{X = 4\}$，$A_6 = \{X \geqslant 5\}$. 查 $\mathrm{P}(0.8)$ 分布表得下列有关数据（表 10.1）.

表 10.1

A_i	$\hat{p}_i$	$n\hat{p}_i$	A_i	$\hat{p}_i$	$n\hat{p}_i$
A_1	0.449 3	89.86	A_4	0.038 3	7.66
A_2	0.359 5	71.90	A_5	0.007 7	1.54
A_3	0.143 8	28.76	A_6	0.001 4	0.28

由上表可以看出，A_5、A_6 的理论频数均小于 5（理论频数的和也小于 5），将其合并到 A_4 这一组，即令 $A_4 = \{X \geqslant 3\}$. 下面我们把有关数据的计算结果列于表 10.2.

表 10.2

A_i	n_i	$\hat{p}_i$	$n\hat{p}_i$	$n_i - n\hat{p}_i$	$(n_i - n\hat{p}_i)^2/n\hat{p}_i$
A_1	92	0.449 3	89.86	2.14	0.051 0
A_2	68	0.359 5	71.90	-3.90	0.211 5
A_3	28	0.143 8	28.76	-0.76	0.020 1
A_4	12	0.047 4	9.48	2.52	0.669 9
Σ					0.952 5

由上表算得 $\chi^2 = 0.952\,5$. 因 $k = 4$，$r = 1$，$k - r - 1 = 2$，$\alpha = 0.10$，查 $\chi^2(2)$ 分布表得 $\chi^2_{0.10}(2) = 4.605$，由于 $\chi^2 = 0.952\,5 < 4.605$，故接受原假设 H_0，即认为单位时间通过公路的汽车辆数服从泊松分布.

10.1.1.3 总体 ξ 为连续型随机变量时分布的 χ^2 拟合优度检验

若总体 ξ 为连续型随机变量（或一般随机变量），需检验的原假设为

H_0:总体 ξ 具有分布函数 $F(x)$(或密度函数 $p(x)$).

此时一般先在 $(-\infty,+\infty)$(一般可视为 ξ 的值域)插入 $k-1$ 个分点:

$$-\infty = a_0 < a_1 < a_2 < \cdots < a_{k-1} < a_k = +\infty$$

将 $(-\infty,+\infty)$ 分成 k 个两两互不相交的区间 $(a_{i-1},a_i]$ 的并,取 $A_i = \{a_{i-1} \leqslant \xi < a_i\}$,则

$$p_i = F(a_i) - F(a_{i-1}) \left(\text{或 } p_i = \int_{a_{i-1}}^{a_i} p(x)\mathrm{d}x \right), \tag{9.4}$$

并对满足 np_i 小于 5 的 A_i 适当合并以满足要求,然后用前面介绍的 χ^2 拟合优度检验法对原假设 H_0 进行检验. 对于分布中含有参数时,可先用极大似然法求出它的估计并代入 $F(x)$(或 $p(x)$),然后再按(9.4)式计算出 $\hat{p}_i$.

例 10.2 从 B 校某次高等数学考卷中随机抽取 60 份试卷,其成绩如下:

93 75 83 95 91 85 84 82 77 76 77 92 99 89 55 86
86 83 96 81 79 97 78 75 67 68 69 89 83 81 75 66
87 82 94 84 83 89 91 78 74 53 76 74 86 76 90 89
71 66 86 74 80 92 79 78 72 64 73 91

问能否认为该次高等数学的考试成绩服从正态分布($\alpha = 0.05$)

解 设学生的考试成绩为 ξ,则本题是要在 $\alpha = 0.05$ 下检验的假设 H_0:$\xi \sim N(a,\sigma^2)$,由于 a、σ^2 未知,我们先用极大似然法估计得

$$\hat{a} = \bar{x} = 80, \quad \hat{\sigma}^2 = s^2 = 9.6^2.$$

将 $(-\infty,+\infty)$ 分成 5 个两两互不相交的区间:$(-\infty,60)$,$[60,70)$,$[70,80)$,$[80,90)$,$[90,+\infty)$,令 $A_1 = \{\xi < 60\}$,$A_2 = \{60 \leqslant \xi < 70\}$,$A_3 = \{70 \leqslant \xi < 80\}$,$A_4 = \{80 \leqslant \xi < 90\}$,$A_5 = \{\xi \geqslant 90\}$. 在 H_0 成立时计算下列各 $\hat{p}_i$ 及 $n\hat{p}_i$ 值:

$$\hat{p}_1 = P(\xi < 60) = \Phi\left(\frac{60-80}{9.6}\right)$$

$$= \Phi(-2.08) = 1 - \Phi(2.08) = 0.0188, \quad n\hat{p}_1 = 1.128,$$

$$\hat{p}_2 = P(60 \leqslant \xi < 70) = \Phi\left(\frac{70-80}{9.6}\right) - 0.0188$$

$$= \Phi(-1.04) - 0.0188 = 0.1304, \quad n\hat{p}_2 = 7.824,$$

$$\hat{p}_3 = P(70 < \xi < 80)$$

$$= \Phi\left(\frac{80-80}{9.6}\right) - \Phi(-1.04) = 0.3058, \quad n\hat{p}_3 = 21.408,$$

$$\hat{p}_4 = P(80 < \xi < 90)$$

$$= \Phi\left(\frac{90-80}{9.6}\right) - \Phi(0) = \Phi(1.04) - 0.5 = 0.305\,8, \quad n\hat{p}_4 = 21.408,$$

$$\hat{p}_5 = P(\xi \geqslant 90)$$

$$= 1 - \Phi\left(\frac{90-80}{9.6}\right) = 1 - \Phi(1.04) = 0.149\,2, \quad n\hat{p}_5 = 8.952,$$

因为 $n\hat{p}_1 = 1.128 < 5$，所以将第一区间与第二区间合并，这样共有四个两两互不相交的区间. 现将计算得的有关数据列于下表(表 10.3).

表 10.3

区　间	n_i	$\hat{p}_i$	$n\hat{p}_i$	$n_i - n\hat{p}_i$	$(n_i - n\hat{p}_i)^2 / n\hat{p}_i$
$(-\infty, 70)$	8	0.149 2	8.952	-0.952	0.101 2
$[70, 80)$	19	0.350 8	21.048	-2.048	0.199 3
$[80, 90)$	21	0.350 8	21.048	-0.048	0.000 1
$[90, +\infty)$	12	0.149 2	8.952	3.048	1.037 8
Σ					1.338 4

由上表算得 $\chi^2 = 1.338\,4$. 因 $k = 4, r = 2, k - r - 1 = 1, \alpha = 0.05$，查 $\chi^2(1)$ 分布表得 $\chi^2_{0.05}(1) = 3.841$，由于 $\chi^2 = 1.338\,4 < 3.841$，故接受原假设 H_0，即认为学生的高等数学成绩服从正态分布.

10.1.2　列联表的独立性检验

如果总体(二维)可按两个属 A 性和 B 分类，A 有 r 个类 $A_1, \cdots, A_r$，B 有 s 个类 $B_1, \cdots, B_s$. 从总体中抽取容量为 n 的样本，设其中有 n_{ij} 个个体既属于 A_i 又属于 B_j，将 $r \times s$ 个 n_{ij} 排列成下表：

表 10.4

A/B	B_1	$\cdots$	B_j	$\cdots$	B_s	和
A_1	n_{11}	$\cdots$	n_{1j}	$\cdots$	n_{1s}	$n_1.$
$\vdots$	$\vdots$		$\vdots$		$\vdots$	$\vdots$
A_i	n_{i1}	$\cdots$	n_{ij}	$\cdots$	n_{is}	$n_i.$
$\vdots$	$\vdots$		$\vdots$		$\vdots$	$\vdots$
A_r	n_{r1}	$\cdots$	n_{rj}	$\cdots$	n_{rs}	$n_r.$
和	$n._1$	$\cdots$	$n._j$	$\cdots$	$n._s$	n

上表称为 r 行 s 列二维列联表,或称为 $r \times s$ 列联表. 例如,为调查高中生色觉和性别是否有关,随机抽取了 1 000 位高中生,按其性别(男或女)及色觉(正常或色盲)两个属性分类,得到如下面一个二维列联表:

表 10.5

性　别	色　觉	
	正　常	色　盲
男	535	65
女	382	18

设 A_i 出现、B_j 出现及 A_i、B_j 同时出现的概率分别为 $p_i.$、$p._j$、p_{ij},本段关心的是总体的属性 A 和属性 B 是否独立,即检验假设

$$H_0 : p_{ij} = p_i. p._j, \quad i = 1, \cdots, r; j = 1, \cdots, s.$$

是否成立,其中 $p_i.$、$p._j$ 不完全已知. 它可以用我们上一段介绍的分布拟合优度检验法来检验. 为此先求出 $p_i.$、$p._j$ 的极大似然估计

$$\hat{p}_i. = \frac{n_i.}{n}, \hat{p}._j = \frac{n._j}{n}, i = 1, \cdots, r; j = 1, \cdots, s.$$

由于 $\sum\limits_{i=1}^{r} p_i. = 1$, $\sum\limits_{j=1}^{s} p._j = 1$,因此这里实际上估计了 $(r-1) + (s-1) = r+s-2$ 个参数. 考虑检函数

$$
\begin{aligned}
\chi^2 &= \sum_{i=1}^{r} \sum_{j=1}^{s} \frac{(n_{ij} - n \hat{p}_i. \hat{p}._j)^2}{n \hat{p}_i. \hat{p}._j} \\
&= \sum_{i=1}^{r} \sum_{j=1}^{s} \frac{\left(n_{ij} - \frac{n_i. n._j}{n}\right)^2}{\frac{n_i. n._j}{n}}
\end{aligned}
\tag{10.4}
$$

在原假设 H_0 成立的条件下它近似服从自由度为 $rs - (r+s-2) - 1 = (r-1) \cdot (s-1)$ 的 χ^2 分布,检验的拒绝域为 $\chi^2 \in D = [\chi_\alpha^2, +\infty)$,其中 χ_α^2 查 $\chi^2((r-1) \cdot (s-1))$ 分布表由 $P(\chi^2 \geqslant \chi_\alpha^2) = \alpha$ 确定.

例 10.3 从某学校中随机抽取 153 名学生,将他们首先按照学习成绩分成 A_1:优良、A_2:中等、A_3:较差三类,再按他们家长的职业分成 B_1:工人或农民、B_2:干部、B_3:知识分子、B_4:其他等四类,制成 3×4 列联表 10.6. 试问学生的学习成绩和其家长的职业是否有关 $(\alpha = 0.05)$?

表 10.6

A/B	B_1	B_2	B_3	B_4	和
A_1	6	0	10	2	18
A_2	26	15	46	7	19
A_3	13	6	17	5	41
和	45	21	73	5	n

解 设 H_0:学生的学习成绩和其家长的职业无关. 按公式(10.4)

$$\chi^2 = \sum_{i=1}^{r} \sum_{j=1}^{s} \frac{\left(n_{ij} - \frac{n_{i\cdot} \, n_{\cdot j}}{n}\right)^2}{\frac{n_{i\cdot} \, n_{\cdot j}}{n}}$$

$$= \frac{\left(6 - \frac{18 \times 45}{153}\right)^2}{\frac{18 \times 45}{153}} + \frac{\left(0 - \frac{18 \times 21}{153}\right)^2}{\frac{18 \times 21}{153}} + \cdots + \frac{\left(5 - \frac{41 \times 14}{153}\right)^2}{\frac{41 \times 14}{153}}$$

$$= 4.488.$$

因 $r = 3$, $s = 4$, $(r-1)(s-1) = 6$, $\alpha = 0.05$, 查 $\chi^2(6)$ 分布表得 $\chi^2_{0.05}(1) = 12.592$, 由于 $\chi^2 = 4.488 < 12.592$, 故接受原假设 H_0, 即认为学生的学习成绩和其家长的职业无关.

列联表的独立性检验还可以用来检验两个随机变量的独立性. 设 (ξ, η) 为二维随机变量,将 ξ 的取值范围分成 r 个互不相交的子集 $A_1, \cdots, A_r$ 作为属性 A 的分类, η 的取值范围分成 s 个互不相交的子集 $B_1, \cdots, B_s$ 作为属性 B 的分类,然后借助上面关于属性 A 和属性 B 是否独立的检验方法来检验 ξ 与 η 是否独立.

10.1.3 多个独立总体的同分布检验

设有 r 个相互独立的总体 $\xi_1, \xi_2, \cdots, \xi_r$, $(x_{i1}, x_{i2}, \cdots, x_{m_i})$ 是取自总体 ξ_i 的样本值. 利用 χ^2 拟合优度检验的思想,我们可以给出检验假设

$$H_0: \xi_1, \xi_2, \cdots, \xi_r \text{ 与 } \xi \text{ 同分布}$$

的一种方法.

把实轴分成 s 个两两互不相交的子集: $A_1, \cdots, A_s$,统计 $x_{i1}, x_{i2}, \cdots, x_{m_i}$ 中落入 A_j 的频数 $n_{ij}(i=1, 2, \cdots, r; j=1, 2, \cdots, s)$,将所得结果列成下面的表 10.7:

概率与统计

表 10.7

分组 n_{ij} 总体	A_1	$\cdots$	A_j	$\cdots$	A_s	$n_{i\cdot} = \sum\limits_{j=1}^{s} n_{ij}$
ξ_1	n_{11}	$\cdots$	n_{1j}	$\cdots$	n_{1s}	$n_1 = n_{1\cdot}$
$\vdots$	$\vdots$		$\vdots$		$\vdots$	$\vdots$
ξ_2	n_{i1}	$\cdots$	n_{ij}	$\cdots$	n_{is}	$n_i = n_{i\cdot}$
$\vdots$	$\vdots$		$\vdots$		$\vdots$	$\vdots$
ξ_r	n_{r1}	$\cdots$	n_{rj}	$\cdots$	n_{rs}	$n_s = n_{r\cdot}$
$n_{\cdot j} = \sum\limits_{i=1}^{r} n_{ij}$	$n_{\cdot 1}$	$\cdots$	$n_{\cdot j}$	$\cdots$	$n_{\cdot s}$	n
$\hat{p}_j = n_{\cdot j}/n$	$\hat{p}_1$	$\cdots$	$\hat{p}_j$	$\cdots$	$\hat{p}_s$	

记 $p_j = P(\xi \in A_j)(j = 1, 2, \cdots, s)$，则 $\sum\limits_{j=1}^{s} p_j = 1$. 如果 H_0 为真,那么 $\dfrac{n_{ij}}{n_i} \approx$

$p_j (i = 1, 2, \cdots, r; j = 1, 2, \cdots, s)$，因此,根据 χ^2 拟合优度检验的思想,可以借助于

$$\sum_{i=1}^{r} \sum_{j=1}^{s} \left(\frac{n_{ij}}{n_i} - p_j \right)^2 \frac{n_i}{p_j}$$

对 H_0 进行右单边检验. 由于 p_j 未知,用的极大似然法估计 $\hat{p}_j = \dfrac{\sum\limits_{i=1}^{r} n_{ij}}{n} = \dfrac{n_{\cdot j}}{n}$ 去替

代它 $(j = 1, 2, \cdots, s)$，即考虑

$$\chi^2 = \sum_{i=1}^{r} \sum_{j=1}^{s} \left(\frac{n_{ij}}{n_i} - \frac{n_{\cdot j}}{n} \right)^2 \frac{n_i}{\frac{n_{\cdot j}}{n}} = \sum_{i=1}^{r} \sum_{j=1}^{s} \frac{\left(n_{ij} - \frac{n_i n_{\cdot j}}{n} \right)^2}{\frac{n_i n_{\cdot j}}{n}}$$

$$= \sum_{i=1}^{r} \sum_{j=1}^{s} \frac{\left(n_{ij} - \frac{n_{i\cdot} n_{\cdot j}}{n} \right)^2}{\frac{n_{i\cdot} n_{\cdot j}}{n}}. \tag{10.5}$$

这里的 χ^2 与(10.4)式的形式完全一致. 可以证明当 $\min\{n_1, n_2, \cdots, n_s\} \to +\infty$ 且 H_0 为真时,χ^2 以 $\chi^2((r-1)(s-1))$ 为极限分布,从而检验的拒绝域为 $\chi^2 \in D = [\chi_\alpha^2, +\infty)$，其中 χ_α^2 查 $\chi^2((r-1)(s-1))$ 分布表由 $P(\chi^2 \geqslant \chi_\alpha^2) = \alpha$ 确定.

例 10.4 观察三种药物 A、B、C 治疗感冒的效果,分别给 59、72 和 69 名病人服用 A、B、C 三种药物,经观察得如下数据:

表 10.8

疗效 人数 药品	显效	有效	无效	合计
A	15	37	7	59
B	11	48	13	72
C	16	39	14	69
合计	42	124	34	200

试问三种药物疗效有无差异($\alpha = 0.01$)?

解 假设 H_0:三种药物疗效相同,该假设实际上是同一分布的假设.

由表中所给数据可算得

$$\chi^2 = \left(15 - \frac{42 \times 59}{200}\right)^2 \Big/ \frac{42 \times 59}{200} + \left(37 - \frac{124 \times 59}{200}\right)^2 \Big/ \frac{124 \times 59}{200}$$

$$+ \cdots + \left(14 - \frac{34 \times 69}{200}\right)^2 \Big/ \frac{34 \times 69}{200} \approx 3.819.$$

现 $r = 3$,$s = 3$,$(r-1)(s-1) = 4$,对于 $\alpha = 0.01$,查 $\chi^2(4)$ 分布表得 $\chi_\alpha^2 = 7.779$;因为 $\chi^2 = 3.819 < 7.779$,故接受原假设 H_0,即认为三种药物的疗效无差异.

习 题 10.1

(A)

1. 某工厂近十年来发生了 120 次事故,按星期几分类如下:

星 期	一	二	三	四	五	六
次 数	23	26	21	20	15	15

试问事故的发生与星期几是否有关,即是否可以认为事故在星期一至星期六中每一天发生的可能性大小相同($\alpha = 0.05$)?

2. 为募集社会福利基金,某地方政府发行福利彩票,中彩者用摇大转盘的方法确定最后中奖金额. 大转盘分为 20 份,其中金额为 5 万、10 万、20 万、30 万、50 万、100 万的分别占 2 份、4 份、6 份、4 份、2 份、2 份. 现有 20 人参加摇奖,摇得 5 万、10 万、20 万、30 万、50 万、100 万的人数分别为 2、6、6、3、3、0,由于没有一人摇到 100 万,于是有人怀疑大转盘是不均匀的,试问该怀疑是否成立($\alpha = 0.05$)?

3. 某电话交换台在一小时内接到电话的呼唤次数按每分钟记录得如下数据

呼唤次数	0	1	2	3	4	5	6	≥7
频 数	8	16	17	10	6	2	1	0

试问呼唤次数的分布能否认为是泊松分布($\alpha = 0.05$)?

4. 随机抽取某学校 120 名 11 岁的男生,测量其身高,其结果如下(单位:cm):

身高(cm)	(0, 122)	[122, 126)	[126, 130)	[130, 134)	[134, 138)	[138, 142)
人 数	0	4	9	10	22	33

身高(cm)	[142, 146)	[146, 150)	[150, 154)	[154, 158)	[158, +∞)
人 数	20	11	6	4	1

且 $\bar{x} = 139.9$,$s = 7.5$,试检验该校 11 岁男生的身高是否服从正态分布($\alpha = 0.05$)?

5. 1979 年广州 157 名学生高考化学分数如下:

组 距	65～69	60～64	55～59	50～54	45～49	40～44
组中值	67	62	57	52	47	42
人 数	1	1	9	6	14	22

组 距	35～39	30～34	25～29	20～24	15～19	10～14
组中值	37	32	27	22	17	12
人 数	36	20	20	11	9	8

试检验其分布是否符合正态分布($\alpha = 0.05$)?

6. 某商店赊销某耐用商品,要求顾客在次年交清所购商品的赊款. 现统计了 1 200 个顾客偿还赊款的时间如下表:

职业 人数 还期	工 人 B_1	农 民 B_2	干 部 B_3	总 计
一季度 A_1	180	120	80	380
二季度 A_2	200	100	40	340
三季度 A_3	130	80	50	260
四季度 A_4	90	120	10	220
总 计	600	420	180	1 200

试问偿还时间与顾客的职业是否有关($\alpha = 0.01$)?

7. 为了研究慢性气管炎与吸烟量的关系,调查了 385 人,得如下数据:

人数 类型 \ 烟量	a(支/日)	b(支/日)	c(支/日)	总计
患病者人数	26	147	37	210
健康者人数	30	123	22	175
总　计	56	270	59	385

试问慢性气管炎与吸烟量是否有关($\alpha = 0.05$)?

8. 随机抽取某学校 350 名学生,调查其学习努力程度和学业成绩的关系如下表:

人数 类型 \ 成绩	较　差	中　等	优　良	总　计
不努力	19	17	6	42
较努力	27	35	21	83
努　力	30	137	58	225
总　计	76	189	85	350

试问学习努力程度和学业成绩是否有关($\alpha = 0.01$)?

9. 对三个居民区的住房情况进行调查,把住房情况分为一、二、三个等级得下表:

户数 地区 \ 等级	一	二	三	总计
1	52	64	24	140
2	60	59	52	171
3	50	65	74	189
总计	162	188	150	500

试问各区之间住房情况有无差异($\alpha = 0.01$)?

§10.2 符 号 检 验

在实际问题中,经常会遇到需要我们去检验两个总体是否具有相同分布的问题. 比如,在教育科学中,经常要考虑某班期中考试成绩与期末考试成绩的分布是否吻合、两个平行班的成绩是否同分布等. 这类问题的讨论可以分为两种情况:第一种情况是知道了两总体的分布函数属于同一已知类型,但分布中还含有未知的参数. 此时,检验两总体是否同分布,实际上只需检验分布中对应的参数是否相等,即问题可以转化为参数假设的检验. 上一章中的§9.2、§9.3、§9.4 给出的检验法就属于这一情形. 第二种情况是总体分布函数的类型未知. 此时,同分布的假设为非参数假设.§10.1 中我们曾经讨论过这类问题的检验(多个独立总体的同分布检验),但那里的检验法需要的样本容量较大. 如何在给定的样本容量下来考虑该情形的非参数假设检验呢? 这就是我们下面所要解决的主要问题. 本节先讨论成对样本情形下的同分布检验.

设 (ξ, η) 是一个二维连续型总体,(ξ_1, η_1),(ξ_2, η_2),$\cdots$,(ξ_n, η_n) 为取自该总体的样本,以 $F_1(x)$、$F_2(x)$ 分别表示 ξ、η 各自的分布函数,则 ξ 与 η 是否同分布,就是要检验假设

$$H_0 : F_1(x) = F_2(x)$$

是否成立.

记

$$\zeta_i^+ = \begin{cases} 1, & \xi_i > \eta_i, \\ 0, & \xi_i \leqslant \eta_i, \end{cases} \quad i = 1, 2, \cdots, n;$$

$$S^+ = \sum_{i=1}^{n} \zeta_i^+, \tag{10.6}$$

S^+ 即为 $\xi_1 - \eta_1$,$\xi_2 - \eta_2$,$\cdots$,$\xi_n - \eta_n$ 中符号为"+"的个数. 易知,ζ_1^+,ζ_2^+,$\cdots$,ζ_n^+ 独立同分布于 $b(1, p)$,$S^+ \sim b(n, p)$,其中 $p = P(\zeta_i^+ = 1) = P(\xi > \eta)$. 在 H_0 成立时,可以证明 $p = P(\xi > \eta) = P(\xi < \eta) = \dfrac{1}{2}$,从而 $S^+ \sim b\left(n, \dfrac{1}{2}\right)$,$E(S^+) = \dfrac{n}{2}$,这表明 S^+ 应在 $\dfrac{n}{2}$ 的临近取值,偏小、偏大的可能性较小. 因此,可选用检验函数 S^+ 来对原假设 H_0 进行双边检验.

对于给定的检验水平 α,查 $b\left(n, \dfrac{1}{2}\right)$ 分布表确定满足下面不等式的最大整数 c_α:

$$P(S^+ \leqslant c_\alpha) = \sum_{i=0}^{c_\alpha} C_n^i \left(\frac{1}{2}\right)^n \leqslant \frac{\alpha}{2}.$$

由于 $C_n^i = C_n^{n-i}$，故上述 c_α 也满足

$$P(S^+ \geqslant n - c_\alpha) = \sum_{i=n-c_\alpha}^{n} C_n^i \left(\frac{1}{2}\right)^n$$
$$= \sum_{i=0}^{c_\alpha} C_n^{n-i} \left(\frac{1}{2}\right)^n \leqslant \frac{\alpha}{2},$$

于是，检验的拒绝域为 $S^+ \in D = [0, c_\alpha] \bigcup [n - c_\alpha, n]$.

由于上述检验中的检验函数 S^+ 是 $\xi_1 - \eta_1, \xi_2 - \eta_2, \cdots, \xi_n - \eta_n$ 中符号为"+"的个数，故该检验法称为**符号检验法**. 相应的 $b\left(n, \frac{1}{2}\right)$ 表也称为**符号检验表**. 符号检验的特点是通俗简单、易于操作.

关于符号检验，我们再作两点补充：

(1) 由于 H_0 为真时 $S^+ \sim b\left(n, \frac{1}{2}\right)$，从而根据中心极限定理，$\dfrac{S^+ - \dfrac{n}{2}}{\sqrt{n/4}} \overset{\cdot}{\sim} N(0, 1)$. 这样，在样本容量 n 较大时，可选用

$$U = \frac{S^+ - \dfrac{n}{2}}{\sqrt{\dfrac{n}{4}}} \tag{10.7}$$

来对原假设 H_0 作 U 双边检验，拒绝域为 $U \in D = (-\infty, -u_\alpha] \bigcup [u_\alpha, +\infty)$，其中 u_α 满足 $\Phi(u_\alpha) = 1 - \dfrac{\alpha}{2}$.

(2) 记 $\zeta_i^- = \begin{cases} 1, & \xi_i < \eta_i, \\ 0, & \xi_i \geqslant \eta_i. \end{cases}$ $i = 1, 2, \cdots, n$, $S^- = \sum_{i=1}^{n} \zeta_i^-$，则 S^- 是 $\xi_1 - \eta_1$, $\xi_2 - \eta_2, \cdots, \xi_n - \eta_n$ 中符号为"—"的个数. 由于假定了 (ξ, η) 为二维连续型，$P(\xi_i - \eta_i = 0) = 0$，故不妨认为 $\xi_i - \eta_i \neq 0 (i = 1, 2, \cdots, n)$，这样，$S^+ + S^- = n$, $S^+ \geqslant n - c_\alpha$ 即为 $S^- \leqslant c_\alpha$，从而

$$S^+ \in [0, c_\alpha] \bigcup [n - c_\alpha, n] \Leftrightarrow \min(S^+, S^-) \in [0, c_\alpha].$$

由此，在符号检验中，常选用检验函数 $\min(S^+, S^-)$ 来对 H_0 作左单边检验，拒绝域为 $\min(S^+, S^-) \in [0, c_\alpha]$，其中 c_α 的确定同前.

若在具体问题中出现了 $\xi_i - \eta_i = 0$ 怎么办？此时有两种处理方法：1)将该观察结果在样本中剔除不计；2)将为 0 的个数一半计入"+"号中，一半计入

"一"号中.

例 10.5 从某小学五年级中随机抽取 24 名学生,他们的期中和期末的作文成绩由表 10.9 给出,试问期中与期末的成绩有无差异($\alpha = 0.05$)?

表 10.9

学生号	1	2	3	4	5	6	7	8	9	10	11	12
期中成绩(x_i)	60	52	61	36	45	52	70	51	80	63	74	48
期末成绩(y_i)	71	50	70	45	42	62	78	65	94	63	84	62
$x_i - y_i$ 的符号	−	+	−	−	+	−	−	−	−	0	−	−
学生号	13	14	15	16	17	18	19	20	21	22	23	24
期中成绩(x_i)	66	54	70	72	75	63	50	84	65	90	55	82
期末成绩(y_i)	72	60	76	72	70	68	60	88	71	92	60	85
$x_i - y_i$ 的符号	−	−	−	0	+	−	−	−	−	−	−	−

解 检验期中和期末成绩有无差异,就是要检验期中与期末的成绩是否同分布. 为此提出原假设 H_0:期中与期末成绩同分布.

由于 $x_i - y_i$ 有两处出现了 0,将他们剔除,这样 $n = 22$. 由表格中的数据统计的 $S^+ = 3$,$S^- = 19$,从而 $\min(S^+, S^-) = 3$. 对于 $\alpha = 0.05$,查符号检验表($n = 22$)得 $c_\alpha = 5$. 因为 $3 < 5$,所以拒绝原假设 H_0,即认为期中与期末成绩存在差异.

由于符号检验法中只考虑了数据的符号,没有涉及差的大小,从而失去了样本所提供的一些信息. 所以,符号检验在接受原假设时往往可靠性不高. 为此,许多统计工作者对符号检验进行了改进. 如威尔科克逊(Wilcoxon)吸收了下一节将要介绍的秩和检验的思想,于 1964 年提出了符号秩次检验法,对此我们不再展开讨论.

习 题 10.2

(A)

1. 为研究播放音乐对工作人员工作效率的影响,选 10 名工作人员,并观察、记录在不播放音乐和播放音乐情况下日产产品的件数,得如下 10 组数据:

不播放音乐	90	80	92	85	81	82	75	85	75	80
播放音乐	99	85	98	83	88	99	80	81	80	94

试问播放音乐是否对工作效率有影响($\alpha = 0.1$)?

2. 甲、乙两个车间生产同一种产品,要比较这种产品的某项指标的波动情况. 从这两车间连续 15 天取得反映波动大小的数据如下:

日次	1	2	3	4	5	6	7	8
甲	1.13	1.26	1.16	1.41	0.86	1.39	1.21	1.22
乙	1.21	1.31	0.99	1.59	1.41	1.48	1.31	1.12
日次	9	10	11	12	13	14	15	
甲	1.20	0.62	1.18	1.34	1.57	1.30	1.13	
乙	1.60	1.38	1.60	1.84	1.95	1.25	1.50	

试问两车间所生产的产品在该项指标上的波动情况是否一致（$\alpha = 0.05$）？

3. 为研究课后辅导对学生成绩的作用,将 10 名学生分别在辅导前后用 A、B 卷进行测试,成绩如下表,试问课后辅导对成绩的分布有无影响（$\alpha = 0.05$）？

学生号	1	2	3	4	5	6	7	8	9	10
辅导前(x_i)	14	19	30	7	13	20	7	29	18	21
辅导前(y_i)	19	19	26	15	18	30	18	30	26	28

§10.3 秩和检验与游程检验

上一节讨论了成对样本中的同分布检验问题,本节我们研究两独立总体的同分布检验.

设 ξ，η 为两个独立总体,且 ξ，η 均为连续型随机变量,其分布函数分别为 $F_1(x)$、$F_2(x)$，$(\xi_1, \xi_2, \cdots, \xi_m)$ 为 ξ 的样本,$(\eta_1, \eta_2, \cdots, \eta_n)$ 为 η 的样本,且不妨设 $m \leqslant n$（否则交换 ξ 与 η 的记号）. 下面我们介绍检验假设

$$H_0: F_1(x) = F_2(x)$$

的两种方法.

10.3.1 秩和检验

先给出秩的概念. 设 $\zeta_1, \zeta_2, \cdots, \zeta_s$ 是 s 个连续型随机变量,$z_1, z_2, \cdots, z_s$ 是他们的观察结果,将 $z_1, z_2, \cdots, z_s$ 按从小到大的顺序排列成:

$$z_{(1)} < z_{(2)} < \cdots < z_{(s)}$$

若 $z_i = z_{(k)}$，则称 ζ_i 的秩为 k，记为 R_i，$i = 1, 2, \cdots, s$.

易知，在样本 $(\zeta_1, \zeta_2, \cdots, \zeta_s)$ 中，ζ_i 的秩就是将其排成次序统计量后 ζ_i 所占位置的序号.

设 $\zeta_1, \zeta_2, \cdots, \zeta_s$ 为独立同分布的连续型随机变量，$(i_1, i_2, \cdots, i_s)$ 是 $(1, 2, \cdots, s)$ 的一个排列，易知 $(\zeta_{i_1}, \zeta_{i_2}, \cdots, \zeta_{i_s})$ 与 $(\zeta_1, \zeta_2, \cdots, \zeta_s)$ 同分布，

$$P(\zeta_{i_1} < \zeta_{i_2} < \cdots < \zeta_{i_s}) = P(\zeta_1 < \zeta_2 < \cdots < \zeta_s).$$

因此，结合分布的连续性及 $(1, 2, \cdots, s)$ 的排列有 $s!$ 种，

$$P(\zeta_{i_1} < \zeta_{i_2} < \cdots < \zeta_{i_s}) = \frac{1}{s!}.$$

下面给出秩和检验的思想和方法.

将样本 $\xi_1, \xi_2, \cdots, \xi_m$ 和 $\eta_1, \eta_2, \cdots, \eta_n$ 混合成 $m+n$ 个随机变量，混合后 $\xi_1, \xi_2, \cdots, \xi_m, \eta_1, \eta_2, \cdots, \eta_n$ 的秩分别记作 $R_1, R_2, \cdots, R_m, R_{m+1}, \cdots, R_{m+n}$. 记

$$W = R_1 + R_2 + \cdots + R_m, \tag{10.8}$$

W 称为威尔科克逊统计量. 由于 R_i 是 $1, 2, \cdots, m+n$ 中的某一个，故

$$W \geqslant 1 + 2 + \cdots + m = \frac{1}{2}m(m+1),$$

$$W \leqslant (m+n) + (m+n-1) + \cdots + (n+1) = \frac{1}{2}m(m+2n+1),$$

即

$$\frac{1}{2}m(m+1) \leqslant W \leqslant \frac{1}{2}m(m+2n+1).$$

在 H_0 为真的条件下，$\xi_1, \xi_2, \cdots, \xi_m, \eta_1, \eta_2, \cdots, \eta_n$ 独立同分布，从而

$$P(R_1 = r_1, R_2 = r_2, \cdots, R_m = r_m) = \frac{n!}{(m+n)!},$$

其中 $(r_1, r_2, \cdots, r_m)$ 是 $(1, 2, \cdots, m+n)$ 的一个选排列. 若记 t_k 为从 $(1, 2, \cdots, m+n)$ 中任取 m 个数其和为 k 的方法数，则

$$P(W = k) = m! \times t_k \times \frac{n!}{(m+n)!} = \frac{t_k}{C_{m+n}^m}. \tag{10.9}$$

直观上，如果 H_0 成立，则 $R_1, R_2, \cdots, R_m$ 应随机地分布在 $1, 2, \cdots, m+n$ 中，从而 W 偏小、偏大的可能性较小，因此可选用检验函数 W 来对 H_0 进行双边检验. 对于给定的检验水平 α，由 (10.9) 式（实际问题中查秩和检验表——附表 9）分别确定满足下列不等式的最大的 w_1 和最小的 w_2：

$$P(W \leqslant w_1) \leqslant \frac{\alpha}{2}, \quad P(W \geqslant w_2) \leqslant \frac{\alpha}{2}.$$

于是,检验的拒绝域为 $W \in D = \left[\frac{1}{2}m(m+1), w_1\right] \bigcup \left[w_2, \frac{1}{2}m(m+2n+1)\right]$.

上述检验法称为**秩和检验法**,最初由曼(Mann)和惠特尼(Whitney)提出.关于秩和检验法,我们再作以下几点说明:

(1) 在上述检验法中,我们考虑的是总体 ξ 的样本在混合样本中的秩和,相应地还可以考虑总体 η 的样本在混合样本中的秩和,其检验方法与上类似.由于 W 中的加项减少,W 越易计算,因此,在实际问题中一般都是对样本容量较小的那个样本作秩和.

(2) 设 ξ_i 在 $\xi_1, \xi_2, \cdots, \xi_m$ 中的秩为 Q_i,在 $\xi_1, \xi_2, \cdots, \xi_m, \eta_1, \eta_2, \cdots, \eta_n$ 的秩为 R_i,则 R_i 等于满足 $\eta_j < \xi_i$ 的 η_j 个数加上 Q_i.若令

$$g(x) = \begin{cases} 1, & x > 0, \\ 0, & x \leqslant 0, \end{cases}$$

则满足 $\eta_j < \xi_i$ 的 η_j 个数为 $\sum\limits_{j=1}^{n} g(\xi_i - \eta_j)$,于是

$$R_i = \sum_{j=1}^{n} g(\xi_i - \eta_j) + Q_i,$$

$$W = \sum_{i=1}^{m} R_i = \sum_{i=1}^{m}\sum_{j=1}^{n} g(\xi_i - \eta_j) + \sum_{i=1}^{m} Q_i = \sum_{i=1}^{m}\sum_{j=1}^{n} g(\xi_i - \eta_j) + \frac{1}{2}m(m+1).$$

令 $G = \sum\limits_{i=1}^{m}\sum\limits_{j=1}^{n} g(\xi_i - \eta_j)$,则 $W = G + \frac{1}{2}m(m+1)$. G 的引入可以方便 W 及 W 的数字特征的计算.例如,利用 G 容易算得 $E(W) = \frac{1}{2}m(m+n+1)$,$D(W) = \frac{1}{12}mn(m+n+1)$.

(3) 秩和检验只对 $m \leqslant n \leqslant 10$ 给出,当 $m, n > 10$ 时,可考虑 W 的极限分布.莱曼(Lehmann)证明了在 H_0 成立且 $\min(m, n) \rightarrow +\infty$ 时

$$U = \frac{W - \frac{1}{2}m(m+n+1)}{\sqrt{\frac{1}{2}mn(m+n+1)}} \tag{10.10}$$

以 $N(0, 1)$ 为极限分布.这样,在 $m, n > 10$ 时,可选用上面的统计量 U 作为检验函数,检验的拒绝域为 $U \in D = (-\infty, -u_a] \bigcup [u_a, +\infty)$,其中 u_a 满足 $\Phi(u_a) = 1 - \frac{\alpha}{2}$.

(4) 当两个样本的若干观察值等于同一个数时,一般采用下列方式规定秩:先将样本值按自小到大的顺序排成一列,然后取这些等值数据所排序号的算术平均值来作为它们的秩.

概率与统计

例 10.6 为比较某校走读生与住校生的英语口语成绩的分布状况,从走读生、住校生中分别抽取 5 名和 6 名学生进行口语测试,结果是

$$走读生\quad 42\quad 38\quad 35\quad 41\quad 32$$
$$住校生\quad 56\quad 49\quad 60\quad 43\quad 38\quad 55$$

试问走读生与住校生的成绩分布是否相同 $(\alpha = 0.05)$?

解 假设 $H_0: F_1(x) = F_2(x)$,其中 $F_1(x)$、$F_2(x)$ 分别为走读生、住校生的英语口语成绩的分布函数,将两样本混合计算秩:

序号	1	2	3	4	5	6	7	8	9	10	11
秩	1	2	3.5	3.5	5	6	7	8	9	10	11
走读生	32	35	38		41	42					
住校生				38			43	49	55	56	60

现 $m = 5$,$n = 6$,求秩和

$$W = 1 + 2 + 3.5 + 5 + 6 = 17.5.$$

对于 $\alpha = 0.05$,查秩和检验表得 $w_1 = 20$,$w_2 = 40$;因为 $w = 17.5 < 20$,故拒绝原假设 H_0,即认为走读生与住校生英语口语成绩的分布不相同.

10.3.2 游程检验

先介绍游程的概念. 设有 m 个 0 和 n 个 1 $(m \leqslant n)$ 排成一列,如:00110111…01,我们称由同一个数字组成被另一个数字分隔的每一个子列为一个**游程**,游程中相同数字的个数叫做该**游程的长度**;在一个排列中,其游程的个数 $R_{m,n}$ 称为**游程总数**. 例如,下面是 5 个 0 和 6 个 1 的一个排列:

$$1\quad 1\quad 0\quad 0\quad 1\quad 0\quad 0\quad 0\quad 1\quad 1\quad 1$$

它有 5 个游程,其中两个"0—游程",长度依次为 2、3;三个"1—游程",长度依次为 2、1、3.

易知,在 m 个 0 和 n 个 1 的一个排列中,"0—游程"与"1—游程"的个数至多相差一个;$R_{m,n}$ 的最小值是 2(m 个 0 排在一起,n 个 1 排在一起),当 $m = n$ 时,$R_{m,n}$ 的最大值为 $2m$(0 与 1 相间而排),当 $m < n$ 时,$R_{m,n}$ 的最大值为 $2m+1$(每一个"0—游程"的长度均为 1,且首尾两个游程为"1—游程");使得 $R_{m,n} = 2k$ 的排列方法有 $2C_{m-1}^{k-1}C_{n-1}^{k-1}$,使得 $R_{m,n} = 2k+1$ 的排列方法有 $C_{m-1}^{k-1}C_{n-1}^{k} + C_{m-1}^{k}C_{n-1}^{k-1}$.

下面给出游程检验的思想及方法.

将两样本 $\xi_1, \xi_2, \cdots, \xi_m$ 和 $\eta_1, \eta_2, \cdots, \eta_n$ 混合,并按自小到大的顺序排列成:

$$\zeta_{(1)} \leqslant \zeta_{(2)} \leqslant \cdots \leqslant \zeta_{(m+n)},$$

若 $\zeta_{(i)} = \xi_j$，则用 0 表示 $\zeta_{(i)}$；若 $\zeta_{(i)} = \eta_j$，则用 1 表示 $\zeta_{(i)}$. 这样，排列 $\zeta_{(1)}$，$\zeta_{(2)}$，$\cdots$，$\zeta_{(m+n)}$ 就转化为 m 个 0 和 n 个 1 的一个排列. 如果 H_0 为真，则 ξ_1，ξ_2，$\cdots$，ξ_m，η_1，η_2，$\cdots$，η_n 独立同分布，从而由对称性知，m 个 0 和 n 个 1 的每一种排列都具有等可能性，因此，游程总数 $R_{m,n}$ 具有分布：

$$P(R_{m,n} = 2k) = \frac{2C_{m-1}^{k-1}C_{n-1}^{k-1}}{C_{m+n}^m}, \ k = 1, 2, \cdots, m;$$

$$P(R_{m,n} = 2k+1) = \frac{C_{m-1}^{k-1}C_{n-1}^k + C_{m-1}^k C_{n-1}^{k-1}}{C_{m+n}^m}, \ k = 1, 2, \cdots, m-1;$$

$$P(R_{m,n} = 2m+1) = \frac{C_{n-1}^m}{C_{m+n}^m}, \ 若 \ m < n.$$

$$(10.11)$$

直观上，如果 H_0 为真，则在混合样本的排序中 ξ_j 与 η_j 的交替应该比较频繁，即 $R_{m,n}$ 的值偏小的可能性较小，因此可选用检验函数 $R_{m,n}$ 来对假设进行左单边检验. 对于给定的检验水平 α，由（10.11）式（实际问题中查游程检验表——附表 10）确定满足

$$P(R_{m,n} \leqslant r_\alpha) \leqslant \alpha$$

的最大整数 r_α，从而得检验的拒绝域为 $R_{m,n} \in D = [2, r_\alpha]$.

上述检验法称为**游程检验法**，由 Wald 及 Wolfowitz 于 1940 年提出.

可以证明，在 H_0 成立且 $\min(m, n) \to +\infty$ 时

$$U = \frac{R_{m,n} - \left(1 + \dfrac{2mn}{m+n}\right)}{\sqrt{\dfrac{2mn(2mn - m - n)}{(m+n)^2(m+n-1)}}} \qquad (10.12)$$

以 $N(0, 1)$ 为极限分布. 这样，在 m，n 都较大时，可选用上面的统计量 U 作为检验函数，检验的拒绝域为 $U \in D = (-\infty, u_{2\alpha}]$ 其中 $u_{2\alpha}$ 满足 $\Phi(u_{2\alpha}) = 1 - \alpha$.

例 10.7 某市物理考试采用同一试卷，今从甲、乙两县中分别抽取 8 名和 9 名考生，其成绩由表 10.10 给出. 试问认为甲乙两县物理的成绩分布是否相同 $(\alpha = 0.10)$？

表 10.10

序号	甲县	3	8	9	2	15	16	10	6	
	乙县		1	4	5	7	11	13	14	17	12
成绩	甲县	63	73	74	56	82	87	74	64	
	乙县		53	63	63	70	75	78	81	89	76

解 假设 $H_0: F_1(x) = F_2(x)$，其中 $F_1(x)$、$F_2(x)$ 分别为甲乙两县物理成绩的分布函数，将两样本混合排序（见表 10.6），对应的 0 与 1 的排列为：

1 0 0 1 1 0 1 0 1 0 0 0 1 1 1 1 0 0 1

它共有 9 个游程. 现 $m = 8$，$n = 9$，$\alpha = 0.10$，查游程检验表得 $r_\alpha = 5$；因为 $R_{m, n} = 9 > 5$，故接受原假设 H_0，即可认为甲乙两县物理成绩的分布相同.

习 题 10.3

（A）

1. 为了比较两种不同的轮胎的质量，每种轮胎各取 8 件进行试验，得如下数据（单位：千千米）：

甲	32.1	20.6	17.8	28.4	19.6	21.4	19.9	30.1
乙	19.8	27.7	30.8	27.6	34.1	18.7	16.9	17.9

试用秩和检验法检验两种轮胎的质量是否一致（$\alpha = 0.05$）？

2. 两种配方所生产的某种产品的性能经抽样测定得如下数据：

配方 I	14.6	15.0	15.1	
配方 II	14.7	14.8	15.2	15.6

试用秩和检验法检验两种配方下生产出的产品的性能指标是否同分布（$\alpha = 0.05$）？

3. 甲、乙两个平行班的数学课各由一个教师任课，并采用同一试卷进行测试. 今从两班中各抽取容量为 7 和 8 的样本，得如下数据：

甲班	97	90	66	51	85	76	48	
乙班	49	62	99	74	67	44	71	68

试用游程检验法检验两班成绩的分布是否一致（$\alpha = 0.05$）？

4. 比较两种催化剂 A 和 B 对某化工产品得收率（实际生产量与理论生产量之比）的影响. 使用催化剂 A 的 5 个试验，其得收率为 0.82, 0.90, 0.86, 0.92, 0.88；使用催化剂 B 的 7 个试验，其得收率为 0.83, 0.85, 0.84, 0.79, 0.81, 0.87, 0.85. 试用游程检验法检验两种催化剂的效果是否一致（$\alpha = 0.05$）？

第 **11** 章 方差分析与回归分析

§**11.1** 单因素方差分析

在生产实际和科学研究中,影响结果的因素往往是多种多样的.譬如,在化工生产中,原料的成分与剂量、反映的速度与时间、设备的状态与操作人员的技术水平等对产品的质量都可能会产生影响.如何分析这些诸多因素中哪些因素对结果会产生显著影响呢? 这就是方差分析所要解决的主要问题.

通常,我们把在试验中需要考察的那些可以控制的条件称为**因素**,而因素变化的各个等级称为**水平**.如果试验中只有一个因素在变化,而其他条件可以控制不变,则称该试验为**单因素试验**,否则称为**多因素试验**.本节讨论单因素试验中的方差分析.

11.1.1 单因素方差分析问题的提法

先看一个例子.

例 11.1 在饲料养鸡增肥的研究中,某研究单位提出三种饲料配方:A_1——以鱼粉为主的饲料,A_2——以槐树粉为主的饲料,A_3——以苜蓿粉为主的饲料. 为比较三种饲料的效果,选定 24 只品种相同的雏鸡随机分为三组,每组 8 只雏鸡,各组分别选定一种饲料进行喂养,60 天后观察它们的重量.试验的结果由表 11.1 给出,问不同的饲料对鸡的增肥作用是否相同. ($\alpha = 0.05$)

表 11.1

饲料 A	鸡重/g							
A_1	1 073	1 009	1 060	1 001	1 002	1 012	1 009	1 028
A_2	1 107	1 092	990	1 109	1 090	1 074	1 122	1 001
A_3	1 093	1 029	1 080	1 021	1 022	1 032	1 029	1 048

在本例中,试验的条件只有一个——饲料,而关心的问题是饲料这一因素对鸡的增肥作用,这是一个单因素试验问题. 我们用 A 表示饲料这一因素,而三种不同

概率与统计

饲料 A_1、A_2、A_3 就是因素 A 的三个不同的水平. 从表 11.1 可以看出,同一水平中不同鸡的重量存在着差异,但这种差异来源于试验的随机误差(因为饲料相同,鸡的品种也相同),我们可以认为同一水平下鸡的重量就是一个总体;另一方面,不同水平下的鸡的重量也存在着差异,然而,这种差异的存在除了来源于试验的随机误差外,还可能是由因素 A 的作用而引起. 因此,不同水平下的总体可能不同,三个不同水平就对应着三个相应的总体. 设水平 A_1、A_2、A_3 下的总体分别为 ξ_1、ξ_2、ξ_3,根据经验和常识,可以假定各总体独立且服从方差相同的正态分布,即假定 ξ_1、ξ_2、ξ_3 相互独立,且 $\xi_i \sim \mathrm{N}(a_i, \sigma^2)$,$i = 1, 2, 3$,其中 a_i 与 σ^2 均未知. 这样,本例的问题就转化为如何通过表 11.1 所提供的样本值来检验假设

$$H_0: a_1 = a_2 = a_3$$

是否成立;若拒绝 H_0,则认为三种不同的饲料对鸡的增肥是有影响的;反之,则认为不同的饲料对鸡的增肥作用不显著,而鸡的重量的不同只是由于试验的随机误差所引起的.

以上就是单因素方差分析问题. 它的一般提法是:

设在单因素试验中,所考察的因素为 A,A 有 r 个水平 A_1,A_2,$\cdots$,A_r,水平 A_i 下的总体为 ξ_i,$i = 1, 2, \cdots, r$;假定 ξ_1,ξ_2,$\cdots$,ξ_r 相互独立,且 $\xi_i \sim \mathrm{N}(a_i, \sigma^2)$,$i = 1, 2, \cdots, r$,其中 a_i 与 σ^2 未知. 对于总体 ξ_i,抽取容量为 n_i 的样本 $(\xi_{i1}, \xi_{i2}, \cdots, \xi_{in_i})$,$i = 1, 2, \cdots, r$. 单因素方差分析就是研究如何根据这组样本来检验假设

$$H_0: a_1 = a_2 = \cdots = a_r \tag{11.1}$$

是否成立,即检验因素 A 对试验结果有无影响.

下面分析一下单因素试验中样本的数据结构. 由于 $\xi_{ij} \sim \mathrm{N}(a_i, \sigma^2)$,故 $\varepsilon_{ij} = \xi_{ij} - a_i$ 可以看成一个随机误差,$\varepsilon_{ij} \sim \mathrm{N}(0, \sigma^2)$,且诸 ε_{ij} 间相互独立. 此时,样本的数据形式为

$$\xi_{ij} = a_i + \varepsilon_{ij}, \quad j = 1, 2, \cdots, n_i; \ i = 1, 2, \cdots, r.$$

为了更好地表述数据,记 $n = \sum_{i=1}^{r} n_i$,$a = \dfrac{1}{n} \sum_{i=1}^{r} n_i a_i$,$\delta_i = a_i - a$,称 a 为一般平均,δ_i 为水平 A_i 的效应(它反映了水平 A_i 下的总体均值与一般平均间的差异),显然 $\sum_{i=1}^{r} n_i \delta_i = 0$. 采用上述记号后,样本的数据结构可以写成

$$\begin{aligned} \xi_{ij} &= a + \delta_i + \varepsilon_{ij}, \\ \varepsilon_{ij} &\sim \mathrm{N}(0, \sigma^2), \end{aligned} \quad j = 1, 2, \cdots, n_i; \ i = 1, 2, \cdots, r. \tag{11.2}$$

且 ε_{ij} 间相互独立. 上式通常称为**单因素方差分析模型**. 在该模型下假设(11.1)等

价于

$$H_0: \delta_1 = \delta_2 = \cdots = \delta_r = 0 \tag{11.3}$$

注意,在单因素方差分析问题中,若因素 A 的水平只有两个,则就是比较两个正态总体均值是否相等的问题.这在第 9 章假设检验中讨论过,但方差分析是一种更一般的方法.

11.1.2　方差分析的基本方法

从(11.2)式可以看出,引起 ξ_{ij} 间的波动主要有两个原因,一是随机误差 ε_{ij} 引起的,另一则是水平 A_i 的效应 δ_i 所引起的.如果我们能从 ξ_{ij} 间总的波动中,将上述两个原因引起的波动分离出来,则可以通过比较来给出原假设的检验.为此,我们先研究离差平方和的分解.

11.1.2.1　离差平方和的分解

记 $\bar{\xi}_i = \dfrac{1}{n_i} \sum\limits_{j=1}^{n_i} \xi_{ij}$, $\bar{\bar{\xi}} = \dfrac{1}{n} \sum\limits_{i=1}^{r} \sum\limits_{j=1}^{n_i} \xi_{ij}$, $i = 1, 2, \cdots, r$.

我们有

$$\sum_{i=1}^{r} \sum_{j=1}^{n_i} (\xi_{ij} - \bar{\bar{\xi}})^2 = \sum_{i=1}^{r} \sum_{j=1}^{n_i} (\xi_{ij} - \bar{\xi}_i + \bar{\xi}_i - \bar{\bar{\xi}})^2$$

$$= \sum_{i=1}^{r} \sum_{j=1}^{n_i} (\xi_{ij} - \bar{\xi}_i)^2 + \sum_{i=1}^{r} \sum_{j=1}^{n_i} (\bar{\xi}_i - \bar{\bar{\xi}})^2 + 2 \sum_{i=1}^{r} \sum_{j=1}^{n_i} (\xi_{ij} - \bar{\xi}_i)(\bar{\xi}_i - \bar{\bar{\xi}}).$$

由于

$$\sum_{i=1}^{r} \sum_{j=1}^{n_i} (\xi_{ij} - \bar{\xi}_i)(\bar{\xi}_i - \bar{\bar{\xi}}) = \sum_{i=1}^{r} (\bar{\xi}_i - \bar{\bar{\xi}}) \sum_{j=1}^{n_i} (\xi_{ij} - \bar{\xi}_i)$$

$$= \sum_{i=1}^{r} (\bar{\xi}_i - \bar{\bar{\xi}})(n_i \bar{\xi}_i - n_i \bar{\xi}_i) = 0,$$

从而

$$\sum_{i=1}^{r} \sum_{j=1}^{n_i} (\xi_{ij} - \bar{\bar{\xi}})^2 = \sum_{i=1}^{r} \sum_{j=1}^{n_i} (\xi_{ij} - \bar{\xi}_i)^2 + \sum_{i=1}^{r} \sum_{j=1}^{n_i} (\bar{\xi}_i - \bar{\bar{\xi}})^2$$

$$= \sum_{i=1}^{r} \sum_{j=1}^{n_i} (\xi_{ij} - \bar{\xi}_i)^2 + \sum_{i=1}^{r} n_i (\bar{\xi}_i - \bar{\bar{\xi}})^2.$$

记

$$S_T = \sum_{i=1}^{r} \sum_{j=1}^{n_i} (\xi_{ij} - \bar{\bar{\xi}})^2, \ S_e = \sum_{i=1}^{r} \sum_{j=1}^{n_i} (\xi_{ij} - \bar{\xi}_i)^2, \ S_A = \sum_{i=1}^{r} n_i (\bar{\xi}_i - \bar{\bar{\xi}})^2$$

则有

$$S_T = S_e + S_A, \tag{11.4}$$

称 S_T 为**总离差平方和**，它反映了 ξ_{ij} 间总的波动情况. 为了看清 S_e、S_A 的意义，记

$$\bar{\varepsilon}_i = \frac{1}{n_i} \sum_{j=1}^{n_i} \varepsilon_{ij}, \quad \bar{\varepsilon} = \frac{1}{n} \sum_{i=1}^{r} \sum_{j=1}^{n_i} \varepsilon_{ij} \quad i = 1, 2, \cdots, r.$$

则由(11.2)式知

$$\bar{\xi}_i = a + \delta_i + \bar{\varepsilon}_i \quad (i = 1, 2, \cdots, r), \quad \bar{\bar{\xi}} = a + \bar{\varepsilon}.$$

于是

$$S_e = \sum_{i=1}^{r} \sum_{j=1}^{n_i} (\xi_{ij} - \bar{\xi}_i)^2 = \sum_{i=1}^{r} \sum_{j=1}^{n_i} (\varepsilon_{ij} - \bar{\varepsilon}_i)^2,$$

$$S_A = \sum_{i=1}^{r} n_i (\bar{\xi}_i - \bar{\bar{\xi}})^2 = \sum_{i=1}^{r} n_i (\delta_i + \bar{\varepsilon}_i - \bar{\varepsilon})^2.$$

这说明 S_e 完全由随机误差所引起的波动而决定. S_A 除随机误差外主要由各水平的效应 δ_i 所决定，因此 S_A 反应了因素 A 的不同水平所引起的波动. 通常称 S_e 为**误差平方和**，S_A 为**组间平方和**，而(11.4)称为**离差平方和分解式**.

11.1.2.2 检验方法

从离差平方和分解式可知，若 H_0 成立，则各水平的效应为零，因此 S_A 相对来说较小，从而 S_A/S_e 较小；如果 S_A/S_e 较大，则 S_A 相对来说就较大，这说明因素 A 的不同水平有着明显的效应，从而 H_0 不成立. 基于上述分析，对 H_0 的检验，可以从 S_A/S_e 着手考虑.

若 H_0 成立，则 $\xi_{ij}(j = 1, 2, \cdots, n_i; i = 1, 2, \cdots, r)$ 间独立且均服从正态分布 $N(a, \sigma^2)$. 因此，由定理 7.8 知

$$S_T/\sigma^2 = \sum_{i=1}^{r} \sum_{j=1}^{n_i} \frac{(\xi_{ij} - \bar{\bar{\xi}})^2}{\sigma^2} \sim \chi^2(n-1),$$

$$\sum_{j=1}^{n_i} \frac{(\xi_{ij} - \bar{\xi}_i)^2}{\sigma^2} \sim \chi^2(n_i - 1), \quad i = 1, 2, \cdots, r.$$

从而由 χ^2 分布的可加性知

$$\frac{S_e}{\sigma^2} = \sum_{i=1}^{r} \sum_{j=1}^{n_i} \frac{(\xi_{ij} - \bar{\xi}_i)^2}{\sigma^2} \sim \chi^2 \left(\sum_{i=1}^{r} (n_i - 1) \right) = \chi^2(n-r).$$

可以证明，当 H_0 成立时，$\dfrac{S_A}{\sigma^2} \sim \chi^2(r-1)$，且 $\dfrac{S_A}{\sigma^2}$ 与 $\dfrac{S_e}{\sigma^2}$ 相互独立，从而

$$F = \frac{\dfrac{S_A}{(r-1)}}{\dfrac{S_e}{(n-r)}} \sim \mathrm{F}(r-1,\ n-r).$$

由上讨论,我们可以利用 F 对 H_0 进行右单边检验. 对于给定的检验水平 α,查 $\mathrm{F}(r-1,\ n-r)$ 表确定 F_α,使得 $P(F \geqslant F_\alpha) = \alpha$,得检验的拒绝域为 $F \in D = [F_\alpha,\ \infty]$.

11.1.3 方差分析表

在上面给出的方差分析的基本方法中,由于 S_A、S_e 的计算比较复杂,因此有必要对它们的计算进行简化.

11.1.3.1 数据简化

令 $\xi'_{ij} = d(\xi_{ij} - c)$,其中 c、d 为常数且 $d \neq 0$. 由样本方差的性质知,变换后的 F 值不变($d = \pm 1$ 时 S_A、S_e 也不变). 因此在实际问题中,我们总可以选择适当的 c 和 d,使得变换后的数据尽可能为整数且绝对值较小,从而方便数据的计算.

11.1.3.2 公式简化

记 $T_{i.} = n_i \bar{\xi_i}$,$T = n \bar{\xi}$,$i = 1, 2, \cdots, r$,则离差平方和可作如下简化:

$$S_T = \sum_{i=1}^{r} \sum_{j=1}^{n_i} (\xi_{ij} - \bar{\xi})^2 = \sum_{i=1}^{r} \sum_{j=1}^{n_i} \xi_{ij}^2 - n\bar{\xi}^2 = \sum_{i=1}^{r} \sum_{j=1}^{n_i} \xi_{ij}^2 - \frac{T^2}{n},$$

$$S_A = \sum_{i=1}^{r} n_i (\bar{\xi_i} - \bar{\xi})^2 = \sum_{i=1}^{r} n_i (\bar{\xi_i}^2 - 2\bar{\xi_i}\bar{\xi} + \bar{\xi}^2) = \sum_{i=1}^{r} n_i \bar{\xi_i}^2 - 2\bar{\xi} \sum_{i=1}^{r} n_i \bar{\xi_i} + \bar{\xi}^2 \sum_{i=1}^{r} n_i$$

$$= \sum_{i=1}^{r} n_i \bar{\xi_i}^2 - 2n\bar{\xi}^2 + n\bar{\xi}^2 = \sum_{i=1}^{r} n_i \bar{\xi_i}^2 - n\bar{\xi}^2 = \sum_{i=1}^{r} \frac{T_{i.}^2}{n_i} - \frac{T^2}{n}.$$

如果是等重复试验 $n_1 = n_2 = \cdots = n_r = h$,则

$$S_A = \frac{1}{h} \sum_{i=1}^{r} T_{i.}^2 - \frac{T^2}{n}.$$

根据公式(11.4), $S_e = S_T - S_A$.

11.1.3.3 数据计算表与方差分析表

方差分析中的数据计算通常按下面的表 11.2 的格式进行. 有关量的计算结果可制成形如表 11.3 的方差分析表,根据该表,我们即可作出拒绝 H_0 还是接受 H_0 的判断.

表 11.2

水平 \ 试验号 数据	1	2	...	n_i	数据整理			
					$T_i.$	$T_i.^2$	$\dfrac{1}{n_i}T_i.^2$	$\sum \cdot^2$
A_1	ξ_{11}	ξ_{12}	...	ξ_{1n_i}	$T_1.$	$T_1.^2$	$\dfrac{1}{n_1}T_1.^2$	$\displaystyle\sum_{j=1}^{n_1}\xi_{1j}^2$
A_2	ξ_{21}	ξ_{22}	...	ξ_{2n_i}	$T_2.$	$T_2.^2$	$\dfrac{1}{n_2}T_2.^2$	$\displaystyle\sum_{j=2}^{n_i}\xi_{2j}^2$
⋮	⋮	⋮		⋮	⋮	⋮	⋮	⋮
A_r	ξ_{r1}	ξ_{r2}	...	ξ_{rn_r}	$T_r.$	$T_r.^2$	$\dfrac{1}{n_r}T_r.^2$	$\displaystyle\sum_{j=1}^{n_r}\xi_{rj}^2$
$\sum$					T		$\displaystyle\sum_{i=1}^{r}\dfrac{1}{n_i}T_i.^2$	$\displaystyle\sum_{i=1}^{r}\sum_{j=1}^{n_i}\xi_{ij}^2$

$$r = \qquad\qquad r-1 = \qquad\qquad S_T = \sum_{i=1}^{r}\sum_{j=1}^{n_i}\xi_{ij}^2 - \frac{T^2}{n}$$

$$n = \sum_{i=1}^{r}n_i = \qquad\qquad n-r = \qquad\qquad S_A = \sum_{i=1}^{r}\frac{T_i.^2}{n_i} - \frac{T^2}{n}$$

$$T^2 = \qquad\qquad\qquad\qquad S_e = S_T - S_A$$

表 11.3

方差来源	平方和	自由度	F 值	临界点
因素 A	S_A	$r-1$	$F = \dfrac{S_A/(r-1)}{S_e/(n-r)}$	F_α
试验误差	S_e	$n-r$		
总和	S_T	$n-1$		

例 11.2 对例 11.1 给出检验.

为了简化计算,我们将所有数据都减去同一常数 $c = 1\,000$,列表计算如下:

数据(原始数据－1 000) 水平 ＼ 试验号	1	2	3	4	5	6	7	8	数 据 整 理			
									$T_i.$	$T_i.^2$	$\frac{1}{n_i}T_i.^2$	$\sum \cdot^2$
A_1	73	9	60	1	2	12	9	28	194	37 636	4 704.5	10 024
A_2	107	92	－10	109	90	74	122	1	585	342 225	42 778.1	60 355
A_3	93	29	80	21	22	32	29	48	354	125 316	15 664.5	20 984
								$\sum$	1 133		63 147.1	91 363

$r = 3$	$r-1 = 2$	$S_T = 37\ 876.04$
$n = 24$	$n-r = 21$	$S_A = 9\ 660.08$
$T^2 = 1\ 283\ 689$		$S_e = 28\ 215.96$

方差来源	平方和	自由度	F 值	临界点
因素 A	9 660.08	2		
试验误差	28 215.96	21	$F = 3.59$	$F_a = 3.47$
总和	37 876.04	23		

由于 $F = 3.59 > 3.47$，故拒绝原假设 H_0，即认为饲料(因素 A)对鸡的增肥是有显著差异的.

习 题 11.1

（A）

1. 为了寻求适应本地区的高产量油菜品种，选取了五种不同的品种进行试验，每一品种在四块试验田上试种，且各试验田的耕作条件基本相同. 试验结果(亩产量)如下：

品种 ＼ 田块	1	2	3	4
A_1	256	222	280	298
A_2	244	300	290	275
A_3	250	277	230	322
A_4	288	280	315	259
A_5	206	212	220	212

试问不同的品种的平均亩产量是否存在差异($\alpha = 0.05$)?

2. 为研究咖啡因对人体功能的影响,特选 30 名体质大致相同的健康的男大学生进行手指叩击训练. 将咖啡因选三个水平:

$$A_1:0 \text{ mg}, \qquad A_2:100 \text{ mg}, \qquad A_3:200 \text{ mg}.$$

每个水平下冲泡 10 杯水,外观无差别,并加以编号,然后让 30 位大学生每人任选一杯服用,2 小时后请每人做手指叩击,统计员记录其每分钟叩击次数,试验结果如下:

咖啡因剂量	叩 击 次 数									
$A_1:0$ mg	242	245	244	248	247	248	242	244	246	242
$A_2:100$ mg	248	246	245	247	248	250	247	246	243	244
$A_3:200$ mg	246	248	250	252	248	250	246	248	245	250

试问咖啡因的不同剂量对手指叩击次数有无影响($\alpha = 0.05$)?

3. 在化工厂设备未耗损前,对三种制缸设备 A、B、C 的日产量观察多次,结果如下:

设备 \ 序号	1	2	3	4	5	6	7	8	9
A	84	60	40	47	34				
B	67	92	95	40	98	60	59	108	86
C	46	93	100						

问能否认为三种制缸设备的平均日产量无差异($\alpha = 0.05$)?

4. 某煤矿有四个掘进组,分别在四个条件大致相同的工作面上作业,今以 10 天为一个单元统计得各组五个单元时间掘进尺的数据如下:

掘进组 \ 序号	1	2	3	4	5
一	12	11	12	13	12
二	14	12	13	14	12
三	9	10	11	9	11
四	10	11	12	12	10

试问各掘进组的工作效率有无差异($\alpha = 0.01$)?

§11.2 双因素方差分析

11.2.1 问题的提出

前面我们讨论了单因素的方差分析,即只考虑一个因素对试验结果的影响,但在实际问题中影响试验结果的因素往往不止一个,例如对于鸡的增肥,它既受饲料的影响,又受鸡的品种、饲养环境等因素的影响,因此我们还需要讨论多因素方差分析问题. 本节仅以双因素方差分析为例来介绍.

双因素方差分析问题相对来说比较复杂,因为在双因素试验中,除每个因素的影响外,有时还会出现两因素搭配上的影响,我们以下面的两张试验表来说明这个问题.

表 11.4

A \ B	B_1	B_2
A_1	20	60
A_2	50	90

表 11.5

A \ B	B_1	B_2
A_1	20	100
A_2	50	80

在表 11.4 中,可以看到,无论因素 B 是什么水平(B_1 或 B_2),水平 A_2 下的结果总比 A_1 下的高 30;同样,不论 A 是什么水平,B_2 下的结果总比 B_1 下的高 40. 这说明 A 和 B 各自单独地对试验结果产生影响,相互之间没有联系.

在表 11.5 中,当 B 为 B_1 时,A_2 下的结果比 A_1 高,而当 B 为 B_2 时,A_2 下的结果又比 A_1 低,这说明 A 的作用与 B 所取的水平有关;同样可以看出 B 的作用与 A 所取的水平也有关. 因此,对试验结果的影响,除 A、B 的各自影响外,还存在着 A、B 搭配方式上的影响. 我们把这种影响称为 A 和 B 的交互作用,记为 $A \times B$. 当然,由于试验的随机误差,仅从 A、B 的每种搭配的一次试验结果上来判断 A 与 B 是否有交互作用是不准确的,只有在重复试验中才能看清 A 与 B 的交互作用. 为简单起见,下面仅讨论 A、B 无交互作用情况下的双因素方差分析问题,此时对 A、B 的每一种搭配可以只进行一次试验.

设因素 A 有 r 个不同的水平 A_1,A_2,$\cdots$,A_r,因素 B 有 s 个不同的水平 B_1,B_2,$\cdots$,B_s,这样 A 与 B 各水平的搭配共 $r \times s$ 种. 对每种搭配相互独立地进行一次试验,设搭配(A_i,B_j)下的试验结果为 ξ_{ij},与单因素方差分析一样,假定 ξ_{ij} 服从具有相同方差的正态分布 $N(a_{ij}, \sigma^2)$,$i = 1, 2, \cdots, r$;$j = 1, 2, \cdots, s$. 此时,检验因素 A 和 B 各自对试验结果有无影响,就是要相应地检验假设:

$$H_{0A}: a_{1j} = a_{2j} = \cdots = a_{rj}, \quad j = 1, 2, \cdots, s;$$

$$H_{0B}: a_{i1} = a_{i2} = \cdots = a_{is}, \quad i = 1, 2, \cdots, r.$$

11.2.2 检验方法

类似于单因素方差分析的方法,在检验之前,必须设法把因素 A、B 及随机误差各自所引起的数据波动从总的波动中分离出来.

记 $n = rs$,$\bar{\xi}_{i.} = \frac{1}{s} \sum_{j=1}^{s} \xi_{ij}$,$\bar{\xi}_{.j} = \frac{1}{r} \sum_{i=1}^{r} \xi_{ij}$,$T_{i.} = s\bar{\xi}_{i.}$,$T_{.j} = r\bar{\xi}_{.j}$,$i = 1, 2, \cdots, r$;$j = 1, 2, \cdots, s$. $\bar{\xi} = \frac{1}{rs} \sum_{i=1}^{r} \sum_{j=1}^{s} \xi_{ij}$,$T = rs\bar{\xi}$. 有

$$S_T = \sum_{i=1}^{r} \sum_{j=1}^{s} (\xi_{ij} - \bar{\xi})^2 = \sum_{i=1}^{r} \sum_{j=1}^{s} [(\xi_{ij} - \bar{\xi}_{i.} - \bar{\xi}_{.j} + \bar{\xi}) + (\bar{\xi}_{i.} - \bar{\xi}) + (\bar{\xi}_{.j} - \bar{\xi})]^2$$

$$= \sum_{i=1}^{r} \sum_{j=1}^{s} (\bar{\xi}_{i.} - \bar{\xi})^2 + \sum_{i=1}^{r} \sum_{j=1}^{s} (\bar{\xi}_{.j} - \bar{\xi})^2 + \sum_{i=1}^{r} \sum_{j=1}^{s} (\xi_{ij} - \bar{\xi}_{i.} - \bar{\xi}_{.j} + \bar{\xi})^2 +$$

$$2 \sum_{i=1}^{r} \sum_{j=1}^{s} (\xi_{ij} - \bar{\xi}_{i.} - \bar{\xi}_{.j} + \bar{\xi})(\bar{\xi}_{i.} - \bar{\xi}) + 2 \sum_{i=1}^{r} \sum_{j=1}^{s} (\xi_{ij} - \bar{\xi}_{i.} - \bar{\xi}_{.j} + \bar{\xi})(\bar{\xi}_{.j} - \bar{\xi}) +$$

$$2 \sum_{i=1}^{r} \sum_{j=1}^{s} (\bar{\xi}_{i.} - \bar{\xi})(\bar{\xi}_{.j} - \bar{\xi}).$$

易证上式中最后三项等于零. 因此若记

$$S_A = \sum_{i=1}^{r} \sum_{j=1}^{s} (\bar{\xi}_{i.} - \bar{\xi})^2 = s \sum_{i=1}^{r} (\bar{\xi}_{i.} - \bar{\xi})^2,$$

$$S_B = \sum_{i=1}^{r} \sum_{j=1}^{s} (\bar{\xi}_{.j} - \bar{\xi})^2 = r \sum_{j=1}^{s} (\bar{\xi}_{.j} - \bar{\xi})^2,$$

$$S_e = \sum_{i=1}^{r} \sum_{j=1}^{s} (\xi_{ij} - \bar{\xi}_{i.} - \bar{\xi}_{.j} + \bar{\xi})^2,$$

则有

$$S_T = S_A + S_B + S_e.$$

称 S_A 为 A 的**离差平方和**,S_B 为 B 的**离差平方和**,S_e 为**误差平方和**. 对比单因素方差分析的讨论,容易明白,S_A、S_B 分别反映了因素 A、B 的不同水平所引起的误差,而 S_e 则反映了随机因素所引起的试验误差.

可以证明,当 H_{0A} 成立时,$\frac{S_A}{\sigma^2}$ 与 $\frac{S_e}{\sigma^2}$ 相互独立,且 $\frac{S_A}{\sigma^2} \sim \chi^2(r-1)$,$\frac{S_e}{\sigma^2} \sim \chi^2((r-1)(s-1))$,从而

$$F_A = \frac{\dfrac{S_A}{\sigma^2}}{r-1} \Big/ \frac{\dfrac{S_e}{\sigma^2}}{(r-1)(s-1)}$$

$$= \frac{(s-1)S_A}{S_e} \sim F(r-1,\ (r-1)(s-1)).$$

同理,当 H_{0B} 成立时

$$F_B = \frac{\dfrac{S_B}{\sigma^2}}{\dfrac{(s-1)}{S_e}} = \frac{(r-1)S_B}{S_e} \sim F(s-1,\ (r-1)(s-1)).$$

与单因素方差分析一样,若 H_{0A} 成立,则 F_A 不应较大;若 H_{0B} 成立,则 F_B 不应较大.因此,可以分别利用 F_A、F_B 来对 H_{0A}、H_{0B} 作右单边检验.对于给定的检验水平 α,分别查 $F(r-1,\ (r-1)(s-1))$、$F(s-1,\ (r-1)(s-1))$ 表确定 $F_{A\alpha}$、$F_{B\alpha}$,使 $P(F_A \geqslant F_{A\alpha}) = \alpha$,$P(F_B \geqslant F_{B\alpha}) = \alpha$,于是 H_{0A} 的检验拒绝域为 $[F_{A\alpha},\ +\infty)$,H_{0B} 的检验拒绝域为 $[F_{B\alpha},\ +\infty]$.

表 11·6

数据＼因素 A ＼因素 B	B_1	B_2	$\cdots$	B_s	$T_i.$	$T_{i.}^2$	$\sum \cdot^2$
A_1	ξ_{11}	ξ_{12}	$\cdots$	ξ_{1s}	$T_1.$	$T_{1.}^2$	$\sum\limits_{j=1}^{s}\xi_{1j}^2$
A_2	ξ_{21}	ξ_{22}	$\cdots$	ξ_{2s}	$T_2.$	$T_{2.}^2$	$\sum\limits_{j=1}^{s}\xi_{2j}^2$
$\vdots$	$\vdots$	$\vdots$	$\vdots$	$\vdots$	$\vdots$	$\vdots$	$\vdots$
A_r	ξ_{r1}	ξ_{r2}	$\cdots$	ξ_{rs}	$T_r.$	$T_{r.}^2$	$\sum\limits_{j=1}^{s}\xi_{rj}^2$
$T._j$	$T._1$	$T._2$	$\cdots$	$T._s$	T	$\sum\limits_{i=1}^{r}T_{i.}^2$	$\sum\limits_{i=1}^{r}\sum\limits_{j=1}^{s}\xi_{ij}^2$
$T._j^2$	$T._1^2$	$T._2^2$	$\cdots$	$T._s^2$	$\sum\limits_{j=1}^{s}T._j^2$		

$$r=$$
$$s=$$
$$n=rs=$$
$$r-1=$$
$$s-1=$$
$$(r-1)(s-1)=$$

$$\frac{1}{s}\sum_{i=1}^{r}T_{i.}^2=$$
$$\frac{1}{r}\sum_{j=1}^{s}T._j^2=$$
$$\frac{T^2}{rs}=$$

$$S_T = \sum_{i=1}^{r}\sum_{j=1}^{s}\xi_{ij}^2 - \frac{T^2}{rs} =$$
$$S_A = \frac{1}{s}\sum_{i=1}^{r}T_{i.}^2 - \frac{T^2}{rs} =$$
$$S_B = \frac{1}{r}\sum_{j=1}^{s}T._j^2 - \frac{T^2}{rs} =$$
$$S_e = S_T - S_A - S_B =$$

为了便于计算,S_T、S_A、S_B、S_e 的计算通常用下面简化后的公式计算:

$$S_T = \sum_{i=1}^{r} \sum_{j=1}^{s} \xi_{ij}^2 - \frac{T^2}{rs},$$

$$S_A = \frac{1}{s} \sum_{i=1}^{r} T_{i\cdot}^2 - \frac{T^2}{rs},$$

$$S_B = \frac{1}{r} \sum_{j=1}^{s} T_{\cdot j}^2 - \frac{T^2}{rs},$$

$$S_e = S_T - S_A - S_B.$$

同单因素方差分析,双因素方差分析也可以通过数据计算表(表 11.6)和方差分析表(表 11.7)来进行.

表 11·7

方差来源	平方和	自由度	F 值	临界点
因素 A	S_A	$r-1$	$F_A = \dfrac{(s-1)S_A}{S_e}$	$F_{A\alpha}$
因素 B	S_B	$s-1$	$F_B = \dfrac{(r-1)S_B}{S_e}$	$F_{B\alpha}$
试验误差	S_e	$(r-1)(s-1)$		
总和	S_T	$rs-1$		

例 11.3 为了研究不同地点、不同季节大气飘尘含量的差异性,对地点(A)取三个不同水平,对季节(B)取四个不同水平,在不同组合(A_i,B_j)下各测得一次大气飘尘含量(mg/m^2),结果列于表 11.8,试研究地点间的差异及季节间的差异对大气飘尘含量有无影响($\alpha = 0.01$)

表 11·8

		因素 B			
		冬 季	春 季	夏 季	秋 季
因素 A	1	1.150	0.614	0.475	0.667
	2	1.200	0.620	0.420	0.880
	3	0.940	0.379	0.200	0.540

解 建立假设 H_{0A}:不同的地点对大气飘尘含量无影响,H_{0B}:不同季节对大气飘尘含量无影响.下面对所给数据列表计算如下:

数据 \ 因素B	B_1	B_2	B_3	B_4	$T_i.$	$T_i.^2$	$\sum \cdot^2$
A_1	1.150	0.614	0.475	0.667	2.906	8.444 8	2.370 0
A_2	1.200	0.620	0.420	0.880	3.120	9.734 4	2.775 2
A_3	0.940	0.379	0.200	0.540	2.059	4.239 5	1.358 8
$T._j$	3.290	1.613	1.095	2.087	8.085	22.418 8	6.504 1
$T._j^2$	10.824 1	2.601 8	1.199 0	4.355 6	18.980 4		

$$r = 3$$
$$s = 4$$
$$n = rs = 12$$
$$r - 1 = 2$$
$$s - 1 = 3$$
$$(r-1)(s-1) = 6$$

$$\frac{1}{s} \sum_{i=1}^{r} T_i.^2 = 5.604\ 7$$
$$\frac{1}{r} \sum_{j=1}^{s} T._j^2 = 6.326\ 8$$
$$\frac{T^2}{rs} = 5.447\ 3$$

$$S_T = \sum_{i=1}^{r} \sum_{j=1}^{s} \xi_{ij}^2 - \frac{T^2}{rs} = 1.056\ 8$$
$$S_A = \frac{1}{s} \sum_{i=1}^{r} T_i.^2 - \frac{T^2}{rs} = 0.157\ 4$$
$$S_B = \frac{1}{r} \sum_{j=1}^{s} T._j^2 - \frac{T^2}{rs} = 0.879\ 5$$
$$S_e = S_T - S_A - S_B = 0.019\ 9$$

方差来源	平方和	自由度	F 值	临界点
因素 A	0.157 4	2	$F_A = 23.848$	$F_{A\alpha} = 10.92$
因素 B	0.879 5	3	$F_B = 88.848$	$F_{B\alpha} = 9.78$
试验误差	0.019 9	6		
总和	1.056 8	$rs - 1$		

由于 $F_A = 23.848 > 10.92$，$F_B = 88.848 > F_{B\alpha} = 9.78$，故分别拒绝原假设 H_{0A}、H_{0B}，即认为地点的不同、季节的不同分别都对大气飘尘含量有影响.

习 题 11.2

（A）

1. 设有 5 个工作人员在四台机器上分别各工作了一天，得到的产量如下表：

机器（B） \ 工作人员（A）	1	2	3	4
1	53	47	57	45
2	56	50	63	52
3	45	47	54	42
4	52	47	57	41
5	49	53	58	48

概率与统计

试问工作人员的不同、机器的差异是否分别对产量有影响（$\alpha = 0.05$）？

2. 某女排运动员在世界杯赛、世界锦标赛和奥运会三种场合与美国队、日本队、俄罗斯队和古巴队的比赛中,其扣球成功率(%)如下表:

队别(B) 赛别(A)	美	日	俄	古
世界杯	70	68	89	85
世界锦标赛	60	70	80	78
奥运会	62	63	65	74

试判断不同的比赛场合、队别对其扣球成功率是否分别有影响（$\alpha = 0.05$）？

3. 为了考察蒸馏水的 pH 值和硫酸铜溶液浓度对化验血清中白蛋白与球蛋白的影响,对蒸馏水的 pH 值(A)取了四个不同的水平,对硫酸铜的浓度(B)取了 3 个不同的水平,对每一组合各进行一次试验,得白蛋白与球蛋白之比的数据如下:

浓度(B) pH 值(A)	B_1	B_2	B_3
A_1	3.5	2.3	2.0
A_2	2.6	2.0	1.9
A_3	2.0	1.5	1.2
A_4	1.4	0.8	0.3

试问蒸馏水的 pH 值和硫酸铜的浓度是否对化验结果分别有影响（$\alpha = 0.05$）？

§11.3 一元线性回归分析

11.3.1 一元线性回归分析问题的提法

11.3.1.1 确定性关系与相关关系

在自然界的现象中,同一过程中的各种变量之间往往存在着一定的关系.这种关系大致可分为两类:一类是确定性关系,如电路中的电压 V、电流 I、电阻 R 间的关系是 $V = IR$. 在这个关系中,只要知道其中任意两个变量的值,另一个变量的值也就唯一确定了.另一类是不确定性关系,例如树的树干直径和树高之间存在着一定的关系,一般讲,树干直径大,树也较高,但这种关系并不是确定性的,即便是同一树干直径的树,其树高也不完全相同;又如,消费者对某种商品的月需求量与该种商品的价格有关,一般讲,价格低则需求量大,价格高则需求量就小,但即便是

第11章 方差分析与回归分析

同一价格的商品,其月需求量也不完全相同,具有某种随机性.

变量之间的这种不确定性关系在自然现象中普遍存在,造成不确定性的原因主要是由于度量上的误差和其他一些无法控制的随机因素的干扰. 我们称变量之间的这种不确定性关系为**相关关系**.

由于相关关系广泛存在,因此对相关关系的研究就很有必要. 早在 19 世纪,英国生物、统计学家高尔顿(F. Galton)研究了父与子身高的相关关系,他观察了 1 078 对父与子,用 x 表示父亲身高,y 表示成年儿子的身高,并将点(x, y)标在直角坐标系中,发现这 1 078 个点基本在一条直线附近,该直线的方程是(单位:英寸. 注:1 英寸=2.54 cm):

$$\hat{y} = 33.73 + 0.516x.$$

从这条直线方程可以看出:父亲身高每增加一个单位,其儿子的身高平均增加 0.516 个单位;当父亲的身高小于 69.69(合 177 cm)时,其儿子的身高高于父辈的平均身高,当父亲的身高大于 69.69 时,其儿子的身高低于父辈的平均身高. 这说明父子两代的平均身高有向中心回归的趋向. 因此,在一特定时期内人的身高相对稳定. 回归分析的名词正是基于高尔顿的"回归"发现提出来的,它是研究相关关系的一种统计方法.

11.3.1.2 散点图与一元线性回归模型

设 x 是一可控制的变量,η 是与 x 有关的随机变量,怎样确定 η 与 x 之间的相关关系呢? 除根据理论和经验外,可以用高尔顿使用过的散点图来帮助分析. 先看一个具体的例子.

例 11.4 在某种产品表面进行腐蚀刻线试验,得到腐蚀刻线深度 η 与腐蚀时间 x 相对应的一组数据:

$x(s)$	5	10	15	20	30	40	50	60	70	90	120
$\eta(\mu m)$	6	10	10	13	16	17	19	23	25	29	46

这些数据大致反映了 η 与 x 的关系,但 η 和 x 并非确定性关系,因为如果在同一时间段上进行多次试验,所得到的 η 未必完全一致. 怎样由所给数据来理清 η 和 x 间的相关关系呢? 我们可以在直角坐标系中将这些成对的数据描出(图 11.1),所给出的图形通常称为**散点图**.

散点图 11.1 中的点虽然是散乱的,但有一定的规律. 我们发现当腐蚀时间 x 增

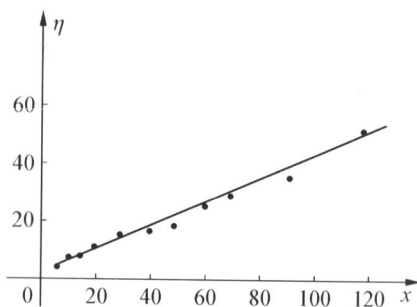

图 11.1

加时,腐蚀深度 η 也随着增加,并且这些点散布在某条直线附近,但又不完全在一直线上. 产生这种现象的原因是试验和测试过程中还存在着一些不可控制的随机因素. 因此由散点图 11.1 可知例 11.4 中的 η 和 x 具有下列关系

$$\eta = a + bx + \varepsilon. \tag{11.5}$$

上式中的 η 由两部分叠加而成,一部分是由 x 的线性函数 $a+bx$ 所引起的,另一部分是由随机因素 ε 所引起的. 由于 ε 通常被看作随机误差,故一般假定 $\varepsilon \sim N(0, \sigma^2)$,且 σ^2 与 x 无关. 这样观察结果 (x_i, η_i) 满足

$$\eta_i = a + bx_i + \varepsilon_i, \; i = 1, \; 2, \cdots, n. \tag{11.6}$$

其中 ε_1、ε_2、$\cdots$、ε_n 独立同分布于 $N(0, \sigma^2)$. 形如(11.5)或(11.6)所确定的模型称为**一元(正态)线性回归模型**,参数 a、b 称为**回归系数**. 建立在一元线性回归模型基础上的统计分析成为**一元线性回归分析**.

11.3.1.3 一元线性回归分析的研究内容

在模型(11.5)下,$E(\eta) = a + bx$,若记 $y = E(\eta)$,则

$$y = a + bx$$

上式称为**一元线性回归方程**,其图形称为**回归直线**. 在散点图中,回归直线就是点 $(x_i, \eta_i)(i=1, 2, \cdots, n)$ 散布在其邻近的那条直线. 由于回归直线反映了 η 的"平均"或"主要部分",因此回归直线在一元线性回归分析中占有十分重要的地位. 一元线性回归分析讨论的主要内容有:

(1) 对参数 a、b 进行点估计,估计量 $\hat{a}$、$\hat{b}$ 称为**样本回归系数**或**经验回归系数**,而

$$\hat{y} = \hat{a} + \hat{b}x$$

称为**经验直线回归方程**,其图形相应地称为**经验回归直线**,它是回归直线的一种近似.

为了更深刻地认识模型(11.5)或了解误差情况,有时我们还必须估计 σ^2.

(2) 在模型(11.5)下检验 η 与 x 之间是否线性相关. 如果不线性相关,所建立的经验回归直线方程也就失去应用价值.

(3) 怎样利用所求得的线性关系,通过 x 来对 η 进行预测或由 η 来控制 x 的范围.

在讨论上述问题之前,我们需指出:

(1) 在实际问题中,x 可能是一个随机变量,但由于我们假定其可控制,故可以认为 x 是非随机变量.

(2) 较一元线性回归模型更为一般的回归模型为

$$y = f(x_1, x_2, \cdots, x_n) + \varepsilon.$$

其中常见的是多元线性回归模型,即 $f(x_1, x_2, \cdots, x_n) = b_0 + b_1 x_1 + b_2 x_2 + \cdots + b_n x_n$. 多元线性回归分析所讨论的内容与一元线性回归分析基本类似,只是处理起来稍许复杂些.

11.3.2 回归系数 a、b 的最小二乘法估计

求 a、b 的估计量 $\hat{a}$、$\hat{b}$,实际上就是要确定一条经验回归直线 $\hat{y} = \hat{a} + \hat{b}x$,用它来近似表示 η 和 x 的关系. 我们用最小二乘法来解决这个问题.

对于每一个 x_i,都可用 $\hat{y}_i = \hat{a} + \hat{b}x_i$ 确定一个 $\hat{y}_i$,$i = 1, 2, \cdots, n$,要使得 $\hat{y} = \hat{a} + \hat{b}x$ 能够近似地表达 η,自然希望 $\hat{y}_i$ 与 η_i 的离差越小越好,为此考虑

$$Q(\hat{a}, \hat{b}) = \sum_{i=1}^{n}(\eta_i - \hat{y}_i)^2 = \sum_{i=1}^{n}(\eta_i - \hat{a} - \hat{b}x_i)^2.$$

最小二乘法就是取使得 $Q(\hat{a}, \hat{b})$ 达到最小值的 $\hat{a}$、$\hat{b}$ 来分别作为 a、b 的估计量. 由微积分学的知识易知,$Q(\hat{a}, \hat{b})$ 的最小值点 $\hat{a}$、$\hat{b}$ 就是方程组

$$\begin{cases} \dfrac{\partial Q}{\partial \hat{a}} = -2\sum_{i=1}^{n}(\eta_i - \hat{a} - \hat{b}x_i) = 0 \\[2mm] \dfrac{\partial Q}{\partial \hat{b}} = -2\sum_{i=1}^{n}(\eta_i - \hat{a} - \hat{b}x_i)x_i = 0 \end{cases} \tag{11.7}$$

即

$$\begin{cases} n\hat{a} + \hat{b}\sum_{i=1}^{n}x_i - \sum_{i=1}^{n}\eta_i = 0 \\[2mm] \hat{a}\sum_{i=1}^{n}x_i + \hat{b}\sum_{i=1}^{n}x_i^2 - \sum_{i=1}^{n}\eta_i x_i = 0 \end{cases}$$

的解.

解上面的方程组可得

$$\hat{a} = \bar{\eta} - \hat{b}\bar{x}, \tag{11.8}$$

$$\hat{b} = \frac{n\sum_{i=1}^{n}\eta_i x_i - \left(\sum_{i=1}^{n}x_i\right)\left(\sum_{i=1}^{n}\eta_i\right)}{n\sum_{i=1}^{n}x_i^2 - \left(\sum_{i=1}^{n}x_i\right)^2} = \frac{\sum_{i=1}^{n}(x_i - \bar{x})(\eta_i - \bar{\eta})}{\sum_{i=1}^{n}(x_i - \bar{x})^2}. \tag{11.9}$$

其中 $\bar{x} = \dfrac{1}{n}\sum_{i=1}^{n}x_i$,$\bar{\eta} = \dfrac{1}{n}\sum_{i=1}^{n}\eta_i$.

用上述方法确定的 $\hat{a}$、$\hat{b}$ 分别称为 a、b 的**最小二乘法估计量**.

最小二乘法是一般线性模型中求未知参数估计的重要方法.读者可以验证,在一元线性回归中 a、b 的最小二乘法估计量就是极大似然法估计量,但采用最小二乘法可以避开随机变量概率分布的形式,使得问题变得简单.最小二乘法估计量具有许多优良性质.

定理 11.1　线性回归模型(11.5)中回归系数 a、b 的最小二乘法估计量 $\hat{a}$、$\hat{b}$ 分别是 a、b 的无偏估计,即

$$E(\hat{a}) = a,\ E(\hat{b}) = b.$$

证明　注意到 $\eta_i = a + bx_i + \varepsilon_i$,$E(\varepsilon_i) = 0$,我们有 $E(\eta_i) = a + bx_i$,$E(\bar{\eta}) = \dfrac{1}{n}\sum_{i=1}^{n} E(\eta_i) = a + b\bar{x}$,于是,由(11.9)式,

$$E(\hat{b}) = E\left[\frac{\sum_{i=1}^{n}(x_i - \bar{x})(\eta_i - \bar{\eta})}{\sum_{i=1}^{n}(x_i - \bar{x})^2}\right] = \frac{\sum_{i=1}^{n}(x_i - \bar{x})(E(\eta_i) - E(\bar{\eta}))}{\sum_{i=1}^{n}(x_i - \bar{x})^2}$$

$$= \frac{\sum_{i=1}^{n}(x_i - \bar{x})(a + bx_i - a - b\bar{x})}{\sum_{i=1}^{n}(x_i - \bar{x})^2} = b.$$

再由(11.8)式,

$$E(\hat{a}) = E(\bar{\eta} - \hat{b}\bar{x}) = E(\bar{\eta}) - \bar{x}E(\hat{b}) = a + b\bar{x} - b\bar{x} = a.$$

从定理 11.1 还可以看出,$\hat{y}_0 = \hat{a} + \hat{b}x_0$ 是 $E(y_0) = a + bx_0$ 的无偏估计量.

关于最小二乘法估计量 $\hat{a}$、$\hat{b}$,我们有下面更深刻的结果:

定理 11.2　设 $\hat{a}$、$\hat{b}$ 分别为线性回归模型(11.5)中回归系数 a、b 的最小二乘法估计量,则

(1) $\hat{a} \sim \mathrm{N}\left(a,\ \left[\dfrac{1}{n} + \dfrac{\bar{x}^2}{\sum_{i=1}^{n}(x_i - \bar{x})^2}\right]\sigma^2\right)$,$\hat{b} \sim \mathrm{N}\left(b,\ \dfrac{\sigma^2}{\sum_{i=1}^{n}(x_i - \bar{x})^2}\right)$;

(2) $\mathrm{cov}(\hat{a},\ \hat{b}) = -\dfrac{\bar{x}}{\sum_{i=1}^{n}(x_i - \bar{x})^2}\sigma^2$;

(3) 对给定的 x_0,$\hat{y}_0 = \hat{a} + \hat{b}x_0 \sim \mathrm{N}\left(a + bx_0,\ \left[\dfrac{1}{n} + \dfrac{(x_0 - \bar{x})^2}{\sum_{i=1}^{n}(x_i - \bar{x})^2}\right]\sigma^2\right)$.

证明　利用 $\sum_{i=1}^{n}(x_i - \bar{x}) = 0$,可以将 $\hat{a}$、$\hat{b}$ 改写为

$$\hat{a} = \sum_{i=1}^{n} \left[\frac{1}{n} - \frac{(x_i - \overline{x})\,\overline{x}}{\sum\limits_{i=1}^{n} (x_i - \overline{x})^2} \right] \eta_i,$$

$$\hat{b} = \frac{\sum\limits_{i=1}^{n} (x_i - \overline{x})\eta_i}{\sum\limits_{i=1}^{n} (x_i - \overline{x})^2}.$$

它们分别是独立正态随机变量 η_1、η_2、$\cdots$、η_n 的线性组合,故均服从正态分布. 定理 11.1 已分别给出了它们的数学期望,下面计算它们的方差. 注意到 $D(\eta_i) = \sigma^2$,因此有

$$D(\hat{a}) = \sum_{i=1}^{n} \left[\frac{1}{n} - \frac{(x_i - \overline{x})\,\overline{x}}{\sum\limits_{i=1}^{n} (x_i - \overline{x})^2} \right]^2 D(\eta_i) = \sum_{i=1}^{n} \left[\frac{1}{n} - \frac{(x_i - \overline{x})\,\overline{x}}{\sum\limits_{i=1}^{n} (x_i - \overline{x})^2} \right]^2 \sigma^2$$

$$= \left(\frac{1}{n} + \frac{\overline{x}^2}{\sum\limits_{i=1}^{n} (x_i - \overline{x})^2} \right) \sigma^2,$$

$$D(\hat{b}) = \sum_{i=1}^{n} \left[\frac{x_i - \overline{x}}{\sum\limits_{i=1}^{n} (x_i - \overline{x})^2} \right]^2 D(\eta_i) = \sum_{i=1}^{n} \left[\frac{x_i - \overline{x}}{\sum\limits_{i=1}^{n} (x_i - \overline{x})^2} \right]^2 \sigma^2 = \frac{\sigma^2}{\sum\limits_{i=1}^{n} (x_i - \overline{x})^2}.$$

这就证明了(1).

由于 η_1、η_2、$\cdots$、η_n 相互独立,故

$$\mathrm{cov}(\hat{a}, \hat{b}) = \mathrm{cov}\left(\sum_{i=1}^{n} \left[\frac{1}{n} - \frac{(x_i - \overline{x})\,\overline{x}}{\sum\limits_{i=1}^{n} (x_i - \overline{x})^2} \right] \eta_i, \frac{\sum\limits_{i=1}^{n} (x_i - \overline{x})\eta_i}{\sum\limits_{i=1}^{n} (x_i - \overline{x})^2} \right)$$

$$= \sum_{i=1}^{n} \left[\frac{1}{n} - \frac{(x_i - \overline{x})\,\overline{x}}{\sum\limits_{i=1}^{n} (x_i - \overline{x})^2} \right] \left[\frac{x_i - \overline{x}}{\sum\limits_{i=1}^{n} (x_i - \overline{x})^2} \right] D(\eta_i)$$

$$= - \frac{\overline{x}}{\sum\limits_{i=1}^{n} (x_i - \overline{x})^2} \sigma^2.$$

这就证明了(2).

注意到 $\hat{y}_0 = \hat{a} + \hat{b}x_0$ 也是独立正态随机变量 η_1、η_2、$\cdots$、η_n 的线性组合,故 $\hat{y}_0$ 服从正态分布. 下面求其数学期望和方差. 由(1)与(2),

$$E(\hat{y}_0) = a + bx_0,$$

$$D(\hat{y}_0) = D(\hat{a} + \hat{b}x_0) = D(\hat{a}) + D(\hat{b})x_0^2 + 2x_0 \mathrm{Cov}(\hat{a}, \hat{b})$$

$$= \left[\frac{1}{n} + \frac{\overline{x}^2}{\sum\limits_{i=1}^{n}(x_i - \overline{x})^2}\right]\sigma^2 + \frac{\sigma^2 x_0^2}{\sum\limits_{i=1}^{n}(x_i - \overline{x})^2} - \frac{2x_0\overline{x}}{\sum\limits_{i=1}^{n}(x_i - \overline{x})^2}\sigma^2$$

$$= \left[\frac{1}{n} + \frac{(x_0 - \overline{x})^2}{\sum\limits_{i=1}^{n}(x_i - \overline{x})^2}\right]\sigma^2,$$

由此(3)得证.

从定理 11.2 可以看出,要提高估计量 $\hat{a}$、$\hat{b}$ 的精度(即降低它们的方差),就必须要求 n、$\sum\limits_{i=1}^{n}(x_i - \overline{x})^2$ 较大(后者较大即要求 x_1、x_2、$\cdots$、x_n 较分散).

顺便指出:由于 $Q(\hat{a}, \hat{b})$ 反映了 η_i 偏离经验回归直线 $\hat{y} = \hat{a} + \hat{b}x$ 的程度,从而反映了 η_i 偏离回归直线 $y = a + bx$ 的程度,因此,从 $Q(\hat{a}, \hat{b})$ 的大小可以看出线性模型(11.5)中 σ^2 的大小. 事实上,容易证明,若 $\hat{a}$、$\hat{b}$ 为线性模型(11.6)中 a、b 的最小二乘法估计量,则 $\hat{\sigma}^2 = Q(\hat{a}, \hat{b})/(n-2)$ 为 σ^2 的无偏估计量.

下面我们按例 11.4 给出的数据来计算腐蚀深度 η 关于腐蚀时间 x 的经验回归直线方程. 为此只需计算 $\hat{a}$、$\hat{b}$,将所给数据列表计算如下:

表 11.9

编号	x_i	x_i^2	η_i	η_i^2	$x_i\eta_i$
1	5	25	6	36	30
2	10	100	10	100	100
3	15	225	10	100	150
4	20	400	13	169	260
5	30	900	16	256	480
6	40	1 600	17	289	680
7	50	2 500	19	361	950
8	60	3 600	23	529	1 380
9	70	4 900	25	625	1 750
10	90	8 100	29	841	2 610
11	120	14 400	46	2 116	5 520
$\sum$	510	36 750	214	5 422	13 910

从而由(11.8)、(11.9)式可计算得:

$$\hat{b} = \frac{n\sum_{i=1}^{n}\eta_i x_i - (\sum_{i=1}^{n}x_i)(\sum_{i=1}^{n}\eta_i)}{n\sum_{i=1}^{n}x_i^2 - (\sum_{i=1}^{n}x_i)^2} = \frac{11\times13\ 910 - 510\times214}{11\times36\ 750 - 510^2} = 0.304,$$

$$\hat{a} = \bar{\eta} - \hat{b}\,\bar{x} = 214/11 - 0.304\times510/11 = 5.36.$$

于是腐蚀深度关于腐蚀时间的经验回归直线方程为：

$$\hat{y} = 5.36 + 0.304x.$$

从上面的计算过程可以看出,当数据较大时,其计算是较繁琐的.为简化起见,可将数据进行适当的变换.设原始数据为(x_i,η_i), $i=1,2,\cdots,n$,令

$$x_i' = d_1(x_i - c_1), \quad \eta_i' = d_2(\eta_i - c_2),$$

即

$$x_i = \frac{x_i'}{d_1} + c_1, \quad \eta_i = \frac{\eta_i'}{d_2} + c_2,$$

其中c_1、c_2、d_1、d_2均为常数.在此变换下,根据第 7 章中样本均值、样本方差的性质不难得到：

$$\hat{b} = \frac{d_1}{d_2}\times\frac{n\sum_{i=1}^{n}\eta_i' x_i' - (\sum_{i=1}^{n}x_i')(\sum_{i=1}^{n}\eta_i')}{n\sum_{i=1}^{n}x_i'^2 - (\sum_{i=1}^{n}x_i')^2},$$

$$\hat{a} = c_2 + \frac{\bar{\eta}'}{d_2} - \hat{b}\left(c_1 + \frac{\bar{x}'}{d_1}\right).$$

用简化后的数据计算$\hat{a}$、$\hat{b}$可减少计算工作量.

例 11.5 在教育科学中,经常需要考虑同一对象的两次测验成绩或两门学科成绩之间的关系,一元线性回归是处理这类问题的一个主要方法.例如,若需要研究某校初三学生物理成绩η与数学成绩x之间的关系,可建立η关于x的经验回归直线方程.今抽取了 10 名学生,其数学与物理成绩如下：

x(数学成绩)	94	90	86	86	72	70	68	66	64	62
η(物理成绩)	93	92	92	70	82	76	65	76	68	60

试找出η关于x的经验回归直线方程.

解 令$x_i' = \frac{1}{2}(x_i - 76)$, $\eta_i' = \eta_i - 76$,即$c_1 = c_2 = 76$, $d_1 = \frac{1}{2}$, $d_2 = 1$.对(x_i',η_i')列表计算如下：

表 11·10

编号	x_i	η_i	x'_i	x'^2_i	η'_i	η'^2_i	$x'_i\eta'_i$
1	94	93	9	81	17	289	153
2	90	92	7	49	16	256	112
3	86	92	5	25	16	256	80
4	86	70	5	25	-6	36	-30
5	72	82	-2	4	6	36	-12
6	70	76	-3	9	0	0	0
7	68	65	-4	16	-11	121	44
8	66	76	-5	25	0	0	0
9	64	68	-6	36	-8	64	48
10	62	60	-7	49	-16	256	112
$\sum$			-1	319	14	1 314	507

从而

$$\hat{b} = \frac{d_1}{d_2} \times \frac{n\sum_{i=1}^{n}\eta'_i x'_i - \left(\sum_{i=1}^{n}x'_i\right)\left(\sum_{i=1}^{n}\eta'_i\right)}{n\sum_{i=1}^{n}x'^2_i - \left(\sum_{i=1}^{n}x'_i\right)^2}$$

$$= \frac{1}{2}\frac{10 \times 507 - (-1) \times 14}{10 \times 319 - (-1)^2} = 0.797,$$

$$\hat{a} = c_2 + \frac{\overline{\eta'}}{d_2} - \hat{b}\left(c_1 + \frac{\overline{x'}}{d_1}\right)$$

$$= 76 + 14/10 - 0.797 \times (76 + 2 \times (-1)/10) = 16.987.$$

因此 η 关于 x 的经验回归直线方程为

$$\hat{y} = 16.987 + 0.797x.$$

11.3.3 相关性检验

由于任一数组 $(x_i, \eta_i)(i=1, 2, \cdots, n)$ 按最小二乘法都可建立起 η 关于 x 的经验回归直线方程,然而,如果 η 与 x 不具有近似的线性关系(即 η 与 x 不线性相关,反映在线性模型(11.5)中也就是 $b=0$),则所建立的经验回归直线方程也就失去了其应用价值. 因此,我们必须对 η 与 x 之间是否真实具有线性相关关系给出检验. 为解决这个问题, 先建立偏差平方和分解式.

11.3.3.1 偏差平方和分解式

记 $L = \sum_{i=1}^{n} (\eta_i - \overline{\eta})^2$, $Q = Q(\hat{a}, \hat{b}) = \sum_{i=1}^{n} (\eta_i - \hat{y}_i)^2 = \sum_{i=1}^{n} (\eta_i - \hat{a} - \hat{b} x_i)^2$,

$$U = \sum_{i=1}^{n} (\hat{y}_i - \overline{\eta})^2 = \sum_{i=1}^{n} [(\hat{a} + \hat{b} x_i) - (\hat{a} - \hat{b} \overline{x})]^2 = \hat{b}^2 \sum_{i=1}^{n} (x_i - \overline{x})^2.$$

由于

$$L = \sum_{i=1}^{n} (\eta_i - \overline{\eta})^2 = \sum_{i=1}^{n} [(\eta_i - \hat{y}_i) + (\hat{y}_i - \overline{\eta})]^2$$

$$= \sum_{i=1}^{n} (\eta_i - \hat{y}_i)^2 + \sum_{i=1}^{n} (\hat{y}_i - \overline{\eta})^2 + 2 \sum_{i=1}^{n} (\eta_i - \hat{y}_i)(\hat{y}_i - \overline{\eta}).$$

注意到 $\hat{a}$、$\hat{b}$ 满足方程组(11.7), 故有

$$\sum_{i=1}^{n} (\eta_i - \hat{y}_i)(\hat{y}_i - \overline{\eta}) = \sum_{i=1}^{n} (\eta_i - \hat{a} - \hat{b} x_i)(\hat{a} + \hat{b} x_i - \overline{\eta})$$

$$= (\hat{a} - \overline{\eta}) \sum_{i=1}^{n} (\eta_i - \hat{a} - \hat{b} x_i) + \hat{b} \sum_{i=1}^{n} (\eta_i - \hat{a} - \hat{b} x_i) x_i = 0,$$

从而

$$\sum_{i=1}^{n} (\eta_i - \overline{\eta})^2 = \sum_{i=1}^{n} (\eta_i - \hat{y}_i)^2 + \sum_{i=1}^{n} (\hat{y}_i - \overline{\eta})^2,$$

即

$$L = Q + U. \tag{11.10}$$

上式称为**偏差平方和分解式**. L 反映了 η_i 间的波动情况, 称为**总偏差平方和**; Q 是数据 η_i 与回归值 $\hat{y}_i$ 之差的平方和, 它反映了数据 η_i 偏离 $\hat{y} = \hat{a} + \hat{b} x$ 的程度, 即反映了除去变量 x 对 η 的线性作用以外其他因素所引起的 η_i 间的波动情况, 称 **Q 为残差平方和**; U 是 $\hat{y}_i$ 与平均值 $\overline{\eta}$ 之差的平方和, 它反映了 η 在变量 x 的线性作用下所引起的 η_i 间的波动情况, 称 U 为**回归平方和**. 偏差平方和(11.10)说明, 数据 η_i 间总的波动 L 可以分解成两部分: 一部分是由 x 的线性作用所引起的波动 U, 另一部分是除去 x 的线性作用外其他因素所引起的波动 Q.

11.3.3.2 相关性的 F 检验

从偏差平方和分解式(11.10)可以看出, 如果 η 与 x 线性相关程度较高的话, 则总的波动应该主要由 x 的线性作用所引起, 因此 U 较大, Q 相对较小; 反之, 如

果 η 与 x 不具有线性相关关系,则总的波动应该主要由其他因素的作用所引起,从而 U 较小,Q 相对较大.这样 U 与 Q 的相对比值的大小就体现出 η 与 x 间的线性相关程度,可以用它来检验 η 与 x 之间是否线性相关.在线性模型(11.5)中,η 与 x 不线性相关,就是假设 $H_0:b=0$ 成立.基于上面的分析,可考虑用

$$F = \frac{U}{Q/(n-2)} = \frac{(n-2)U}{Q}$$

作为检验函数.这里乘上因子 $(n-2)$ 是为了方便计算 F 的分布.可以证明,H_0 成立时,$F \sim F(1, n-2)$.这样,我们可以利用 F 对 H_0 进行右单边检验,拒绝域为 $F \in D = [F_\alpha, +\infty)$,其中 F_α 查 F(1, $n-2$)表由 $P(F \geqslant F_\alpha) = \alpha$ 确定.

用统计量 F 检验 η 与 x 是否线性相关的方法称为 **F 检验法**.

下面就例 11.4 中所给出的数据对腐蚀深度 η 与腐蚀时间 x 的线性相关性进行检验,原假设为 $H_0:b=0$,检验水平 $\alpha = 0.01$.

由表 11.9 的有关计算结果知

$$L = \sum_{i=1}^n (\eta_i - \overline{\eta})^2 = \sum_{i=1}^n \eta_i^2 - n \overline{\eta}^2$$
$$= 5\,422 - 11 \times (214/11)^2 = 1\,258.727,$$

$$U = \hat{b}^2 \sum_{i=1}^n (x_i - \overline{x})^2 = \hat{b}^2 \left(\sum_{i=1}^n x_i^2 - n(\overline{x})^2 \right)$$
$$= 0.304^2 \times [36\,750 - 11 \times (510/11)^2] = 1\,211.070,$$

$$Q = L - U = 1\,258.727 - 1\,211.070 = 47.657,$$

从而

$$F = \frac{(n-2)U}{Q} = \frac{(11-2) \times 1\,211.070}{47.657} = 228.71.$$

对于 $\alpha = 0.01$,查 F(1, 9)分布表得 $F_\alpha = 10.56$,由于 $F = 228.71 > 10.56$,故拒绝 H_0,即认为腐蚀深度 η 与腐蚀时间 x 之间具有线性相关关系.

11.3.3.3 线性相关的相关系数检验法

从偏差平方和(11.10)可知,总的波动 L 固定后,U 的值越大,表明 η 与 x 之间的线性相关程度就越密切,因此 U/L 即 $U/(U+Q)$ 也是衡量 η 与 x 之间线性相关程度的量.由于

$$\frac{U}{L} = \frac{\hat{b}^2 \sum_{i=1}^n (x_i - \overline{x})^2}{\sum_{i=1}^n (\eta_i - \overline{\eta})^2} = \left[\frac{\sum_{i=1}^n (x_i - \overline{x})(\eta_i - \overline{\eta})}{\sqrt{\sum_{i=1}^n (x_i - \overline{x})^2 \sum_{i=1}^n (\eta_i - \overline{\eta})^2}} \right]^2,$$

这样

$$r = \frac{\sum\limits_{i=1}^{n}(x_i - \overline{x})(\eta_i - \overline{\eta})}{\sqrt{\sum\limits_{i=1}^{n}(x_i - \overline{x})^2 \sum\limits_{i=1}^{n}(\eta_i - \overline{\eta})^2}}$$

就成为衡量 η 与 x 之间线性相关程度的一个量,我们称它为线性相关的**相关系数**,它的符号与回归系数 $\hat{b}$ 的符号一致,我们可以从 $|r|$ 的大小来看清 η 与 x 的线性相关程度,特别可以用它来检验 η 与 x 之间是否线性相关,并称之为**相关系数检验法**.

用 r 来度量 η 与 x 的线性相关程度有许多优越性. 首先,$0 \leqslant |r| \leqslant 1$,$|r|$ 越接近于 1,线性相关程度就愈强,$|r|$ 越接近于 0,线性相关程度就愈弱. 从这个意义上讲,r 在衡量 η 与 x 的线性相关程度上更直接. 值得指出,相关程度的强弱决定着经验回归直线方程的实用价值. 如果相关程度高,则 η 主要受 x 线性支配,从而经验回归直线方程的应用价值就较高;如果 η 与 x 虽然线性相关,但相关程度比较弱,那么 η 受 x 的线性控制就较弱,从而经验回归直线方程的实用价值就减低,此时通常要考虑是否有其他因素在支配 η. 其次,从 r 的表达式来看,x、η 是对称的,它和直观上相关性应具有"相互性"是一致的. 用 r 来进行相关性检验还可以克服将 x 看作是非随机变量的缺陷,这一点是很有实际意义的. 因为在实际问题中,即便 x 是非随机变量,但由于测量上的误差及其他一些原因也可能导致它的随机性. 当 x 为随机变量时,r 正好是总体 (x, η) 的样本相关系数.

用 r 来检验 η 与 x 是否线性相关可利用附表 11 来确定临界点. 下面结合例 11.5 来说明其检验步骤.

(1) 建立线性无关的假设 $H_0 : \rho = 0$.

(2) 计算样本相关系数 r 的值:

当 $x_i' = d_1(x_i - c_1)$,$\eta_i' = d_2(\eta_i - c_2)$ 时,易知

$$r = \frac{\sum\limits_{i=1}^{n}(x_i - \overline{x})(\eta_i - \overline{\eta})}{\sqrt{\sum\limits_{i=1}^{n}(x_i - \overline{x})^2 \sum\limits_{i=1}^{n}(\eta_i - \overline{\eta})^2}} = \frac{|d_1 d_2|}{d_1 d_2} \frac{\sum\limits_{i=1}^{n}(x_i' - \overline{x'})(\eta_i' - \overline{\eta'})}{\sqrt{\sum\limits_{i=1}^{n}(x_i' - \overline{x'})^2 \sum\limits_{i=1}^{n}(\eta_i' - \overline{\eta'})^2}}.$$

利用表 11.10 的计算结果,我们可以计算得 $r = 0.791$.

(3) 给定检验水平 $\alpha = 0.05$,按 $n - 2$(自由度)的数值及自变量的个数(这里只有一个自变量)查附表 11,得临界点 $r_\alpha = 0.632$.

(4) 比较 $|r|$ 与 r_α,若 $|r| \geqslant r_\alpha$,拒绝假设 H_0,若 $|r| < r_\alpha$,接受假设 H_0. 本例中 $|r| = 0.791 \geqslant r_\alpha$,故拒绝 H_0,即认为物理成绩和数学成绩存在线性相关关系.

关于相关系数检验法,我们再作下面三点补充:

(1) 由于

$$F = \frac{(n-2)U}{Q} = \frac{(n-2)U}{L-U} = \frac{\dfrac{(n-2)U}{L}}{1 - \dfrac{U}{L}} = \frac{(n-2)r^2}{1-r^2},$$

因此,在检验 η 与 x 是否线性相关时,F 检验法和相关系数检验法是等效的. 但读者不难看出,在实际问题中,特别是不需要求出经验回归公式时,计算 r 比计算 F 更为直接.

(2) 对于二维正态分布(ξ, η),由于 ξ、η 不相关与 ξ、η 相互独立是等价的,因此,可利用相关系数检验法来检验 ξ 与 η 的独立性.

(3) 关于线性相关程度的假设 $H_0 : \rho = \rho_0$ 的检验不能利用附表 11,但可以利用费希尔变换

$$Z_x = \frac{1}{2} \ln \frac{1+x}{1-x}$$

来考虑,设 Z_r、Z_{ρ_0} 分别是 r、ρ_0 的费希尔变换,则在假设 $H_0 : \rho = \rho_0$ 下,

$$\frac{(Z_r - Z_{\rho_0})}{\sqrt{\dfrac{1}{(n-3)}}} \overset{\cdot}{\sim} N(0, 1).$$

这样,我们可以借助于 $N(0, 1)$ 分布表来给出假设 $H_0 : \rho = \rho_0$ 的检验.

11.3.4 估计与预测

在线性回归模型(11.5)中,若通过了 η 与 x 的相关性检验,则可以利用经验回归直线方程来研究回归分析中的一些问题. 这段主要讨论估计与预测问题.

由于 $x = x_0$ 时,$\eta_0 = a + bx_0 + \varepsilon_0$ 是一个随机变量,讲估计随机变量显然不是十分确切,我们可以估计其均值 $E(\eta_0) = a + bx_0$,或研究 η_0 将在什么一个范围内取值,即寻找一个区间(c, d),使得 η_0 落在该区间内的概率为 $1-\alpha$(并称该区间为 η_0 的$(1-\alpha)$**预测区间**),它和区间估计的差别仍在于 η_0 是一个随机变量.

11.3.4.1 $E(\eta_0)$ 的估计

在 $x = x_0$ 时,借助经验回归直线方程 $\hat{y} = \hat{a} + \hat{b}x$ 可以获得 $E(\eta_0) = a + bx_0$ 的点估计为 $\hat{y}_0 = \hat{a} + \hat{b}x_0$,由于 $\hat{a}$、$\hat{b}$ 分别是 a、b 的无偏估计,因此 $\hat{y}_0$ 还是 $E(\eta_0)$ 的无偏估计.

考虑例 11.4,如果我们知道腐蚀时间 $x_0 = 55(s)$,则可以估计平均腐蚀深度为 $\hat{y}_0 = 5.36 + 0.304 \times 55 = 22.08(\mu m)$.

在 σ^2 已知时我们还很容易根据定理 11.2 中(3)给出 $E(\eta_0)$ 的区间估计.

11.3.4.2 η_0 的预测区间

由于 $\hat{y}_0$ 是 η_0 的均值 $E(\eta_0)$ 的无偏估计,故可以从 $\eta_0 - \hat{y}_0$ 着手建立 η_0 的预测区间. 由于 η_0 与 $\hat{y}_0$ 独立,因此根据定理 11.2 易知

$$\eta_0 - \hat{y}_0 \sim \mathrm{N}\left[0, \left(1 + \frac{1}{n} + \frac{(x_0 - \overline{x})^2}{\sum_{i=1}^{n}(x_i - \overline{x})^2}\right)\sigma^2\right].$$

可以证明,$\eta_0 - \hat{y}_0$ 与 $Q(\hat{a}, \hat{b})$ 相互独立,且 $Q(\hat{a}, \hat{b})/\sigma^2 \sim \chi^2(n-2)$,因此,根据定理 7.6,有

$$T = \frac{\eta_0 - \hat{y}_0}{\sigma\sqrt{1 + \frac{1}{n} + \frac{(x_0 - \overline{x})^2}{\sum_{i=1}^{n}(x_i - \overline{x})^2}}} \Bigg/ \sqrt{\frac{Q(\hat{a}, \hat{b})}{(n-2)\sigma^2}}$$

$$= \frac{\eta_0 - \hat{y}_0}{\hat{\sigma}\sqrt{1 + \frac{1}{n} + \frac{(x_0 - \overline{x})^2}{\sum_{i=1}^{n}(x_i - \overline{x})^2}}} \sim \mathrm{t}(n-2),$$

式中 $\hat{\sigma} = \sqrt{\dfrac{Q(\hat{a}, \hat{b})}{n-2}}$.

这样,对于给定的水平 $1 - \alpha$,查 $\mathrm{t}(n-2)$ 分布表确定 t_α,使得 $P(|T| < t_\alpha) = \alpha$,由此得 η_0 的 $(1-\alpha)$ 预测区间:

$$\left(\hat{y}_0 - t_\alpha \hat{\sigma}\sqrt{1 + \frac{1}{n} + \frac{(x_0 - \overline{x})^2}{\sum_{i=1}^{n}(x_i - \overline{x})^2}}, \ \hat{y}_0 + t_\alpha \hat{\sigma}\sqrt{1 + \frac{1}{n} + \frac{(x_0 - \overline{x})^2}{\sum_{i=1}^{n}(x_i - \overline{x})^2}}\right).$$

$$(11.11)$$

该预测区间是一个以 $\hat{y}_0$ 为中心,长度为 $2t_\alpha \hat{\sigma}\sqrt{1 + \dfrac{1}{n} + \dfrac{(x_0 - \overline{x})^2}{\sum_{i=1}^{n}(x_i - \overline{x})^2}}$ 的区间. 它的中心 $\hat{y}_0 = \hat{a} + \hat{b}x_0$ 随 x_0 而线性变化,其长度在 $x_0 = \overline{x}$ 处最短,x_0 越远离 $\overline{x}$,长度就愈长. 预测区间的上限与下限落在关于经验回归直线对称的两条曲线上,并呈喇叭形(见图 11.2).

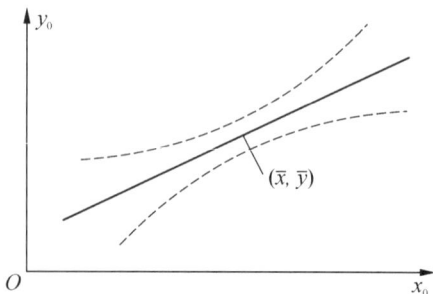

图 11.2

当 n 较大,且 x_0 较接近于 $\overline{x}$ 时, $\sqrt{1+\dfrac{1}{n}+\dfrac{(x_0-\overline{x})^2}{\displaystyle\sum_{i=1}^{n}(x_i-\overline{x})^2}}\approx 1$,此时(11.11)可

以近似地写成:

$$(\hat{y}_0-t_\alpha\hat{\sigma},\ \hat{y}_0+t_\alpha\hat{\sigma}). \tag{11.12}$$

上式说明,预测区间的长度,即预测的精度主要被 $\hat{\sigma}$ 的大小所确定,因此,在预测中, $\hat{\sigma}$ 是一个不可忽视的量.

顺便指出,11.3.4.1 中有关 $E(\eta_0)$ 的置信区间在 σ^2 未知时,也可用上面的方法建立.

作为预测区间的例子,现求例 10.4 在 $x_0=55(\mathrm{s})$, $\alpha=0.05$ 下 η_0 的预测区间.

由于 $\hat{y}_0=\hat{a}+\hat{b}x_0=5.36+0.304\times 55=22.08(\mu\mathrm{m})$, $\hat{\sigma}=\sqrt{\dfrac{Q(\hat{a},\hat{b})}{n-2}}=$

$\sqrt{\dfrac{47.657}{11-2}}=2.3$,易知

$$\sqrt{1+\dfrac{1}{n}+\dfrac{(x_0-\overline{x})^2}{\displaystyle\sum_{i=1}^{n}(x_i-\overline{x})^2}}\approx 1,$$

查 t(9) 分布表得 $t_\alpha=2.262$,由(10.12)式得 η_0 的预测区间为

$$(22.08-2.262\times 2.3,\ 22.08+2.262\times 2.3)=(16.88,\ 27.29).$$

11.3.5 控制问题

所谓控制,实际上是预测问题的反问题. 具体地说,为了把 η_0 以不小于 $1-\alpha$ 的概率控制在 (y_1,y_2) 内,即 $P(y_1<\eta_0<y_2)\geqslant 1-\alpha$,则相应的 x_0 应落在什么范围内.

根据(11.11),若 x_0 满足

$$\left(\hat{y}_0-t_\alpha\hat{\sigma}\sqrt{1+\frac{1}{n}+\frac{(x_0-\overline{x})^2}{\displaystyle\sum_{i=1}^{n}(x_i-\overline{x})^2}},\ \hat{y}_0+t_\alpha\hat{\sigma}\sqrt{1+\frac{1}{n}+\frac{(x_0-\overline{x})^2}{\displaystyle\sum_{i=1}^{n}(x_i-\overline{x})^2}}\right)\subset(y_1,\ y_2),$$

$$\tag{11.13}$$

则显然 $P(y_1<\eta_0<y_2)\geqslant 1-\alpha$,否则不一定成立. 因此控制问题一般是寻找满足(11.13)式的 x_0 的范围,这是一个比较初等的问题,我们不再展开讨论了.

最后指出,许多非线性问题可以转化为线性问题来处理. 例如,若 η 与 x 适合下列模型:

$$\eta = a + b\ln x + \varepsilon,$$

如果令 $t = \ln x$, 则

$$\eta = a + bt + \varepsilon.$$

它就是一个 η 关于 t 的一元线性回归模型,我们可以通过它来研究 η 与 x 间的非线性关系.

习 题 11.3

(A)

1. 试问经验回归直线方程的建立是否需要线性模型(11.5)的假设? 如果 η 与 x 不线性相关,能否利用经验回归直线方程来进行估计、预测和控制?

2. 10 名学生初一的数学成绩(x)与初二的数学成绩(η)如下:

序号	1	2	3	4	5	6	7	8	9	10
x_i	74	71	72	68	76	73	67	70	65	74
η_i	76	75	71	70	76	79	65	77	62	72

试求 η 关于 x 的经验回归直线方程.

3. 在 10 组母女中,测得她们的身长(单位:cm)如下:

母身长(x_i)	159	160	160	163	159	154	159	158	159	157
女儿身长(η_i)	158	159	160	161	161	155	162	157	162	156

假定 η 与 x 具有线性模型(11.5).

(1) 试求 η 关于 x 的经验回归直线方程;

(2) 在 $\alpha = 0.05$ 下检验 η 与 x 是否线性相关(F 检验法);

(3) 若已知母身长 $x_0 = 162$ cm,试估计她们女儿未来的平均身长.

4. 统计了甲、乙两地 1963～1972 年这 10 年中 10 月份的平均气温,资料如下(单位:℃):

年 份	1963	1964	1965	1966	1967	1968	1969	1970	1971	1972
乙地(x_i)	16.1	18.2	18.2	17.9	17.4	16.6	17.2	17.7	15.7	17.1
甲地(η_i)	17.1	18.4	18.6	18.5	18.2	17.1	18.0	18.2	16.0	17.5

假定 η 与 x 具有线性模型(11.5).

(1) 试求 η 关于 x 的经验回归直线方程;

(2) 在 $\alpha = 0.05$ 下检验 η 与 x 是否线性相关(相关系数检验法);

概率与统计

（3）若某年乙地 10 月份的平均气温为 $x_0 = 17.3℃$，试在 $\alpha = 0.05$ 下求甲地 10 月份平均气温的预测区间.

5. 维尼龙纤维的耐水性能好坏一般可以用指标"缩醛化度 η"来衡量,该指标越高,其耐水性能也就愈好,但缩醛化度受甲醛浓度 x 的影响. 为研究它们之间的关系,试验得如下数据:

甲醛浓度 x_i(g/l)	18	20	22	24	26	28	30
缩醛化度 η_i 的摩尔分数	26.58	28.35	28.75	28.87	29.75	30.00	30.36

试求 η 关于 x 的经验回归直线方程,进行相关性检验并求出 $x_0 = 25$(g/l) 时缩醛化度的预测区间（$\alpha = 0.05$）.

附表 1 常见随机变量的分布、期望与方差

分布名称	分布列或密度函数	期望与方差
二点分布 $b(1, p)$	$p_i = p^i q^{1-i}$，$i = 0, 1$，$0 < p < 1$，$p + q = 1$.	$a = p$，$\sigma^2 = pq$.
二项分布 $b(n, p)$	$p_i = C_n^i p^i q^{n-i}$，$i = 0, 1, \cdots, n$， $0 < p < 1$，$p + q = 1$.	$a = np$，$\sigma^2 = npq$.
泊松分布 $P(\lambda)$	$p_i = e^{-\lambda} \dfrac{\lambda^i}{i!}$，$i = 0, 1, 2, \cdots$，$\lambda > 0$.	$a = \lambda$，$\sigma^2 = \lambda$.
超几何分布	$p_i = \dfrac{C_M^i C_{N-M}^{n-i}}{C_N^n}$，$i = 0, 1, \cdots, \min(M, n)$， $M \leqslant N$，$n \leqslant N$.	$a = \dfrac{nM}{N}$， $\sigma^2 = \dfrac{nM}{N}\left(1 - \dfrac{M}{N}\right)\dfrac{N-n}{N-1}$.
几何分布	$p_i = pq^{i-1}$，$i = 1, 2, \cdots$，$0 < p < 1$，$p + q = 1$.	$a = \dfrac{1}{p}$，$\sigma^2 = \dfrac{q}{p^2}$.
均匀分布 $U[a, b]$	$f(x) = \begin{cases} \dfrac{1}{b-a}, & a < x < b, \\ 0, & \text{其余}. \end{cases}$	$E(\xi) = \dfrac{a+b}{2}$， $D(\xi) = \dfrac{(b-a)^2}{12}$.
指数分布 $E(\lambda)$	$f(x) = \begin{cases} \lambda e^{-\lambda x}, & x > 0, \\ 0, & x \leqslant 0, \end{cases} \lambda > 0$.	$a = \dfrac{1}{\lambda}$，$\sigma^2 = \dfrac{1}{\lambda^2}$.
正态分布 $N(a, \sigma^2)$	$f(x) = \dfrac{1}{\sqrt{2\pi}\sigma} e^{-\frac{(x-a)^2}{2\sigma^2}}$，$-\infty < x < \infty$，$\sigma > 0$.	$E(\xi) = a$，$D(\xi) = \sigma^2$.
χ^2 分布 $\chi^2(n)$	$f(x) = \begin{cases} \dfrac{1}{2^{\frac{n}{2}}\Gamma\left(\dfrac{n}{2}\right)} x^{\frac{n}{2}-1} e^{-\frac{x}{2}}, & x > 0, \\ 0, & x \leqslant 0, \end{cases} n \text{ 正整数}.$	$a = n$，$\sigma^2 = 2n$.
t 分布 $t(n)$	$f(x) = \dfrac{\Gamma\left(\dfrac{n+1}{2}\right)}{\sqrt{n\pi}\,\Gamma\left(\dfrac{n}{2}\right)}\left(1 + \dfrac{x^2}{n}\right)^{-\frac{n+1}{2}}$， $-\infty < x < \infty$，n 正整数.	$a = 0$， $\sigma^2 = \dfrac{n}{n-2}\,(n > 2)$.
F 分布 $F(m, n)$	$f(x) = \begin{cases} \dfrac{\Gamma\left(\dfrac{m+n}{2}\right)}{\Gamma\left(\dfrac{m}{2}\right)\Gamma\left(\dfrac{n}{2}\right)} m^{\frac{m}{2}} n^{\frac{n}{2}} \cdot \\ \quad x^{\frac{m}{2}-1}(mx + n)^{-\frac{m+n}{2}}, & x > 0, \\ 0, & x \leqslant 0, \end{cases}$ m, n 正整数.	$a = \dfrac{n}{n-2}\,(n > 2)$， $\sigma^2 = \dfrac{2n^2(m+n-2)}{m(n-2)^2(n-4)}$ $(n > 4)$.

概率与统计

附表 2　泊 松 分 布 表

表中列出了 $P(\xi = k) = \dfrac{\lambda^k}{k!}e^{-\lambda}$ 的值

k ＼ λ	0.1	0.2	0.3	0.4	0.5	0.6
0	0.904 837	0.818 731	0.740 818	0.670 320	0.606 531	0.548 812
1	0.090 484	0.163 746	0.222 245	0.268 128	0.303 265	0.329 287
2	0.004 524	0.016 375	0.033 337	0.053 626	0.075 816	0.098 786
3	0.000 151	0.001 092	0.003 334	0.007 150	0.012 636	0.019 757
4	0.000 004	0.000 055	0.000 250	0.000 715	0.001 580	0.002 964
5	—	0.000 002	0.000 015	0.000 057	0.000 158	0.000 356
6	—	—	0.000 001	0.000 004	0.000 013	0.000 036
7	—	—	—	—	0.000 001	0.000 003

k ＼ λ	0.7	0.8	0.9	1.0	2.0	3.0
0	0.496 585	0.449 329	0.406 570	0.367 879	0.135 335	0.049 787
1	0.347 610	0.359 463	0.365 913	0.367 879	0.270 671	0.149 361
2	0.121 663	0.143 785	0.164 661	0.183 940	0.270 671	0.224 042
3	0.028 388	0.038 343	0.049 398	0.061 313	0.180 447	0.224 042
4	0.004 968	0.007 669	0.011 115	0.015 328	0.090 224	0.168 031
5	0.000 696	0.001 227	0.002 001	0.003 066	0.036 089	0.100 819
6	0.000 081	0.000 164	0.000 300	0.000 511	0.012 030	0.050 409
7	0.000 008	0.000 019	0.000 039	0.000 073	0.003 437	0.021 604
8	0.000 001	0.000 002	0.000 004	0.000 009	0.000 859	0.008 102
9	—	—	—	0.000 001	0.000 191	0.002 701
10	—	—	—	—	0.000 038	0.000 810
11	—	—	—	—	0.000 007	0.000 221
12	—	—	—	—	0.000 001	0.000 055
13	—	—	—	—	—	0.000 013
14	—	—	—	—	—	0.000 003
15	—	—	—	—	—	0.000 001

k \ λ	4.0	5.0	6.0	7.0	8.0	9.0
0	0.018 316	0.006 738	0.002 479	0.000 912	0.000 335	0.000 123
1	0.073 263	0.033 690	0.014 873	0.006 383	0.002 684	0.001 111
2	0.146 525	0.084 224	0.044 618	0.022 341	0.010 735	0.004 998
3	0.195 367	0.140 374	0.089 235	0.052 129	0.028 626	0.014 994
4	0.195 367	0.175 467	0.133 853	0.091 226	0.057 252	0.033 737
5	0.156 293	0.175 467	0.160 623	0.127 717	0.091 604	0.060 727
6	0.104 196	0.146 223	0.160 623	0.149 003	0.122 138	0.091 090
7	0.059 540	0.104 445	0.137 677	0.149 003	0.139 587	0.117 116
8	0.029 770	0.065 278	0.103 258	0.130 377	0.139 587	0.131 756
9	0.013 231	0.036 266	0.068 838	0.101 405	0.124 077	0.131 756
10	0.005 292	0.018 133	0.041 303	0.070 983	0.099 262	0.118 580
11	0.001 925	0.008 242	0.022 529	0.045 171	0.072 190	0.097 020
12	0.000 642	0.003 434	0.011 264	0.026 350	0.048 127	0.072 765
13	0.000 197	0.001 321	0.005 199	0.014 188	0.029 616	0.050 376
14	0.000 056	0.000 472	0.002 228	0.007 094	0.016 924	0.032 384
15	0.000 015	0.000 157	0.000 891	0.003 311	0.009 026	0.019 431
16	0.000 004	0.000 049	0.000 334	0.001 448	0.004 513	0.010 930
17	0.000 001	0.000 014	0.000 118	0.000 596	0.002 124	0.005 786
18	—	0.000 004	0.000 039	0.000 232	0.000 944	0.002 893
19	—	0.000 001	0.000 012	0.000 085	0.000 397	0.001 370
20	—	—	0.000 004	0.000 030	0.000 159	0.000 617
21	—	—	0.000 001	0.000 010	0.000 061	0.000 264
22	—	—	—	0.000 003	0.000 022	0.000 108
23	—	—	—	0.000 001	0.000 008	0.000 042
24	—	—	—	—	0.000 003	0.000 016
25	—	—	—	—	0.000 001	0.000 006
26	—	—	—	—	—	0.000 002
27	—	—	—	—	—	0.000 001

概率与统计

附表 3　正态分布表

（1）表中列出了 $\varphi(x) = \dfrac{1}{\sqrt{2\pi}}\mathrm{e}^{-\frac{x^2}{2}}$ 的值

x	0.00	0.01	0.02	0.03	0.04	0.05	0.06	0.07	0.08	0.09	x
0.0	0.398 9	398 9	398 9	398 8	398 6	398 4	398 2	398 0	397 7	397 3	0.0
0.1	397 0	396 5	396 1	395 6	395 1	394 5	393 9	393 2	392 5	391 8	0.1
0.2	391 0	390 2	389 4	388 5	387 6	386 7	385 7	384 7	383 6	382 5	0.2
0.3	381 4	380 2	379 0	377 8	376 5	375 2	373 9	372 5	371 2	369 7	0.3
0.4	368 3	366 8	365 3	363 7	362 1	360 5	358 9	357 2	355 5	353 8	0.4
0.5	352 1	350 3	348 5	346 7	344 8	342 9	341 0	339 1	337 2	335 2	0.5
0.6	333 2	331 2	329 2	327 1	325 1	323 0	320 9	318 7	316 6	314 4	0.6
0.7	312 3	310 1	307 9	305 6	303 4	301 1	298 9	296 6	294 3	292 0	0.7
0.8	289 7	287 4	285 0	282 7	280 3	278 0	275 6	273 2	270 9	268 5	0.8
0.9	266 1	263 7	261 3	258 9	256 5	254 1	251 6	249 2	246 8	244 4	0.9
1.0	0.242 0	239 6	237 1	234 7	232 3	229 9	227 5	225 1	222 7	220 3	1.0
1.1	217 9	215 5	213 1	210 7	208 3	205 9	203 6	201 2	198 9	196 5	1.1
1.2	194 2	191 9	189 5	187 2	184 9	182 6	180 4	178 1	175 8	173 6	1.2
1.3	171 4	169 1	166 9	164 7	162 6	160 4	158 2	156 1	153 9	151 8	1.3
1.4	149 7	147 6	145 6	143 5	141 5	139 4	137 4	135 4	133 4	131 5	1.4
1.5	129 5	127 6	125 7	123 8	121 9	120 0	118 2	116 3	114 5	112 7	1.5
1.6	110 9	109 2	107 4	105 7	104 0	102 3	100 6	098 9	097 3	095 7	1.6
1.7	094 0	092 5	090 9	089 3	087 8	086 3	084 8	083 3	081 8	080 4	1.7
1.8	079 0	077 5	076 1	074 8	073 4	072 1	070 7	069 4	068 1	066 9	1.8
1.9	065 6	064 4	063 2	062 0	060 8	059 6	058 4	057 3	056 2	055 1	1.9
2.0	0.054 0	052 9	051 9	050 8	049 8	048 8	047 8	046 8	045 9	044 9	2.0
2.1	044 0	043 1	042 2	041 3	040 4	039 6	038 7	037 9	037 1	036 3	2.1
2.2	035 5	034 7	033 9	033 2	032 5	031 7	031 0	030 3	029 7	029 0	2.2
2.3	028 3	027 7	027 0	026 4	025 8	025 2	024 6	024 1	023 5	022 9	2.3
2.4	022 4	021 9	021 3	020 8	020 3	019 8	019 4	018 9	018 4	018 0	2.4
2.5	017 5	017 1	016 7	016 3	015 8	015 4	015 1	014 7	014 3	013 9	2.5
2.6	013 6	013 2	012 9	012 6	012 2	011 9	011 6	011 3	011 0	010 7	2.6
2.7	010 4	010 1	009 9	009 6	009 3	009 1	008 8	008 6	008 4	008 1	2.7
2.8	007 9	007 7	007 5	007 3	007 1	006 9	006 7	006 5	006 3	006 1	2.8
2.9	006 0	005 8	005 6	005 5	005 3	005 1	005 0	004 8	004 7	004 6	2.9
3.0	0.004 4	004 3	004 2	004 0	003 9	003 8	003 7	003 6	003 5	003 4	3.0
3.1	003 3	003 2	003 1	003 0	002 9	002 8	002 7	002 6	002 5	002 5	3.1
3.2	002 4	002 3	002 2	002 2	002 1	002 0	002 0	001 9	001 8	001 8	3.2
3.3	001 7	001 7	001 6	001 6	001 5	001 5	001 4	001 4	001 3	001 3	3.3
3.4	001 2	001 2	001 2	001 1	001 1	001 0	001 0	001 0	000 9	000 9	3.4
3.5	000 9	000 8	000 8	000 8	000 8	000 7	000 7	000 7	000 7	000 6	3.5
3.6	000 6	000 6	000 6	000 5	000 5	000 5	000 5	000 5	000 5	000 4	3.6
3.7	000 4	000 4	000 4	000 4	000 4	000 4	000 3	000 3	000 3	000 3	3.7
3.8	000 3	000 3	000 3	000 3	000 3	000 2	000 2	000 2	000 2	000 2	3.8
3.9	000 2	000 2	000 2	000 2	000 2	000 2	000 2	000 2	000 1	000 1	3.9

（2）表中列出了 $\Phi(x) = \dfrac{1}{\sqrt{2\pi}} \displaystyle\int_{-\infty}^{x} e^{-\frac{t^2}{2}} dt$ 的值 $(x \geqslant 0)$

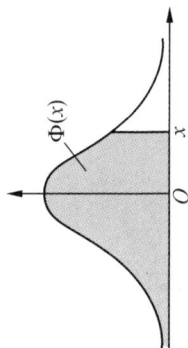

x	0.00	0.01	0.02	0.03	0.04	0.05	0.06	0.07	0.08	0.09
0.0	0.500 0	0.504 0	0.508 0	0.512 0	0.516 0	0.519 9	0.523 9	0.527 9	0.531 9	0.535 9
0.1	0.539 8	0.543 8	0.547 8	0.551 7	0.555 7	0.559 6	0.563 6	0.567 5	0.571 4	0.575 3
0.2	0.579 3	0.583 2	0.587 1	0.591 0	0.594 8	0.598 7	0.602 6	0.606 4	0.610 3	0.614 1
0.3	0.617 9	0.621 7	0.625 5	0.629 3	0.633 1	0.636 8	0.640 6	0.644 3	0.648 0	0.651 7
0.4	0.655 4	0.659 1	0.662 8	0.666 4	0.670 0	0.673 6	0.677 2	0.680 8	0.684 4	0.687 9
0.5	0.691 5	0.695 0	0.698 5	0.701 9	0.705 4	0.708 8	0.712 3	0.715 7	0.719 0	0.722 4
0.6	0.725 7	0.729 1	0.732 4	0.735 7	0.738 9	0.742 2	0.745 4	0.748 6	0.751 7	0.754 9
0.7	0.758 0	0.761 1	0.764 2	0.767 3	0.770 3	0.773 4	0.776 4	0.779 4	0.782 3	0.785 2
0.8	0.788 1	0.791 0	0.793 9	0.796 7	0.799 5	0.802 3	0.805 1	0.807 8	0.810 6	0.813 3
0.9	0.815 9	0.818 6	0.821 2	0.823 8	0.826 4	0.828 9	0.831 5	0.834 0	0.836 5	0.838 9
1.0	0.841 3	0.843 8	0.846 1	0.848 5	0.850 8	0.853 1	0.855 4	0.857 7	0.859 9	0.862 1
1.1	0.864 3	0.866 5	0.868 6	0.870 8	0.872 9	0.874 9	0.877 0	0.879 0	0.881 0	0.883 0
1.2	0.884 9	0.886 9	0.888 8	0.890 7	0.892 5	0.894 4	0.896 2	0.898 0	0.899 7	0.901 47
1.3	0.903 20	0.904 90	0.906 58	0.908 24	0.909 88	0.911 49	0.913 09	0.914 66	0.916 21	0.917 74
1.4	0.919 24	0.920 73	0.922 20	0.923 64	0.925 07	0.926 47	0.927 85	0.929 22	0.930 56	0.931 89

附表3 正态分布表 ●●●●●

x	0.00	0.01	0.02	0.03	0.04	0.05	0.06	0.07	0.08	0.09
1.5	0.933 19	0.934 48	0.935 74	0.936 99	0.938 22	0.939 43	0.940 62	0.941 79	0.942 95	0.944 08
1.6	0.945 20	0.946 30	0.947 38	0.948 45	0.949 50	0.950 53	0.951 54	0.952 54	0.953 52	0.954 49
1.7	0.955 43	0.956 37	0.957 28	0.958 18	0.959 07	0.959 94	0.960 80	0.961 64	0.962 46	0.963 27
1.8	0.964 07	0.964 85	0.965 62	0.966 38	0.967 12	0.967 84	0.968 56	0.969 26	0.969 95	0.970 62
1.9	0.971 28	0.971 93	0.972 57	0.973 20	0.973 81	0.974 41	0.975 00	0.975 58	0.976 15	0.976 70
2.0	0.977 25	0.977 78	0.978 31	0.978 82	0.979 32	0.979 82	0.980 30	0.980 77	0.981 24	0.981 69
2.1	0.982 14	0.982 57	0.983 00	0.983 41	0.983 82	0.984 22	0.984 61	0.985 00	0.985 37	0.985 74
2.2	0.986 10	0.986 45	0.986 79	0.987 13	0.987 45	0.987 78	0.988 09	0.988 40	0.988 70	0.988 99
2.3	0.989 28	0.989 56	0.989 83	$0.9^2 0097$	$0.9^2 0358$	$0.9^2 0613$	$0.9^2 0863$	$0.9^2 1106$	$0.9^2 1344$	$0.9^2 1576$
2.4	$0.9^2 1802$	$0.9^2 2024$	$0.9^2 2240$	$0.9^2 2451$	$0.9^2 2656$	$0.9^2 2857$	$0.9^2 3053$	$0.9^2 3244$	$0.9^2 3431$	$0.9^2 3613$
2.5	$0.9^2 3790$	$0.9^2 3963$	$0.9^2 4132$	$0.9^2 4297$	$0.9^2 4457$	$0.9^2 4614$	$0.9^2 4766$	$0.9^2 4915$	$0.9^2 5060$	$0.9^2 5201$
2.6	$0.9^2 5339$	$0.9^2 5473$	$0.9^2 5604$	$0.9^2 5731$	$0.9^2 5855$	$0.9^2 5975$	$0.9^2 6093$	$0.9^2 6207$	$0.9^2 6319$	$0.9^2 6427$
2.7	$0.9^2 6533$	$0.9^2 6636$	$0.9^2 6736$	$0.9^2 6833$	$0.9^2 6928$	$0.9^2 7020$	$0.9^2 7110$	$0.9^2 7197$	$0.9^2 7282$	$0.9^2 7365$
2.8	$0.9^2 7445$	$0.9^2 7523$	$0.9^2 7599$	$0.9^2 7673$	$0.9^2 7744$	$0.9^2 7814$	$0.9^2 7882$	$0.9^2 7948$	$0.9^2 8012$	$0.9^2 8074$
2.9	$0.9^2 8134$	$0.9^2 8193$	$0.9^2 8250$	$0.9^2 8305$	$0.9^2 8359$	$0.9^2 8411$	$0.9^2 8462$	$0.9^2 8511$	$0.9^2 8559$	$0.9^2 8605$
3.0	$0.9^2 8650$	$0.9^2 8694$	$0.9^2 8736$	$0.9^2 8777$	$0.9^2 8817$	$0.9^2 8856$	$0.9^2 8893$	$0.9^2 8930$	$0.9^2 8965$	$0.9^2 8999$
3.1	$0.9^3 0324$	$0.9^3 0646$	$0.9^3 0957$	$0.9^3 1260$	$0.9^3 1553$	$0.9^3 1836$	$0.9^3 2112$	$0.9^3 2378$	$0.9^3 2636$	$0.9^3 2886$
3.2	$0.9^3 3129$	$0.9^3 3363$	$0.9^3 3590$	$0.9^3 3810$	$0.9^3 4024$	$0.9^3 4230$	$0.9^3 4429$	$0.9^3 4623$	$0.9^3 4810$	$0.9^3 4991$

x	0.00	0.01	0.02	0.03	0.04	0.05	0.06	0.07	0.08	0.09
3.3	$0.9^3 5166$	$0.9^3 5335$	$0.9^3 5499$	$0.9^3 5658$	$0.9^3 5811$	$0.9^3 5959$	$0.9^3 6103$	$0.9^3 6242$	$0.9^3 6376$	$0.9^3 6505$
3.4	$0.9^3 6631$	$0.9^3 6752$	$0.9^3 6869$	$0.9^3 6982$	$0.9^3 7091$	$0.9^3 7197$	$0.9^3 7299$	$0.9^3 7398$	$0.9^3 7493$	$0.9^3 7585$
3.5	$0.9^3 7674$	$0.9^3 7759$	$0.9^3 7842$	$0.9^3 7922$	$0.9^3 7999$	$0.9^3 8074$	$0.9^3 8146$	$0.9^3 8215$	$0.9^3 8282$	$0.9^3 8347$
3.6	$0.9^3 8409$	$0.9^3 8469$	$0.9^3 8527$	$0.9^3 8583$	$0.9^3 8637$	$0.9^3 8689$	$0.9^3 8739$	$0.9^3 8787$	$0.9^3 8834$	$0.9^3 8879$
3.7	$0.9^3 8922$	$0.9^3 8964$	$0.9^4 0039$	$0.9^4 0426$	$0.9^4 0799$	$0.9^4 1158$	$0.9^4 1504$	$0.9^4 1838$	$0.9^4 2159$	$0.9^4 2468$
3.8	$0.9^4 2765$	$0.9^4 3052$	$0.9^4 3327$	$0.9^4 3593$	$0.9^4 3848$	$0.9^4 4094$	$0.9^4 4331$	$0.9^4 4558$	$0.9^4 4777$	$0.9^4 4988$
3.9	$0.9^4 5190$	$0.9^4 5385$	$0.9^4 5573$	$0.9^4 5753$	$0.9^4 5926$	$0.9^4 6092$	$0.9^4 6253$	$0.9^4 6406$	$0.9^4 6554$	$0.9^4 6696$
4.0	$0.9^4 6833$	$0.9^4 6964$	$0.9^4 7090$	$0.9^4 7211$	$0.9^4 7327$	$0.9^4 7439$	$0.9^4 7546$	$0.9^4 7649$	$0.9^4 7748$	$0.9^4 7843$
4.1	$0.9^4 7934$	$0.9^4 8022$	$0.9^4 8106$	$0.9^4 8186$	$0.9^4 8263$	$0.9^4 8338$	$0.9^4 8409$	$0.9^4 8477$	$0.9^4 8542$	$0.9^4 8605$
4.2	$0.9^4 8665$	$0.9^4 8723$	$0.9^4 8778$	$0.9^4 8832$	$0.9^4 8882$	$0.9^4 8931$	$0.9^4 8978$	$0.9^5 0226$	$0.9^5 0655$	$0.9^5 1066$
4.3	$0.9^5 1460$	$0.9^5 1837$	$0.9^5 2199$	$0.9^5 2545$	$0.9^5 2876$	$0.9^5 3193$	$0.9^5 3497$	$0.9^5 3788$	$0.9^5 4066$	$0.9^5 4332$
4.4	$0.9^5 4587$	$0.9^5 4831$	$0.9^5 5065$	$0.9^5 5288$	$0.9^5 5502$	$0.9^5 5706$	$0.9^5 5902$	$0.9^5 6089$	$0.9^5 6268$	$0.9^5 6439$
4.5	$0.9^5 6602$	$0.9^5 6759$	$0.9^5 6908$	$0.9^5 7051$	$0.9^5 7187$	$0.9^5 7318$	$0.9^5 7442$	$0.9^5 7561$	$0.9^5 7675$	$0.9^5 7784$
4.6	$0.9^5 7888$	$0.9^5 7987$	$0.9^5 8081$	$0.9^5 8172$	$0.9^5 8258$	$0.9^5 8340$	$0.9^5 8419$	$0.9^5 8494$	$0.9^5 8566$	$0.9^5 8634$
4.7	$0.9^5 8699$	$0.9^5 8761$	$0.9^5 8821$	$0.9^5 8877$	$0.9^5 8931$	$0.9^5 8983$	$0.9^6 0320$	$0.9^6 0789$	$0.9^6 1235$	$0.9^6 1661$
4.8	$0.9^6 2067$	$0.9^6 2453$	$0.9^6 2822$	$0.9^6 3173$	$0.9^6 3508$	$0.9^6 3827$	$0.9^6 4131$	$0.9^6 4420$	$0.9^6 4696$	$0.9^6 4958$
4.9	$0.9^6 5208$	$0.9^6 5446$	$0.9^6 5673$	$0.9^6 5889$	$0.9^6 6094$	$0.9^6 6289$	$0.9^6 6475$	$0.9^6 6652$	$0.9^6 6821$	$0.9^6 6981$

附表 4 t 分布表

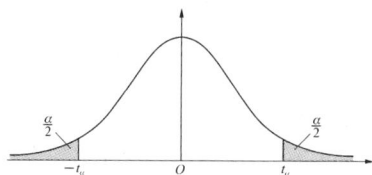

表中列出了 $P(|t(n)| \geqslant t_\alpha) = \alpha$ 的 t_α 值

n \ α	0.9	0.8	0.7	0.6	0.5	0.4
1	0.158	0.325	0.510	0.727	1.000	1.376
2	0.142	0.289	0.445	0.617	0.816	1.061
3	0.137	0.277	0.424	0.584	0.765	0.978
4	0.134	0.271	0.414	0.569	0.741	0.941
5	0.132	0.267	0.408	0.559	0.727	0.920
6	0.131	0.265	0.404	0.553	0.718	0.906
7	0.130	0.263	0.402	0.549	0.711	0.896
8	0.130	0.262	0.399	0.546	0.706	0.889
9	0.129	0.261	0.398	0.543	0.703	0.883
10	0.129	0.260	0.397	0.542	0.700	0.879
11	0.129	0.260	0.396	0.540	0.697	0.876
12	0.128	0.259	0.395	0.539	0.695	0.873
13	0.128	0.259	0.394	0.538	0.694	0.870
14	0.128	0.258	0.393	0.537	0.692	0.868
15	0.128	0.258	0.393	0.536	0.691	0.866
16	0.128	0.258	0.392	0.535	0.690	0.865
17	0.128	0.257	0.392	0.534	0.689	0.863
18	0.127	0.257	0.392	0.534	0.688	0.862
19	0.127	0.257	0.391	0.533	0.688	0.861
20	0.127	0.257	0.391	0.533	0.687	0.860
21	0.127	0.257	0.391	0.532	0.686	0.859
22	0.127	0.256	0.390	0.532	0.686	0.858
23	0.127	0.256	0.390	0.532	0.685	0.858
24	0.127	0.256	0.390	0.531	0.685	0.857
25	0.127	0.256	0.390	0.531	0.684	0.856
26	0.127	0.256	0.390	0.531	0.684	0.856
27	0.127	0.256	0.389	0.531	0.684	0.855
28	0.127	0.256	0.389	0.530	0.683	0.855
29	0.127	0.256	0.389	0.530	0.683	0.854
30	0.127	0.256	0.389	0.530	0.683	0.854
40	0.126	0.255	0.388	0.529	0.681	0.851
60	0.126	0.254	0.387	0.527	0.679	0.848
120	0.126	0.254	0.386	0.526	0.677	0.845
∞	0.126	0.253	0.385	0.524	0.674	0.842

n \ α	0.3	0.2	0.1	0.05	0.02	0.01	0.001
1	1.963	3.078	6.314	12.706	31.821	63.657	636.619
2	1.386	1.886	2.920	4.303	6.965	9.925	31.599
3	1.250	1.638	2.353	3.182	4.541	5.841	12.924
4	1.190	1.533	2.132	2.776	3.747	4.604	8.610
5	1.156	1.476	2.015	2.571	3.365	4.032	6.869
6	1.134	1.440	1.943	2.447	3.143	3.707	5.959
7	1.119	1.415	1.895	2.365	2.998	3.499	5.408
8	1.108	1.397	1.860	2.306	2.896	3.355	5.041
9	1.100	1.383	1.833	2.262	2.821	3.250	4.781
10	1.093	1.372	1.812	2.228	2.764	3.169	4.587
11	1.088	1.363	1.796	2.201	2.718	3.106	4.437
12	1.083	1.356	1.782	2.179	2.681	3.055	4.318
13	1.079	1.350	1.771	2.160	2.650	3.012	4.221
14	1.076	1.345	1.761	2.145	2.624	2.977	4.140
15	1.074	1.341	1.753	2.131	2.602	2.947	4.073
16	1.071	1.337	1.746	2.120	2.583	2.921	4.015
17	1.069	1.333	1.740	2.110	2.567	2.898	3.965
18	1.067	1.330	1.734	2.101	2.552	2.878	3.922
19	1.066	1.328	1.729	2.093	2.539	2.861	3.883
20	1.064	1.325	1.725	2.086	2.528	2.845	3.850
21	1.063	1.323	1.721	2.080	2.518	2.831	3.819
22	1.061	1.321	1.717	2.074	2.508	2.819	3.792
23	1.060	1.319	1.714	2.069	2.500	2.807	3.768
24	1.059	1.318	1.711	2.064	2.492	2.797	3.745
25	1.058	1.316	1.708	2.060	2.485	2.787	3.725
26	1.058	1.315	1.706	2.056	2.479	2.779	3.707
27	1.057	1.314	1.703	2.052	2.473	2.771	3.690
28	1.056	1.313	1.701	2.048	2.467	2.763	3.674
29	1.055	1.311	1.699	2.045	2.462	2.756	3.659
30	1.055	1.310	1.697	2.042	2.457	2.750	3.646
40	1.050	1.303	1.684	2.021	2.423	2.704	3.551
60	1.046	1.296	1.671	2.000	2.390	2.660	3.460
120	1.041	1.289	1.658	1.980	2.358	2.617	3.373
∞	1.036	1.282	1.645	1.960	2.326	2.576	3.291

附表 5 χ² 分布表

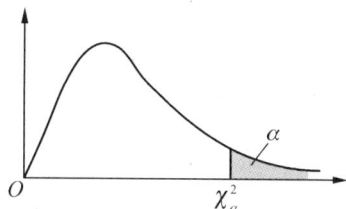

表中列出了 $P(\chi^2(n) \geqslant \chi_\alpha^2) = \alpha$ 的 χ_α^2 值

n \ α	0.995	0.99	0.975	0.95	0.90	0.80
1	0.000 0	0.000 2	0.001 0	0.003 9	0.015 8	0.064 2
2	0.010 0	0.020 1	0.050 6	0.103	0.211	0.446
3	0.072	0.115	0.216	0.352	0.584	1.005
4	0.207	0.297	0.484	0.711	1.064	1.649
5	0.412	0.554	0.831	1.145	1.610	2.343
6	0.676	0.872	1.237	1.635	2.204	3.070
7	0.989	1.239	1.690	2.167	2.833	3.822
8	1.344	1.646	2.180	2.733	3.490	4.594
9	1.735	2.088	2.700	3.325	4.168	5.380
10	2.156	2.558	3.247	3.940	4.865	6.179
11	2.603	3.053	3.816	4.575	5.578	6.989
12	3.074	3.571	4.404	5.226	6.304	7.807
13	3.565	4.107	5.009	5.892	7.042	8.634
14	4.075	4.660	5.629	6.571	7.790	9.467
15	4.601	5.229	6.262	7.261	8.547	10.307
16	5.142	5.812	6.908	7.962	9.312	11.152
17	5.697	6.408	7.564	8.672	10.085	12.002
18	6.265	7.015	8.231	9.390	10.865	12.857
19	6.844	7.633	8.907	10.117	11.651	13.716
20	7.434	8.260	9.591	10.851	12.443	14.578
21	8.034	8.897	10.283	11.591	13.240	15.445
22	8.643	9.542	10.982	12.338	14.041	16.314
23	9.260	10.196	11.689	13.091	14.848	17.187
24	9.886	10.856	12.401	13.848	15.659	18.062
25	10.520	11.524	13.120	14.611	16.473	18.940
26	11.160	12.198	13.844	15.379	17.292	19.820
27	11.808	12.879	14.573	16.151	18.114	20.703
28	12.461	13.565	15.308	16.928	18.939	21.588
29	13.121	14.256	16.047	17.708	19.768	22.475
30	13.787	14.953	16.791	18.493	20.599	23.364

α n	0.20	0.10	0.05	0.025	0.01	0.005	0.001
1	1.642	2.706	3.841	5.024	6.635	7.879	10.828
2	3.219	4.605	5.991	7.378	9.210	10.597	13.816
3	4.642	6.251	7.815	9.348	11.345	12.838	16.266
4	5.989	7.779	9.488	11.143	13.277	14.860	18.467
5	7.289	9.236	11.070	12.833	15.086	16.750	20.515
6	8.558	10.645	12.592	14.449	16.812	18.548	22.458
7	9.803	12.017	14.067	16.013	18.475	20.278	24.322
8	11.030	13.362	15.507	17.535	20.090	21.955	26.125
9	12.242	14.684	16.919	19.023	21.666	23.589	27.877
10	13.442	15.987	18.307	20.483	23.209	25.188	29.588
11	14.631	17.275	19.675	21.920	24.725	26.757	31.264
12	15.812	18.549	21.026	23.337	26.217	28.300	32.909
13	16.985	19.812	22.362	24.736	27.688	29.819	34.528
14	18.151	21.064	23.685	26.119	29.141	31.319	36.123
15	19.311	22.307	24.996	27.488	30.578	32.801	37.697
16	20.465	23.542	26.296	28.845	32.000	34.267	39.252
17	21.615	24.769	27.587	30.191	33.409	35.718	40.790
18	22.760	25.989	28.869	31.526	34.805	37.156	42.312
19	23.900	27.204	30.144	32.852	36.191	38.582	43.820
20	25.038	28.412	31.410	34.170	37.566	39.997	45.315
21	26.171	29.615	32.671	35.479	38.932	41.401	46.797
22	27.301	30.813	33.924	36.781	40.289	42.796	48.268
23	28.429	32.007	35.172	38.076	41.638	44.181	49.728
24	29.553	33.196	36.415	39.364	42.980	45.559	51.179
25	30.675	34.382	37.652	40.646	44.314	46.928	52.620
26	31.795	35.563	38.885	41.923	45.642	48.290	54.052
27	32.912	36.741	40.113	43.195	46.963	49.645	55.476
28	34.027	37.916	41.337	44.461	48.278	50.993	56.892
29	35.139	39.087	42.557	45.722	49.588	52.336	58.301
30	36.250	40.256	43.773	46.979	50.892	53.672	59.703

概
率
与
统
计

附表6 F 分布表

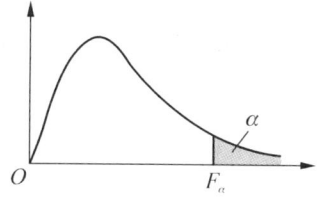

表中列出了 $P(F(m, n) > F_\alpha) = \alpha$ 的 F_α 值

n \ m	1	2	3	4	5	6	7	8	9
				$\alpha = 0.10$					
1	39.86	49.50	53.59	55.83	57.24	58.20	58.91	59.44	59.86
2	8.53	9.00	9.16	9.24	9.29	9.33	9.35	9.37	9.38
3	5.54	5.46	5.39	5.34	5.31	5.28	5.27	5.25	5.24
4	4.54	4.32	4.19	4.11	4.05	4.01	3.98	3.95	3.94
5	4.06	3.78	3.62	3.52	3.45	3.40	3.37	3.34	3.32
6	3.78	3.46	3.29	3.18	3.11	3.05	3.01	2.98	2.96
7	3.59	3.26	3.07	2.96	2.88	2.83	2.78	2.75	2.72
8	3.46	3.11	2.92	2.81	2.73	2.67	2.62	2.59	2.56
9	3.36	3.01	2.81	2.69	2.61	2.55	2.51	2.47	2.44
10	3.29	2.92	2.73	2.61	2.52	2.46	2.41	2.38	2.35
11	3.23	2.86	2.66	2.54	2.45	2.39	2.34	2.30	2.27
12	3.18	2.81	2.61	2.48	2.39	2.33	2.28	2.24	2.21
13	3.14	2.76	2.56	2.43	2.35	2.28	2.23	2.20	2.16
14	3.10	2.73	2.52	2.39	2.31	2.24	2.19	2.15	2.12
15	3.07	2.70	2.49	2.36	2.27	2.21	2.16	2.12	2.09
16	3.05	2.67	2.46	2.33	2.24	2.18	2.13	2.09	2.06
17	3.03	2.64	2.44	2.31	2.22	2.15	2.10	2.06	2.03
18	3.01	2.62	2.42	2.29	2.20	2.13	2.08	2.04	2.00
19	2.99	2.61	2.40	2.27	2.18	2.11	2.06	2.02	1.98
20	2.97	2.59	2.38	2.25	2.16	2.09	2.04	2.00	1.96
21	2.96	2.57	2.36	2.23	2.14	2.08	2.02	1.98	1.95
22	2.95	2.56	2.35	2.22	2.13	2.06	2.01	1.97	1.93
23	2.94	2.55	2.34	2.21	2.11	2.05	1.99	1.95	1.92
24	2.93	2.54	2.33	2.19	2.10	2.04	1.98	1.94	1.91
25	2.92	2.53	2.32	2.18	2.09	2.02	1.97	1.93	1.89
26	2.91	2.52	2.31	2.17	2.08	2.01	1.96	1.92	1.88
27	2.90	2.51	2.30	2.17	2.07	2.00	1.95	1.91	1.87
28	2.89	2.50	2.29	2.16	2.06	2.00	1.94	1.90	1.87
29	2.89	2.50	2.28	2.15	2.06	1.99	1.93	1.89	1.86
30	2.88	2.49	2.28	2.14	2.05	1.98	1.93	1.88	1.85
40	2.84	2.44	2.23	2.09	2.00	1.93	1.87	1.83	1.79
60	2.79	2.39	2.18	2.04	1.95	1.87	1.82	1.77	1.74
120	2.75	2.35	2.13	1.99	1.90	1.82	1.77	1.72	1.68
∞	2.71	2.30	2.08	1.94	1.85	1.77	1.72	1.67	1.63

$\alpha = 0.10$									
n $\diagdown$ m	10	12	15	20	24	30	40	60	120	∞
1	60.19	60.71	61.22	61.74	62.00	62.26	62.53	62.79	63.06	63.33
2	9.39	9.41	9.42	9.44	9.45	9.46	9.47	9.47	9.48	9.49
3	5.23	5.22	5.20	5.18	5.18	5.17	5.16	5.15	5.14	5.13
4	3.92	3.90	3.87	3.84	3.83	3.82	3.80	3.79	3.78	3.76
5	3.30	3.27	3.24	3.21	3.19	3.17	3.16	3.14	3.12	3.10
6	2.94	2.90	2.87	2.84	2.82	2.80	2.78	2.76	2.74	2.72
7	2.70	2.67	2.63	2.59	2.58	2.56	2.54	2.51	2.49	2.47
8	2.54	2.50	2.46	2.42	2.40	2.38	2.36	2.34	2.32	2.29
9	2.42	2.38	2.34	2.30	2.28	2.25	2.23	2.21	2.18	2.16
10	2.32	2.28	2.24	2.20	2.18	2.16	2.13	2.11	2.08	2.06
11	2.25	2.21	2.17	2.12	2.10	2.08	2.05	2.03	2.00	1.97
12	2.19	2.15	2.10	2.06	2.04	2.01	1.99	1.96	1.93	1.90
13	2.14	2.10	2.05	2.01	1.98	1.96	1.93	1.90	1.88	1.85
14	2.10	2.05	2.01	1.96	1.94	1.91	1.89	1.86	1.83	1.80
15	2.06	2.02	1.97	1.92	1.90	1.87	1.85	1.82	1.79	1.76
16	2.03	1.99	1.94	1.89	1.87	1.84	1.81	1.78	1.75	1.72
17	2.00	1.96	1.91	1.86	1.84	1.81	1.78	1.75	1.72	1.69
18	1.98	1.93	1.89	1.84	1.81	1.78	1.75	1.72	1.69	1.66
19	1.96	1.91	1.86	1.81	1.79	1.76	1.73	1.70	1.67	1.63
20	1.94	1.89	1.84	1.79	1.77	1.74	1.71	1.68	1.64	1.61
21	1.92	1.87	1.83	1.78	1.75	1.72	1.69	1.66	1.62	1.59
22	1.90	1.86	1.81	1.76	1.73	1.70	1.67	1.64	1.60	1.57
23	1.89	1.84	1.80	1.74	1.72	1.69	1.66	1.62	1.59	1.55
24	1.88	1.83	1.78	1.73	1.70	1.67	1.64	1.61	1.57	1.53
25	1.87	1.82	1.77	1.72	1.69	1.66	1.63	1.59	1.56	1.52
26	1.86	1.81	1.76	1.71	1.68	1.65	1.61	1.58	1.54	1.50
27	1.85	1.80	1.75	1.70	1.67	1.64	1.60	1.57	1.53	1.49
28	1.84	1.79	1.74	1.69	1.66	1.63	1.59	1.56	1.52	1.48
29	1.83	1.78	1.73	1.68	1.65	1.62	1.58	1.55	1.51	1.47
30	1.82	1.77	1.72	1.67	1.64	1.61	1.57	1.54	1.50	1.46
40	1.76	1.71	1.66	1.61	1.57	1.54	1.51	1.47	1.42	1.38
60	1.71	1.66	1.60	1.54	1.51	1.48	1.44	1.40	1.35	1.29
120	1.65	1.60	1.55	1.48	1.45	1.41	1.37	1.32	1.26	1.19
∞	1.60	1.55	1.49	1.42	1.38	1.34	1.30	1.24	1.17	1.00

概率与统计

n \ m	1	2	3	4	5	6	7	8	9
				$\alpha = 0.05$					
1	161.4	199.5	215.7	224.6	230.2	234.0	236.8	238.9	240.5
2	18.51	19.00	19.16	19.25	19.30	19.33	19.35	19.37	19.38
3	10.13	9.55	9.28	9.12	9.01	8.94	8.89	8.85	8.81
4	7.71	6.94	6.59	6.39	6.26	6.16	6.09	6.04	6.00
5	6.61	5.79	5.41	5.19	5.05	4.95	4.88	4.82	4.77
6	5.99	5.14	4.76	4.53	4.39	4.28	4.21	4.15	4.10
7	5.59	4.74	4.35	4.12	3.97	3.87	3.79	3.73	3.68
8	5.32	4.46	4.07	3.84	3.69	3.58	3.50	3.44	3.39
9	5.12	4.26	3.86	3.63	3.48	3.37	3.29	3.23	3.18
10	4.96	4.10	3.71	3.48	3.33	3.22	3.14	3.07	3.02
11	4.84	3.98	3.59	3.36	3.20	3.09	3.01	2.95	2.90
12	4.75	3.89	3.49	3.26	3.11	3.00	2.91	2.85	2.80
13	4.67	3.81	3.41	3.18	3.03	2.92	2.83	2.77	2.71
14	4.60	3.74	3.34	3.11	2.96	2.85	2.76	2.70	2.65
15	4.54	3.68	3.29	3.06	2.90	2.79	2.71	2.64	2.59
16	4.49	3.63	3.24	3.01	2.85	2.74	2.66	2.59	2.54
17	4.45	3.59	3.20	2.96	2.81	2.70	2.61	2.55	2.49
18	4.41	3.55	3.16	2.93	2.77	2.66	2.58	2.51	2.46
19	4.38	3.52	3.13	2.90	2.74	2.63	2.54	2.48	2.42
20	4.35	3.49	3.10	2.87	2.71	2.60	2.51	2.45	2.39
21	4.32	3.47	3.07	2.84	2.68	2.57	2.49	2.42	2.37
22	4.30	3.44	3.05	2.82	2.66	2.55	2.46	2.40	2.34
23	4.28	3.42	3.03	2.80	2.64	2.53	2.44	2.37	2.32
24	4.26	3.40	3.01	2.78	2.62	2.51	2.42	2.36	2.30
25	4.24	3.39	2.99	2.76	2.60	2.49	2.40	2.34	2.28
26	4.23	3.37	2.98	2.74	2.59	2.47	2.39	2.32	2.27
27	4.21	3.35	2.96	2.73	2.57	2.46	2.37	2.31	2.25
28	4.20	3.34	2.95	2.71	2.56	2.45	2.36	2.29	2.24
29	4.18	3.33	2.93	2.70	2.55	2.43	2.35	2.28	2.22
30	4.17	3.32	2.92	2.69	2.53	2.42	2.33	2.27	2.21
40	4.08	3.23	2.84	2.61	2.45	2.34	2.25	2.18	2.12
60	4.00	3.15	2.76	2.53	2.37	2.25	2.17	2.10	2.04
120	3.92	3.07	2.68	2.45	2.29	2.17	2.09	2.02	1.96
∞	3.84	3.00	2.60	2.37	2.21	2.10	2.01	1.94	1.88

附表 6　F 分布表

m / n	10	12	15	20	24	30	40	60	120	∞
				$\alpha = 0.05$						
1	241.9	243.9	245.9	248.0	249.1	250.1	251.1	252.2	253.3	254.3
2	19.40	19.41	19.43	19.45	19.45	19.46	19.47	19.48	19.49	19.50
3	8.79	8.74	8.70	8.66	8.64	8.62	8.59	8.57	8.55	8.53
4	5.96	5.91	5.86	5.80	5.77	5.75	5.72	5.69	5.66	5.63
5	4.74	4.68	4.62	4.56	4.53	4.50	4.46	4.43	4.40	4.36
6	4.06	4.00	3.94	3.87	3.84	3.81	3.77	3.74	3.70	3.67
7	3.64	3.57	3.51	3.44	3.41	3.38	3.34	3.30	3.27	3.23
8	3.35	3.28	3.22	3.15	3.12	3.08	3.04	3.01	2.97	2.93
9	3.14	3.07	3.01	2.94	2.90	2.86	2.83	2.79	2.75	2.71
10	2.98	2.91	2.85	2.77	2.74	2.70	2.66	2.62	2.58	2.54
11	2.85	2.79	2.72	2.65	2.61	2.57	2.53	2.49	2.45	2.40
12	2.75	2.69	2.62	2.54	2.51	2.47	2.43	2.38	2.34	2.30
13	2.67	2.60	2.53	2.46	2.42	2.38	2.34	2.30	2.25	2.21
14	2.60	2.53	2.46	2.39	2.35	2.31	2.27	2.22	2.18	2.13
15	2.54	2.48	2.40	2.33	2.29	2.25	2.20	2.16	2.11	2.07
16	2.49	2.42	2.35	2.28	2.24	2.19	2.15	2.11	2.06	2.01
17	2.45	2.38	2.31	2.23	2.19	2.15	2.10	2.06	2.01	1.96
18	2.41	2.34	2.27	2.19	2.15	2.11	2.06	2.02	1.97	1.92
19	2.38	2.31	2.23	2.16	2.11	2.07	2.03	1.98	1.93	1.88
20	2.35	2.28	2.20	2.12	2.08	2.04	1.99	1.95	1.90	1.84
21	2.32	2.25	2.18	2.10	2.05	2.01	1.96	1.92	1.87	1.81
22	2.30	2.23	2.15	2.07	2.03	1.98	1.94	1.89	1.84	1.78
23	2.27	2.20	2.13	2.05	2.00	1.96	1.91	1.86	1.81	1.76
24	2.25	2.18	2.11	2.03	1.98	1.94	1.89	1.84	1.79	1.73
25	2.24	2.16	2.09	2.01	1.96	1.92	1.87	1.82	1.77	1.71
26	2.22	2.15	2.07	1.99	1.95	1.90	1.85	1.80	1.75	1.69
27	2.20	2.13	2.06	1.97	1.93	1.88	1.84	1.79	1.73	1.67
28	2.19	2.12	2.04	1.96	1.91	1.87	1.82	1.77	1.71	1.65
29	2.18	2.10	2.03	1.94	1.90	1.85	1.81	1.75	1.70	1.64
30	2.16	2.09	2.01	1.93	1.89	1.84	1.79	1.74	1.68	1.62
40	2.08	2.00	1.92	1.84	1.79	1.74	1.69	1.64	1.58	1.51
60	1.99	1.92	1.84	1.75	1.70	1.65	1.59	1.53	1.47	1.39
120	1.91	1.83	1.75	1.66	1.61	1.55	1.50	1.43	1.35	1.25
∞	1.83	1.75	1.67	1.57	1.52	1.46	1.39	1.32	1.22	1.00

概率与统计

$\alpha = 0.025$									
n ＼ m	1	2	3	4	5	6	7	8	9
1	647.8	799.5	864.2	899.6	921.8	937.1	948.2	956.7	963.3
2	38.51	39.00	39.17	39.25	39.30	39.33	39.36	39.37	39.39
3	17.44	16.04	15.44	15.10	14.88	14.73	14.62	14.54	14.47
4	12.22	10.65	9.98	9.60	9.36	9.20	9.07	8.98	8.90
5	10.01	8.43	7.76	7.39	7.15	6.98	6.85	6.76	6.68
6	8.81	7.26	6.60	6.23	5.99	5.82	5.70	5.60	5.52
7	8.07	6.54	5.89	5.52	5.29	5.12	4.99	4.90	4.82
8	7.57	6.06	5.42	5.05	4.82	4.65	4.53	4.43	4.36
9	7.21	5.71	5.08	4.72	4.48	4.32	4.20	4.10	4.03
10	6.94	5.46	4.83	4.47	4.24	4.07	3.95	3.85	3.78
11	6.72	5.26	4.63	4.28	4.04	3.88	3.76	3.66	3.59
12	6.55	5.10	4.47	4.12	3.89	3.73	3.61	3.51	3.44
13	6.41	4.97	4.35	4.00	3.77	3.60	3.48	3.39	3.31
14	6.30	4.86	4.24	3.89	3.66	3.50	3.38	3.29	3.21
15	6.20	4.77	4.15	3.80	3.58	3.41	3.29	3.20	3.12
16	6.12	4.69	4.08	3.73	3.50	3.34	3.22	3.12	3.05
17	6.04	4.62	4.01	3.66	3.44	3.28	3.16	3.06	2.98
18	5.98	4.56	3.95	3.61	3.38	3.22	3.10	3.01	2.93
19	5.92	4.51	3.90	3.56	3.33	3.17	3.05	2.96	2.88
20	5.87	4.46	3.86	3.51	3.29	3.13	3.01	2.91	2.84
21	5.83	4.42	3.82	3.48	3.25	3.09	2.97	2.87	2.80
22	5.79	4.38	3.78	3.44	3.22	3.05	2.93	2.84	2.76
23	5.75	4.35	3.75	3.41	3.18	3.02	2.90	2.81	2.73
24	5.72	4.32	3.72	3.38	3.15	2.99	2.87	2.78	2.70
25	5.69	4.29	3.69	3.35	3.13	2.97	2.85	2.75	2.68
26	5.66	4.27	3.67	3.33	3.10	2.94	2.82	2.73	2.65
27	5.63	4.24	3.65	3.31	3.08	2.92	2.80	2.71	2.63
28	5.61	4.22	3.63	3.29	3.06	2.90	2.78	2.69	2.61
29	5.59	4.20	3.61	3.27	3.04	2.88	2.76	2.67	2.59
30	5.57	4.18	3.59	3.25	3.03	2.87	2.75	2.65	2.57
40	5.42	4.05	3.46	3.13	2.90	2.74	2.62	2.53	2.45
60	5.29	3.93	3.34	3.01	2.79	2.63	2.51	2.41	2.33
120	5.15	3.80	3.23	2.89	2.67	2.52	2.39	2.30	2.22
∞	5.02	3.69	3.12	2.79	2.57	2.41	2.29	2.19	2.11

附表 6 F 分布表

	$\alpha = 0.025$									
n \ m	10	12	15	20	24	30	40	60	120	∞
1	968.6	976.7	984.9	993.1	997.2	1 001	1 006	1 010	1 014	1 018
2	39.40	39.41	39.43	39.45	39.46	39.46	39.47	39.48	39.49	39.50
3	14.42	14.34	14.25	14.17	14.12	14.08	14.04	13.99	13.95	13.90
4	8.84	8.75	8.66	8.56	8.51	8.46	8.41	8.36	8.31	8.26
5	6.62	6.52	6.43	6.33	6.28	6.23	6.18	6.12	6.07	6.02
6	5.46	5.37	5.27	5.17	5.12	5.07	5.01	4.96	4.90	4.85
7	4.76	4.67	4.57	4.47	4.42	4.36	4.31	4.25	4.20	4.14
8	4.30	4.20	4.10	4.00	3.95	3.89	3.84	3.78	3.73	3.67
9	3.96	3.87	3.77	3.67	3.61	3.56	3.51	3.45	3.39	3.33
10	3.72	3.62	3.52	3.42	3.37	3.31	3.26	3.20	3.14	3.08
11	3.53	3.43	3.33	3.23	3.17	3.12	3.06	3.00	2.94	2.88
12	3.37	3.28	3.18	3.07	3.02	2.96	2.91	2.85	2.79	2.72
13	3.25	3.15	3.05	2.95	2.89	2.84	2.78	2.72	2.66	2.60
14	3.15	3.05	2.95	2.84	2.79	2.73	2.67	2.61	2.55	2.49
15	3.06	2.96	2.86	2.76	2.70	2.64	2.59	2.52	2.46	2.40
16	2.99	2.89	2.79	2.68	2.63	2.57	2.51	2.45	2.38	2.32
17	2.92	2.82	2.72	2.62	2.56	2.50	2.44	2.38	2.32	2.25
18	2.87	2.77	2.67	2.56	2.50	2.44	2.38	2.32	2.26	2.19
19	2.82	2.72	2.62	2.51	2.45	2.39	2.33	2.27	2.20	2.13
20	2.77	2.68	2.57	2.46	2.41	2.35	2.29	2.22	2.16	2.09
21	2.73	2.64	2.53	2.42	2.37	2.31	2.25	2.18	2.11	2.04
22	2.70	2.60	2.50	2.39	2.33	2.27	2.21	2.14	2.08	2.00
23	2.67	2.57	2.47	2.36	2.30	2.24	2.18	2.11	2.04	1.97
24	2.64	2.54	2.44	2.33	2.27	2.21	2.15	2.08	2.01	1.94
25	2.61	2.51	2.41	2.30	2.24	2.18	2.12	2.05	1.98	1.91
26	2.59	2.49	2.39	2.28	2.22	2.16	2.09	2.03	1.95	1.88
27	2.57	2.47	2.36	2.25	2.19	2.13	2.07	2.00	1.93	1.85
28	2.55	2.45	2.34	2.23	2.17	2.11	2.05	1.98	1.91	1.83
29	2.53	2.43	2.32	2.21	2.15	2.09	2.03	1.96	1.89	1.81
30	2.51	2.41	2.31	2.20	2.14	2.07	2.01	1.94	1.87	1.79
40	2.39	2.29	2.18	2.07	2.01	1.94	1.88	1.80	1.72	1.64
60	2.27	2.17	2.06	1.94	1.88	1.82	1.74	1.67	1.58	1.48
120	2.16	2.05	1.94	1.82	1.76	1.69	1.61	1.53	1.43	1.31
∞	2.05	1.94	1.83	1.71	1.64	1.57	1.48	1.39	1.27	1.00

概率与统计

$\alpha = 0.01$									
n \ m	1	2	3	4	5	6	7	8	9
1	4 052	5 000	5 403	5 625	5 764	5 859	5 928	5 981	6 022
2	98.50	99.00	99.17	99.25	99.30	99.33	99.36	99.37	99.39
3	34.12	30.82	29.46	28.71	28.24	27.91	27.67	27.49	27.35
4	21.20	18.00	16.69	15.98	15.53	15.21	14.98	14.80	14.66
5	16.26	13.27	12.06	11.39	10.97	10.67	10.46	10.29	10.16
6	13.75	10.92	9.78	9.15	8.75	8.47	8.26	8.10	7.98
7	12.25	9.55	8.45	7.85	7.46	7.19	6.99	6.84	6.72
8	11.26	8.65	7.59	7.01	6.63	6.37	6.18	6.03	5.91
9	10.56	8.02	6.99	6.42	6.06	5.80	5.61	5.47	5.35
10	10.04	7.56	6.55	5.99	5.64	5.39	5.20	5.06	4.94
11	9.65	7.21	6.22	5.67	5.32	5.07	4.89	4.74	4.63
12	9.33	6.93	5.95	5.41	5.06	4.82	4.64	4.50	4.39
13	9.07	6.70	5.74	5.21	4.86	4.62	4.44	4.30	4.19
14	8.86	6.51	5.56	5.04	4.70	4.46	4.28	4.14	4.03
15	8.68	6.36	5.42	4.89	4.56	4.32	4.14	4.00	3.89
16	8.53	6.23	5.29	4.77	4.44	4.20	4.03	3.89	3.78
17	8.40	6.11	5.18	4.67	4.34	4.10	3.93	3.79	3.68
18	8.29	6.01	5.09	4.58	4.25	4.01	3.84	3.71	3.60
19	8.18	5.93	5.01	4.50	4.17	3.94	3.77	3.63	3.52
20	8.10	5.85	4.94	4.43	4.10	3.87	3.70	3.56	3.46
21	8.02	5.78	4.87	4.37	4.04	3.81	3.64	3.51	3.40
22	7.95	5.72	4.82	4.31	3.99	3.76	3.59	3.45	3.35
23	7.88	5.66	4.76	7.26	3.94	3.71	3.54	3.41	3.30
24	7.82	5.61	4.72	4.22	3.90	3.67	3.50	3.36	3.26
25	7.77	5.57	4.68	4.18	3.86	3.63	3.46	3.32	3.22
26	7.72	5.53	4.64	4.14	3.82	3.59	3.42	3.29	3.18
27	7.68	5.49	4.60	4.11	3.78	3.56	3.39	3.26	3.15
28	7.64	5.45	4.57	4.07	3.75	3.53	3.36	3.23	3.12
29	7.60	5.42	4.54	4.04	3.73	3.50	3.33	3.20	3.09
30	7.56	5.39	4.51	4.02	3.70	3.47	3.30	3.17	3.07
40	7.31	5.18	4.31	3.83	3.51	3.29	3.12	2.99	2.89
60	7.08	4.98	4.13	3.65	3.34	3.12	2.95	2.82	2.72
120	6.85	4.79	3.95	3.48	3.17	2.96	2.79	2.66	2.56
∞	6.63	4.61	3.78	3.32	3.02	2.80	2.64	2.51	2.41

附表 6　F 分布表

	$\alpha = 0.01$									
n＼m	10	12	15	20	24	30	40	60	120	∞
1	6 056	6 106	6 157	6 209	6 235	6 261	6 287	6 313	6 339	6 366
2	99.40	99.42	99.43	99.45	99.46	99.47	99.47	99.48	99.49	99.50
3	27.23	27.05	26.87	26.69	26.60	26.50	26.41	26.32	26.22	26.13
4	14.55	14.37	14.20	14.02	13.93	13.84	13.75	13.65	13.56	13.46
5	10.05	9.89	9.72	9.55	9.47	9.38	9.29	9.20	9.11	9.02
6	7.87	7.72	7.56	7.40	7.31	7.23	7.14	7.06	6.97	6.88
7	6.62	6.47	6.31	6.16	6.07	5.99	5.91	5.82	5.74	5.65
8	5.81	5.67	5.52	5.36	5.28	5.20	5.12	5.03	4.95	4.86
9	5.26	5.11	4.96	4.81	4.73	4.65	4.57	4.48	4.40	4.31
10	4.85	4.71	4.56	4.41	4.33	4.25	4.17	4.08	4.00	3.91
11	4.54	4.40	4.25	4.10	4.02	3.94	3.86	3.78	3.69	3.60
12	4.30	4.16	4.01	3.86	3.78	3.70	3.62	3.54	3.45	3.36
13	4.10	3.96	3.82	3.66	3.59	3.51	3.43	3.34	3.25	3.17
14	3.94	3.80	3.66	3.51	3.43	3.35	3.27	3.18	3.09	3.00
15	3.80	3.67	3.52	3.37	3.29	3.21	3.13	3.05	2.96	2.87
16	3.69	3.55	3.41	3.26	3.18	3.10	3.02	2.93	2.84	2.75
17	3.59	3.46	3.31	3.16	3.08	3.00	2.92	2.83	2.75	2.66
18	3.51	3.37	3.23	3.08	3.00	2.92	2.84	2.75	2.66	2.57
19	3.43	3.30	3.15	3.00	2.92	2.84	2.76	2.67	2.58	2.49
20	3.37	3.23	3.09	2.94	2.86	2.78	2.69	2.61	2.52	2.42
21	3.31	3.17	3.03	2.88	2.80	2.72	2.64	2.55	2.46	2.36
22	3.26	4.12	2.98	2.83	2.75	2.67	2.58	2.50	2.40	2.31
23	3.21	3.07	2.93	2.78	2.70	2.62	2.54	2.45	2.35	2.26
24	3.17	3.03	2.89	2.74	2.66	2.58	2.49	2.40	2.31	2.21
25	3.13	2.99	2.85	2.70	2.62	2.54	2.45	2.36	2.27	2.17
26	3.09	2.96	2.81	2.66	2.58	2.50	2.42	2.33	2.23	2.13
27	3.06	2.93	2.78	2.63	2.55	2.47	2.38	2.29	2.20	2.10
28	3.03	2.90	2.75	2.60	2.52	2.44	2.35	2.26	2.17	2.06
29	3.00	2.87	2.73	2.57	2.49	2.41	2.33	2.23	2.14	2.03
30	2.98	2.84	2.70	2.55	2.47	2.39	2.30	2.21	2.11	2.01
40	2.80	2.66	2.52	2.37	2.29	2.20	2.11	2.02	1.92	1.80
60	2.63	2.50	2.35	2.20	2.12	2.03	1.94	1.84	1.73	1.60
120	2.47	2.34	2.19	2.03	1.95	1.86	1.76	1.66	1.53	1.38
∞	2.32	2.18	2.04	1.88	1.79	1.70	1.59	1.47	1.32	1.00

概率与统计

	$\alpha = 0.005$								
n ＼ m	1	2	3	4	5	6	7	8	9
1	16 211	20 000	21 615	22 500	23 056	23 437	23 715	23 925	24 091
2	198.5	199.0	199.2	199.2	199.3	199.3	199.4	199.4	199.4
3	55.55	49.80	47.47	46.19	45.39	44.84	44.43	44.13	43.88
4	31.33	26.28	24.26	23.15	22.46	21.97	21.62	21.35	21.14
5	22.78	18.31	16.53	15.56	14.94	14.51	14.20	13.96	13.77
6	18.63	14.54	12.92	12.03	11.46	11.07	10.79	10.57	10.39
7	16.24	12.40	10.88	10.05	9.52	9.16	8.89	8.68	8.51
8	14.69	11.04	9.60	8.81	8.30	7.95	7.69	7.50	7.34
9	13.61	10.11	8.72	7.96	7.47	7.13	6.88	6.69	6.54
10	12.83	9.43	8.08	7.34	6.87	6.54	6.30	6.12	5.97
11	12.23	8.91	7.60	6.88	6.42	6.10	5.86	5.68	5.54
12	11.75	8.51	7.23	6.52	6.07	5.76	5.52	5.35	5.20
13	11.37	8.19	6.93	6.23	5.79	5.48	5.25	5.08	4.94
14	11.06	7.92	6.68	6.00	5.56	5.26	5.03	4.86	4.72
15	10.80	7.70	6.48	5.80	5.37	5.07	4.85	4.67	4.54
16	10.58	7.51	6.30	5.64	5.21	4.91	4.69	4.52	4.38
17	10.38	7.35	6.16	5.50	5.07	4.78	4.56	4.39	4.25
18	10.22	7.21	6.03	5.37	4.96	4.66	4.44	4.28	4.14
19	10.07	7.09	5.92	5.27	4.85	4.56	4.34	4.18	4.04
20	9.94	6.99	5.82	5.17	4.76	4.47	4.26	4.09	3.96
21	9.83	6.89	5.73	5.09	4.68	4.39	4.18	4.01	3.88
22	9.73	6.81	5.65	5.02	4.61	4.32	4.11	3.94	3.81
23	9.63	6.73	5.58	4.95	4.54	4.26	4.05	3.88	3.75
24	9.55	6.66	5.52	4.89	4.49	4.20	3.99	3.83	3.69
25	9.48	6.60	5.46	4.84	4.43	4.15	3.94	3.78	3.64
26	9.41	6.54	5.41	4.79	4.38	4.10	3.89	3.73	3.60
27	9.34	6.49	5.36	4.74	4.34	4.06	3.85	3.69	3.56
28	9.28	6.44	5.32	4.70	4.30	4.02	3.81	3.65	3.52
29	9.23	6.40	5.28	4.66	4.26	3.98	3.77	3.61	3.48
30	9.18	6.35	5.24	4.62	4.23	3.95	3.74	3.58	3.45
40	8.83	6.07	4.98	4.37	3.99	3.71	3.51	3.35	3.22
60	8.49	5.79	4.73	4.14	3.76	3.49	3.29	3.13	3.01
120	8.18	5.54	4.50	3.92	3.55	3.28	3.09	2.93	2.81
∞	7.88	5.30	4.28	3.72	3.35	3.09	2.90	2.74	2.62

| $\alpha = 0.005$ | | | | | | | | | |
| | | | | | | | | | |
n \ m	10	12	15	20	24	30	40	60	120	∞
1	24 224	24 426	24 630	24 836	24 940	25 044	25 148	25 253	25 359	25 464
2	199.4	199.4	199.4	199.4	199.5	199.5	199.5	199.5	199.5	199.5
3	43.69	43.39	43.08	42.78	42.62	42.47	42.31	42.15	41.99	41.83
4	20.97	20.70	20.44	20.17	20.03	19.89	19.75	19.61	19.47	19.32
5	13.62	13.38	13.15	12.90	12.78	12.66	12.53	12.40	12.27	12.14
6	10.25	10.03	9.81	9.59	9.47	9.36	9.24	9.12	9.00	8.88
7	8.38	8.18	7.97	7.75	7.65	7.53	7.42	7.31	7.19	7.08
8	7.21	7.01	6.81	6.61	6.50	6.40	6.29	6.18	6.06	5.95
9	6.42	6.23	6.03	5.83	5.73	5.62	5.52	5.41	5.30	5.19
10	5.85	5.66	5.47	5.27	5.17	5.67	4.97	4.86	4.75	4.64
11	5.42	5.24	5.05	4.86	4.76	4.65	4.55	4.44	4.34	4.23
12	5.09	4.91	4.72	4.53	4.43	4.33	4.23	4.12	4.01	3.90
13	4.82	4.64	4.46	4.27	4.17	4.07	3.97	3.87	3.76	3.65
14	4.60	4.43	4.25	4.06	3.96	3.86	3.76	3.66	3.55	3.44
15	4.42	4.25	4.07	3.88	3.79	3.69	3.58	3.48	3.37	3.26
16	4.27	4.10	3.92	3.73	3.64	3.54	3.44	3.33	3.22	3.11
17	4.14	3.97	3.79	3.61	3.51	3.41	3.31	3.21	3.10	2.98
18	4.03	3.86	3.68	3.50	3.40	3.30	3.20	3.10	2.99	2.87
19	3.93	3.76	3.59	3.40	3.31	3.21	3.11	3.00	2.89	2.78
20	3.85	3.68	3.50	3.32	3.22	3.12	3.02	2.92	2.81	2.69
21	3.77	3.60	3.43	3.24	3.15	3.05	2.95	2.84	2.73	2.61
22	3.70	3.54	3.36	3.18	3.08	2.98	2.88	2.77	2.66	2.55
23	3.64	3.47	3.30	3.12	3.02	2.92	2.82	2.71	2.60	2.48
24	3.59	3.42	3.25	3.06	2.97	2.87	2.77	2.66	2.55	2.43
25	3.54	3.37	3.20	3.01	2.92	2.82	2.72	2.61	2.50	2.38
26	3.49	3.33	3.15	2.97	2.87	2.77	2.67	2.56	2.45	2.33
27	3.45	3.28	3.11	2.93	2.83	2.73	2.63	2.52	2.41	2.29
28	3.41	3.25	3.07	2.89	2.79	2.69	2.59	2.48	2.37	2.25
29	3.38	3.21	3.04	2.86	2.76	2.66	2.56	2.45	2.33	2.21
30	3.34	3.18	3.01	2.82	2.73	2.93	2.52	2.42	2.30	2.18
40	3.12	2.95	2.78	2.60	2.50	2.40	2.30	2.18	2.06	1.93
60	2.90	2.74	2.57	2.39	2.29	2.19	2.08	1.96	1.83	1.69
120	2.71	2.54	2.37	2.19	2.09	1.98	1.87	1.75	1.61	1.43
∞	2.52	2.36	2.19	2.00	1.90	1.79	1.67	1.53	1.36	1.00

概率与统计

附表 7 随机数表

```
03 47 43 73 86    36 96 47 36 61    46 98 63 71 62    33 26 16 80 45    60 11 14 10 95
97 74 24 67 62    42 81 14 57 20    42 53 32 37 32    27 07 36 07 51    24 51 79 89 73
16 76 62 27 66    56 50 26 71 07    32 90 79 78 53    13 55 38 58 59    88 97 54 14 10
12 56 85 99 26    96 96 68 27 31    05 03 72 93 15    57 12 10 14 21    88 26 49 81 76
55 59 56 35 64    38 54 82 46 22    31 62 43 09 90    06 18 44 32 53    23 83 01 30 30

16 22 77 94 39    49 54 43 54 82    17 37 93 23 78    87 35 20 96 43    84 26 34 91 64
84 42 17 53 31    57 24 55 06 88    77 04 74 47 67    21 76 33 50 25    83 92 12 06 76
63 01 63 78 59    16 95 55 67 19    98 10 50 71 75    12 86 73 58 07    44 39 52 38 79
33 21 12 34 29    78 64 56 07 82    52 42 07 44 38    15 51 00 13 42    99 66 02 79 54
57 60 86 32 44    09 47 27 96 54    49 17 46 09 62    90 52 84 77 27    08 02 73 43 28

18 18 07 92 45    44 17 16 58 09    79 83 86 19 62    06 76 50 03 10    55 23 64 05 05
26 62 33 97 75    84 16 07 44 99    83 11 46 32 24    20 14 85 88 45    10 93 72 88 71
23 42 40 64 74    82 97 77 77 81    07 45 32 14 08    32 98 94 07 72    93 85 79 10 75
52 36 28 19 95    50 92 26 11 97    00 56 76 31 38    80 22 02 53 53    86 60 42 04 53
37 85 94 35 12    83 39 50 08 30    42 34 07 96 88    54 42 06 87 98    35 85 29 48 39

70 29 17 12 13    40 33 20 38 26    13 89 51 03 74    17 76 37 13 04    07 74 21 19 30
56 62 18 37 35    96 83 50 87 75    97 12 25 93 47    70 33 24 03 54    97 77 46 44 80
99 49 57 22 77    88 42 95 45 72    16 64 36 16 00    04 43 18 66 79    94 77 24 21 90
16 08 15 04 72    33 27 14 34 09    45 59 34 68 49    12 72 07 34 45    99 27 72 95 14
31 16 93 32 43    50 27 89 87 19    20 15 37 00 49    52 85 66 60 44    38 68 88 11 80

68 34 30 13 70    55 74 30 77 40    44 22 78 84 26    04 33 46 09 52    68 07 97 06 57
74 57 25 65 76    59 29 97 68 60    71 97 38 67 54    13 58 18 24 76    15 54 55 95 52
27 42 37 86 53    48 55 90 65 72    96 57 69 36 10    96 46 92 42 45    97 60 49 04 91
00 39 68 29 61    66 37 32 20 30    77 84 57 03 29    10 45 65 04 26    11 04 96 67 24
29 94 98 94 24    68 49 69 10 82    53 75 91 93 30    34 25 20 57 27    40 48 73 51 92

16 90 82 66 59    83 62 64 11 12    67 19 00 71 74    60 47 21 29 68    02 02 37 03 31
11 27 94 75 06    06 09 19 74 66    02 94 37 34 02    76 70 90 30 86    38 45 94 30 38
35 24 10 16 20    33 32 51 26 38    79 78 45 04 91    16 92 53 56 16    02 75 50 95 98
38 23 16 86 38    42 38 97 01 50    87 75 66 81 41    40 01 74 91 62    48 51 84 08 32
31 96 25 91 47    96 44 33 49 13    34 86 82 53 91    00 52 43 48 85    27 55 26 89 62
```

66 67 40 67 14	64 05 71 95 86	11 05 65 09 68	76 83 20 37 90	57 16 00 11 66
14 90 84 45 11	75 73 88 05 90	52 27 41 14 86	22 98 12 22 08	07 52 74 95 80
68 05 51 18 00	33 96 02 75 19	07 60 62 93 55	59 33 82 43 90	49 37 38 44 59
20 46 78 73 90	97 51 40 14 02	04 02 33 31 08	39 54 16 49 36	47 95 93 13 30
64 19 58 97 79	15 06 15 93 20	01 90 10 75 06	40 78 78 89 62	02 67 74 17 33
05 26 93 70 60	22 35 85 15 13	92 03 51 59 77	59 56 78 06 83	52 91 05 70 74
07 97 10 88 23	09 98 42 99 64	61 71 62 99 15	06 51 29 16 93	58 05 77 09 51
68 71 86 85 85	54 87 66 47 54	73 32 08 11 12	44 95 92 63 16	29 56 24 29 48
26 99 61 65 53	58 37 78 80 70	42 10 50 67 42	32 17 55 85 74	94 44 67 16 94
14 65 52 68 75	87 59 36 22 41	26 78 63 06 55	13 08 27 01 50	15 29 39 39 43
17 53 77 58 71	71 41 61 50 72	12 41 94 96 26	44 95 27 36 99	02 96 74 30 83
90 26 59 21 19	23 52 23 33 12	96 93 02 18 39	07 02 18 36 07	25 99 32 70 23
41 23 52 55 99	31 04 49 69 96	10 47 48 45 88	13 41 43 89 20	97 17 14 49 17
60 20 50 81 69	31 99 73 68 68	35 81 33 03 76	24 30 12 48 60	18 99 10 72 34
91 25 38 05 90	94 58 28 41 36	45 37 59 03 09	90 35 57 29 12	82 62 54 65 60
34 50 57 74 37	98 80 33 00 91	09 77 93 19 82	74 94 80 04 04	45 07 31 66 49
85 22 04 39 43	73 81 53 94 79	33 62 46 86 28	08 31 54 46 31	53 94 13 38 47
09 79 13 77 48	73 82 97 22 21	05 03 27 24 83	72 89 44 05 60	35 80 39 94 88
88 75 80 18 14	22 95 75 42 49	39 32 82 22 49	02 48 07 70 37	16 04 61 67 87
90 96 23 70 00	39 00 03 06 90	55 85 78 38 36	94 37 30 69 32	90 89 00 76 33

概率与统计

附表 8　符 号 检 验 表

表中列出了能使 $\sum_{i=0}^{c_\alpha} C_n^i \left(\frac{1}{2}\right)^n \leq \frac{\alpha}{2}$ 的最大 c_α 值

n	α=0.05	α=0.10	n	α=0.05	α=0.10	n	α=0.05	α=0.10	n	α=0.05	α=0.10	n	α=0.05	α=0.10
1	—	—	19	4	5	37	12	13	55	19	20	73	27	28
2	—	—	20	5	5	38	12	13	56	20	21	74	28	29
3	—	—	21	5	6	39	12	13	57	20	21	75	28	29
4	—	—	22	5	6	40	13	14	58	21	22	76	28	30
5	—	0	23	6	7	41	13	14	59	21	22	77	29	30
6	0	0	24	6	7	42	14	15	60	21	23	78	29	31
7	0	0	25	7	7	43	14	15	61	22	23	79	30	31
8	0	1	26	7	8	44	15	16	62	22	24	80	30	32
9	1	1	27	7	8	45	15	16	63	23	24	81	31	32
10	1	1	28	8	9	46	15	16	64	23	24	82	31	33
11	1	2	29	8	9	47	16	17	65	24	25	83	32	33
12	2	2	30	9	10	48	16	17	66	24	25	84	32	33
13	2	3	31	9	10	49	17	18	67	25	26	85	32	34
14	2	3	32	9	10	50	17	18	68	25	26	86	33	34
15	3	3	33	10	11	51	18	19	69	25	27	87	33	35
16	3	4	34	10	11	52	18	19	70	26	27	88	34	35
17	4	4	35	11	12	53	18	20	71	26	28	89	34	36
18	4	5	36	11	12	54	19	20	72	27	28	90	35	36

附表 9　秩 和 检 验 表

表中列出了满足 $P(W_{m,n} \leq w_1) \leq \dfrac{\alpha}{2}$，$P(W_{m,n} \geq w_2) \leq \dfrac{\alpha}{2}$ 的最大的 w_1，最小的 w_2

$\alpha = 0.05$

m	n	w_1	w_2	m	n	w_1	w_2
2	4	3	11	5	5	19	36
2	5	3	13	5	6	20	40
2	6	4	14	5	7	22	43
2	7	4	16	5	8	23	47
2	8	4	18	5	9	25	50
2	9	4	20	5	10	26	54
2	10	5	21	6	6	28	50
3	3	6	15	6	7	30	54
3	4	7	17	6	8	32	58
3	5	7	20	6	9	33	63
3	6	8	22	6	10	35	67
3	7	9	24	7	7	39	66
3	8	9	27	7	8	41	71
3	9	10	29	7	9	43	76
3	10	11	31	7	10	46	80
4	4	12	24	8	8	52	84
4	5	13	27	8	9	54	90
4	6	14	30	8	10	57	95
4	7	15	33	9	9	66	105
4	8	16	36	9	10	69	111
4	9	17	39	10	10	83	127
4	10	18	42				

$\alpha = 0.025$

m	n	w_1	w_2	m	n	w_1	w_2
2	6	3	15	5	6	19	41
2	7	3	17	5	7	20	45
2	8	3	19	5	8	21	49
2	9	3	21	5	9	22	53
2	10	4	22	5	10	24	56
3	4	6	18	6	6	26	52
3	5	6	21	6	7	28	56
3	6	7	23	6	8	29	61
3	7	8	25	6	9	31	65
3	8	8	28	6	10	33	69
3	9	9	30	7	7	37	68
3	10	9	33	7	8	39	73
4	4	11	25	7	9	41	78
4	5	12	28	7	10	43	83
4	6	12	32	8	8	49	87
4	7	13	35	8	9	51	93
4	8	14	38	8	10	54	98
4	9	15	41	9	9	63	108
4	10	16	44	9	10	66	114
5	5	18	37	10	10	79	131

附表 10　游程检验表

表中列出了满足 $P(R_{m,n} \leq r_\alpha) \leq \alpha$ 的最大的 r_α

$$\alpha = 0.025$$

$n \backslash m$	2	3	4	5	6	7	8	9	10	11	12	13	14	15	16	17	18	19	20
2																			
3																			
4																			
5			2	2															
6		2	2	3	3														
7		2	2	3	3	3													
8		2	3	3	3	4	4												
9		2	3	3	4	4	5	5											
10		2	3	3	4	5	5	5	6										
11		2	3	4	4	5	5	6	6	7									
12	2	2	3	4	4	5	6	6	7	7	7								
13	2	2	3	4	5	5	6	6	7	7	8	8							
14	2	3	3	4	5	6	6	7	7	7	8	9	9						
15	2	3	3	4	5	6	6	7	7	8	8	9	9	10					
16	2	3	4	5	5	6	6	7	8	8	9	9	10	10	11				
17	2	3	4	5	5	6	7	7	8	8	9	9	10	11	11	11			
18	2	3	4	5	6	7	7	8	8	9	9	10	10	11	11	12	12		
19	2	3	4	5	6	7	7	8	8	9	10	10	11	11	12	12	13	13	
20	2	3	4	5	6	7	7	8	9	9	10	10	11	12	12	13	13	13	14

续　表

$\alpha = 0.05$

m\n	2	3	4	5	6	7	8	9	10	11	12	13	14	15	16	17	18	19	20
2																			
3																			
4			2																
5		2	2	3															
6		2	3	3	3														
7		2	3	3	4	4													
8	2	2	3	3	4	4	5												
9	2	2	3	4	4	5	5	6											
10	2	3	3	4	5	5	6	6	6										
11	2	3	3	4	5	5	6	6	7	7									
12	2	3	4	4	5	6	6	7	7	8	8								
13	2	3	4	4	5	6	6	7	8	8	9	9							
14	2	3	4	5	6	6	7	7	8	8	9	9	10						
15	2	3	4	5	6	6	7	8	8	9	9	10	10	11					
16	2	3	4	5	6	7	7	8	8	9	10	10	11	11	11				
17	2	3	4	5	6	7	7	8	9	9	10	10	11	11	12	12			
18	2	3	4	5	6	7	8	8	9	10	10	11	11	12	12	13	13		
19	2	3	4	5	6	7	8	8	9	10	10	11	12	12	13	13	14	14	
20	2	3	4	5	6	7	8	9	9	10	11	11	12	12	13	13	14	14	15

附表 11　相关系数检验表

表中列出了 $P(|r| > r_a) = \alpha$ 的 r_a 值

自由度 $(n-2)$	$\alpha = 0.05$			$\alpha = 0.01$			自由度 $(n-2)$
	自变量个数			自变量个数			
	1	2	3	1	2	3	
1	0.997	0.999	0.999	1.000	1.000	1.000	1
2	0.950	0.975	0.983	0.990	0.995	0.937	2
3	0.878	0.930	0.950	0.959	0.976	0.983	3
4	0.811	0.881	0.912	0.917	0.949	0.962	4
5	0.754	0.836	0.874	0.874	0.917	0.937	5
6	0.707	0.795	0.839	0.834	0.886	0.991	6
7	0.666	0.758	0.807	0.798	0.855	0.865	7
8	0.632	0.726	0.777	0.765	0.827	0.860	8
9	0.602	0.697	0.750	0.735	0.800	0.836	9
10	0.576	0.671	0.726	0.708	0.776	0.814	10
11	0.553	0.648	0.703	0.684	0.753	0.793	11
12	0.532	0.627	0.683	0.661	0.732	0.773	12
13	0.514	0.608	0.664	0.641	0.712	0.755	13
14	0.497	0.590	0.646	0.623	0.694	0.737	14
15	0.482	0.574	0.630	0.606	0.677	0.721	15
16	0.468	0.559	0.615	0.590	0.662	0.706	16
17	0.456	0.545	0.601	0.575	0.647	0.691	17
18	0.444	0.532	0.587	0.561	0.633	0.678	18
19	0.433	0.520	0.575	0.549	0.620	0.665	19
20	0.423	0.509	0.563	0.537	0.608	0.652	20
21	0.413	0.498	0.552	0.526	0.596	0.641	21
22	0.404	0.488	0.542	0.515	0.585	0.630	22
23	0.396	0.479	0.532	0.505	0.574	0.619	23
24	0.388	0.470	0.523	0.496	0.565	0.609	24
25	0.381	0.462	0.514	0.487	0.555	0.600	25
26	0.374	0.454	0.506	0.478	0.546	0.590	26
27	0.367	0.446	0.498	0.470	0.538	0.582	27
28	0.361	0.439	0.490	0.463	0.530	0.573	28
29	0.355	0.432	0.482	0.456	0.522	0.565	29
30	0.349	0.426	0.476	0.449	0.514	0.558	30
35	0.325	0.397	0.445	0.418	0.481	0.523	35
40	0.304	0.373	0.419	0.393	0.454	0.494	40
45	0.288	0.353	0.397	0.372	0.430	0.470	45
50	0.273	0.336	0.379	0.354	0.410	0.449	50
60	0.250	0.308	0.348	0.325	0.377	0.414	60
70	0.232	0.286	0.324	0.302	0.351	0.386	70
80	0.217	0.269	0.304	0.283	0.330	0.362	80
90	0.205	0.254	0.288	0.267	0.312	0.343	90
100	0.195	0.214	0.274	0.254	0.297	0.327	100

习题答案与提示

习题 1.1

(A)

1. 记 $\omega_{ij}=$“第一、二次取出的分别是 i、j 号签”，则 $\Omega=\{\omega_{ij}: i、j=1, 2, 3, 4; i\neq j\}$，$A=\{\omega_{ij}: \max(i, j)=3; i、j=1, 2, 3; i\neq j\}$.

2. 记 $\omega_0=000\cdots$，$\omega_n=\underbrace{00\cdots0}_{n-1}1$，$n=1, 2, \cdots$，则 $\Omega=\{\omega_n: n=0, 1, 2, \cdots\}$.

3. (1) $AB\overline{C}=$“选的是非 1999 年出版的中文版数学书”；
   (2) 当图书馆的数学书都是 1999 年出版的中文版书籍时 $ABC=A$；
   (3) $\overline{C}\bigcup B=$“选的是中文版或非 1999 年出版的书”；
   (4) 是.

4. $A\bigcup B=$“取出的数是偶数或 5 的倍数”，$AB=$“取出的数是 10 的倍数”，$A-B=$“取出的数是 5 的奇数倍”.

5. $E\subset B$，$E\subset D$；A 与 C，A 与 E，B 与 C，C 与 D，C 与 E 分别互不相容；无对立事件.

6. (1) $B=A_1A_2\overline{A_3}\bigcup A_1\overline{A_2}A_3\bigcup\overline{A_1}A_2A_3$； (2) $\overline{A_1}\,\overline{A_2}\bigcup\overline{A_2}\,\overline{A_3}\bigcup\overline{A_1}\,\overline{A_3}$.

7. $A_1A_2A_4A_5\bigcup A_3A_4A_5$.

8. (1)、(3)、(4)、(5)成立,(2)、(6)不一定成立.

9. 不是一回事.

10. 略.

11. 提示:题设条件即为 $BA_i=\varnothing$ $(i=1, 2, \cdots, n)$,而 $B(\bigcup\limits_{i=1}^{n}A_i)=\bigcup\limits_{i=1}^{n}BA_i$.

(B)

1. 记 $\omega_0=$“各次抛均出现反面”，$\omega_n=$“第 n 次首次出现正面”，$n=1, 2, \cdots$；则 $\Omega=\{\omega_n: n=0, 1, 2, \cdots\}$，$B=\{\omega_{2n}: n=1, 2, \cdots\}$.

2. (1) $\bigcap\limits_{i=1}^{n}A_i$； (2) $\bigcup\limits_{i=1}^{n}\overline{A_i}$； (3) $\bigcup\limits_{i=1}^{n}A_1\cdots A_{i-1}\,\overline{A_i}A_{i+1}\cdots A_n$； (4) $\bigcup\limits_{1\leqslant i<j\leqslant n}A_iA_j$.

3. 记 $A_0=\varnothing$，$B_k=A_k\overline{A_{k-1}}\cdots\overline{A_0}(k=1, 2, \cdots, n)$，则 $B_iB_j=\varnothing$ $(i, j=1, 2, \cdots, n; i\neq j)$，$\bigcup\limits_{i=1}^{n}A_i=\bigcup\limits_{i=1}^{n}B_i$.

4. 等式两边取“逆”可解出 $X=\overline{B}$.

习题 1.2

(A)

1. 不是.

2. 是.

3. 0.6.

4. (1) 0.4； (2) 0.1； (3) 0.7； (4) 0.3； (5) 0.2.

5. (1) 0.01； (2) 0.81； (3) $P_{10}^6/10^6$.

6. (1) $\dfrac{C_{25}^2 C_{15}^2 C_{10}^6}{C_{50}^{10}}$； (2) $\dfrac{C_{25}^2 C_{25}^8}{C_{50}^{10}}$； (3) $\dfrac{C_{40}^{10}}{C_{50}^{10}}$.

7. 发第十四张牌是 A 的概率为 $1/13$，头一张 A 正好出现在第十四张的概率为 $\dfrac{4 \cdot P_{48}^{13}}{P_{52}^{14}}$.

8. 207/625.

9. $P_9^6/9^6$.

10. 0.2； 18/125.

11. (1) 0.2； (2) 0.18.

12. $\dfrac{(12!) \cdot (20!)}{(2!)^4 \cdot (3!)^4 \cdot (4!)^3 \cdot 12^{20}}$.

13. $\dfrac{1}{2}\left[1 - \dfrac{C_5^5}{2^{10}}\right]$(提示：记 $A=$"出现的正面数多于反面数"，$B=$"出现的反面数多于正面数"，$C=$"出现的正反面数相等"，则由对称性知 $P(A)=P(B)$，从而易得 $P(A) = [1 - P(C)]/2$).

14. (1) $\dfrac{2^8 C_{10}^8}{C_{20}^8}$； (2) $\dfrac{2^6 C_{10}^1 C_9^6}{C_{20}^8}$； (3) $1 - \dfrac{2^8 C_{10}^8}{C_{20}^8}$； (4) $\dfrac{C_{10}^4}{C_{20}^8}$.

15. (1) $P_6^5/6^5$； (2) $1 - 2\left(\dfrac{5}{6}\right)^5$； (3) 25/54； (4) 25/648； (5) 7/432.

(B)

1. 8/15，$2n$ 个小孩的情形下概率为 $(2n-2)!!/(2n-1)!!$(提示：由于 6 个小孩右手两两拉在一起后的状况是完全一样的，因此能否拉成一个圈只取决于左手两两拉在一起的方式).

2. $\dfrac{n+1}{C_{2n}^n}$(提示：没有两个 A 连在一起，可以先将两个 A 之间各放一个 B，然后再将余下的一个 B 放在 A 之间或所有 A 的前面(或后面)，其对应的放法有 $n+1$ 种).

3. $1/(2n-1)!!$ (提示："n 对夫妇都相邻"可以通过先排出"对"与"对"的顺序，再排出每一对夫妇中夫与妇的先后顺序来实现).

4. 第一问的概率为 $1/2$(提示：记 $A=$"甲掷出的正面数 $>$ 乙掷出的正面数"，$B=$"甲掷出的反面数 $>$ 乙掷出的反面数"，由对称性 $P(A)=P(B)$，而 $A \cup B = \Omega$，$AB = \varnothing$. 对于第二问，$A \cup B = \Omega$，$AB =$"甲掷出的正面数 $=$ 乙掷出的正面数").

5. $\dfrac{C_b^k C_{a-1}^{b-k-1}}{C_{a+b-1}^a}$ (将 b 个盒子并排成一行，a 个不可辨别的质点的一种放法可表示成下图：

00			0	000	00	⋯	0

其中"0"代表质点. 上述分布的内在规律是：顶端、末端总是壁"|"，而中间共分布着 a 个"0"和 $b-1$ 个公共"|". 因此，a 个质点的每一种放法就一一对应着 a 个"0"和 $b-1$ 个"|"的一种排列方法. 由此知总的放法有 C_{a+b-1}^a 种.

下面考虑恰有 k 个空盒的放法：先将 k 个空盒固定，那么余下的 $b-k$ 个盒子中每盒至少有一个质点，固定一个于其中，则余下的 $a-(b-k)$ 个质点可以随机地分布于那 $b-k$ 个盒子中，其分布方法由上面的讨论知有 $C_{a-(b-k)+(b-k)-1}^{a-(b-k)} = C_{a-1}^{b-k-1}$ 种. 从而恰有 k 个空盒的放法有 $C_b^k C_{a-1}^{b-k-1}$ 种.

习题 1.3

（A）

1. 可能发生.

2. $l \leqslant 2/3$ 时概率为 0，$l > 2/3$ 时概率为 $1 - \dfrac{2}{3l}$.

3. $1 - \dfrac{r}{d}$.

4. (1) $\dfrac{2}{\pi}$；　(2) $\dfrac{3\sqrt{3}}{4\pi}$.

5. 0.25.

6. $7/16$.

7. $311/1\,152$.

8. $0.4 - 0.09\ln 9$.

（B）

1. $1/4$(提示：由对称性，可固定 A 而考虑 B、C 落在圆周上的任意性).

2. $1/12$.

3. $1/16$(提示：设 x、y 分别为硬币圆心离最近的一条"水平"平行线和离最近一条"铅直"平行线的距离，则 $\Omega = \{(x, y)\colon 0 \leqslant x, y \leqslant 1\}$).

习题 1.4

（A）

1. $\Omega = \{\omega_n\colon n = 0, 1, 2\}$，其中 $\omega_n = $"出现的正面数为 n"，$\mathscr{F} = \{\varnothing, \Omega, \{\omega_0\}, \{\omega_1\}, \{\omega_2\}, \{\omega_0, \omega_1\}, \{\omega_0, \omega_2\}, \{\omega_1, \omega_2\}\}$，$P(\varnothing) = 0$，$P(\Omega) = 1$，$P(\{\omega_0\}) = P(\{\omega_2\}) = 1/4$，$P\{\omega_1\} = 1/2$，$P(\{\omega_0, \omega_2\}) = 1/2$，$P(\{\omega_0, \omega_1\}) = P(\{\omega_1, \omega_2\}) = 3/4$(注：本题还可以按古典概型来建立概率空间).

2. 提示：由概率的规范性、可列可加性容易说明所有的点不具有等可能性，但概率可以都是正的.

3. $2/7$(由概率的规范性及题设可知，取到数 k 的概率为 $k/210$).

4. $P(A - B) = 0.2$，$P(\overline{A} \bigcup \overline{B}) = P(\overline{AB}) = 0.7$.

5. $5/8$.

6. 略.

7. 0.225.

8. (1) $\displaystyle\sum_{i=0}^{2} \dfrac{C_{15}^{i} C_{35}^{10-i}}{C_{50}^{10}}$；　(2) $1 - \dfrac{C_{35}^{10}}{C_{50}^{10}}$.

9. (1) 30%；　(2) 73%；　(3) 14%；　(4) 17%.

10. (1) $\dfrac{C_7^2 \cdot 3^5}{4^7}$；　(2) $1 - (0.75)^7$；　(3) $2 \times (0.75)^7 - (0.5)^7$.

11. $\dfrac{1}{C_{52}^{13}}(4 \times C_{50}^{11} - 6 \times C_{48}^{9} + 4 \times C_{46}^{7} - C_{44}^{5})$.

12. 提示：记 $B_1 = A_1$，$B_k = A_k \overline{A}_{k-1} \cdots \overline{A}_1$ $(k = 2, 3, \cdots)$，则 $P(B_k) \leqslant P(A_k)$ $(k = 1, 2, 3, \cdots)$，

概率与统计

$B_k(k=1, 2, 3, \cdots)$ 间两两互不相容,且 $\bigcup\limits_{i=1}^{+\infty} A_i = \bigcup\limits_{i=1}^{+\infty} B_i$;从而由 $P(\bigcup\limits_{i=1}^{+\infty} B_i) = \sum\limits_{i=1}^{+\infty} P(B_i)$ 即可证得所需结论.

(B)

1. 利用例 1.21 可得所求概率为 $\dfrac{1}{k!} \sum\limits_{i=1}^{n-k} \dfrac{(-1)^i}{i!}$.

2. $\sum\limits_{k=1}^{N-1}(-1)^{k-1} C_N^k \left(1-\dfrac{k}{N}\right)^n$(提示:记 $A_i=$"第 i 号签没有被抽到",$i=1, 2, \cdots, N$;则所求概率为 $P(A_1 \bigcup A_2 \bigcup \cdots \bigcup A_N)$).

3. 提示:利用对立事件概率的计算公式和概率的一般加法公式.

4. $\dfrac{4^n + 6 \cdot 2^n - 4(3^n + 1)}{4^n}$(提示:记 A_1、A_2、A_3、A_4 分别为任取 n 张牌中至少含有一张红桃、黑桃、方块、梅花,则所求概率为 $P(A_1 A_2 A_3 A_4)$,而此概率可以利用上一题的结论).

5. 提示:设 $A_i=$"摸到的 k 件产品中恰有 i 件次品",则 A_i 间两两互不相容,$\bigcup\limits_{i=0}^{k} A_i = \Omega$,因此 $\sum\limits_{i=1}^{k} P(A_i) = 1$. 利用它即可得所证.

习题 1.5

(A)

1. $1/3$.

2. $1/3$.

3. $1/3$.

4. 提示: $P(AB) = P(A) + P(B) - P(A \bigcup B) \geqslant P(A) + P(B) - 1$.

5. $7/11$.

6. (1) 0.66; (2) 0.16.

7. (1) 0.24; (2) 0.424.

8. 0.62.

9. $\dfrac{1}{2} + (-1)^{n-1} \dfrac{2^{n-2}}{3^{n-1}}$, $n = 2, 3, \cdots$(提示:记 $A_i=$"第 i 次 A 掷",则 $P(A_i) = P(A_{i-1})P(A_i \mid A_{i-1}) + P(\overline{A_{i-1}})P(A_i \mid \overline{A_{i-1}}) = P(A_{i-1}) \cdot \dfrac{1}{6} + (1 - P(A_{i-1})) \cdot \dfrac{5}{6} = \dfrac{1}{2} + \dfrac{2}{3}(\dfrac{1}{2} - P(A_{i-1}))$).

10. $23/36$.

11. 0.8.

12. 0.875.

13. 交给甲站好.

14. 略.

15. 略.

(B)

1. 利用定义.

2. 不妨设甲为第 r 个人;$A_{k_i}=$"第 k 次传球结束球到第 i 人手中",$i=1, 2, \cdots, k=1, 2, \cdots$;

$q_{n_i} = P(A_{n_i})$，$i = 1, 2, \cdots, r-1$. 由对称性 $q_{n_1} = q_{n_2} = \cdots = q_{n_{r-1}}$. 利用这个结论及全概率公式即可求得所需结论.

3. (1) 易求得；(2)、(3) 可以先验证 n 次摸取中出现 n_1 次黑球，$n-n_1$ 次红球的概率只与 n_1 有关，而与什么时刻摸到黑球无关.

习题 1.6

(A)

1. 不一定成立.

2. (1) 提示：由 $P(A \mid B) = P(A \mid \overline{B})$ 可得 $P(AB)P(\overline{B}) = P(A\overline{B})P(B)$，从而 $P(AB) = P(AB)P(B) + P(A\overline{B})P(B) = P(A)P(B)$.　(2) 略.

3. 2/3.

4. 0.788.

5. 0.133 1.

6. 6.

7. (1) 0.492；(2) 22/41.

8. (1) 0.176 9，在线路断电的条件下元件 1 断电的概率为 0.882 4；　(2) 0.829 9，在线路断电的条件下元件 1 断电的概率为 0.723 0.

9. 选用系统 3 为佳.

10. 0.104.

11. 0.998 4.

12. (1) 0.311 0；(2) 0.546 9.

13. 0.521 7.

14. 0.375.

15. 无理由申辩.

16. 在第一种情况下可以断定，在第二种情况下不可以断言.

(B)

1. 甲获胜的概率为 $\dfrac{p^2}{1-2pq}$，乙获胜的概率为 $\dfrac{q^2}{1-2pq}$（提示：就前两局的比赛情况应用全概率公式或对某方获胜所需比赛的轮数应用加法公式）.

2. $C_{2N-r}^N \left(\dfrac{1}{2}\right)^{2N-r}$（提示：可先考虑右口袋火柴先空的情况，此时可以将问题转化为伯努利试验中 A 第 $N+1$ 次出现在第 $2N-r+1$ 次试验的问题）.

3. $\dfrac{(\lambda p)^l e^{-\lambda p}}{l!}$（提示：就昆虫的产卵数应用全概率公式）.

4. 175/7 776.

习题 2.1

(A)

1. $\chi_A(\omega)$ 是随机变量，$A = \{\omega: \chi_A(\omega) = 1\}$.

2. (1) 令 $\xi(\omega) =$ 掷出的点数，则"出现奇数点" $= \{\omega: \xi(\omega) = 1, 3, 5\}$，"出现的点数大于

$4" = \{\omega: \xi(\omega) = 5, 6\}$；

(2) 令 $\eta(\omega) = $ 任取一只灯泡的寿命（单位：小时），则"任取一只灯泡的寿命不超过 1 000 小时" $= \{\omega: \eta(\omega) \leqslant 1\,000\}$，"任取一只灯泡的寿命在 500 小时到 800 小时之间" $= \{\omega: 500 \leqslant \eta(\omega) \leqslant 800\}$.

3. $\{\xi_1 = 1, \xi_2 = 0\} = $ "第一、二次分别取得正品、次品"，$\{\xi_1 + \xi_2 + \xi_3 \geqslant 1\} = $ "前三次检验中至少有一个是正品".

4. (1) $F(x) = \begin{cases} 0, & x \leqslant a, \\ 1, & x > a. \end{cases}$　　(2) $F(x) = \begin{cases} 0, & x \leqslant 0, \\ 1/4, & 0 < x \leqslant 1, \\ 3/4, & 1 < x \leqslant 2, \\ 1, & x > 2. \end{cases}$

5. (1) $A = 16$；　(2) 0.16.

6. (1) 是；　(2) 不是.

（B）

1. 提示：分 $a > 0$ 和 $a < 0$ 两种情况讨论.

2. (1) 不是；　(2) 可以是；　(3) 不是.

3. 提示：验证分布函数的性质满足.

习题 2.2

（A）

1. (2)、(3)是，(1)、(4)不是.

2. (1) $C = 1$，$P(\xi \geqslant 3) = \begin{cases} 0, & N < 3, \\ 1 - \dfrac{2}{N}, & N \geqslant 3; \end{cases}$

(2) $C = \dfrac{1}{e^\lambda - 1}$，$P(\xi \geqslant 3) = 1 - \dfrac{1}{e^\lambda - 1}\left(\lambda + \dfrac{\lambda^2}{2}\right)$；

(3) $C = \dfrac{2}{3^{n+1} - 1}$，$P(\xi \geqslant 3) = \begin{cases} 0, & n < 3, \\ 1 - \dfrac{26}{3^{n+1} - 1}, & n \geqslant 3. \end{cases}$

3. $P(\xi = k) = \dfrac{n}{m+n} \cdot \dfrac{n-1}{m+n-1} \cdots \dfrac{n-k+1}{m+n-k+1} \cdot \dfrac{m}{m+n-k}$，$k = 0, 1, 2, \cdots, n$.

4. (1) $P(\eta = 1) = 3/5$，$P(\eta = 2) = 3/10$，$P(\eta = 3) = 1/10$，$P(\eta > 4) = 0$；

(2)

ξ	6	7	8	9	10	11	12
$P(\xi = x_i)$	1/10	1/10	1/5	1/5	1/5	1/10	1/10

5. 令 ξ、η 分别表示甲、乙两人的射击次数，$P(\xi = k) = 0.76 \times (0.24)^{k-1}$，$k = 1, 2, \cdots$；$P(\eta = 0) = 0.4$，$P(\eta = k) = 0.456 \times (0.24)^{k-1}$，$k = 1, 2, \cdots$.

6.

ξ	0	1	2	3	3.5
$P(\xi = x_i)$	0.5	0.1	0.2	0.1	0.1

7. (1) $47 \times \dfrac{2^{11}}{3^{12}}$， (2) 11 个单位.

8. (1) 0.993 3， (2) 0.033 7.

9. 1/6e.

10. 16.

（B）

1. $P(\xi=0)=1/30,\ P(\xi=1)=3/10,\ P(\xi=2)=1/2,\ P(\xi=3)=1/6,\ P(\xi\geqslant 2)=2/3.$

2. 提示：考察 $\dfrac{\mathrm{b}(k;\ n,\ p)}{\mathrm{b}(k-1;\ n,\ p)}$.

3. λ 是整数时，$i=\lambda$ 或 $i=\lambda-1$ 时 $P(\xi=i)$ 最大；λ 不是整数时，$i=[\lambda]$ 时 $P(\xi=i)$ 最大 $\left(\text{提示：考察}\dfrac{P(\xi=i)}{P(\xi=i-1)}\right)$.

习题 2.3

（A）

1. 不一定.

2. (1) $k=\lambda/2,\ P(-1<\xi<1)=1-\mathrm{e}^{-\lambda},\ F(x)=\begin{cases}\dfrac{1}{2}\mathrm{e}^{\lambda x}, & x\leqslant 0,\\[2mm] 1-\dfrac{1}{2}\mathrm{e}^{-\lambda x} & x>0;\end{cases}$

(2) $k=1/2,\ P\left(-\dfrac{\pi}{4}<\xi<\dfrac{\pi}{4}\right)=\sqrt{2}/2,\ F(x)=\begin{cases}0, & x\leqslant-\dfrac{\pi}{2},\\[2mm] \dfrac{1+\sin x}{2}, & -\dfrac{\pi}{2}<x\leqslant\dfrac{\pi}{2},\\[2mm] 1 & x>\dfrac{\pi}{2};\end{cases}$

(3) $k=6/29,\ P(1.5<\xi<2.5)=16/29,\ F(x)=\begin{cases}0, & x\leqslant 1,\\[2mm] \dfrac{2}{29}(x^3-1), & 1<x\leqslant 2,\\[2mm] \dfrac{3}{29}x^2+\dfrac{2}{29}, & 2<x\leqslant 3,\\[2mm] 1, & x>3.\end{cases}$

3. (1) $A=1/2,\ B=1/\pi$; (2) 1/3; (3) $f(x)=\begin{cases}\dfrac{1}{\pi\ \sqrt{a^2-x^2}}, & -a<x<a,\\[2mm] 0, & \text{其余}.\end{cases}$

4. $f(x)=\begin{cases}\dfrac{2(h-x)}{h^2}, & 0<x<h,\\[2mm] 0, & \text{其余}.\end{cases}$

5. $F(x)=\dfrac{1}{2}+\dfrac{1}{\pi}\arctan\dfrac{x}{b},\ f(x)=\dfrac{b}{\pi}\dfrac{1}{b^2+x^2}.$

6. (1) $a=1/\sqrt[4]{2}$; (2) $b=\sqrt[4]{0.95}$.

7. (1) 1/3， (2) 1/3.

8. 2/3.

9. $1/e$.

10. (1) 0.470 7; (2) 0.471 8; (3) 0.112 5.

11. (1) 0.988 6; (2) 约为 99.84; (3) 约为 44.505.

12. 因为 $P(|\xi - a| > 3\sigma) = 0.002\,7$.

(B)

1. 提示：在题设条件下利用变量代换可以证明：$F(-a) = 1 - F(a)$，$\displaystyle\int_0^{-a} f(x)\mathrm{d}x$
$= -\displaystyle\int_0^a f(x)\mathrm{d}x$，从而 $F(0) = 1/2$，又 $F(-a) = F(0) + \displaystyle\int_0^{-a} f(x)\mathrm{d}x$，由此即可得所证.

2. 提示：易知 $F(1) = 1$，而当 $0 \leqslant x < y \leqslant 1$ 时，$P(x \leqslant \xi < y)$ 只与 $y - x$ 有关，故可记 $P(x \leqslant \xi < y) = g(x - y)$，则当 $0 \leqslant x \leqslant 1$，$0 \leqslant y \leqslant 1$，$0 \leqslant x + y \leqslant 1$ 时，$g(x + y) = P(0 \leqslant \xi < x + y) = P(0 \leqslant \xi < x) + P(x \leqslant \xi < x + y) = g(x) + g(y)$. 由这个性质，利用微积分知识易证 $g(x) = g(1)x$，$x \in [0, 1)$. 而当 $0 \leqslant x \leqslant 1$ 时，$g(x) = P(0 \leqslant \xi < x) = P(\xi < x) - P(\xi < 0) = F(x)$.

3. 提示：易知 $F(x)$ 为分布函数，设对应的随机变量为 ξ，由 $F(x)$ 的表达式可知，ξ 可以取 $(-\infty, 0)$ 中任一值，故 ξ 不是离散型随机变量；又由 $P(\xi = 1) = F(1+0) - F(1) = 1/2$ 知 ξ 不是连续型随机变量.

习题 2.4

(A)

1. (1)

η	0	1/2	1	3/2	5/2
P	1/5	1/6	1/5	1/15	11/30

(2)

η	$\cos 3$	$\cos 2$	$\cos 1$	1
P	11/30	1/5	7/30	1/5

2. (1) $P(\eta = ak + b) = \mathrm{C}_n^k p^k (1-p)^{n-k}$，$k = 0, 1, 2, \cdots, n$;

(2) $P(\eta = k^2) = \mathrm{C}_n^k p^k (1-p)^{n-k}$，$k = 0, 1, 2, \cdots, n$;

(3) $P(\eta = \sqrt{k}) = \mathrm{C}_n^k p^k (1-p)^{n-k}$，$k = 0, 1, 2, \cdots, n$.

3. $F_\eta(y) = \begin{cases} 0, & y \leqslant 0, \\ F(y^2) - F(-y^2 + 0), & y > 0. \end{cases}$

4. $f_\eta(y) = \begin{cases} \dfrac{1}{(1-y)^2}, & 0 < y < \dfrac{1}{2}, \\ 0, & 其余. \end{cases}$

5. (1) $f_{\eta_1}(y) = \begin{cases} \dfrac{1}{\sqrt{2\pi}y} \mathrm{e}^{-\frac{1}{2}(\ln y)^2}, & y > 0, \\ 0, & y \leqslant 0; \end{cases}$ (2) $f_{\eta_2}(y) = \begin{cases} 0, & y \leqslant -1, \\ \dfrac{1}{2\sqrt{\pi(1+y)}} \mathrm{e}^{-\frac{1+y}{4}}, & y > -1. \end{cases}$

6. 0.242 7.

7. $f_\eta(y) = \begin{cases} \dfrac{2}{\pi\sqrt{1-y^2}}, & 0 < y < 1, \\ 0, & 其余. \end{cases}$

8. $f_\eta(y) = \begin{cases} \sqrt[3]{\dfrac{2}{9\pi}} \cdot \dfrac{1}{b-a} \cdot \dfrac{1}{\sqrt[3]{y^2}}, & \dfrac{1}{6}\pi a^3 < y < \dfrac{1}{6}\pi b^3, \\ 0, & \text{其余}. \end{cases}$

9. $f_\eta(y) = \begin{cases} 2\pi k^{\frac{3}{2}} y^{-\frac{5}{2}} e^{-\frac{4}{3}k^{\frac{3}{2}} y^{-\frac{3}{2}}}, & y > 0, \\ 0, & y \leqslant 0. \end{cases}$

(B)

1. $f_\eta(y) = \begin{cases} \dfrac{1}{\sqrt{2\pi}} \sum\limits_{-\infty}^{+\infty} \Big[e^{-\frac{[2(k+1)\pi - \arccos y]^2}{2}} + e^{-\frac{[2k\pi + \arccos y]^2}{2}} \Big] \dfrac{1}{\sqrt{1-y^2}}, & |y| < 1, \\ 0, & \text{其余}. \end{cases}$ (提示:当 $-1 <$

$y < 1$ 时,$P(\eta < y) = P(\cos\xi < y) = \sum\limits_{-\infty}^{+\infty} P(2k\pi + \arccos y < \xi < 2(k+1)\pi - \arccos y))$.

2. $f_\eta(y) = \begin{cases} \dfrac{1}{2y\sqrt{\ln y}} e^{-\sqrt{\ln y}}, & y > 1, \\ 0, & y \leqslant 1. \end{cases}$ (提示:由于 $\ln\eta = (\ln\xi)^2$,故可先求 $\zeta = (\ln\xi)^2$ 的分

布,再求 $\eta = e^\zeta$ 的分布).

3. 提示:当 $0 < x < 1$ 时,由连续函数的介值定理知存在 z 使得 $F(z) = x$,令 $y = \inf\{z: F(z) = x\}$,则可以证明 $F(y) = x$,从而由 $F(x)$ 的单调性容易得到:

$$\{F(\xi) < x\} = \{\xi < y\}.$$

习题 3.1

(A)

1. 0.

2. 略.

3. (1) $F(2, 1) - F(2, +\infty) - F(+\infty, 1) + 1$;

(2) $F(2+0, 1) - F(2, 1)$;

(3) $F(1+0, 3+0) - F(1+0, 4+0) - F(2, 3+0) + F(2, 4+0)$.

4. (1)

ξ \ η	0	1
0	25/36	5/36
1	5/36	1/36

(2)

ξ \ η	0	1
0	15/22	5/33
1	5/33	1/66

5.

ξ \ η	1	3
0	0	1/8
1	3/8	0
2	3/8	0
3	0	1/8

6. (1) $c=4$；(2) 0.25；(3) 0；(4) 0.5；

(5) $F(x, y)=\begin{cases} 0, & x\leqslant 0 \text{ 或 } y\leqslant 0, \\ x^2 y^2, & 0<x\leqslant 1, 0<y\leqslant 1, \\ x^2, & 0<x\leqslant 1, y>1, \\ y^2, & x>1, 0<y\leqslant 1, \\ 1 & x>1, y>1. \end{cases}$

7. (1) $c=1$；(2) $f(x, y)=\begin{cases} 2\mathrm{e}^{-2x}\mathrm{e}^{-y}, & x, y>0, \\ 0, & \text{其余;} \end{cases}$ (3) $(1-\mathrm{e}^{-1})^2$.

8. (1) $13/27$；(2) $F(x, y)=\begin{cases} 0, & x\leqslant 0 \text{ 或 } y\leqslant 0, \\ \dfrac{3}{2}x^2 y-\dfrac{1}{2}y^3, & 0<y<x<1, \\ \dfrac{3}{2}y-\dfrac{1}{2}y^3, & 0<y<1, x\geqslant 1, \\ x^3, & 0<x<1, x\leqslant y, \\ 1 & x\geqslant 1, y\geqslant 1. \end{cases}$

9. (1) $f(x, y)=\begin{cases} 1/18, & (x, y)\in G, \\ 0, & \text{其余;} \end{cases}$ (2) $101/189$.

10. (1) $f(x, y)=\dfrac{1}{\sqrt{3}\pi}\exp\left\{-\dfrac{2}{3}\left[(x-3)^2-(x-3)y+y^2\right]\right\}$；

(2) $f(x, y)=\dfrac{4}{\sqrt{3}\pi}\exp\left\{-\dfrac{2}{3}\left[4(x-1)^2+4(x-1)(y+1)+4(y+1)^2\right]\right\}$；

(3) $f(x, y)=\dfrac{1}{\pi}\exp\left\{-\dfrac{1}{2}\left[(x+1)^2+4(y+2)^2\right]\right\}$.

(B)

1. $P(\xi=i, \eta=j)=\left(\dfrac{1}{3}\right)^{j-1}\dfrac{1}{6}$, $j=1, 2, \cdots; i=1, 2, 3, 4$.

2. $a>0, c>0, ac-b^2>0, k=\dfrac{1}{\pi}\sqrt{ac-b^2}$.

3. $f(z)=\begin{cases} \dfrac{4}{3}(2z-1), & \dfrac{1}{2}<z\leqslant 1, \\ \dfrac{4}{3}(2-z), & 1<z\leqslant 2, \\ 0, & \text{其余;} \end{cases}$ $F(z)=\begin{cases} 0, & z\leqslant\dfrac{1}{2}, \\ \dfrac{1}{3}(2z-1)^2, & \dfrac{1}{2}<z\leqslant 1, \\ 1-\dfrac{2}{3}(2-z)^2, & 1<z\leqslant 2, \\ 1, & z>2. \end{cases}$

习题 3.2

(A)

1. 是.

2. $p_{i\cdot}=(2i+3)/15, i=0, 1, 2; p_{\cdot j}=(1+j)/10, j=0, 1, 2, 3$.

3. (1) $f_\xi(x)=\begin{cases} \dfrac{1}{2}, & 0\leqslant x\leqslant 2, \\ 0, & \text{其余;} \end{cases}$ $f_\eta(y)=\begin{cases} 3y^2, & 0\leqslant y\leqslant 1, \\ 0, & \text{其余;} \end{cases}$

(2) $f_\xi(x)=\begin{cases} 4x(1-x^2), & 0\leqslant x\leqslant 1, \\ 0, & \text{其余;} \end{cases}$ $f_\eta(y)=\begin{cases} 4y^3, & 0\leqslant y\leqslant 1, \\ 0, & \text{其余;} \end{cases}$

(3) $f_\xi(x) = \begin{cases} \dfrac{2}{x^3}, & x > 1, \\ 0, & \text{其余}; \end{cases}$ $\qquad f_\eta(y) = \begin{cases} e^{-y+1}, & y > 1, \\ 0, & \text{其余}. \end{cases}$

4. 略.

5. $P(\xi = i \mid \eta = j) = \dfrac{(n-j)!}{i!(n-j-i)!} \left(\dfrac{p_1}{p_1+p_2} \right)^i \left(\dfrac{p_3}{p_1+p_2} \right)^{n-j-i}$, $i = 0, 1, \cdots, n-j$.

6. (1) 24; (2) $f_{\xi \mid \eta}(x \mid y) = \begin{cases} \dfrac{2(1-y-x)}{(1-y)^2}, & 0 < x < 1-y, \\ 0, & \text{其余}. \end{cases}$ $(0 < y < 1)$.

习题 3.3

(A)

1. $\alpha = 2/9$, $\beta = 1/9$.

2. 不独立.

3. $(1-e^4)/4$.

4. $1/12$.

5. ξ、η、ζ 相互独立.

6. $f(x_1, x_2, \cdots, x_n) = \dfrac{1}{(2\pi)^{\frac{n}{2}} \sigma^n} e^{-\frac{\sum\limits_{i=1}^{n} (x_i - \sigma)^2}{2\sigma^2}}$.

(B)

1. 提示：$\{\xi < x\} = \begin{cases} \Omega, & x > a, \\ \varnothing, & x \leqslant a. \end{cases}$

2. 提示：ξ 与 η 不独立易证，ξ^2 与 η^2 的独立性验证可以从 ξ^2 与 η^2 的联合分布函数入手.

3. 提示：分别计算 (ξ, η)、(ξ, ζ)、(η, ζ) 的密度函数.

习题 3.4

(A)

1.

ξ	0	1	2	4
$P(\xi = x_i)$	7/16	1/4	1/4	1/16

2. $P(\xi + \eta = k) = (k-1)p^2 q^{k-2}$, $k = 2, 3, \cdots$; $P(\xi = 1) = p$, $q = 1 - p$.

3. 提示：利用等式 $\sum\limits_{i=1}^{k} C_n^i C_m^{k-1} = C_{n+m}^k$ 可以证明，若 $\xi \sim b(n, p)$，$\eta \sim b(m, p)$，且 ξ 与 η 独立，则 $\xi + \eta \sim b(n+m, p)$.

4. 利用归纳法易证.

5. $f_{\xi+\eta}(z) = \begin{cases} 0, & z < 0, \\ 1 - e^{-z}, & 0 \leqslant z < 1, \\ e^{-z}(e-1), & z \geqslant 1; \end{cases}$ $f_{\xi-\eta}(z) = \begin{cases} e^z(1-e^{-1}), & z < 0, \\ 1 - e^{-1}, & 0 \leqslant z < 1, \\ 0, & z \geqslant 1. \end{cases}$

6. $f_\zeta(z) = \begin{cases} \dfrac{1}{2} e^{-\frac{z}{2}}, & z > 0, \\ 0, & z \leqslant 0. \end{cases}$

7. $f_{\zeta-\eta}(z) = \begin{cases} 1+z, & -1 < z \leqslant 0, \\ 1-z, & 0 < z \leqslant 1, \\ 0, & \text{其余}; \end{cases}$ $f_{\xi\cdot\eta}(z) = \begin{cases} -\ln z, & 0 < z < 1, \\ 0, & \text{其余}. \end{cases}$

8. $f_{\zeta}(z) = \begin{cases} \dfrac{1}{(z+1)^2}, & z > 0, \\ 0, & z \leqslant 0. \end{cases}$

9. $f_{\zeta}(z) = \begin{cases} \dfrac{z^5}{120} \mathrm{e}^{-z}, & z > 0, \\ 0, & z \leqslant 0. \end{cases}$

10. 0. 000 634 3.

(B)

1. $f_{\xi}(x) = \begin{cases} \dfrac{2-|x|}{4}, & |x| < 2, \\ 0, & |x| \geqslant 2; \end{cases}$ $f_{\eta}(y) = \begin{cases} -\dfrac{1}{2}\ln|y|, & |y| < 1, \\ 0, & |y| \geqslant 1. \end{cases}$ (提示:利用根与系

数的关系).

2. (1) $f_{\zeta_1}(z_1) = \begin{cases} 2(1-z_1), & 0 < z_1 < 1, \\ 0, & \text{其余}; \end{cases}$

(2) $f_{\zeta_1, \zeta_2}(z_1, z_2) = \begin{cases} 2, & 0 < z_1 < z_2 < 1, \\ 0, & \text{其余}. \end{cases}$ (提示:当 $z_1 \geqslant z_2$ 时, $F_{\zeta_1, \zeta_2}(z_1, z_2) =$

$P(\max(\xi, \eta) < z_2)$,当 $z_1 < z_2$ 时, $F_{\zeta_1, \zeta_2}(z_1, z_2) = P(\max(\xi, \eta) < z_1) + P(\min(\xi, \eta)$

$< z_1, z_1 \leqslant \max(\xi, \eta) < z_2)$).

习题 4.1

(A)

1. 乙的产品质量较好些.

2. 1. 2.

3. $1/p$.

4. 44. 64.

5. $(n+1)/2$.

6. 略.

7. $A = \mathrm{e}^{-2}$, $B = 2$.

8. (1) 0; (2) 1.

9. (1) $\dfrac{2}{\sigma^2}$; (2) $\mathrm{e}^{-\frac{\pi}{4}}$; (3) $2\sigma^2 - \dfrac{\sigma}{2}\sqrt{\pi} - 1$.

10. 0.

11. 3 500 吨.

12. 满足不等式 $\displaystyle\sum_{k=0}^{n} \mathrm{C}_{100}^{k} \left(\dfrac{1}{3}\right)^k \left(\dfrac{2}{3}\right)^{100-k} < \dfrac{1}{3}$ 的最大的 n.

13. (1) $\dfrac{3}{4}\sqrt{\pi}$; (2) $-\dfrac{\sqrt{\pi}}{2} - 1$.

14. nM/N.

15. $10 \times [1 - 0.9^{20}]$.

16. $E(\xi) = \begin{cases} \dfrac{(2N-m)(2N-m-1)}{2(2N-1)}, & m < 2N-1, \\ 0, & m \geqslant 2N-1. \end{cases}$

(B)

1. $\dfrac{n(n+1)}{6}$ （提示：$\displaystyle\sum_{1 \leqslant i < j \leqslant n} (i-j)^2 = \sum_{k=1}^{n-1} (n-k)k^2 = n\sum_{k=1}^{n-1} k^2 - \sum_{k=1}^{n-1} k^3 = \dfrac{n(n-1)n(2n-1)}{6}$

$- \dfrac{(n-1)^2 n^2}{4} = \dfrac{n^2(n-1)(n+1)}{12}$）.

2. $\dfrac{n-1}{n+1}$ （提示：n 个点将区间 $(0,1)$ 分成 $n+1$ 段，其长度分别设为 ξ_1，ξ_2，$\cdots$，ξ_{n+1}，它们具有

相同的分布. 而相距最远的两点间的距离为 $\xi_2 + \cdots + \xi_n$，因此利用 $\xi_1 + \xi_2 + \cdots + \xi_{n+1} = 1$ 及

数学期望的性质即可得所求）.

3. 提示：$\displaystyle\sum_{i=1}^{+\infty} \sum_{k=i}^{+\infty} P(\xi = k) = \sum_{k=1}^{+\infty} \sum_{i=1}^{k} P(\xi = k)$.

习题 4.2

(A)

1. 题 2 为 0.36；题 4 为 694.310 4；题 5 为 $\dfrac{n^2-1}{12}$；题 8 中 (1) 为 $\dfrac{\pi^2}{12} - \dfrac{1}{2}$，(2) 为 $1/6$；题 10

为 R^2.

2. $\dfrac{q}{p^2}$.

3. 提示：令 $\eta = \dfrac{\xi - a}{b - a}$，则 $0 < \eta < 1$，$D(\eta) = \dfrac{D(\xi)}{(b-a)^2}$，为此只要证明 $D(\eta) \leqslant 1/4$. 不妨设 η

为连续型随机变量，则 $E(\eta^2) = \displaystyle\int_0^1 x^2 f_\eta(x)\mathrm{d}x \leqslant \int_0^1 x f_\eta(x)\mathrm{d}x$

$$= 2 \times \frac{1}{2} \int_0^1 x f_\eta(x)\mathrm{d}x \leqslant \left(\frac{1}{2}\right)^2 + \left(\int_0^1 x f_\eta(x)\mathrm{d}x\right)^2$$

$$= \frac{1}{4} + (E(\eta))^2.$$

4. $D(\xi) = \sigma_1^2$，$D(\eta) = \sigma_2^2$.

5. (1) $17/12$； (2) $4/9$.

6. 方法 1 的精度高.

7. 利用方差的定义及独立随机变量数学期望的性质易证.

8. npq（提示：考虑从次品率为 p 的产品中有放回地取 n 件产品的试验，令 $\xi_i =$ 第 i 次取到的次

品数，$i = 1, 2, \cdots, n$，则 ξ_1、ξ_2、$\cdots$、ξ_n 独立同分布于 $b(1, p)$，且 $\xi_1 + \xi_2 + \cdots + \xi_n \sim$

$b(n, p)$）.

9. $\dfrac{35}{12}n$.

(B)

1. 提示：$D(\xi) = E(\xi^2) - [E(\xi)]^2 = E[\xi(\xi+1)] - E(\xi)[E(\xi)+1]$，而 $E[\xi(\xi+1)] =$

$$\sum_{i=1}^{+\infty} i(i+1)P(\xi=i) = 2\sum_{i=1}^{+\infty}\sum_{m=1}^{i} mP(\xi=i) = 2\sum_{m=1}^{+\infty}\sum_{i=m}^{+\infty} mP(\xi=i).$$

2. $1 - \dfrac{1}{\pi}$ （提示：$\max(\xi, \eta) = \dfrac{1}{2}[\xi+\eta+|\xi-\eta|]$，容易证明在题设条件下 $\xi+\eta$ 与 $\xi-\eta$ 独立，由此即可计算得所求）.

3. 提示：容易计算得 $E(\xi) = D(\xi) = m+1$，从而 $P(0 < \xi < 2(m+1)) = P(|\xi - E(\xi)| < m+1)$. 由此利用切比雪夫不等式即可得所证.

习题 4.3

(A)

1. 等价.

2. (1)、(3)对（前提：相关系数存在），(2)、(4)不对.

3. 0.

4. $\mathrm{cov}(\xi, \eta) = 4/225$，$\rho_{\xi\eta} = \dfrac{2}{33}\sqrt{66}$，$D(\xi-2\eta) = 19/225$.

5. $\dfrac{\alpha^2 - \beta^2}{\alpha^2 + \beta^2}$.

6. (1) 5； (2) -1.

7. 略.

8. 提示：由于 $\mathrm{cov}(a_1\xi+b_1, a_2\eta+b_2) = a_1a_2\mathrm{cov}(\xi, \eta)$，因此不妨设 ξ、η 都只取 0、1，这样 ξ 与 η 独立、是否相关都归结为等式 $P(\xi=1, \eta=1) = P(\xi=1)P(\eta=1)$ 是否成立.

(B)

1. $-\dfrac{n}{36}$（提示：令 ξ_i = 第 i 次掷出点 1 的次数，η_i = 第 i 次掷出点 6 的次数，则 $\xi = \xi_1 + \xi_2 + \cdots + \xi_n$，$\eta = \eta_1 + \eta_2 + \cdots + \eta_n$，$i \neq j$ 时 ξ_i 与 η_j 独立，从而 $\mathrm{cov}(\xi, \eta) = \sum_{i=1}^{n}\mathrm{cov}(\xi_i, \eta_i)$）.

2. $\dfrac{k(n+1)(n-k)}{12}$ （提示：令 ξ_i 为第 i 次抽得的卡片上的号码）.

3. 提示：由 $\max(\xi^2, \eta^2) = \dfrac{1}{2}[\xi^2 + \eta^2 + |\xi^2 - \eta^2|]$ 及 $E(|\xi+\eta||\xi-\eta|) \leqslant \sqrt{E(\xi+\eta)^2 E(\xi-\eta)^2}$ 即可获证.

习题 4.4

(A)

1. $E(\xi|\eta=-1) = 1.5$，$E(\xi|\eta=1) = 1.75$.

2. $\dfrac{n\lambda_1}{\lambda_1 + \lambda_2}$.

3. $\dfrac{7}{9}$.

4. y.

5. 1.33.

(B)

1. 7(提示:由问题的实际意义知 $E(\xi \mid \eta=1)=E(\xi)+1$).

2. 12 天(提示:记 ξ 为该人获得自由所需的天数,而开始所走的门为第 η 个,则 $E(\xi \mid \eta=1)=2+E(\xi)$,$E(\xi \mid \eta=2)=4+E(\xi)$,$E(\xi \mid \eta=3)=1$,由此利用全数学期望计算公式即可得所求).

3. $N(1-\mathrm{e}^{-\frac{1}{N}})$(提示:记 ξ 为所有乘客都走出电梯时该电梯的停靠次数,η 为开始乘电梯的人数,由全数学期望公式:$E(\xi)=\sum\limits_{k=0}^{+\infty} E(\xi \mid \eta=k) P(\eta=k)$. 若记 ξ_i 为第 i 个出口处电梯的停靠次数,则 $E(\xi \mid \eta=k)=E(\sum\limits_{i=1}^{N} \xi_i \mid \eta=k))=\sum\limits_{i=1}^{N} E(\xi_i \mid \eta=k)$,容易计算得 $E(\xi_i \mid \eta=k)$ $=1-\dfrac{(N-1)^k}{N^k}$).

习题 5.1

(A)

1. 不能.

2. 提示:$\{\mid(\xi_n-\eta_n)-(\xi-\eta)\mid \geqslant \varepsilon\}=\{\mid(\xi_n-\xi)-(\eta_n-\eta)\mid \geqslant \varepsilon\} \subset \left\{\mid \xi_n-\xi \mid \geqslant \dfrac{\varepsilon}{2}\right\} \bigcup \left\{\mid \eta_n-\eta \mid \geqslant \dfrac{\varepsilon}{2}\right\}$.

3. 提示:$P(\mid \xi_n \mid<\varepsilon)=\dfrac{2}{\pi}\arctan \varepsilon \rightarrow 1 \ (n \rightarrow \infty)$.

4. 提示:利用切比雪夫不等式并注意 $E\left(\dfrac{2}{n(n+1)}\sum\limits_{i=1}^{n} i\xi_i\right)=a$,$D\left(\dfrac{2}{n(n+1)}\sum\limits_{i=1}^{n} i\xi_i\right)=\dfrac{4D(\xi_1)}{n^2(n+1)^2}\sum\limits_{i=1}^{n} i^2=\dfrac{2(2n+1)}{3n(n+1)}D(\xi_1)$.

5. 提示:注意 $D(\xi_n)=\ln(n+2)$, 由此可验证马尔可夫条件满足.

6. 略.

7. 可以(提示:利用切比雪夫不等式).

8. $n>1.875 \times 10^7$(同上题提示).

9. 提示:验证满足辛钦大数律的条件.

10. 略.

(B)

1. 提示:注意 ξ 是随机变量,因此存在 $M>1$,使得 $P\left(\mid \xi \mid>\dfrac{M-1}{2}\right)<\delta \ (\delta>0)$,从而 $P(\mid \xi_n+\xi \mid>M) \leqslant P(\mid \xi_n+\xi \mid+2 \mid \xi \mid>M)=P(\{\mid \xi_n+\xi \mid+2 \mid \xi \mid>M\} \bigcap \{\mid \xi_n-\xi \mid \leqslant 1\})+P(\{\mid \xi_n+\xi \mid+2 \mid \xi \mid>M\} \bigcap \{\mid \xi_n-\xi \mid>1\}) \leqslant P\left(\mid \xi \mid>\dfrac{M-1}{2}\right)+P(\mid \xi_n-\xi \mid>1)<\delta+P(\mid \xi_n-\xi \mid>1)$. $P(\mid \xi_n^2-\xi^2 \mid \geqslant \varepsilon)=P(\mid \xi_n+\xi \mid \cdot \mid \xi_n-\xi \mid \geqslant \varepsilon)=P(\{\mid \xi_n+\xi \mid \cdot \mid \xi_n-\xi \mid \geqslant \varepsilon\} \bigcap \{\mid \xi_n+\xi \mid \leqslant M\})+P(\{\mid \xi_n+\xi \mid \cdot \mid \xi_n-\xi \mid \geqslant \varepsilon\} \bigcap \{\mid \xi_n+\xi \mid>M\}) \leqslant P(\{\mid \xi_n-\xi \mid \geqslant \varepsilon/M\})+P(\mid \xi_n+\xi \mid>M)<P(\{\mid \xi_n-\xi \mid \geqslant \varepsilon/M\})+P(\mid \xi_n-\xi \mid>1)+\delta$,

由此即知 $\xi_n^2 \xrightarrow{P} \xi^2$. 又 $\xi_n \eta_n = \dfrac{1}{2}\left[(\xi_n + \eta_n)^2 - \xi_n^2 - \eta_n^2\right]$, 据此不难获得所证.

2. 提示:在题设条件下, $D\left(\displaystyle\sum_{i=1}^{n}\xi_i\right) = \displaystyle\sum_{i=1}^{n}D(\xi_i) + 2\displaystyle\sum_{1 \leqslant i < j \leqslant n}\mathrm{cov}(\xi_i, \xi_j) = \displaystyle\sum_{i=1}^{n}D(\xi_i) +$
$2\displaystyle\sum_{i=1}^{n-1}\mathrm{cov}(\xi_i, \xi_{i+1}) \leqslant \displaystyle\sum_{i=1}^{n}D(\xi_i) + 2\displaystyle\sum_{i=1}^{n-1}\sqrt{D(\xi_i)D(\xi_{i+1})} \leqslant 3nc.$

3. 略.

习题 5.2

(A)

1. 0.000 79(提示:记 ξ_i 为第 i 次射击的得分,则所求概率为 $P\left(\displaystyle\sum_{i=1}^{100}\xi_i > 950\right)$).

2. (1) 0.090 1; (2) 733.

3. 0.181 4.

4. 题 7 与习题 5.1(A)中答案相同,题 8 为 $n > 1\ 248\ 075$.

5. 0.02.

6. (1) 0.000 088; (2) 约等于 1; (3) 0.001 4.

7. (1) 约为 0; (2) 0.5, 0.995 2.

8. $n > 12\ 674$.

9. $x \geqslant 334.45a$ 吨.

10. 中心极限定理.

(B)

1. 15~33.

2. 约为 1(提示: $P\left(\displaystyle\prod_{i=1}^{100}\xi_i \leqslant 4^{100}\right) = P\left(\displaystyle\sum_{i=1}^{100}\ln \xi_i \leqslant 100\ln 4\right)$).

3. 0.5(提示:令 ξ_i 为卖掉第 $i-1$ 份报纸后到卖掉第 i 份报纸间走过的人数,则 $\xi = \displaystyle\sum_{i=1}^{100}\xi_i$,且 ξ_1、ξ_2、$\cdots$、ξ_{100} 独立同服从参数为 $p = 1/3$ 的几何分布).

习题 6.1

(A)

1. 略.

2. 圆上 10 个点按逆时针方向顺次编号为 1, 2, $\cdots$, 10,记 ξ_n 为第 n 次游动后质点所在位置的编号,则易知 $\{\xi_n, n \geqslant 0\}$ 为一马尔可夫链,状态空间 $S = \{1, 2, \cdots, 10\}$.

3. 记 ξ_n 为 n 次取球后袋中的白球数,则 $\{\xi_n, n \geqslant 0\}$ 为一马尔可夫链.

4. 由于第 $n+1$ 次掷出的结果只与第 n 次掷出的是硬币还是骰子有关,因此易知 $\{\xi_n, n \geqslant 0\}$ 为一马尔可夫链;其状态空间为 $S = \{1, 2, \cdots, 6, 7, 8\}$;初始分布为 $P(\xi_0 = i) = 1/12$, $P(\xi_0 = j) = 1/4$, $i = 1, 2, \cdots, 6$; $j = 7, 8$.

5. 仿照例 6.3 证明.

习题 6.2

（A）

1. 3 个状态，$P^{(2)} = \begin{pmatrix} \dfrac{5}{12} & \dfrac{13}{36} & \dfrac{2}{9} \\[2mm] \dfrac{7}{18} & \dfrac{7}{18} & \dfrac{2}{9} \\[2mm] \dfrac{7}{18} & \dfrac{13}{36} & \dfrac{1}{4} \end{pmatrix}$.

2. $\begin{pmatrix} q & p & 0 & 0 \\ q & 0 & p & 0 \\ 0 & q & 0 & p \\ 0 & 0 & q & p \end{pmatrix}$.

3. 状态空间 $S=\{1,2,3,4,5,6\}$，转移矩阵 $P = \begin{pmatrix} 1/6 & 1/6 & 1/6 & 1/6 & 1/6 & 1/6 \\ 0 & 1/3 & 1/6 & 1/6 & 1/6 & 1/6 \\ 0 & 0 & 1/2 & 1/6 & 1/6 & 1/6 \\ 0 & 0 & 0 & 2/3 & 1/6 & 1/6 \\ 0 & 0 & 0 & 0 & 5/6 & 1/6 \\ 0 & 0 & 0 & 0 & 0 & 1 \end{pmatrix}$.

4. $P = \begin{pmatrix} p_{00} & p_{01} & \cdots & p_{0N} \\ p_{10} & p_{11} & \cdots & p_{1N} \\ \vdots & \vdots & \cdots & \vdots \\ p_{N0} & p_{N1} & \cdots & p_{NN} \end{pmatrix}$，其中 $p_{ii} = \dfrac{2i(N-i)}{N^2}$，$p_{ii-1} = \dfrac{i^2}{N^2}$，$p_{ii+1} = \dfrac{(N-i)^2}{N^2}$，

$i = 1,2,\cdots,N-1$；$p_{01} = 1$，$p_{NN-1} = 1$，其他 $p_{ij} = 0$.

5. A、B、C 三公司第一周期中拥有的市场份额分别为 33%、38%、29%，第二周期中拥有的市场份额分别为 32.3%、42.8%、24.9%.

习题 6.3

（A）

1. 是遍历的，（因为 $P^{(2)} = \begin{pmatrix} \dfrac{1}{2} & \dfrac{1}{4} & \dfrac{1}{4} \\[2mm] \dfrac{1}{4} & \dfrac{1}{2} & \dfrac{1}{4} \\[2mm] \dfrac{1}{4} & \dfrac{1}{4} & \dfrac{1}{2} \end{pmatrix}$），$(\pi_1,\pi_2,\pi_3) = \left(\dfrac{1}{3},\dfrac{1}{3},\dfrac{1}{3}\right)$.

2. A、B、C 三公司最终拥有的份额分别为 $2/7$，$1/2$，$3/14$.

3. 设于 A 处为好（极限概率分布为 $(\pi_1,\pi_2,\pi_3) = (17/41,16/41,8/41)$）.

4. (1) 保留策略下，甲、乙、丙三公司最终拥有的份额分别为 $6/19$，$5/19$，$8/19$；争取策略下三公司最终拥有的份额分别为 $1/3$，$2/9$，$4/9$；

(2) 甲公司应采取争取策略.

5. 由切普曼–柯尔莫哥洛夫方程知：$p_{ij}^{(n+1)} = \sum\limits_{l=1}^{k} p_{il} p_{lj}^{(n)}$，在此等式两边令 $n \to \infty$ 即可得证.

习题 7.1

1. (1) 总体为电气工程及其自动化专业本科生毕业实习期满后的月薪(ξ)；

(2) 样本为 35 名 2006 年电气工程及其自动化专业本科毕业生实习期满后的月薪；

(3) 样本容量为 35.

2. 略.

3. 略.

4. 样本空间为 $\{(i_1, i_2, \cdots, i_n): i_1, i_2, \cdots, i_n = 0 \text{ 或 } 1\}$，样本的分布列为 $P(\xi_1 = i_1, \xi_2 = i_2, \cdots, \xi_n = i_n) = p^{\sum\limits_{j=1}^{n} i_j}(1-p)^{n - \sum\limits_{j=1}^{n} i_j}$.

5. $f(x_1, x_2, \cdots, x_n) = \begin{cases} \lambda^n e^{-\lambda \sum\limits_{i=1}^{n} x_i}, & x_1, x_2, \cdots, x_n > 0, \\ 0, & \text{其余}. \end{cases}$

习题 7.2

（A）

1. $F_n(x) = \begin{cases} 0, & x \leqslant -2.1, \\ \dfrac{1}{5}, & -2.1 < x \leqslant -1, \\ \dfrac{2}{5}, & -1 < x \leqslant 0, \\ \dfrac{3}{5}, & 0 < x \leqslant 1.5, \\ \dfrac{4}{5}, & 1.5 < x \leqslant 2.3, \\ 1, & x > 2.3. \end{cases}$

2. 略.

3. (1) 0.34； (2) 170.

4. 略.

5. 是，对应的分布列为

取值	x_1	x_2	$\cdots$	x_n
P	$\dfrac{1}{n}$	$\dfrac{1}{n}$	$\cdots$	$\dfrac{1}{n}$

习题 7.3

（A）

1. (1) $\xi_n + 3\lambda$ 不是统计量，其他都是； (2) 样本均值为 3/5，样本方差为 6/25.

2. (1) 易证；

(2) $\sum\limits_{i=1}^{n}(x_i - c)^2 = \sum\limits_{i=1}^{n}[(x_i - \bar{x}) + (\bar{x} - c)]^2 = \sum\limits_{i=1}^{n}(x_i - \bar{x})^2 + 2\sum\limits_{i=1}^{n}(x_i - \bar{x})(\bar{x} - c) +$

$n(\bar{x}-c)^2$，等式右边第二项由(1)为0，由此即得所证.

3. 提示：类似于题2中(2)的证明.

4. 易证.

5. 163，9，0.197 53.

6. 略.

（B）

1. (1) 略；

(2) 提示：在(A)组题2中将 n 换作 $n+1$ 并令 $c=\bar{\xi}_n$，则有 $\sum_{i=1}^{n+1}(\xi_i-\bar{\xi}_n)^2=\sum_{i=1}^{n+1}(\xi_i-\bar{\xi}_{n+1})^2+$

$(n+1)(\bar{\xi}_{n+1}-\bar{\xi}_n)^2$，由此再结合(1)即可得所证.

2. 样本 k 阶原点矩、k 阶中心矩的观察值分别是经验分布函数的 k 阶原点矩、k 阶中心矩.

3. 提示：设总体的方差为 σ^2，由于 $\xi_i-\bar{\xi}=\dfrac{n-1}{n}\xi_i-\dfrac{1}{n}\sum_{j\neq i}\xi_j$，故其方差为 $\dfrac{n-1}{n}\sigma^2$，

$\mathrm{cov}(\xi_i-\bar{\xi},\ \xi_j-\bar{\xi})=-2\dfrac{n-1}{n^2}\sigma^2+\dfrac{n-2}{n^2}\sigma^2=-\dfrac{1}{n}\sigma^2$.

习题 7.4

（A）

1. 提示：$\zeta_1=\xi_1^2+\xi_2^2+\cdots+\xi_m^2\sim\chi^2(m)$，$\zeta_2=\eta_1^2+\eta_2^2+\cdots+\eta_n^2\sim\chi^2(n)$ 且 ζ_1 与 ζ_2 独立.

2. 提示：利用 t(1)分布的生成.

3. 0.195.

4. (1) 0.158 7；   (2) 183.05(克).

5. 0.5.

6. (1) 2 831；   (2) 40.

（B）

1. $\dfrac{20}{9}$.

2. 提示：η_1、S^{*2} 是样本 $(\xi_1,\xi_2,\cdots,\xi_6)$ 的样本均值和样本修正方差，η_2 是样本 (ξ_7,ξ_8,ξ_9) 的样本均值，因此借助定理 7.8 即可得所证.

3. 提示：由题设及定理 7.8 易知 $\xi_{n+1}-\bar{\xi}$ 与 S_n^2 独立，$\xi_{n+1}-\bar{\xi}\sim\mathrm{N}\left(0,\dfrac{n+1}{n}\sigma^2\right)$，

$\dfrac{nS_n^2}{\sigma^2}\sim\chi^2(n-1)$.

习题 8.1

（A）

1. 乙车床的性能较甲车床好.

2. 1 号同学的总分最高，但在标准分的意义下 3 号学生最好.

3. $\hat{N}=2\bar{\xi}-1$.

4. 矩法估计量：(1) $\hat{p}=\bar{\xi}$，   (2) $\hat{p}=\dfrac{1}{\bar{\xi}}$；极大似然法估计量：(1) $\hat{p}=\bar{\xi}$，   (2) $\hat{p}=\dfrac{1}{\bar{\xi}}$.

概率与统计

5. 矩法估计量：(1) $\hat{\alpha} = \dfrac{\bar{\xi}}{1-\bar{\xi}}$，　(2) $\hat{\lambda} = \dfrac{1}{\bar{\xi}}$，　(3) $\hat{\theta} = 2\bar{\xi}$；极大似然法估计量：

(1) $\hat{\alpha} = -\dfrac{n}{\sum\limits_{i=1}^{n}\ln \xi_i}$，　(2) $\hat{\lambda} = \dfrac{1}{\bar{\xi}}$，　(3) $\hat{\theta} = \max(\xi_1, \xi_2, \cdots, \xi_n)$.

6. $\hat{R} = \dfrac{k}{n-k}$.

（B）

1. $\dfrac{ab}{c}$.

2. $\hat{N} = \left[\dfrac{rs}{\xi_1}\right]$（提示：第二次捉出的有记号的鱼数 ξ 服从超几何分布：$P(\xi = k) = \dfrac{C_r^k C_{N-r}^{s-k}}{C_N^s}$. 因

此在题设条件下，N 的似然函数为 $L(N) = \dfrac{C_r^{\xi_1} C_{N-r}^{s-\xi_1}}{C_N^s}$. 我们可以通过比值 $\dfrac{L(N)}{L(N-1)} = $

$1 + \dfrac{rs - N\xi_1}{N^2 - (r+s)N + N\xi_1}$ 来求 $L(N)$ 的最大值点）.

3. 提示：θ 的似然函数为 $L(\theta) = I_{\{\theta \leqslant \xi_{(1)}, \, \xi_{(n)} \leqslant \theta + 1\}}$，对于介于 $\xi_{(n)} - 1$ 到 $\xi_{(1)}$ 之间的任一 θ 都是 $L(\theta)$ 的最大值点.

4. $\hat{\mu} = \xi_{(1)}$，$\hat{\theta} = \bar{\xi} - \xi_{(1)}$（提示：$\mu, \theta$ 的似然函数为 $L(\mu, \theta) = \dfrac{1}{\theta^n}^{-\frac{1}{\theta}\left(\sum\limits_{i=1}^{n}\xi_i - n\mu\right)} \times I_{\{\xi_{(1)} \geqslant \mu\}}$，它关于 μ

递增；另一方面通过对对数似然函数求导可知，在 μ 固定时 $L(\mu, \theta)$ 在 $\theta = \bar{\xi} - \mu$ 处取得最大值）.

习题 8.2

（A）

1. 提示：无偏性显然，一致性可以应用辛钦大数定律也可以从 $D(\hat{\theta}) = \dfrac{\theta^2}{27n} \to 0$ 出发来验证.

2. 提示：利用习题 5.1(A)组题 4 的结论.

3. $\hat{a}_1$ 的方差最小.

4. $k = \dfrac{1}{m+n-2}$.

5. $c_1 = \dfrac{1}{4}$，$c_2 = \dfrac{3}{4}$.

6. 提示：$E(\hat{\theta}^2) = D(\hat{\theta}) + [E(\hat{\theta})]^2 = D(\hat{\theta}) + \theta^2 > \theta^2$.

7. 提示：$\bar{\xi}$、S^{*2} 都是 λ 的无偏估计量.

8. $(\bar{\xi})^2 - \dfrac{\bar{\xi}}{n}$、$\dfrac{1}{n}\sum\limits_{i=1}^{n}\xi_i^2 - \bar{\xi}$ 都是 λ^2 的无偏估计量.

9. 提示：无偏性显然，一致性应用辛钦大数定律，有效性由 $E\left[\dfrac{\partial}{\partial \lambda}\ln f(\xi; \lambda)\right]^2 = \dfrac{E(\xi - \lambda)^2}{\lambda^2}$ 知

成立.

10. 提示：无偏性显然，一致性应用辛钦大数定律，有效性由 $E\left[\dfrac{\partial}{\partial \theta}\ln f(\xi; \theta)\right]^2 = \dfrac{E(\xi - \theta)^2}{\theta^2}$ 知

成立.

1. (1) 提示：$f_{\hat{\theta}}(x) = \dfrac{nx^{n-1}}{\theta^n}$，$0 \leqslant x \leqslant \theta$，因此对于 $0 < \varepsilon < \theta$，有 $P(|\hat{\theta} - \theta| \leqslant \varepsilon) = 1 - \left(\dfrac{\theta - \varepsilon}{\theta}\right)^n$

$\rightarrow 1$；

(2) $k = \dfrac{n+1}{n}$（提示：$E(\hat{\theta}) = \dfrac{n}{n+1}\theta$）.

2. $E(S_3^2 - \sigma^2)^2$ 最小（提示：$E(S_i^2 - \sigma^2)^2 = D(S_i^2) + [E(S_i^2) - \sigma^2]^2$）.

3. $k = \dfrac{1}{2(n-1)}$（提示：不妨假设 $E(\xi) = 0$，否则用 $\eta = \xi - E(\xi)$ 代 ξ）.

习题 8.3

(A)

1. $(1.916\,8,\ 2.583\,2)$.

2. (1) $(2.120\,9,\ 2.129\,1)$；　(2) $(2.117\,5,\ 2.132\,5)$.

3. $(62.26,\ 77.74)$，$(58.88,\ 81.12)$.

4. $n \geqslant \left(\dfrac{3.92\sigma}{L}\right)^2$.

5. $\sigma^2 : (0.055\,5,\ 0.204\,8)$，$\sigma : (0.235\,6,\ 0.452\,5)$.

6. $\sigma : (2.382\,2,\ 5.674\,4)$，$\sigma^2 : (5.675,\ 32.199)$.

7. $(-8.046,\ -0.353\,8)$.

8. $(-1.29,\ 5.47)$.

9. $(0.316,\ 12.901)$.

(B)

1. $\left(\dfrac{\bar{\xi}_1}{1 - \sqrt{0.05}},\ \dfrac{\bar{\xi}_1}{1 - \sqrt{0.95}}\right)$（提示：设 $\eta = \dfrac{\xi_1}{\theta}$，则易知 $F_\eta(x) = \begin{cases} 0, & x \leqslant 0, \\ 1 - (1-x)^2, & 0 < x \leqslant 1, \\ 1 & x > 1. \end{cases}$

2. $(0.101,\ 0.244\,2)$（提示：利用例 8.20）.

3. $\left(\bar{\xi} + \dfrac{u_\alpha^2}{2n} - \sqrt{\dfrac{\bar{\xi} u_\alpha^2}{n} + \dfrac{u_\alpha^4}{4n^2}},\ \bar{\xi} + \dfrac{u_\alpha^2}{2n} + \sqrt{\dfrac{\bar{\xi} u_\alpha^2}{n} + \dfrac{u_\alpha^4}{4n^2}}\right)$，其中 u_α 满足 $\Phi(u_\alpha) = 1 - \dfrac{\alpha}{2}$（提示：

$\dfrac{n\bar{\xi} - n\lambda}{\sqrt{n\lambda}}$ 近似服从 $N(0,\ 1)$）.

习题 9.1

(A)

1. $\alpha + \beta \neq 1$.

2. 拒绝原假设比较有力.

3. $\lambda = 0.49$，$\beta = 0.020\,7$.

4. (1) $\alpha = 0.003\,681$，$\beta = 0.036\,73$；　(2) $n \geqslant 34$；　(3) 略.

(B)

1. $\alpha = 0.032\,8$，$\beta = 0.633\,1$.

概
率
与
统
计

2. $(2.5/3)^n$, $n \geqslant 17$.

习题 9.2

（A）

1. 可以认为.

2. 可以认为初速度有所降低.

3. 不能认为质量有所提高.

4. 可以认为间接测量法基本准确.

5. 不合格.

6. 抗拉强度较以往有所提高.

7. 有差异.

8. 可以认为.

9. 可以.

10. 高于期初.

习题 9.3

（A）

1. 不正常.

2. 可以认为标准差偏大.

3. 不相同.

4. 甲车床的精度好于乙车床.

5. 无疗效（提示：先检验两总体方差是否相等）.

6. 不能.

习题 9.4

（A）

1. 可以.

2. 有效果.

3. 可以认为其看法正确, $p = 0.296\,87$.

4. 可以认为校长的看法是对的.

5. 可以认为.

习题 9.5

（B）

1. 检验的拒绝域为 $U \in D = (-\infty, u_{2\alpha}]$，其中 $U = \dfrac{\bar{\xi} - a_0}{\sigma/\sqrt{n}}$ 为检验函数（提示：由例 9.17 知似

然比 $R(\xi_1, \xi_2, \cdots, \xi_n) = \exp\left\{ -\dfrac{n}{2\sigma^2}(a_1 - a_0)(a_1 + a_0 - 2\bar{\xi}) \right\}$，在题设条件下它是 $\bar{\xi}$ 的减

函数）.

2. 提示:似然比 $R(\xi_1, \xi_2, \cdots, \xi_n) = \left(\dfrac{p_1}{p_0}\right)^{\sum\limits_{i=1}^{n}\xi_i}\left(\dfrac{1-p_1}{1-p_0}\right)^{n-\sum\limits_{i=1}^{n}\xi_i}$,由于 $p_0 > p_1$,故 R 为 $\sum\limits_{i=1}^{n}\xi_i$ 的

减函数,从而拒绝域的形式为 $\sum\limits_{i=1}^{n}\xi_i \in D = [0, c]$,其中 c 为满足 $\sum\limits_{i=0}^{c}C_n^i p_0^i (1-p_0)^{n-i} \leqslant \alpha$ 的

最大正整数.

3. 提示:$L_1(x_1, \cdots, x_n) = \sup\limits_{a \neq a_0}\prod\limits_{i=1}^{n}f(x_i; a) = \sup\limits_{a \neq a_0}(\sqrt{2\pi}\sigma)^{-n}\exp\left\{-\dfrac{1}{2\sigma^2}\sum\limits_{i=1}^{n}(x_i - a)^2\right\} =$

$(\sqrt{2\pi}\sigma)^{-n}\exp\left\{-\dfrac{1}{2\sigma^2}\sum\limits_{i=1}^{n}(x_i - \bar{x})^2\right\}$,故广义似然比函数为 $R(\xi_1, \xi_2, \cdots, \xi_n) =$

$\exp\left\{\dfrac{1}{2}\left(\dfrac{\bar{\xi} - a_0}{\sigma/\sqrt{n}}\right)^2\right\}$,$R \geqslant c$ 等价于 $|U| \geqslant \lambda$,其中 $U = \dfrac{\bar{\xi} - a_0}{\sigma/\sqrt{n}}$.

习题 10.1

（A）

1. 可以认为可能性大小相同.

2. 没有理由认为转盘不均匀.

3. 可以认为是泊松分布.

4. 服从正态分布.

5. 符合正态分布.

6. 有关.

7. 无关.

8. 有关.

9. 有差异.

习题 10.2

（A）

1. 影响不明显.

2. 不一致.

3. 有影响.

习题 10.3

（A）

1. 一致.

2. 可以认为同分布.

3. 一致.

4. 一致.

习题 11.1

（A）

1. 存在差异.

2. 有影响.

3. 可以认为无差异.

4. 有差异.

习题 11.2

（A）

1. 均有影响.

2. 均有影响.

3. 均有影响.

习题 11.3

（A）

1. 经验回归直线方程的建立无需线性模型的假设,但如果 η 与 x 不线性相关,则不能利用经验回归直线方程来进行估计、预测和控制.

2. $\hat{y} = -14.1922 + 1.2182x$.

3. (1) $\hat{y} = 34.9978 + 0.7815x$； (2) 线性相关； (3) $\hat{y}_0 = 161.6008$.

4. (1) $\hat{y} = 1.8907 + 0.9221x$； (2) 线性相关； (3) $(17.2234, 18.4627)$.

5. $\hat{y} = 22.2482 + 0.2793x$,线性相关,$(27.9864, 30.4750)$.

参 考 文 献

［1］茆诗松等. 概率论与数理统计教程［M］. 北京:高等教育出版社,2004.

［2］李贤平. 概率论基础(第二版)［M］. 北京:高等教育出版社,1997.

［3］中山大学数学力学系. 概率论及数理统计［M］. 北京:高等教育出版社,1983.

［4］何声武. 概率论与数理统计［M］. 北京:经济科学出版社,1992.

［5］严士健. 概率论与数理统计［M］. 北京:高等教育出版社,1990.

［6］王梓坤. 概率论基础及其应用［M］. 北京:科学出版社,1976.

［7］Б. В. 格涅坚科. 概率论教程［M］. 北京:高等教育出版社,1956.

［8］谢衷洁. 概率论［M］. 北京:人民邮电出版社,1985.

［9］耿素云,张立昂. 概率统计［M］. 北京:北京大学出版社,1987.

［10］谢尔登·罗斯著,李漳南,杨振明译. 概率论初级教程［M］. 北京:人民教育出版社,1981.

［11］穆德 A. M. 著,史定华译. 统计学导论［M］. 北京:科学出版社,1978.

［12］梅叶 P. L. 著,潘孝瑞译. 概率引论及统计应用［M］. 北京:高等教育出版社,1986.

［13］DeGroot M. H.. Probability and Statistics, Addison Wesley Publishing Company, Inc, 1976.

［14］Rohatgi V. K.. Statistical Inference, John Wiley & Sons, Inc, 1984.

［15］伏见正则著,李明哲译. 概率论和随机过程［M］. 北京:世界图书出版公司,1997.

［16］许升汉. 概率论与随机过程［M］. 北京:人民邮电出版社,1996.

［17］饶乐三,王晓柳. 教育统计学［M］. 南京:南京大学出版社,1990.

［18］王孝玲. 教育统计学［M］. 上海:华东师范大学出版社,1986.

概率与统计

第 3 版后记

　　本教材自发行以来,无论是初版还是修订版都受到了读者的欢迎. 当初,该教材是为师范院校数学专科专业开设"概率与数理统计"课程而编写的. 随着时间的流逝,读者使用后认为,该教材深入浅出、内容恰当、语言流畅、概念清楚、注重应用、习题丰富. 正因如此,久而久之,该教材也逐渐被高等院校非数学专业的读者所接受. 为更好地适应这方面读者的需要,我们感到有必要对本教材再次进行修订.

　　这次修订主要有:(1)略去了各章可能是多余的内容提要以及思考题;(2)对概率论部分的原有内容作了适当修改,使论述有所增色,同时补充了极具应用价值的条件数学期望、马尔可夫链和蒙特卡洛方法思想等方面的知识;(3)将数理统计部分的原有结构和内容进行了调整,由原先的四章改变为五章,删去相关性在教育测量中的应用,增加了非参数假设检验的知识. 通过修订,我们期待本教材在保持原有风格的基础上,使内容更为充实,读者的适应面更广.

　　本教材由缪铨生教授负责概率论部分的修订,赵跃生副教授负责数理统计部分的修订以及习题答案与提示.

　　以上修订能否达到预期的效果,还有待今后实践检验,恳请读者批评指正.

　　通过这次修订,本教材的知识面增多了,容量扩大了,读者在使用本教材时可根据需要有所舍选.

　　借此机会,请允许我们向始终关心、支持本教材的华东师范大学出版社和广大读者表示衷心的感谢!

缪铨生

2007 年 3 月